栄養管理と生命科学シリーズ

給食経営管理論

井川聡子・松月弘恵
編著

理工図書

栄養管理と生命科学シリーズ　　　　　給食経営管理論

編集者

井川　聡子　茨城キリスト教大学　名誉教授

松月　弘恵　日本女子大学　家政学部　教授

執筆者

井川　聡子　茨城キリスト教大学　名誉教授（1章）

石井香代子　福山大学　生命工学部　教授（8章2）

岡村　吉隆　千里金蘭大学　生活科学部　元教授（5章1）

神戸美惠子　桐生大学　医療保健学部　教授（9章5）

金高　有里　札幌保健医療大学　保健医療学部　准教授（6章）

小山　洋子　ノートルダム清心女子大学　人間生活学部　准教授（4章）

角谷　　勲　相愛大学　人間発達学部　元教授（6章、9章1、2）

田淵真愉美　岡山県立大学　保健福祉学部　准教授（2章1、3章）

樽井　雅彦　摂南大学　農学部　教授（7章）

福本　恭子　兵庫大学　健康科学部　教授（9章3、4、6）

堀内　理恵　武庫川女子大学　食物栄養科学部　教授（5章2）

松月　弘恵　日本女子大学　家政学部　教授（5章3、9章7）

栄養管理と生命科学シリーズ　　　給食経営管理論

はじめに

　管理栄養士養成課程における「給食経営管理」は、卒業後の実務に直結する学問として極めて重要な科目である。給食業務の運営・管理と食事提供を適切に行うには、喫食者の栄養アセスメントから食事計画、給食の生産・提供、評価の一連の作業に関わる専門知識とスキル、さらには施設の経営、職場の人事管理等の要点についても確実に修得する必要がある。

　一方、特定給食施設はその種類（病院、社会福祉施設、児童福祉施設、学校、工場・事業所）により、給食提供の目的、対象者、運営方法、管理内容等が異なるので、施設別の特性を十分理解することも必要である。

　2011年10月に発行した栄養管理と生命科学シリーズ「給食経営と管理の科学」は、日本栄養改善学会「モデルコアカリキュラム」と厚生労働省「管理栄養士国家試験出題基準」に示されている給食経営管理の項目・内容に準拠し、管理栄養士として具備すべき専門的知識や実践能力の修得、ならびに国家試験対策としても活用できる内容で執筆・編集を行った。

　管理栄養士教育に求められる給食経営管理の教育内容が網羅されており、実務上のエッセンスも充実していることから、初版の発行より10年以上が経過した現在も多くの管理栄養士・栄養士養成校でご採用・ご好評いただいている。

　これまで、法律や制度などの変更点には速やかに対応しながら第5版まで改訂を重ねてきたが、より一層の内容の充実を図るために、この度全体的な見直しを行った。書誌名も、給食経営管理が体系的な学問であることをふまえ、「給食経営管理論」に改め、新たに初版として発行することにした。

　章立て・項目立てについては、前書からの変更はないが、出典として活用している法律・通知等の改正への対応を含め、図表のデータや記載情報の最新化を図った。加えて、オールカラーへの対応、図表と文字を出来るだけ見やすくするなど、これまで以上にわかりやすく、学生の皆さんの理解がより深められるようなテキストに仕上がった。

　引き続き、本書が管理栄養士・栄養士の養成に広く活用され、学生の皆さんの専門的資質の向上ならびに、卒業後の活躍に大いに役立つことを願っている。

　2024年12月

編著代表　井川聡子

目　　次

第1章　給食の概念／1

1 給食の概要／2
1.1 給食の定義（栄養・食事管理と経営管理）／2
1.2 給食の意義と目的／4
1.3 特定多数人への対応と個人対応／4
1.4 給食における管理栄養士の役割り／5

2 給食システム／6
2.1 給食システムの概念／6
2.2 トータルシステムとサブシステム／6

3 給食を提供する施設と関連法規／8
3.1 健康増進法における特定給食施設の位置づけ／8
3.2 特定給食施設における給食経営管理／14
3.3 各種施設における給食の意義／16

問　　題／16

第2章　給食経営管理の概念／17

1 経営管理の概要／18
1.1 経営管理の意義と目的／18
1.2 経営管理の機能と展開／18
1.3 給食の資源／20
1.4 給食運営業務の外部委託／20

2 給食とマーケティング／23
2.1 マーケティングの原理／23
2.2 給食におけるマーケティングの活用／24

3 給食経営と組織／25
3.1 組織の構築／25
3.2 給食組織と関連分野との連携／28

3.3 リーダーシップとマネジメント／28

4 給食経営管理の評価／29

問　題／30

第3章　栄養・食事管理／31

1 栄養・食事管理の概要／32

1.1 栄養・食事管理の意義と目的／32

1.2 栄養・食事管理システムの構築／32

1.3 給食と栄養教育／32

2 栄養・食事アセスメント／32

2.1 利用者の身体状況、生活習慣、食事摂取状況／33

2.2 利用者の病状、摂食機能／34

2.3 利用者の嗜好・満足度調査／35

2.4 食事の提供量／35

3 栄養・食事計画／35

3.1 給与栄養目標量の計画／35

3.2 栄養補給法および食事形態の計画／40

3.3 献立作成基準／44

3.4 個別対応の方法／50

4 栄養・食事計画の実施／50

4.1 利用者の状況に応じた食事の提供とPDCAサイクル／50

4.2 栄養教育教材としての給食の役割／50

4.3 適切な食品・料理選択のための情報提供／50

4.4 評価と改善／51

問　題／55

第4章　給食の品質／57

1 給食の品質の標準化／58

1.1 栄養・食事管理と総合品質／58

1.2 標準化（マニュアル化）／64

1.3 品質評価の指標と方法／65

1.4 品質改善とPDCA サイクル／68

問　題／68

第5章　給食の生産／71

1 原価／72

1.1 給食の原価／72

1.2 給食における収入と原価・売上／73

1.3 原価の評価／76

2 食材／81

2.1 給食と食材／81

2.2 食材料管理の目的／81

2.3 食材の開発・流通／81

2.4 購買計画／84

2.5 検収・保管／89

2.6 在庫管理／91

2.7 食材管理の評価／92

3 生産（調理と提供）／94

3.1 給食のオペレーション（生産とサービス）／94

3.2 生産計画（調理工程、作業工程）／95

3.3 大量調理の方法・技法／107

3.4 大量調理の調理特性／122

3.5 施設設備の能力と生産性／124

3.6 廃棄物処理／126

3.7 配食・配膳の精度／126

問　題／128

第6章　給食の安全・衛生／131

1 安全・衛生管理の概要／132

1.1 安全・衛生管理の目標・目的／132

1.2 給食と食中毒・感染症／134

2 給食の安全・衛生の実際／139

2.1 給食における HACCP システムの運用／139

2.2 大量調理施設衛生管理マニュアル／140

2.3 衛生教育（一般衛生管理プログラム）／141

2.4 給食運営における安全・衛生の対応／142

2.5 施設・設備の保守／146

2.6 インシデント・アクシデント管理／147

3 事故・災害時対策／150

3.1 危機管理対策の意義／150

3.2 事故・災害時対策／152

3.3 事故・災害の種類／152

3.4 事故の状況把握と対応／153

3.5 災害対策／155

3.6 災害時のための貯蔵と献立／158

問　題／160

第7章　施設・設備管理／161

1 生産（調理）施設・設備設計／162

1.1 施設・設備管理の概要／162

1.2 施設・設備の基準と関連法規／162

1.3 作業区域と作業動線／169

1.4 施設・設備のレイアウト／172

1.5 食具／181

1.6 施設・設備管理の評価／184

2 食事環境の設計と設備／184

2.1 食事環境整備の意義と目的／184

2.2 食事環境の設計／185

問　題／188

第8章　給食の人事・事務／191

1 人事・労務管理／192

1.1 給食業務従事者の雇用形態／192

1.2 給食業務従事者の教育・訓練／193

　　1.3 給食業務従事者の業績と評価／195

　2 事務管理／195

　　2.1 事務の概要と目的／195

　　2.2 情報の概要と目的／197

　3 給食経営おけるITの活用／202

　　3.1 情報技術の効率的活用／202

　問　題／203

第9章　施設別給食経営管理／205

1 病院／206

　1.1 概念／206

　1.2 経営管理／206

　1.3 栄養・食事管理／210

　1.4 生産管理、品質管理／212

　1.5 安全・衛生管理／214

　1.6 施設・設備管理／215

　1.7 人事・事務管理／215

2 高齢者・介護保険施設／215

　2.1 概念／215

　2.2 経営管理／218

　2.3 栄養・食事管理／221

　2.4 生産・品質管理／222

　2.5 安全・衛生管理／222

　2.6 施設・設備管理／223

　2.7 人事・事務設備管理／223

3 児童福祉施設／223

　3.1 概念／223

　3.2 経営管理／223

　3.3 栄養・食事管理／224

　3.4 生産管理・品質管理／226

　3.5 安全・衛生管理／227

3.6 施設・設備管理／227

3.7 人事・事務管理／228

4 障がい者福祉施設／228

4.1 概念／228

4.2 経営管理／228

4.3 栄養・食事管理／228

4.4 品質および生産管理／229

4.5 安全・衛生管理／229

4.6 施設・設備管理／229

4.7 人事・事務管理／229

5 学校給食／230

5.1 概念／230

5.2 経営管理／232

5.3 栄養・食事管理／233

5.4 生産・品質管理／239

5.5 安全・衛生管理／240

5.6 施設・設備管理／242

5.7 人事・事務管理／242

6 事業所給食／242

6.1 概念／242

6.2 経営管理／243

6.3 栄養・食事管理／243

6.4 生産管理・品質管理／244

6.5 安全・衛生管理／245

6.6 施設・設備管理／245

6.7 人事・事務管理／245

7 外食・中食・配食／246

7.1 外食・中食・配食と給食の概念／246

7.2 外食と給食／246

7.3 中食と給食／247

7.4 配食／248

問　題／250

参考資料／251

特定給食施設／252

大量調理施設衛生管理マニュアル／255

病院／264

高齢者・介護保険施設／274

児童福祉施設／277

社会福祉施設／279

学校／279

事業所／289

【問題解答】／294

記入式ノート／295

第1章　給食の概念／296

1　給食の概要／297

2　給食システム／297

3　給食を提供する施設と関連法規／297

第2章　給食経営管理の概念／298

1　経営管理の概要／298

2　給食とマーケティング／299

3　給食経営と組織／299

第3章　栄養・食事管理／301

1　栄養・食事管理の概要／301

2　栄養・食事アセスメント／301

3　栄養・食事計画／302

4　栄養・食事計画の実施／303

第4章　給食の品質／305

1　給食の品質の標準化／305

第5章　給食の生産（調理）／307

1　原価／307

2　食材／309

3 生産（調理と提供）／313

第6章　給食の安全・衛生／319

1 安全・衛生管理の概要／319

2 給食の安全・衛生の実際／320

第7章　施設・設備管理／324

1 生産（調理）施設・設備設計／324

2 食事環境の設計と設備／327

第8章　給食の人事・事務／328

1 人事・労務管理／328

2 事務管理／328

第9章　施設別給食経営管理／330

1 病院／330

2 高齢者・介護保険施設／331

3 児童福祉施設／333

4 障がい者福祉施設／334

5 学校給食／334

6 事業所給食／336

7 外食・中食・配食／337

記入式ノート解答／338

索引／351

第1章

給食の概念

達成目標

- ■給食の定義・意義・目的および給食提供の対象者・給食施設の種類を理解する。
- ■給食運営における管理栄養士の役割やシステムを理解する。
- ■健康増進法第5章の規定事項（届出、栄養管理義務、管理栄養士配置、栄養管理基準等）および各種給食施設の運営にかかわる法律の種類と名称を習得する。

1 給食の概要

1.1 給食の定義（栄養・食事管理と経営管理）

(1) 給食の定義

　給食とは「**特定多数**の人々に**継続的**に食事を提供する」ことである。不特定多数人を対象とした一般飲食店や宿泊施設等で提供される食事は給食とはいわない。

(2) 給食を提供する対象者

　各ライフステージ（乳幼児期、学童期、成人期、妊娠・授乳期、中・壮年期、高齢期）に属する利用者がおり、健康人だけでなく、傷病者・要介護者、障がい者なども該当する。

(3) 給食施設の種類

　給食を提供する施設の種類として、医療施設、高齢者・介護保険施設、児童福祉

表 1.1　給食施設数と管理栄養士・栄養士配置状況

	施設数：A		管理栄養士・栄養士総数（人）		管理栄養士総数（人）	
	特定給食	その他の給食	特定給食	その他の給食	特定給食	その他の給食
学校	15,611	1,964	96,030	908	9,175	397
病院	5,481	2,564	16,448	6,643	24,750	4,519
介護老人保健施設	2,813	972	35,458	1,981	5,162	1,276
介護医療院	112	280	8,034	542	243	361
老人福祉施設	5,109	9,040	345	10,709	7,584	5,778
児童福祉施設	14,409	15,865	12,264	14,507	4,607	4,198
社会福祉施設	778	3,450	16,509	3,409	737	1,519
事業所	4,958	2,980	1,432	684	1,664	272
寄宿舎	521	1,129	3,153	322	164	137
矯正施設	108	36	394	5	56	3
自衛隊	201	47	75	34	190	18
一般給食センター	326	15	241	7	315	4
その他	787	5,597	800	3,225	350	1,345
計	51,214	43,939	191,183	42,976	54,997	19,827

表 1.2　管理栄養士・栄養士充足率

	管理栄養士・栄養士のいる施設数：B		管理栄養士・栄養士の充足率（%）B/A		管理栄養士のいる施設数：C		管理栄養士の充足率（%）C/A	
	特定給食	その他の給食	特定給食	その他の給食	特定給食	その他の給食	特定給食	その他の給食
学校	11,108	722	71.2	36.8	7,524	368	48.2	18.7
病院	5,480	2,511	100.0	97.9	5,471	2,466	99.8	96.2
介護老人保健施設	2,804	922	99.7	94.9	2,754	861	97.9	88.6
介護医療院	104	235	92.9	83.9	103	215	92.0	76.8
老人福祉施設	5,022	6,512	98.3	72.0	4,625	4,482	90.5	49.6
児童福祉施設	9,930	9,688	68.9	61.1	3,764	3,489	26.1	22.0
社会福祉施設	712	2,331	91.5	67.6	481	1,284	61.8	37.2
事業所	2,312	463	46.6	15.5	1,380	181	27.8	6.1
寄宿舎	296	259	56.8	22.9	134	121	25.7	10.7
矯正施設	54	3	50.0	8.3	51	3	47.2	8.3
自衛隊	194	34	96.5	72.3	172		85.6	0.0
一般給食センター	255	6	78.2	40.0	169		51.8	0.0
その他	486	2,298	61.8	41.1	234	1,069	29.7	19.1
計	38,757	25,984	75.7	59.1	26,862	14,539	52.5	33.1

出典）厚生労働省 令和4年度衛生行政報告例

施設、障がい者福祉施設、学校（小学校・中学校・高等学校夜間課程・特別支援学校）、事業所などがある（表1.1、表1.2）。これらの施設の中で、**健康増進法**[*1]および**健康増進法施行規則**で定める定義にあてはまるものを「**特定給食施設**[*2]」という。

給食施設の種類により提供する食事回数が異なり（1〜3回／日）、また、対象者（以下**喫食者**という）の状態により必要栄養量、食事形態、食事内容等が異なる。したがって、食事の提供においては管理栄養士・栄養士の専門性に基づいた種々の管理が重要となる。つまり、喫食者の状態やニーズに応じた栄養・食事管理と経営管理（食事の衛生・安全・品質の管理、給食の生産管理等）の2本柱に基づく管理が求められ、最終的には、喫食者の満足度を確保し、QOL（quality of life：生活の質）の向上を図る必要がある（図1.1）。

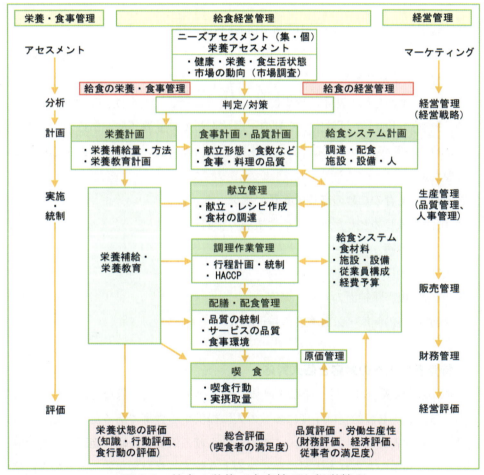

図1.1　給食の栄養・食事管理と経営管理

*1　**健康増進法**：栄養改善法（昭和27年）に代わる法律として平成14年に制定された。保健活動の総合的な推進を目的としている（詳細は巻末資料参照）。
*2　**特定給食施設**：特定かつ多数の者に対して継続的に食事を供給する施設のうち栄養管理が必要なものとして厚生労働省令で定めるもの（1回100食以上、1日250食以上の食事を供給する施設）である。

第1章　給食の概念

また、給食施設が企業体として、社会環境の変化に対応しながら順調な経営を展開し、事業目的を達成していくためには、**給食の資源**（人・設備・資金・材料・技術・情報など）を適切かつ有効に活用することが重要で、そのための経営管理のセンスとスキルも求められる。

1.2 給食の意義と目的

「食」は生命の源である。また、同時に、人体を構成する約60兆個の細胞のひとつひとつが食事から補給される栄養成分で作られているので、食事の内容、量、食べ方次第で健康状態にさまざまな影響を及ぼす。

また、近年日本人の「食」を取り巻く環境が著しく変化し、食の多様化が進展している。その一方で、人々の食生活は簡便化・偏食傾向にあり、栄養摂取の過不足が**生活習慣病（life style related diseases）**の発症につながっている。

給食は、一日に1〜3回、継続的に提供される食事であるので、喫食者の健康保持・増進に果たす役割は極めて大きいといえる。

「食事」に求められる基本的要素には、①生命維持、②安全性、③嗜好性などがあるが、給食には加えて**「健康づくりの一環」**としての位置づけがあるので、さらに次のような役割が求められる。これらを踏まえ、より良い給食の提供を心がけていく必要がある。

① 成長・発育のための必要栄養量の確保
② 肥満をはじめとした各種生活習慣病の予防
③ 疾病の治癒、健康回復
④ QOL の向上
⑤ 疲労回復、精神面の安定・充実
⑥ 喫食者への健康・栄養教育の推進

1.3 特定多数人への対応と個人対応

1日の必要栄養量は、性・年齢・身体活動レベル・健康状態などにより1人ひとり異なる。しかし、給食は1度に多数の人に提供する食事であるため、献立作成の基準となる栄養量については、エネルギーおよび各栄養素に**幅（範囲）**をもたせ、できるだけ基準から外れる人が少なくなるよう配慮しながら集約したものを設定する（3章栄養・食事管理参照）。その際、成長状況、健康状況などの個人差により、集約した栄養基準量にあてはまらない対象者については、個別の対応が必要である。また同様に、**個人的要因**（アレルギー、宗教、薬剤との禁忌、咀嚼・嚥下能力等）

を有する喫食者についても、個人対応が必要である。

　このように、給食では多数人への食事であっても決して画一的にならず、個人の状況にも配慮しながら、利用者の健康保持・増進を図っていくことが求められる。

1.4 給食における管理栄養士の役割り

　栄養士法[3]（昭和22年制定）第1条において、管理栄養士は厚生労働大臣の免許を受けて、管理栄養士の名称を用いて以下のことを行うことを業とする者と定義されている。

① 傷病者に対する療養のために必要な栄養の指導
② 個人の身体状況、栄養状態等に応じた高度の専門的知識および技術を要する健康の保持増進のための栄養の指導
③ 特定多数人に対して継続的に食事を供給する施設における利用者の身体の状況、栄養状態、利用の状況等に応じた特別の配慮を必要とする給食管理およびこれらの施設に対する栄養改善上必要な指導

　給食にかかわる管理栄養士は主として各種特定給食施設における栄養・給食部門（直営側・受託会社[4]側）に属し、主に③の業務を行う立場にあるが、直営の病院、高齢者施設等においては、給食利用者に対し、①、②のような栄養指導にも従事する立場にある。

　また、それ以外で管理栄養士が給食に関与する職域として、都道府県の**栄養指導員**[5]（給食施設の監督・指導）、食品・給食機器等の企業（開発・コンサルテーション）の担当者等がある。

　一方、健康増進法では、特定給食施設の設置者に対する栄養管理の義務、管理栄養士の必置などに関する規定（p8〜10）が示されている。つまり、このことは、特定給食施設において管理栄養士の専門性に基づく管理が必須であることを裏付けるものである。

　管理栄養士が給食において果たす役割を大別すると以下の通りである。

(1) 給食の運営管理

　給食の運営管理業務において、経営計画に基づき、食事の生産・提供にかかわるシステムを適正に管理し、給食経営管理の充実を図る。

＊3 **栄養士法**：栄養士および管理栄養士の身分、養成、免許などを規定した法律である。
＊4 **受託会社**：人材を派遣し、業務の一部または全部を請け負う会社。
＊5 **栄養指導員**：都道府県知事の命により、管内の給食施設に対し栄養管理上の指導を行う者。医師または管理栄養士の資格が必要。

(2) 喫食者の栄養・食事管理・教育

各給食施設で喫食者の特性・給食の意義が異なるため、それらを踏まえた食事の提供・教育を管理栄養士の専門性に基づき実施する。

(3) 他職種・他部門との連携

給食業務の充実を図る上で、他職種・他部門との連携、情報の共有を行う。例えば、病院におけるNST[6]（Nutrition Support Team）活動、高齢者施設における栄養ケア・マネジメント[7]、児童福祉施設・学校における食育の推進等である。管理栄養士には食・栄養のコーディネータ的役割を果たしていく力が求められる。

(4) その他

部門の長に位置する管理栄養士は、経営的な視点から組織の状況・問題点を分析し、改善・調整を図る役割がある。特定給食施設における管理栄養士にはこのように、専門的知識と技術に根ざした、幅広いマネジメントの視点と能力が求められる。

2 給食システム

2.1 給食システムの概念

システムとは、各構成要素が相互にある種の関係をもちながら形成するひとつの「全体」をさす。

給食経営管理においては、利用者の栄養・食事管理を行う面と、給食の提供にかかわる要素（費用・人事・生産・衛生など）についての管理を行う2つの側面がある。給食サービスを円滑かつ適切に実施し、給食経営管理の意義・目的を達成するためには、給食の運営にかかわる各構成要素を適正に機能させると同時に、有効的組み合わせにより、システム全体の機能の向上を図っていくことが大切である。

2.2 トータルシステムとサブシステム

トータルシステムはシステム構築において全体を網羅するものである。給食システムにおいては、喫食者に最適な食事を提供するためのシステムが**トータルシステム**（図1.2）であり、給食の生産にかかわるいくつかの**サブシステム**より構成される。**サブシステム**は、給食の生産に関与する**実働作業システム**とそれを円滑に機能させるための**支援システム**に分けられる。サブシステムの具体的内容を**表1.3**に示す。

---

*6 NST：病院において医療関係職種がチームを組んで患者の栄養サポートにあたること。
*7 栄養ケア・マネジメント：高齢者施設において、他職種共同で利用者一人ひとりの栄養ケア計画を作成・実施し、栄養改善を図ること。

2 給食システム

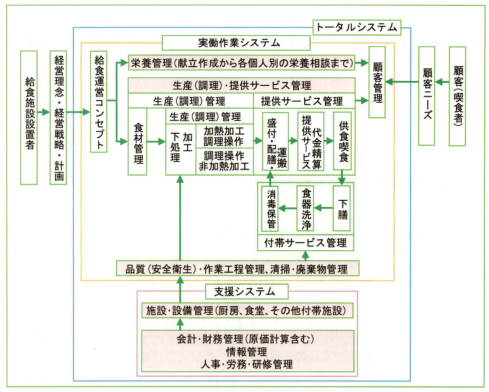

図1.2　トータルシステム・サブシステムの概念図

表1.3　給食のサブシステム

	サブシステムの項目	主な内容
実働システム	栄養・食事管理	喫食者のアセスメント。栄養量・補給法・食事形態等の決定。献立管理（食材の選定、組み合わせ、調理法等）と評価。栄養教育の実施。
	食材料管理	食材の選定・発注。食材の検収・保管。在庫管理。非常食の管理。食材費の算出・評価。
	生産管理	時間管理に基づく工程表の作成。調理・配食管理。生産性の検討・評価。廃棄物管理。
	提供管理	盛り付け量・内容のチェック。提供時間・温度管理。食事環境の整備・評価。
	安全・衛生管理	HACCPに基づくヒト（調理従事者・食品納入業者・喫食者）とモノ（生鮮食品・在庫品）及び施設・設備の衛生管理による食中毒の防止。調理場・調理従事者の安全確保。事故・災害時対策の構築・評価。
	品質管理	献立・調理作業の標準化。食事の品質チェック。喫食率・嗜好等の調査・分析・評価の実施。
支援システム	人事・労務管理	人事（採用・配置）管理。従業員の業績管理・評価。従業員の教育・訓練。職場環境の整備。
	施設・設備管理	法令・基準に基づく施設・設備の整備。施設の点検。設備の保守管理。
	会計・財務管理	原価の把握・分析・評価。財務諸表の作成・分析・評価。経営計画の作成。
	情報管理	ITを活用した事務管理。各種伝票の管理。帳票類の作成・管理。監査書類・保健所への提出書類の作成・管理。喫食者データ、経営データの整備・活用。

第1章　給食の概念

　実働作業システムを構成する要素は栄養・食事管理、食材料管理、生産管理、提供管理、安全・衛生管理、品質管理である。一方、支援システムを構成する要素は人事・事務管理、施設・設備管理、会計・原価管理である。

給食の総合目標の達成に向けて、それぞれのサブシステムおよびセクションでのPDCAサイクル（P19参照）を確実に行い、給食施設全体の給食経営管理の充実を図る必要がある。

3　給食を提供する施設と関連法規

3.1　健康増進法における特定給食施設の位置づけ

　国民の健康増進の総合的な推進に関する基本的な事項を定める法律として平成14年に健康増進法が制定された。以前は栄養改善法（昭和27年制定）で規定されていたが、法律の改正（廃止）に伴い①「集団給食施設」から「特定給食施設」への名称変更、②栄養管理義務規定の導入、③管理栄養士配置施設の拡大、③罰則規定の導入などがあり、「健康づくりの一環」としての給食の重要性が明確化された。

健康増進法および健康増進法施行規則抜粋（巻末資料p. 252～254）

健康増進法（平成14年8月2日）

第5章　特定給食施設等　第1節　特定給食施設における栄養管理

第20条（特定給食施設の届出）（図1.3、図1.4）

特定給食施設（特定かつ多数の者に対して継続的に食事を供給する施設のうち栄養管理が必要なものとして厚生労働省令で定めるものをいう。以下同じ）を設置した者は、その事業の開始の日から一月以内に、その施設の所在地の都道府県知事に、厚生労働省令で定める事項を届出なければならない。（変更、休止、廃止の場合も同様の規定あり）

第21条（特定給食施設における栄養管理）

特定給食施設であって、特別の栄養管理が必要なものとして厚生労働省令で定めるところにより都道府県知事が指定するものの設置者は、当該給食施設に管理栄養士を置かなければならない。

2. 前項に規定する特定給食施設以外の特定給食施設の設置者は、厚生労働省令で定めるところにより、当該給食施設に栄養士又は管理栄養士を置くように努めなければならない。

3. 特定給食施設の設置者は、第二項に定めるもののほか、厚生労働省令で定める

基準にしたがって、適切な栄養管理を行わなければならない。

第22条（指導及び助言）、第23条（勧告及び命令）、第24条（立入検査等）に関しては巻末資料参照のこと。

健康増進法施行規則（平成15年4月30日）

第5条（特定給食施設）

法第20条第1項の厚生労働省令で定める施設は、継続的に1回100食以上または1日250食以上の食事を供給する施設とする。

第6条（特定給食施設の届出事項）

法第20条第1項の厚生労働省令で定める事項は、次のとおりとする。

　1　給食施設の名称および所在地

　2　給食施設の設置者の氏名及び住所

　3　給食施設の種類

　4　給食の開始日又は開始予定日

　5　1日の予定給食数及び各食ごとの予定給食数

　6　管理栄養士及び栄養士の員数

第7条（特別の栄養管理が必要な給食施設の指定）（表1.4）

法第21条第1項の規定により都道府県知事が指定する施設は次のとおりとする。医学的管理を必要とする者に食事を供給する特定給食施設であって、継続的に**1回300食以上または1日750食以上**の食事を提供するもの。

前号に掲げる特定給食施設以外の管理栄養士による特別な栄養管理を必要とする特定給食施設であって、継続的に**1回500食以上または1日1500食以上**の食事を供給するもの。

第8条（特定給食施設における栄養士等）

法第21条第2項の規定により栄養士又は管理栄養士を置くように努めなければならない特定給食施設のうち、**1回300食以上又は1日750食以上**の食事を供給するものの設置者は、当該施設に置かれる栄養士のうち少なくとも1人は管理栄養士であるよう努めなければならない。

第9条（栄養管理の基準）

(1) 当該給食施設を利用して食事の供給を受ける者（以下（利用者）という）の身体の状況、栄養状態、生活習慣等（以下「身体の状況等」という）を定期的に把握し、これらに基づき、適当な熱量および栄養素の量を満たす食事の提供及びその品質管理を行うとともに、これらの評価を行うよう努めること。

第1章　給食の概念

（2）　食事の献立は、身体の状況等のほか、利用者の日常の食事の摂取量、嗜好等に配慮して作成するよう努めること。

（3）　献立表の掲示並びに熱量及びたんぱく質、脂質、食塩等の主な栄養成分の表示等により、利用者に対して、栄養に関する情報の提供を行うこと。

（4）　献立表その他必要な帳簿等を適正に作成し、当該施設に備え付けること。

（5）　衛生の管理については、食品衛生法その他関係法令の定めるところによること。

給 食 事 業 （開始 ・ 再開） 届

年　　　月　　　日

知 事 殿

設置者　住所

名前　　　　　　　　　　　印
電話番号

法人の場合は、その名称、主たる事業所の所在地及び代表者の名前

次のとおり、給食事業を開始（再開）しますので、健康増進法第20条第1項の規定により届け出ます。

施 設 の 名 称				
所　在　地	〒		（電話番号　　　　　）	
管　理　者	役職名		名　前	
給食開始(再開)年月日	年	月	日	
施 設 の 種 類	1 学校　　　　　　2 病院　　　　　　　3 介護老人保健施設 4 老人福祉施設　　5 児童福祉施設　　6 社会福祉施設 7 矯正施設　　　　8 寄宿舎　　　　　9 事業所 10 一般給食センター　　11 その他（　　　　　　）			
運 営 方 式	1　直営 2　委託 3　一部委託 （内容：　　　　　）	委託又は一部委託の場合	名称： 所在地： 代表者名：	
施 設 の 定 員 数 ※				
給 食 対 象 者				

1日の予定給食数	給　食	昼　食	夕　食	その他（　）	計

区　　　分	施　　　設　　　側		委　　　託　　　側	
	常勤者	非常勤者	常勤者	非常勤者
ア 管理栄養士	人	人	人	人
イ 栄 養 士	人	人	人	人
ウ 調 理 師	人	人	人	人
エ 調 理 員	人	人	人	人
オ 事 務 職 員	人	人	人	人
カ （　　　）	人	人	人	人
ア～カ 合　　　計	人	人	人	人

員数を記入

※病院の場合は、許可病床数を記載する。

図 1.3　給食の開始届（例）

3 給食を提供する施設と関連法規

給 食 事 業 （ 休 止 ・ 廃 止 ） 届

年　　　月　　　日

知 事 殿

設置者 住所

名前

印

電話番号

法人の場合は、その名称、主たる事業所の所在地及び代表者の名前

次のとおり、給食事業を（休止・廃止）したので、健康増進法第20条第2項の規定により届け出ます。

施 設 の 名 称	
所 在 地	〒
給食廃止年月日	年　　　月　　　日
休止の予定期間	年　　月　　日　～　　年　　月　　日
給食廃止（休止）の理由	

図1.4　給食の休止・廃止届（例）

11

第1章　給食の概念

表1.4　健康増進法に基づく管理栄養士配置規定

	管理栄養士必置規定基準		施　設	取扱い規定
1号施設	医学的な管理を必要とする者に食事を供給する特定給食施設 継続的に1回300食以上または1日750食以上	①	許可病床数300床以上の病院または入所定員300人以上の介護老人保健施設	
		②	その他の施設にも食事を提供しており、病院の許可病床数および介護老人保健施設の入所定員の合計が300人以上の特定給食施設	
2号施設	管理栄養士による特別な栄養管理を必要とする特定給食施設	児童福祉施設	・乳児院 ・児童擁護施設 ・知的障がい児施設（病院であるものを除く） ・盲ろうあ児施設（難聴幼児通園施設を除く） ・肢体不自由児施設（肢体不自由児療護施設に限る） ・情緒障がい児短期治療施設 ・児童自立支援施設	
		社会福祉施設	・救護施設および更正施設 ・心身障がい者福祉協会の設置する施設 ・身体障がい者更正施設（通所部門を除く） ・身体障がい者療護施設 ・身体障がい者授産施設（通所施設および通所部門を除く） ・養護老人ホーム、特別養護老人ホーム、軽費老人ホーム	
	継続的に1回500食以上または1回1500食以上	事業所等	・事業所 ・寄宿舎 ・矯正施設 ・自衛隊	勤務または居住する者の概ね8割以上の者が喫食する施設
			1号施設および2号施設または複数の2号施設を対象に食事を提供する施設（1号施設②を除く）	※病院および介護老人保健施設に対する食事数算定の方法
			1号施設および2号施設以外のものをも対象として食事を供給する施設（1号施設②を除く）	⎰ 1回の食事数：許可病床数および入所定員数 ⎱ 1日の食事数：許可病床数または入所定員数の3倍
			法令等により栄養士必置とされている複数の社会福祉施設および児童福祉施設に限り食事を供給する場合	それぞれの社会福祉施設等に供給される食事数で求める

　その他、栄養管理義務に違反した場合の罰則規定、管理栄養士必置の特定給食施設の指定、栄養管理基準の詳細については、巻末の「特定給食施設が行う栄養管理に係る留意事項について」を参照のこと。

　また、各施設に適用される栄養士の配置規定は**表1.5**の通りである。

表 1.5　各給食施設における栄養士の配置規定

施設			根拠法令	配置規定法令	栄養士配置規定	条件
病院	病院		医療法	医療法施行規則	○	病床数 100 以上の病院で必置
	医療保健機関		・健康保健法 ・高齢者医療確保法	入院時食事療養の基準等	◎	・入院時食事療法（Ⅰ）を算定すべき食事療養の基準：食事療養は管理栄養士または栄養士によって行われていること。
事業所	事業所		労働安全衛生法	労働安全衛生規則	△	・1 回 100 食以上又は 1 日 250 食以上の給食を行う時、栄養士を置くように努めなければいけない。
	事業所の附属寄宿舎		労働基準法	事業附属寄宿舎規定	○	・1 回 300 食以上の給食を行う場合必置
福祉施設　児童福祉施設	乳児院		児童福祉法	児童福祉施設最低基準	○	・乳児 10 人以上の施設は必置
	児童擁護施設				○	・児童 41 人以上の施設は必置
	知的障がい児施設				○	
	盲ろうあ児施設				○	
	児童自立支援施設				○	
	知的障がい者施設	第一種自閉症施設を除く			○	
		第一種自閉症施設	児童福祉法医療法		○	・病床数 100 以上必置
	肢体不自由児施設	肢体不自由児施設（通園を除く）	児童福祉法医療法		○	・病床数 100 以上必置
		肢体不自由児療護施設	児童福祉法		○	・入所児童が 41 人以上の施設は必置
	重症心身障がい児施設		児童福祉法医療法		○	・病床数 100 以上必置
	情緒障がい児短期治療施設		児童福祉法		◎	—
福祉施設　社会福祉施設	救護施設		生活保護法	救護施設、厚生施設、授産施設、宿泊提供施設の設備・運営に関する最低基準	◎	—
	更生施設				◎	—
	更生援護施設　身体障がい者	身体障がい者　更生施設　肢体不自由者更生施設	・身体障がい者福祉法 ・障がい者自立支援法	身体障がい者更正施設等の設備および運営について	—	H21.障がい者自立支援法改正により 栄養管理体制加算 ├栄養士配置加算　└栄養マネジメント加算
		視覚障がい者更生施設				
		聴覚・言語障がい者更生施設				
		内部障がい者更生施設				
		身体障がい者療護施設				
		身体障がい者授産施設（通所を除く）				
	知的障がい者援護施設	知的障がい者更生施設（通所を除く）	知的障がい者福祉法	知的障がい者援護施設の設備および運営に関する基準		
		知的障がい者授産施設（通所を除く）				

◎必置　○条件により必置　△配置努力

第1章　給食の概念

表 1.5　つづき

		施　設	根拠法令	配置規定法令	栄養士配置規定	条　件
社会福祉施設	福祉施設	特別養護老人ホーム	老人福祉法	特別養護老人ホーム設備および運営に関する基準	○	・入所定員が 40 人を超えない特別養護老人ホームにおいて、他の社会福祉施設等の栄養士との連携をはかることにより効果的な運営が期待でき、入所者の処遇に支障がないときは、置かないことができる。
		養護老人ホーム		養護老人ホーム設備および運営に関する基準	○	・特別養護老人ホームに併設する入所定員 50 人未満の養護老人ホーム（併設する特別養護老人ホームの栄養士と連携を図ることにより効果的な運営が期待でき、入所者の処遇に支障がない時）においては、置かないことができる。
		軽費老人ホーム		軽費老人ホーム設置運営要綱	○	・定員 50 人以上の軽費老人ホームには置かなければならない。定員 40 人未満の特別養護老人ホームと連携を図ることにより入所者の処遇に支障がない時には、特別養護老人ホームの職員と兼務することができる。
学校		学校給食実施校または学校給食共同調理場	学校給食法			・学校給食栄養管理者*：学校給食の栄養に関する専門的事項をつかさどる職員は栄養士の免許を有する者（学校栄養職員）、または栄養教諭の免許を有する者で、学校給食の実施に必要な知識もしくは経験を有する者でなければならない。
			公立義務教育諸学校の学級編成および教職員定数の標準に関する法律	―	○	・単独調理方式：学校給食（ミルク給食は除く）を実施する児童および生徒数が 550 人以上で 1 人、549 人以下で 4 校に 1 人栄養教諭または学校栄養職員を配置。学校数が 3 校以下の市町村で 549 人以下で 1 人。 ・共同調理場方式：学校給食（ミルク給食は除く）を実施する児童または生徒数 6001 人以上で 3 人、1501〜6000 人で 2 人、1500 人以下で 1 人栄養教諭および学校栄養職員を配置。 ・特殊教育諸学校：学校給食を実施する学校は栄養教諭等 1 人。
保健所		保健所	地域保険法	地域保険法施行例	―	・保健所を設置する地方公共団体の長が必要と認める職員を置く。

＊栄養士養成施設、調理師養成施設においても、栄養士や管理栄養士の配置規定がある。　○条件により必置

3.2　特定給食施設における給食経営管理

　特定給食施設における給食経営では、栄養管理的側面と経営管理的側面からの管理・統制が必要である。特に、企業体として安定した経営を行うためには、給食の運営上で発生する収入と支出について、適正なマネジメントのもとに事業を計画・

3　給食を提供する施設と関連法規

運営することが重要となる。

　また、給食の提供は、各種法律の規定に基づき実施している（**表1.6**）ので、計画の作成に際しては、それらの要点を把握する必要がある。特に、食費については、喫食者の一部負担（病院、保育所など）もあれば、全額負担（高齢者施設、学校）というところもある。また、病院給食では診療報酬*8の加算対象となっている事項、高齢者施設では介護報酬*9の対象となっている事項等があり、特に、特定給食施設では、管理栄養士の配置の有無、提供する食事の種類等により、得られる収入が異なる。したがって、可能な限り最大限の収入が得られるように経営管理的視点をもってマネジメントすることが重要である。

表1.6　施設別における給食の意義と関係法規

施設の種類	対象者	給食の意義・特性	関係法規
❖ 医療施設（病院等） （p206 参照）	❖ 入院患者 ❖ 外来（透析治療） ❖ 在宅患者	❖ 治療の一環 ❖ 健康回復、病態の改善・安定 ❖ QOL の向上	❖ 医療法、健康保険法 ❖ 入院時食事療養の基準等 ❖ 病院診療所の業務委託について
❖ 高齢者施設 ❖ 介護保険施設 （p215 参照）	❖ 高齢者 ❖ 要介護者	❖ 健康度の維持、QOL の向上 ❖ 咀嚼・嚥下能力に応じた食事調整 ❖ 低栄養の防止	❖ 老人福祉法、介護保険法 ❖ 医療法 ❖ 特別養護老人ホームの設備及び運営に関する基準 ❖ 養護老人ホームの設備及び運営に関する基準 ❖ 軽費老人ホーム設置運営要綱
❖ 児童福祉施設 （p223 参照）	❖ 乳幼児 ❖ 児童・生徒	❖ 健全な成長・発育 ❖ 適正な食習慣の形成 ❖ 発育の推進	❖ 児童福祉法 ❖ 児童福祉最低基準 ❖ 保育所における調理業務の委託について
❖ 障がい者福祉施設 （p228 参照）	❖ 障がい者	❖ QOL の向上 ❖ 障がいの種類・程度に応じた食事調整	❖ 障がい者自立支援法
❖ 学校 （p230 参照）	❖ 児童・生徒	❖ 健全な成長・発育 ❖ 適正な食習慣の形成 ❖ 発育の推進	❖ 学校給食法 ❖ 学校給食実施基準 ❖ 学校給食実施基準の施行について
❖ 事業所・寄宿舎 ❖ 自衛隊　等 （p242 参照）	❖ 従業員等	❖ 福利厚生 ❖ 生活習慣病予防・改善対策	❖ 労働安全衛生法 ❖ 事業附属寄宿舎規定

＊8　**診療報酬**：保険医療機関が保健診療を行った場合に、その対価として保険者から医療機関に支払われる料金のこと。

＊9　**介護報酬**：介護保険施設等で介護保険適用のサービスを行った場合に保険者から支払われる料金のこと。

15

第1章　給食の概念

3.3 各種施設における給食の意義

　各種給食施設により喫食者の特性や提供する給食の意義が異なる（**表1.6**）。また、前述のように各施設で給食の運営にかかわる法律も異なる（**表1.6**）。したがって、管理栄養士はそれらを踏まえた上で、給食経営管理業務を適切に遂行していく義務があるといえよう。

　施設ごとの給食経営管理の要点は第9章参照のこと。

問　題

　下記の文章の（　）に適切な語句を入れよ。

1. 給食の定義は（　①　）の人々に（　②　）に食事を提供することである。

2. 最終的には、喫食者の（　③　）を確保し、（　④　）の向上を図る。

3. 喫食者に最適な食事を提供することが（　⑤　）システムであり、給食の生産にかかわるいくつかの（　⑥　）システムより構成される。

4. （　⑦　）システムは、実際に給食の生産にあたる（　⑧　）システムとそれを円滑に機能させるための（　⑨　）システムに分けられる。

5. 特定給食施設の設置者は、事業の開始の日から（　⑩　）以内に、その施設の所在地の（　⑪　）に、厚生労働省令で定める事項を届出なければならない。

6. 特定給食施設とは、継続的に1回（　⑫　）食以上または1日（　⑬　）食以上の食事を供給する施設である。

7. 医学的管理を必要とする者に食事を供給する特定給食施設であって、継続的に1回（　⑭　）食以上または1日（　⑮　）食以上の食事を提供する施設には、（　⑯　）を置かなければならない。

8. 特定給食施設では、利用者の（　⑰　）の状況、栄養状態、生活習慣等を定期的に把握し、これらに基づき、適当な熱量および栄養素の量を満たす食事の提供およびその（　⑱　）を行うとともに、これらの（　⑲　）を行うよう努めること。

9. （　⑳　）の掲示ならびに主な（　㉑　）の表示等により、利用者に対して、栄養に関する情報の提供を行うこと

10. 病院給食の意義は、患者の（　㉒　）の一環、高齢者施設給食の意義は利用者の（　㉓　）の向上、学校給食の意義は、児童・生徒の健全な心身の育成ならびに望ましい（　㉔　）の形成である。

給食経営管理の概念

達成目標

- 経営管理の概要を理解し、給食運営業務の展開を理解する。
- マーケティングの原理と給食での活用を理解する。
- 給食経営の組織とリーダーシップマネジメントを理解する。

1 経営管理の概要

1.1 経営管理の意義と目的

(1) 経営とは

　経営体や組織体の理念・目的に基づき経営方針を立て、経営資源を活用して事業を継続的、効率的、計画的に遂行させることである。

(2) 経営管理とは

　「組織体の目的を効果的に達成し、維持・発展させていくための管理活動である。そのためには、①理念・目的の明確化、②経営資源の有効活用・適正管理、③ニーズに対応できる戦略の構築などが大切である。

(3) 給食における経営管理とは

　給食運営の組織体（企業、学校、病院、社会福祉施設など）の理念に基づき、よりよい製品（給食・料理）・サービスを顧客（利用者）に提供するために、必要な資源（人材、食材、資金、設備、技術など）を活用して生産過程やシステムの円滑化・安全化を図り、評価・改善などを実践する活動である。

1.2 経営管理の機能と展開

(1) 経営管理の機能

　経営管理の原則として、フランスの企業経営者アンリ・ファヨールが1916（大正5）年に提示した管理活動の5つの要素、①**計画**、②**組織**、③**指揮**、④**調整**、⑤**統制**がある（**表2.1**）。これは、組織原則ともいわれ、組織を合理的に編成して効率的に管理体制を構築するにあたり適用され、また遵守されるべき指針となる。

　給食関連の企業や経営体（組織体）の管理活動においても、経営環境の流動的な変化に対応した**経営計画**を作成し、経営活動を展開することが重要である。

表2.1　経営管理の機能と内容

5つの要素

計画（planning）
　経営の目標を設定し、必要な情報、資料の収集、分析により経営を立案する。
組織（organization）
　職務の分担、権限、責任の明確化、スタッフ間の連携の円滑化に配慮した組織を構築する。
指揮（direction）
　目的達成に向けて、適切な指揮指導により、実際に行動を行わせる。
調整（coordination）
　計画と実際のズレが生じた場合に改善する。
統制（controlling）
　計画の進行状況の分析・評価を行い、実務をコントロールする。

(2) 経営管理の展開
1) 経営理念と経営戦略（図2.1）
（ⅰ）経営理念とは

　会社や組織体の経営者が経営活動計画の展開や事業活動をするときの信念、信条や理想をいい、**基本理念**、**行動理念**、**企業理念**の3つがある。

（ⅱ）経営方針とは

　経営戦略を実現するための具体的行動プランである。

（ⅲ）経営戦略とは

　経営理念に基づき事業を展開するための具体的な方針・目標である。時代の経営環境の変化に対応しながら中長期的に経営計画を策定・展開する。戦略の立案に際しては、事前のアセスメントや顧客のニーズ調査を参考にする。

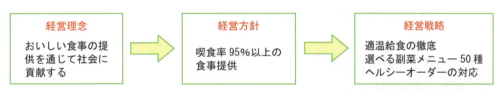

図2.1　給食経営の概念・方針・戦略の例

2) マネジメントサイクル

　ファヨールの管理原則をさらに進化させた経営管理の手法として、**PDCAサイクル**（図2.2）がアメリカで展開された。これは、まず、目的を達成するための**計画**を立て（Plan）、計画に従って**実施**し（Do）、計画通りに実行されたかを**評価・検討**する（Check）、検討結果を修正するための**行動**を起こす（Action）というサイクルで、経営管理の**マネジメントシステム**または**マネジメントサイクル**とよんでいる。サイクルの繰り返しにより、ステップアップを図ることができ、よりよい経営活動の実現に有効である。

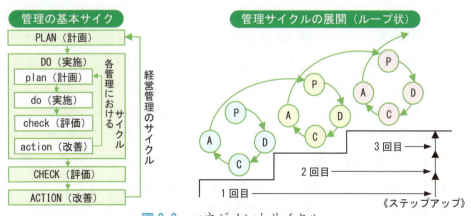

図2.2　マネジメントサイクル

1.3 給食の資源

会社や組織体の経営においては、経営理念に基づく目標や目的達成のための会社運営の経営資源が必要である。経営資源には、**人的資源**（man）、**物的資源**（material）、**資金的資源**（money）、**設備資源**（machine）、**技術資源**（method）の5大資源（5M）がある。近代経営ではさらに**情報**、**時間**などの経営関連資源を含めた総合的資源が会社や組織体経営になくてはならないとされている。給食経営における各資源の内容を表2.2に示す。

表2.2 給食の資源と内容

人的資源	管理栄養士、栄養士、調理師、調理補助員、給食事務員
物的資源	食材料、エネルギー資源
資金的資源	収入、資源の購入、借用費、雇用費用など
設備資源	施設、設備、什器
技術資源	方法、マニュアル、レシピ、ブランドなど

1.4 給食運営業務の外部委託

(1) 給食の運営形態

給食の運営形態には、**直営方式**、**委託方式**、その他の方式がある（表2.3）。

1) 直営方式

経営母体の会社・組織体が直接給食部門を運営する方式である。

2) 委託方式

給食業務の全部または一部を外部の専門会社に委託（アウトソーシング）する方式である（図2.3）。委託には、給

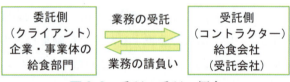

図2.3 委託・受託の概念

食部門全般を委託する**全面委託**と、給食運営の一部を委託する**部分委託**がある。さらに部分委託には、労働業務（調理作業、洗浄業務など）のみを委託する**労務委託**と管理部分のみを委託する**管理委託**がある（表2.3）。給食運営の多くは、経営母体が直接運営するという直営方式を原則として運営されてきた。しかし、社会情勢の変化に伴い給食運営の合理化を目的とし、業務委託が進められるようになった。従来、病院、学校、保育所における調理業務の委託は認可されていなかったが、病院では1986（昭和61）年、学校給食では1985（昭和60）年、保育所では1998（平成10）年にそれぞれ調理業務の委託が認められた。さらに病院では1993（平成5）年に「院外調理」が認可され、病院外の施設で調理した食事を提供できるようになり、分野ごとの違いはあるものの、給食業務の委託率は確実に増加している（図2.4）。

表2.3　給食の運営方式

直営方式		自社が直接運営
委託方式	準委託	子会社、系列会社、関連団体へ依頼
	部分委託	給食業務の一部を他社に依頼 　労務委託：労働業務のみを委託 　管理委託：管理部分のみを委託
	全面委託	給食部門全体を他社（給食会社）に依頼
その他	PFI方式	公共施設において、民間に施設整備とサービスを委託
	協同組合方式	地域や同業者により協同出資し、給食施設を経営
	人材派遣	人材派遣会社へ業務を担当できる人材の派遣を依頼

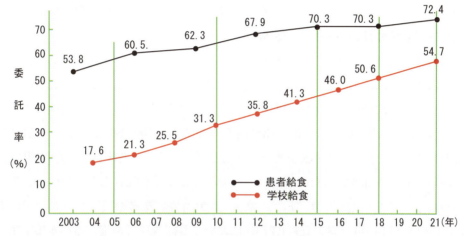

出典）「医療関連サービス実態調査」（財）医療関連サービス振興会、「学校給食実施状況調査」文部科学省

図2.4　給食業務の委託率

(2) 給食業務委託の目的

　給食における業務委託の目的を表2.4に示す。委託化によりさまざまなメリットが期待できるが、その反面、受託会社に喫食者重視の視点がおろそかになると、給食本来の目的が果たしにくくなる。

　したがって、委託側と受託側が給食提供のコンセプトを共有し、連携を図っていくことが大切である。

表2.4　給食業務委託の目的

経済的効果	人件費、食材費、経費の削減、生産性のアップ
人事管理の簡素化	労使関係、パート化、人事管理業務の簡素化
給食運営の改善	運営管理、食事の品質・サービスなどの改善
専門性への期待	専門知識、専門技術、新しい情報の収集と提案
新システムの導入	レディフードシステム、センター化、選択食、適温配膳システムなど

(3) 外部委託の契約方式

給食の外部委託の契約方式には、**管理費契約**と**食単価契約**がある。

1) 管理費契約

食数が少ない施設で用いられる。給食の生産に係わる人件費、加工費、原材料費（食材料費）を委託側（施設）が負担する。それ以外の経費（水道光熱費や通信費、衛生費、食器代など）については受託側（給食会社）が負担して給食を生産するという方式である。

2) 食単価契約

給食の生産を行うにあたり原材料費、労務費、諸経費など一切を含めた一食当りの費用を喫食者が支払う。食数が多く、変動の少ない施設に多い契約方式である。

(4) 外部委託の契約内容と業務区分

給食業務を外部委託する際の提示事項・契約内容は**表2.5**の通りである。また、契約に際しては、委託施設側と受託側の経営代表者により給食業務委託契約書を締結させ、給食業務仕様書および業務分担表でそれぞれが行う業務を明確にする。また、委託業務の内容によっては、「給食関係の書類等の業務分担や運営費の負担区分」なども示す。なお、給食業務を委託する場合でも、業務の最終責任は直営側にある。

病院給食で外部委託を行う場合は、医療法により「病院自らが実施すべき業務」が規定されており（**表2.6**）、また、「病院、診療所等の業務委託について」（平成5年2月15日指第14号）（巻末資料P 273）において受託責任者が備えるべき帳票類として以下のものが規定されている。

① 業務の標準作業計画書
② 受託業務従事者名簿および勤務表
③ 受託業務日誌
④ 受託している業務に関して行政による病院への立入検査の際、病院が提出を求められる帳票
⑤ 調理等の機器の取り扱い要領および緊急修理案内書
⑥ 病院からの指示と、その指示への対応結果を示す帳票

表2.5 外部委託の提示事項・契約内容

①給食に関するコンセプト	⑥衛生管理と事故責任
②委託業務の範囲、業務区分	⑦食事サービス（食数、食種、金額、時間、献立例）
③貸与設備の内容と管理	⑧従業員の構成、管理
④経費の負担区分	⑨検査、報告義務
⑤契約の期間、解除	⑩書類の提出先、提出期限

表2.6　病院自らが実施すべき業務

区　　分	業　務　内　容	備　　　考
栄養管理	❖病院給食運営の総括 ❖栄養管理委員会の開催・運営 ❖院内関係部門との連絡・調整 ❖献立表作成基準の作成 ❖献立表の確認 ❖食数の注文・管理 ❖食事箋の管理 ❖嗜好調査・喫食調査等の企画・実施 ❖検食の実施・評価 ❖関係官庁等に提出する給食関係の書類等の確認・提出・保管管理	❖受託責任者も参加を求める ❖治療食等を含む ❖受託責任者等の参加を求める
調理管理	❖作業仕様書の確認 ❖作業実施状況の確認 ❖管理点検記録の確認	❖治療食の調理に対する指示を含む
食材料管理	❖食材料の点検 ❖給食材料の使用状況の確認	❖病院外の調理加工施設を用いて調理する場合を除く
施設等管理	❖調理加工施設、主要な設備の設置・改修使用食器の確認	❖病院内の施設・設備に限る
業務管理	❖業務分担・従事者配置の確認	
衛生管理	❖衛生面の遵守事項の作成 ❖衛生管理簿の点検・確認 ❖緊急対応を要する場合の指示	
労働衛生管理	❖健康診断実施状況等の確認	

資料：「医療法の一部を改正する法律の一部施行について」（改正：平.8.健政発第263号）

2 給食とマーケティング

2.1 マーケティングの原理

(1) 原理

　マーケティングとは、製品と価値を生み出して、他者と交換することによって、個人や団体が必要なもの（**ニーズ**）や欲しいもの（**ウォンツ**）を手に入れるために利用する社会上・経営上のプロセスである。

　ニーズ（要求）とは、顧客が必要性を感じ求めているもので、ウォンツ（欲求）とは、ニーズを満足させた上で具体化したものである。マーケティングリサーチとは、マーケティングの基礎活動であって、ニーズやウォンツを明らかにする活動である。給食の運営では、喫食者の嗜好調査やアンケート調査が含まれる。

　給食の提供では、利用者のニーズとウォンツを常に把握して満足して頂ける給食

第2章　給食経営管理の概念

づくりをすることが重要である。特定給食施設における喫食者のニーズやウォンツの例を**表**2.7に示す。

2.2 給食におけるマーケティングの活用

　マーケティング活動の戦略として4つの要素がある。① product（製品）、② price（価格）、③ promotion（販売促進の宣伝）、④ place（販売流通の経路）で、頭文字をとってマーケティングの4P とよんでいる。

　マーケティングのプロセスと給食への活用例を**図**2.5に示す。

表2.7　特定給食施設における顧客のニーズとウォンツの例

特 定 給 食 施 設	ニーズ（要求）	ウォンツ（欲求）
病　　　　院	治療食で制限があるのはわかるが、ある程度好きなものを食べたい。	選択メニューで好きな方を選びたい。（例：ステーキを食べたい）
高齢者福祉施設	咀嚼がしづらいので、食べやすいものを食べたい。	軟らかく仕上げたソフト食を食べたい。（例：茶碗蒸しなど）
学　　　　校	いつもの給食とは違うものを食べてみたい。	行事食やバイキング給食を食べたい。
事　　業　　所	メタボ気味なので、少し改善できる食事を食べたい。	ヘルシーバランスメニューや野菜たっぷりメニューを利用したい。

現状の分析	内　　容	例
	①売上状況の把握	過去3か月の売上低下
	②喫食者の状況・生活スタイルの把握	喫食者アンケート・インタビュー ・混雑しているので、外部の飲食店を利用する方が多い。 ・メニューがマンネリ化している。
	③環境の分析	・市場メニューの分析 ・近隣に飲食店の増加 ・社会情勢の低下

目標設定	内　　容	例
	①売上の増加	客単価　5%増加
	②客数の増加	客数 10%増加

戦略の構築 4Pの活用	内　　容	例
	①製品	新メニューの開発
	②価格	リピーターに対するクーポン券の発行 期間限定のプライスダウン
	③宣伝	ポスターの掲示、サンプルケースの見直し
	④場所	利用者の動線の見直し

評　　価

図2.5　マーケティングのプロセスと給食の活用例

3 給食経営と組織

3.1 組織の構築

　経営の目的を達成するためには、組織の構成と役割を明確にした組織化が必要である。

(1) 組織の形態

　組織の形態は、経営の規模と経営活動の内容によって異なる。主なものを図2.6、図2.7に示す。

1) ライン組織（直系組織）

　製品（給食）の生産や販売（配食）など収益を直接生み出す部門・人をラインという。命令系統が直線的な単純な組織で、小規模な事業体に見られる。

2) ラインアンドスタッフ組織（直系参謀組織）

　経営規模の拡大により、ライン部門の業務を効率的に行うために助言や支援を行うスタッフ部門が必要となる。スタッフ部門は、直接製造（利益算出）に携わらない部門で、人事や総務、企画、調査などがある。

3) ファンクショナル組織

　活動領域別の職能に区分した組織である。共通あるいは類似の活動をまとめているので統制がしやすい。

4) 事業部制組織

　事業の拡大に伴い、会社、組織体を複数の独立した事業部（地域別・製品別・顧客別・施設別など）に分割した組織である。

　各事業部はひとつの独立会社と同様に利益責任単位で経営活動する。本社（本部）は、事業部を全般的管理する。

5) マトリックス組織

　マトリックスとは、数学の数列のこと。行と列を組み合わせた井桁状の権限の組織である。プロジェクトチームと職能別組織を組み合せた組織で、メンバーは2つの部門に同時に所属し、2人の上司からの指示・命令を受ける。

6) プロジェクトチーム

　日常業務を行う組織とは別に、新規の研究・開発のために一時的に組織された専門家によるチームである。目的が達成されれば、チームは解散する。

第2章 給食経営管理の概念

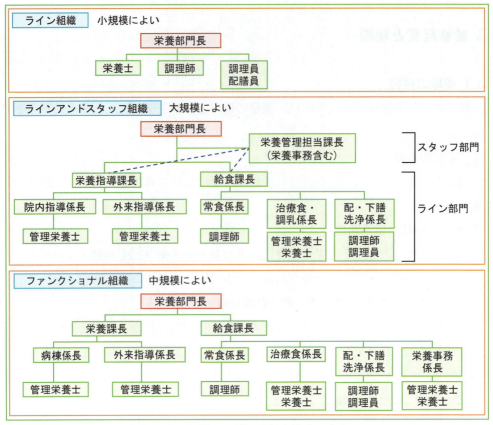

図2.6 組織の形態(病院給食の例)

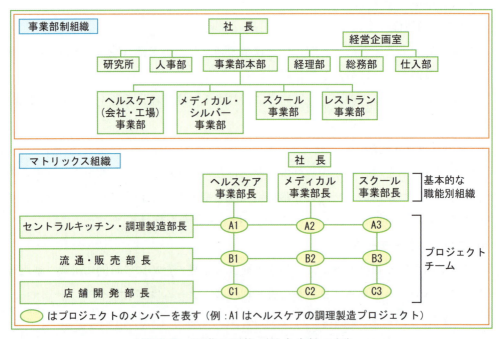

図2.7 組織の形態(給食会社の例)

(2) 組織の階層

経営活動を行う場合、組織は管理者から一般作業者へと仕事や責任の権限に段階的な階層がつけられる。この階層化を基本分類すると①**トップマネジメント**（経営者層）、②**ミドルマネジメント**（管理・監督者層）、③**ロワーワーカー**（一般作業者層）の3階層になる（図2.8）。

階層ごとに職務と権限そして責任をもった階層別管理者を配置させ、経営者層（代表取締役・取締役・理事長・理事）の命令が一般従業員層まで一貫して流れて、成果が上がるようにする。職務階層は、管理者人数比率によってピラミッド型になっている。

(3) 給食の組織と階層化

給食部門では、特定多数の給食利用者に継続して食事を給与するという共通の目的のもとに、管理栄養士・栄養士をはじめ調理師、調理員などのスタッフが組織を形成している。

給食組織の階層化について病院を例にあげると、①**トップマネジメント**（経営者層）は理事長・専務理事・常務理事など。②**ミドルマネジメント**（管理・監督者層）は、栄養部長、栄養課長、栄養科長などである。なお、栄養係長、主任クラスは、ミドル・マネジメントの下位に位置する。③**ロワーワーカー**（一般作業員）は、栄養事務員、調理師、調理補助者などの給食従業員である（図2.8）。

(4) 組織の原則

経営活動の効率化を図り組織全体の成果を効果的に得るための組織原則として以下の原則がある。

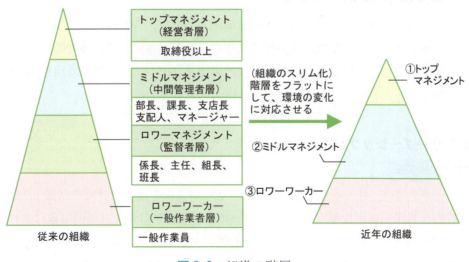

図2.8 組織の階層

第2章　給食経営管理の概念

1）専門化の原則

専門的知識・技術をもった者がその得意とする仕事を担当する。

2）管理範囲の原則

1人の上司（管理者）が直接監督できる部下の人数にはおのずから限界がある。一般には、平均8〜15人程度といわれている。

3）責任と権限の原則

管理責任者には業務を行うために果たす責任とそれに応じた権限も与えられている。また、権限・責任・義務が等価関係にあるとする**三面等価の原則**も重要である。

4）三面等価の原則

経営・管理・監督の職位の人には、業務遂行のための責任を課す。その責任を果たすために職位に応じた権限も与える。責任と権限は等価関係にあることが望ましい。職位が高くなると、責任も増大する。権限も大きくなる代わりに義務も増大する。この「責任・権限・義務」の3つは等価関係にあることが必要である。

5）命令一元化の原則

組織の構成員は、常に特定の1人の上司から命令を受けるように統一することが組織運営の基本である。この原則により、組織の上下関係の秩序が維持され、統一的行動が期待できる。

6）例外の原則（権限委譲の原則）

日常反復的な問題や仕事（ルーチンワーク）の処理は担当者に委任し、例外事項（非定形的な仕事・臨時に発生した仕事や問題）には管理者があたる。

3.2 給食組織と関連分野との連携

給食組織は経営体の一部の業務を担う組織であるが、各施設において給食経営が全体の経営面に果たす役割はきわめて大きい。したがって、給食経営の円滑化や充実を図るうえで、管理栄養士・栄養士は他の関連部門および職種と連携を図っていく必要がある。各施設別の関連分野と連携の内容を**表2.8**に示す。

3.3 リーダーシップとマネジメント

(1) リーダー

リーダーとは、将来的ビジョンを設定し、その実現のための戦略を立案・遂行し、最終的な責任を負うものである。リーダーの資質や言動は常に評価の対象にされる。リーダーの条件としては、人柄、人望、仕事に対する熱意と誠意、統率力、指導力、仕事の経験年数、専門技術の熟練度などが総合的に判断される。

表2.8 給食を提供する施設における他部門・他職種との連携

給食施設・組織	関連分野・関連職種	連携内容
病　　院 （栄養管理部）	各診療部、看護部、薬剤部、検査部、医事課	医療チーム・NST、総合医療相談、糖尿病患者教育、地域連携医療（訪問指導）、健康管理センター事業等
介護保険施設 （栄養管理部）	施設長、理事長、医師、看護師、理学療法士、作業療法士、介護スタッフ、事務職員	介護チーム・栄養ケアマネジメント介護予防・改善事業
学　　校	校長、副校長、教頭、教職員、養護教諭、学校事務員	給食の時間の職指導 教科・学級活動・総合的な学習の時間での食指導、個別指導
事　業　所	産業医、産業保健師、看護師、総務部門	特定健診・特定保健指導事業 THP（トータルヘルスプロモーションプラン）

(2) リーダーシップ

　リーダーシップとは、部下へ何らかの働きかけを行い、自発的な協力の意思と行動を引き出し、経営方針に従って組織の資源のうち労働力となる人たちを引っ張っていくことである。

　管理栄養士（栄養士）は、栄養部門の管理者（栄養部長・課長・科長）すなわちリーダーとしてミドルマネジメントを行い、統率力、指導力を発揮して円滑なリーダーシップによる部門組織の運営をすることが求められている。また、日常の栄養部門業務のプロセスを掌握し、管理運営していく能力をもっていることも要求される。

4 給食経営管理の評価

給食経営管理の評価対象項目としては、以下のものがあげられる。

① 事業計画と経営資源の運用状態の良否

② 経営管理の5要素（計画、組織、指揮、調整、統制）の実行状況

③ 経営管理のマネジメントサイクルの良否

④ 栄養管理（給与栄養目標量との比較）

⑤ 管理対象（人材、原材料、資金、機械、器具、方法、時間）および顧客管理（給食利用者）・品質管理・衛生管理などの運営状況

　a. 喫食者の満足度[1]（顧客満足度：CS）

　b. 従業員の満足度[2]（従業員満足度：ES）

第2章　給食経営管理の概念

  c. 給食管理者に対する負担状況の調査、施設設置者の満足度

  d. インシデント・アクシデントレポート（6章2.6参照）

  e. 労働生産性の評価（5章3.5参照）

  f. 財務会計（貸借対照表、損益計算書、損益分岐点分析、キャッシュフロー計
   算書など）（5章1.3参照）

問　題

下記の文章の（　）に適切な語句を入れよ

(1) 経営における5つの管理活動は（　①　）（　②　）（　③　）（　④　）（　⑤　）である。

(2) 組織における5つの経営資源には（　⑥　）（　⑦　）（　⑧　）（　⑨　）（　⑩　）がある。

(3) 給食の運営形態には（　⑪　）（　⑫　）がある。

(4) 給食の外部委託の契約方式には、食数が少ない施設で用いられる（　⑬　）と、食数が多く変動の少ない施設で用いられる（　⑭　）がある。

(5) マーケティング理論において、顧客が必要性を感じている（　⑮　）とそれより具体化された（　⑯　）に対応することが求められる。

(6) マーケティングの4Pとは（　⑰　）（　⑱　）（　⑲　）（　⑳　）である。

---

*1 **顧客満足度**：CS（customer satisfaction）
 顧客である給食利用者（喫食者）の食事に対する満足の度合いである。①見た目 ②味と香り ③サービス ④環境衛生などの要点がある。満足度を定期的に把握し、低い場合はその原因をチェックし計画の再検討が必要である。
*2 **従業員満足度**：ES（employee satisfaction）
 従業員が仕事や職場に対してつ満足度である。①経営理念、②労働条件、③経営者や上司の人間性やリーダー一性、④施設の充実、⑤人間関係の良好性、⑥仕事の内容、達成状況などが測定項目としてあげられる。給食利用者の満足度を高めるためにも従業員満足度を高められるような人事管理が重要である。

第3章

栄養・食事管理

達成目標
- ■給食の栄養・食事管理のシステムとPDCAサイクルおよびアセスメントを理解する。
- ■栄養・食事計画を立案し、献立作成基準を作ることができる。
- ■栄養・食事計画を実施し、評価と改善の方法を理解する。

第3章　栄養・食事管理

1 栄養・食事管理の概要

1.1 栄養・食事管理の意義と目的

　特定給食施設における栄養・食事管理の目的は、対象となる集団の個々人の健康の維持・増進、疾病の治療・回復、心身の健全な発育・発達に寄与することである。**健康増進法**施行規則第9条「栄養管理の基準」では、特定給食施設における食事の献立は身体状況・栄養状態・生活習慣のほか、利用者の日常の食事の摂取量、嗜好などに配慮して作成するよう努めることとされている。したがって、特定給食施設における栄養・食事管理の意義は、施設ごとに立案した栄養・食事計画に基づき、利用者の特性に応じた食事提供および栄養教育を行うことによって国民の**QOL**を高めることにあるといえる。一方で、嗜好や価格を重視する一般の飲食店はこれらの点で特定給食施設とは性質が異なっている。

1.2 栄養・食事管理システムの構築

　給食の目標を達成するためには、利用者の栄養状態や嗜好などから総合的な**栄養アセスメント**を行い、それらに基づく栄養計画を立案し、栄養計画を基本とした**食事計画**を立てることがシステム構築の基本となる。栄養・食事管理システムの構築には、「Plan（計画）－ Do（実施）－ Check（評価）－ Action（改善）」（PDCA)サイクルを適用することで効果的・効率的な栄養・食事管理が可能となる（**図3.1**）。栄養・食事管理システムの実施にあたっては、定期的にモニタリングを行い、問題点を明らかにする。栄養・食事管理の実施後は、評価を行い、問題点については改善し、次の計画にフィードバックさせる。

1.3 給食と栄養教育

　給食は利用者にとって単に栄養量を満たすための手段だけでなく、望ましい食事のモデルとして有効な**教育媒体**となる。給食の提供により利用者は正しい食習慣を身につけ、より健康的な生活を送るための知識を習得する機会を得ることができる。給食は視覚や味覚などの感覚を通して、自己の最適な量や味を直接的に理解できる。

2 栄養・食事アセスメント

　健康増進法に基づく「栄養管理の基準」の中で、特定給食施設は"利用者の身体

2 栄養・食事アセスメント

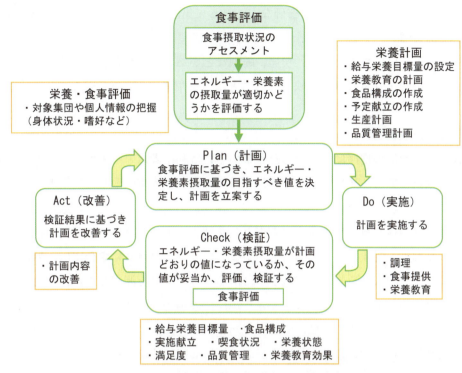

図 3.1　PDCAサイクルに基づく栄養・食事管理プロセス

状況や栄養状態などの評価（アセスメント）を行うよう努める"と示されており、栄養・食事管理におけるアセスメントは重要な位置づけとなっている。身体状況や生活習慣などのアセスメントの結果をもとに利用者の特性を把握し、給与栄養目標量、栄養補給法や栄養教育方針などを決定する。アセスメントの実施時期は給食利用の開始時のみではなく、定期的に行うことが適正な栄養・食事管理のために有効である。

2.1 利用者の身体状況、生活習慣、食事摂取状況

身体状況、生活習慣、食事摂取状況などの利用者に関する情報はいずれもアセスメントの基本となる。

(1) 身体状況

身体状況には、体重、BMI、体脂肪率、腹囲などがある。これらを定期的に把握し栄養・食事計画に反映させることが重要である。食物アレルギーへの対応も行う。一連のプロセス実施後には変化をチェックし、栄養・食事管理の結果（アウトカム）の評価に用いる。ただし、施設によってはこれらの詳細な情報が把握しにくく、栄養状態のアセスメントの指標も十分に確立されていない場合もある。このような場

第3章　栄養・食事管理

合、体重は非侵襲的で簡便かつ安価な方法として集団のアセスメントに用いやすい。

(2) 生活習慣

生活習慣には、食事、運動、喫煙、睡眠などがある。これらを栄養状態のアセスメントや栄養・食事計画に反映させることは、利用者のQOLを高めることにつながる。

(3) 食事摂取状況

食事摂取状況の把握は、提供した食事あるいは利用者にとってのエネルギーや栄養素摂取量のアセスメントとして非常に重要である。食事摂取量は利用者の体調や嗜好などを反映するため、定期的な観察や調査が必要である。食事摂取状況の把握は、主に食べ残し量（残菜量）の調査と食事調査によって行う。残菜量の把握はできる限り個人を対象として行うことが望ましい。個人が難しい場合には、無作為抽出により一部の人々を対象に実施する。あるいは全体量を測定した後、利用者数で除して平均的な量を求めることもできるが、この場合には個人差を確認できないため、利用者の栄養状態の評価には適切であるとはいえない。なお、残菜量の測定は予め盛り付け量（できあがり量）を正確に把握しておくことが前提となる。また、食事調査については自己申告による過小・過大評価、さらに日間変動についての留意が必要である。

2.2 利用者の病状、摂食機能

(1) 病状

病院や高齢者・介護福祉施設などでは利用者の病状の把握は重要である。給食が治療食としての機能を十分に果たせるよう、カルテなどから臨床検査値や臨床症状などの患者データを収集し評価に用いる。

鉄欠乏性貧血における血中ヘモグロビン濃度や脂質異常症における血清LDL-コレステロール値などは栄養状態と関連し重要な指標とされるが、これらは栄養素の摂取状況以外の影響も受けるため、治療の内容や服薬状況なども含めて慎重に活用する必要がある。

(2) 摂食機能

高齢者、幼児、傷病者などでは摂食機能のアセスメントは特に重要である。摂食機能は主に、①咀嚼機能、②嚥下機能、③味覚機能、④消化・吸収機能、⑤腸の運動機能などがある。これらのアセスメントに基づき利用者の心身の自立に配慮しながら適切な栄養補給法および食事形態を選択することが重要である。この際、特に他職種との連携が不可欠である。

2.3 利用者の嗜好・満足度調査

　嗜好・満足度調査はアンケートにより実施し、利用者の共通の嗜好傾向を把握し、給食の内容に反映させる。また、個別訪問での聞き取り調査により個人への対応も考慮する。その他にも、地域性や経済性などを勘案し総合的な評価、改善に努める。

2.4 食事の提供量

　利用者の総合的なアセスメントを行い、給与栄養目標量を決定する。集団の特性を十分考慮したうえで栄養・食事計画に基づき食事を提供する。食事の提供後も利用者の身体状況や病状、食事摂取状況などをモニタリングしながら必要に応じて食事の提供量の見直しを行う。

3 栄養・食事計画

　身体状況や生活習慣などの対象集団の特性の把握を行い、アセスメント結果に基づき対象者の特性にあわせた給与栄養目標量や栄養補給法、栄養教育方針などを決定し、栄養・食事計画を行う。これらの内容は、あくまでも得られた情報から推定したものであるため、不確定な要素を含むことを理解し、PDCAサイクルを活用してモニタリングや修正を繰り返すことが必要である。

3.1 給与栄養目標量の計画

（1）各施設における給与栄養目標量の設定

　アセスメントの結果に基づき、施設の特性に適した給与栄養目標量を設定する。給与栄養目標量の算定にあたっては、施設ごとに適切な方法を用いる。「日本人の食事摂取基準」は健康な個人ならびに集団を対象として用いる。病院では、患者個々に算定された医師の食事箋による栄養補給量を用いるが、一般治療食の場合には「日本人の食事摂取基準」も適用できるとされている（「入院時食事療養の実施上の留意事項について」）。

　特別治療食の給与栄養目標量の算定には、疾病ごとのガイドラインや基準が前提となるが、食事療法に直接関係しない栄養素については「日本人の食事摂取基準」を参照することも勧められている。この他にも、関係省庁からの基準が示されており、学校においては文部科学省の「学校給食摂取基準」が活用されている。その他にも、児童福祉施設については厚生労働省、自衛隊については防衛省が管轄しており、それぞれの示す基準に準じて給与栄養目標量が設定されている。給食管理を目

第3章　栄養・食事管理

的として食事摂取基準を用いる場合の作業手順を**表3.1**に示した。

表3.1　給食管理を目的として食事摂取基準を用いる作業手順の基本的な考え方

基本事項	作業手順の基本的な考え方
①食事を提供する対象集団の決定と特性の把握	・食事を提供する対象集団を決定。次に対象の性・年齢階級・身体特性（主として身長と体重）、身体活動レベルの分布を把握または推定。
②食事摂取の評価	・食持摂取量を評価。給食に由来するもののみならず、すべての食事が対象。その中で給食の寄与についての情報も得ることが望ましい。 ・情報を得ることが難しい場合、一部の食事（例えば給食だけ）について評価を行ったり、当該集団の中の一部の集団について評価を実施。 ・さらに、対象集団については評価を行わず、他の類似集団で得られた情報をもって代用
③食事計画の決定	・①と②で得られた情報に基づき、食事摂取基準を用いて食事計画（提供する食種の数や給与栄養素量）を決定。 ・対象集団が摂取するすべての食事を提供するのか、一部を提供するのかについても考慮して作成。
④予定献立の作成	・③に基づいて、具体的な予定献立を作成。
⑤品質管理・食事の提供	・④に従って、適切な品質管理のもとで調製された食事を提供。
⑥食事摂取量の把握	・対象者（対象集団）が摂取した食事量を把握。
⑦食事計画の見直し	・一定期間ごとに⑥の結果と①の見直しにより、③の確認、見直し。

(2)　給与栄養目標量の設定例

エネルギー必要量の算出方法を以下に示す。

1)　エネルギー必要量の算定方法

（ⅰ）特別な治療を必要としない健康な人を対象として「日本人の食事摂取基準」を用いて、推定エネルギー必要量（estimated energy requirement：EER）を算出する方法

①　利用者ごとの年齢階級、性別、身体活動レベルを確認する（**表3.2**）。
　　　↓
②　「日本人の食事摂取基準」をもとに推定エネルギー必要量を算出する。

基礎代謝量＝基礎代謝基準値（kcal/kg/日）×参照体重（kg）
推定エネルギー必要量＝基礎代謝量×身体活動レベル＋（付加量）

3　栄養・食事計画

表3.2　身体活動レベル（カテゴリー）別にみた活動内容と活動時間の代表例（18〜69歳）

身体活動レベル（カテゴリー）	低い	ふつう	高い
身体活動レベル基準値*	1.50 （1.40〜1.60）	1.75 （1.60〜1.90）	2.00 （1.90〜2.20）
日常生活の内容	生活の大部分が座位で、静的な活動が中心の場合	座位中心の仕事だが、職場内での移動や立位での作業・接客等、通勤・買い物での歩行、家事、軽いスポーツのいずれかを含む場合	移動や立位の多い仕事への従事者、あるいは、スポーツ等余暇における活発な運動習慣を持っている場合
中程度の強度（3.0〜5.9メッツ）の身体活動の1日当たりの合計時間（時間/日）	1.65	2.06	2.53
仕事での1日当たりの合計歩行時間（時間/日）	0.25	0.54	1.00

＊代表値。（　）内はおよその範囲　　　　　　　　　　　　　　出典）日本人の食事摂取基準2025年版

（ⅱ）「日本人の食事摂取基準」を用いない方法

（a）ハリス・ベネディクト（Harris-Benedict）の式による算出

① 利用者ごとの身長、体重、年齢、性別を確認する（表3.3）。

↓

② 式にあてはめて算出した基礎代謝量（basal energy expenditure：BEE）の予測値に身体活動レベルやストレス係数を乗じてエネルギー必要量を求める。

表3.3　Harris-Benedictの式

性別	基礎代謝量（kcal/day） （W：体重[kg]、H：身長[cm]、A：年齢[歳]）
男	$66.47 + 13.75 \times W + 5.00 \times H - 6.76 \times A$
女	$655.10 + 9.56 \times W + 1.85 \times H - 4.68 \times A$

（b）直接・間接カロリーメーターによる測定

① 直接・間接カロリーメーターを用いて安静時エネルギー消費量（resting energy expenditure：REE）を測定する。

↓

② 安静時エネルギー消費量に身体活動レベルやストレス係数を乗じてエネルギー必要量を求める。

※入院患者の身体活動レベルには表3.4の値が用いられる。

第3章　栄養・食事管理

表3.4　入院患者の身体活動レベル

活動の程度	身体活動レベル
ほとんど横になっている人	1.2
ベッド近辺で座位時間の多い人	1.3*
室内を中心によく動く人	1.4

＊　個人情報が得られない場合には、この値と推定して係数に用いる

2）設定数に応じた給与エネルギー量の設定方法

（ⅰ）給与栄養目標量が1種類のみの場合

① 各階級のエネルギー必要量に人数を乗じる（表3.5）。

↓

② 各階級のエネルギー必要量の合計を総人数で除して荷重平均値を求める。

↓

③ 荷重平均値に利用者の特性を反映させて給与エネルギー量とする。

表3.5　単一の給与エネルギー量設定例（荷重平均値の算出例）

年齢階級（歳）	性別	身体活動レベル	(A) 推定エネルギー必要量（kcal/日）	(B) 利用者の人数	(A)×(B) 合計（kcal/日）
18〜29	女	Ⅱ	1,950	120	240,000
30〜49			2,050	15	30,750
50〜64			1,950	35	68,250
合計				(c) 170	(D) 339,000
荷重平均値（kcal/日）					(D)/(C) 1,994
給与エネルギー量（kcal/日）					2,000

出典）日本人の食事摂取基準2025年版をもとに作成

（ⅱ）給与栄養目標量が2種類以上必要な場合

① 各階級のエネルギー必要量を求める（表3.6）。

↓

② 各階級のエネルギー必要量を200 kcal〜400 kcal程度の幅で区分し、複数のエネルギー必要量を設定する（図3.2）。

③ 利用者の特性を反映させて給与エネルギー量とする。

　給与エネルギー量の設定、すなわち給与エネルギー量の丸め値はカバーする対象者の幅（範囲）を確認し、不足する人の確率がより低くなる値を採用するが、過剰摂取にならないように注意する。

給与エネルギー量の設定にあたっては、一日あたり概ね±200 kcal 程度が許容される。**表 3.6** の場合にはさまざまな属性の利用者が含まれるため、推定エネルギー必要量の幅は 850 kcal（2,600～2,450 kcal）と大きくなる。このため、単一の給与エネルギー設定では許容範囲内の食事の提供はできない。したがって、複数の給与エネルギー量を設定し、すべての利用者に対して適切なものとする。この場合、1,800 kcal、2,000 kcal、2,300 kcal および 2,600 kcal の 4 種類を設定することができる。

表 3.6 複数の給与エネルギー量の設定が必要な人員構成例

年齢階級（歳）	性別	身体活動レベル（係数 I：1.5, II：1.75, III：2:0）	推定エネルギー必要量（kcal/日）	利用者の人数
18～29	男	低い（I）	2,250	0
		ふつう（II）	2,600	0
		高い（III）	3,000	0
	女	低い（I）	1,700	0
		ふつう（II）	1,950	120
		高い（III）	2,250	10
30～49	男	低い（I）	2,350	0
		ふつう（II）	2,750	0
		高い（III）	3,150	0
	女	低い（I）	1,750	5
		ふつう（II）	2,050	15
		高い（III）	2,350	3
50～64	男	低い（I）	2,250	0
		ふつう（II）	2,650	12
		高い（III）	3,000	0
	女	低い（I）	1,700	0
		ふつう（II）	1,950	35
		高い（III）	2,2500	0

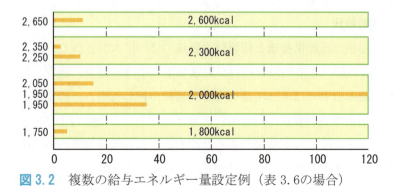

図 3.2 複数の給与エネルギー量設定例（表 3.6 の場合）

第3章　栄養・食事管理

(3) 栄養素

　給与栄養目標量の設定においては利用者の特性を踏まえ、幅を設けて設定する。設定したエネルギーおよび栄養素量については、その他のアセスメント結果も考慮しながら数値の見直しを行い、調整する。エネルギー以外で主に検討すべき栄養素は、たんぱく質、脂質、炭水化物、ビタミンA、ビタミンB$_1$、ビタミンB$_2$、ビタミンC、カルシウム、鉄、食塩相当量、食物繊維であるが、その他の栄養素についても必要に応じて検討すべきである。

　集団の食事改善を目的として食事摂取基準を用いる場合の基本事項を**表3.7**に示した。利用者集団のエネルギーを除く栄養素摂取量の評価として「日本人の食事摂取基準」を用いる場合には、推奨量以外の指標（推定平均必要量、目安量、目標量、耐容上限量）を用いる。

　たんぱく質、脂質、炭水化物は日本人の食事摂取基準を参考にエネルギー産生栄養素バランスから求めることができる（**表3.8**）。その他の栄養素についても日本人の食事摂取基準の値を参考にして設定できる（**表3.9**、**表3.10**）。「日本人の食事摂取基準」に示されている値は、摂取時を想定したものであるため、調理中に生じる栄養素量の変化を考慮して栄養価計算を行う必要がある。特に、水溶性ビタミンや一部のミネラルなどは、その変化率が大きい。そのため、献立作成の際に調理損失分を加味する必要がある。給与栄養素量の設定にあたっては、給与エネルギー量と同様に栄養素量がカバーする対象者の幅（範囲）を確認し、不足あるいは過剰になる人の確率がより低くなる値を採用する。

3.2　栄養補給法および食事形態の計画

　病院や高齢者福祉施設の場合、対象者は傷病者や高齢者であるため個々の消化管機能の程度や誤嚥リスクの有無、食欲などさまざまな状態に応じた栄養補給法や食事形態の計画が重要となる。

(1) 栄養補給法

　栄養補給法は**経腸栄養法**と**経静脈栄養法**の2つに大別される（**図3.3**）。給食は前者に含まれるが、通常の栄養摂取が困難な場合には、経口、経管、経静脈から単独あるいは組み合わせによって適切な栄養補給が行われる。そのため、それぞれの補給法から摂取する栄養量を総合的にアセスメントし、治療および療養面における栄養サポートを行うことが重要である。なお、これら栄養補給法の適応については単に医学的な基準のみに従うのではなく、心理的、経済的、社会的および倫理的要因も考慮すべきである。

3 栄養・食事計画

表3.7 集団の食事改善を目的として食事摂取基準を活用する場合の基本的事項

目　的	用いる指標	食事評価	食事改善の計画と実施
エネルギー摂取の過不足の評価	体重変化量 BMI	○体重変化量を測定 ○測定されたBMIの分布から、BMIが目標とするBMIの範囲を下回っている、あるいは上回っている者の割合を算出	○BMIが目標とする範囲内に留まっている者の割合を増やすことを目的として計画を立案 〈留意点〉一定期間をおいて2回以上の体重測定を行い、その変化に基づいて計画を変更し、実施
栄養素の摂取不足の評価	推定平均必要量 目安量	○測定された摂取量の分布と推定平均必要量から、推定平均必要量を下回る者の割合を算出 ○目安量を用いる場合は、摂取量の中央値と目安量を比較し、不足していないことを確認	○推定平均必要量では、推定平均必要量を下回って摂取している者の集団内における割合をできるだけ少なくするための計画を立案 ○目安量では、摂取量の中央値が目安量付近かそれ以上であれば、その量を維持するための計画を立案 〈留意点〉摂取量の中央値が目安量を下回っている場合、不足状態にあるかどうかは判断できない
栄養素の過剰摂取の評価	耐容上限量	○測定された摂取量の分布と耐容上限量から、過剰摂取の可能性を有する者の割合を算出	○集団全員の摂取量が耐容上限量未満になるための計画を立案 〈留意点〉耐容上限量を超えた摂取は避けるべきであり、超えて摂取している者がいることが明らかになった場合は、問題を解決するために速やかに計画を修正、実施
生活習慣病の発症予防を目的とした評価	目標量	○測定された摂取量の分布と目標量から、目標量の範囲を逸脱する者の割合を算出する	○摂取量が目標量の範囲に入る者又は近づく者の割合を増やすことを目的とした計画を立案 〈留意点〉発症予防を目的としている生活習慣病と関連する他の栄養関連因子及び非栄養性の関連因子の存在とその程度を明らかにし、これらを総合的に考慮したうえで、対象とする栄養素の摂取量の改善の程度を判断。また、生活習慣病の特徴から考え、長い年月にわたって実施可能な改善計画の立案と実施が望ましい

※個人の食事改善を目的として食事摂取基準を活用する場合の基本的事項については「日本人の食事摂取基準」を参照のこと。

出典）日本人の食事摂取基準2025年版

表3.8 1歳以上のエネルギー産生栄養素バランスの設定例

（％エネルギー）

年齢（歳）	たんぱく質	脂質		炭水化物
		脂質	飽和脂肪酸	
1～14	13～20	20～30	10 以下	50～65
15～17			9 以下	
18～49			7 以下	
50～64	14～20			
65～74	15～20			
75 以上				

出典）日本人の食事摂取基準2025年版をもとに作成

表3.9 1日当たりのビタミン・ミネラル・食物繊維の食事摂取基準（身体活動レベルⅡ）

性別	年齢階級（歳）	ビタミンA（μgRAE）推定平均必要量	推奨量	耐容上限量	ビタミンB1（mg）推定平均必要量	推奨量	ビタミンB2（mg）推定平均必要量	推奨量	ビタミンC（mg）推定平均必要量	推奨量	カルシウム（mg）推定平均必要量	推奨量	耐容上限量	鉄（mg）推定平均必要量	推奨量	耐容上限量	食塩（g）推定平均必要量	目標量	食物繊維（g）目標量
男	18〜29	600	850	2,700	0.8	1.1	1.3	1.6	80	100	650	800	2,500	5.5	7.0	—	1.5	7.5未満	20以上
男	30〜49	650	900	2,700	0.8	1.2	1.4	1.7	80	100	650	750	2,500	6.0	7.5	—	1.5	7.5未満	22以上
男	50〜64	650	900	2,700	0.8	1.1	1.3	1.6	80	100	600	750	2,500	6.0	7.0	—	1.5	7.5未満	22以上
女	18〜29	450	650	2,700	0.6	0.8	1.0	1.2	80	100	550	650	2,500	7.0	10.0	—	1.5	6.5未満	18以上
女	30〜49	500	700	2,700	0.6	0.9	1.0	1.2	80	100	550	650	2,500	7.5	10.5	—	1.5	6.5未満	18以上
女	50〜64	500	700	2,700	0.6	0.8	1.0	1.2	80	100	550	650	2,500	5.0*	6.0*	—	1.5	6.5未満	18以上

出典）日本人の食事摂取基準2025年版

*月経なしで算出

表 3.10　複数の給与エネルギー量を設定した場合の栄養素の給与栄養目標量の設定例（図 3.2 の場合）

設定エネルギー量（kcal/日）	対象者 性別	対象者 年齢階級（歳）	対象者 身体活動レベル	推定エネルギー必要量（kcal/日）	ビタミンA	ビタミンB1	ビタミンB2	ビタミンC	カルシウム	鉄	食塩	食物繊維
2,600	男	50～64	Ⅱ	2,650	男性の推定平均必要量650μgRAEを下回らず、耐容上限値2,700μgRAE未満とする	男性の推定平均必要量0.8mgを下回らず、推奨量1.1mg以上を目指す	男性の推定平均必要量1.3mgを下回らず、推奨量1.6mg以上を目指す	推定平均必要量80mgを下回らず、推奨量以上を目指す	男性の推定平均必要量600mgを下回らず、耐容上限量2,500mg未満とする	男性の推定平均必要量6.0mgを下回らず、推奨量7.0mg以上を目指す	男性の目標量7.5g未満とする	男性の目標量22g以上とする
2,300	女	30～49	Ⅲ	2,350	女性の推定平均必要量の最も高い値500μgRAEを下回らず、耐容上限量2,700μgRAE未満とする	女性の推定平均必要量0.6mgを下回らず、推奨量0.9mg以上を目指す	女性の推定平均必要量1.0mgを下回らず、推奨量1.2mg以上を目指す	推定平均必要量80mgを下回らず、推奨量以上を目指す	女性の推定平均必要量550mgを下回らず、耐容上限量2,500mg未満とする	女性の推定平均必要量の最も高い値7.5mgを下回らず、推奨量10.5mg以上を目指す	女性の目標量6.5g未満とする	女性の目標量18g以上とする
		18～29	Ⅲ	2,250								
2,000		30～49	Ⅱ	2,050								
		18～29	Ⅱ	1,950								
		50～64	Ⅱ	1,950								
1,800		30～49	Ⅰ	1,750								

出典）日本人の食事摂取基準2025年版をもとに作成

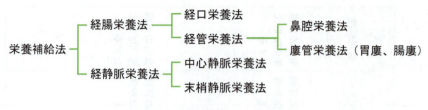

図 3.3 栄養補給法の種類

(2) 食事形態

病院や高齢者福祉施設では、消化管機能や咀嚼・嚥下機能などのアセスメントを行い、利用者に適した食事形態にする。食事形態の決定にあたっては他職種のスタッフと連携し身体状況や精神状況などを把握したうえで本人の意向も十分に考慮する。

施設によって食事形態の種類や名称はさまざまであるが、一口大、きざみ、ミキサー、ペースト、ゼリーなどがある。これらの食事形態を常食や軟食、流動食などの一般食あるいは治療食に適応させて利用者の状態やニーズにあったきめ細やかな内容の食事にする。

3.3 献立作成基準

特定給食施設における給食は、特定多数の人に継続的に提供されるため、利用者の特性やニーズに対応した変化のある内容が求められる。したがって、献立ごとの栄養量の変動はあるものの施設ごとに献立の基本となる**献立作成基準**を設け、それらに基づいて魅力ある献立へと展開する必要がある。献立作成基準は給与栄養目標量をはじめ、食事の提供回数、栄養配分、食品構成、サイクルメニューの期間、提供方式など献立作成の基本となる条件である。

現在、給食業務を委託する施設が増加しているが、病院や保育所では**献立作成基準**は施設側で作成することが必須となっており、献立作成を業者に委託する場合には施設ごとの献立作成基準を受託業者に提示する必要がある。

献立作成にあたっては、栄養・食事計画に基づき、各施設の設備や従事者などの諸条件を考慮し生産管理面からも検討を行ったうえで献立内容に反映させる。

① 献　立：1回の食事を単位とする料理名および提供される順番を示したもの。
② 献立表：1回の食事において料理名およびその使用食品名、使用分量を表したもの。また、1回の食事のみではなく、一定の期間（1週間、1カ月など）の献立を一覧にして示すものもある。
③ レシピ：調理作業の指示書。料理単位の食品の純使用量（1人分と仕込み食数

分)、調味割合（調味％）、調理手順、出来上がりの形態や重量を記載
したもの。記載内容は**品質管理**（QC：quality control）においては
設計品質とされる（4章 P 58）。

(1) 食事提供回数および栄養配分

　施設によって1日に提供される食事の回数は異なるため、それぞれの施設の特性
にあわせて1食あたりの栄養量の配分を決定する（**表**3.11）。

表3.11　1日の給与栄養目標量の配分例（2,000kcal）

	朝食	昼食	夕食
配分比率	20～25% （　1　　:	35～40% 1.5　　:	35～40% 1.5　）
エネルギー	500 kcal	750 kcal	750 kcal

(2) 食品構成

　食品構成は、施設ごとに設定した給与栄養目標量に基づき献立を作成し食事とし
て提供できるように、食品群ごとに使用量を定めたものである。最近は、パソコン
のソフトに収載された献立を利用したり、オリジナルの献立であっても簡単に栄養
価計算ができたりと献立作成業務の効率化が進んでいる。しかし、施設ごとの利用
者の栄養バランスや嗜好性、地域性、食習慣、費用などを総合的に考慮し、それら
を食品の組み合わせに反映させた食品構成は献立作成上重要である。食品構成は管
轄省庁や自治体の示す標準値をそのまま用いるより各施設の実情にあわせて作成す
ることが望ましい。食品構成は設定した給与栄養目標量の種類ごとに作成する。例
えば、病院では食種ごとに、学校では学年ごとに作成する。さらに、食品構成の活
用にあたっては提供される給食との整合性を図るため、定期的な充足率の確認や分
量の見直しが必要となる。

　食品構成の利点としては、栄養価計算をしなくても簡易的にバランスのよい献立
を作成することができ、エネルギーやたんぱく質、脂質などの主要な栄養以外の微
量元素を摂取しやすいことである。また、栄養指導などにおいて日常の食事の摂り
方を示す場合に栄養量や献立例を示すよりも料理のバリエーションをつけやすく、
指導媒体としても活用しやすいことなどがあげられる。

　食品構成表の作成の際は、**食品群別荷重平均成分表**を活用する。これは、各食品
群ごとに100 gあたりのエネルギーおよび栄養素量を示したものである。食品群別荷
重平均成分表、食品構成表の作成手順を以下に示す。

第3章　栄養・食事管理

1) 食品群別荷重平均成分表の作成手順例

① 一定期間内の食品の購入量を求める（**表3.12**）。
↓
② 同一食品群中のすべての食品について廃棄率を加味して純使用量を求める。
↓
③ 各食品の純使用量を合計し、その値を100g当たり換算して各食品の占める割合（%）、すなわち100g当たりの純使用量（g）を求める。
↓
④ 各食品の純使用量に対する栄養量を算出し、それらを合計したものが食品群別荷重平均栄養成分値となる。これらを一覧表にしたものが食品群別荷重平均成分表である（**表3.13**）。

表 3.12　食品群ごとの荷重平均成分算出例（魚介類）

食品名	総使用量（年間）			構成比率	エネルギー	たんぱく質	脂質	炭水化物	カルシウム	鉄	ビタミン				食物繊維
	重量	廃棄率	純使用量								A	B1	B2	C	
	(kg)	(%)	(kg)	(%)	(kcal)	(g)	(g)	(g)	(mg)	(mg)	(μgRAE)	(mg)	(mg)	(mg)	(g)
まあじ	400	55	180	25.4	28	5.0	1.1	Tr	17	0.2	2	0.03	0.03	Tr	(0)
しろさけ＊	150	0	150	21.2	26	4.7	0.9	Tr	3	0.1	2	0.03	0.04	Tr	(0)
まさば＊	120	0	120	16.9	36	3.5	2.8	0.1	1	0.2	6	0.04	0.05	Tr	(0)
めかじき＊	90	0	90	12.7	18	2.4	1.0	Tr	Tr	0.1	8	0.01	0.01	Tr	(0)
まいわし	120	60	48	6.8	11	1.3	0.6	Tr	5	0.1	1	Tr	0.02	0	(0)
さわら	60	0	60	8.5	14	1.7	0.8	Tr	1	0.1	1	0.01	0.03	Tr	(0)
まだら＊	60	0	60	8.5	6	1.5	Tr	Tr	3	Tr	1	0.01	0.01	Tr	(0)
合計	1,000	－	708	100	139	20.1	7.2	0.1	30	0.8	21	0.13	0.19	Tr	(0)

＊切り身で発注したもの

日本食品標準成分表2020年版（八訂）より算出

表 3.13　食品群荷重平均成分表例

食　品　類	エネルギー	たんぱく質	脂質	炭水化物	カルシウム	鉄	ビタミン				食物繊維
							A	B1	B2	C	
	(kcal)	(g)	(g)	(g)	(mg)	(mg)	(μgRAE)	(mg)	(mg)	(mg)	(g)
穀　　　類	356	6.1	1.0	77.0	5	0.8	0	0.09	0.02	0	0.5
い　も　類	104	1.4	0.2	24.6	22	0.6	2	0.10	0.03	32	1.8
砂糖・甘味料類	375	0.0	0.0	97.3	1	0.1	0	0.00	0.00	0	0.0
種　実　類	597	21.2	53.5	18.7	1028	8.7	3	0.45	0.21	0	11.8
緑黄色野菜	23	2.0	0.4	4.1	50	1.7	603	0.10	0.17	34	2.8
その他の野菜	34	1.2	0.1	7.9	34	0.3	4	0.04	0.02	19	2.1
果　実　類	70	1.1	0.2	18.2	11	0.3	13	0.07	0.04	24	1.0
き　の　こ　類	18	2.9	0.5	4.9	10	0.3	0	0.12	0.18	9	3.6
海　藻　類	47	4.1	0.5	18.3	425	14.3	258	0.14	0.41	11	13.5
魚　介　類	139	20.1	7.2	0.1	30	0.8	21	0.13	0.19	Tr	0.0
肉　　　類	211	19.1	13.8	0.2	4	1.2	3	0.47	0.23	2	0.0
卵　　　類	155	12.3	10.7	0.3	52	2.0	177	0.07	0.47	0	0.0
豆　　　類	109	9.9	5.3	5.6	79	1.4	0	0.04	0.03	0	4.4
乳　　　類	67	3.3	3.7	4.8	111	0.0	39	0.04	0.05	0	0.0
油　脂　類	898	0.1	97.5	0.0	2	0.0	69	0.00	0.00	0	0.0

食品構成表の作成手順

1. 給与栄養目標量の欄に基準とする栄養量を書き込む。

2. 主食となる穀類の使用量を決める。

給与栄養目標量のエネルギー量に対し、穀類エネルギー比率を50%として、穀類のエネルギー量を算出し、米・パン・めん類・その他の穀類の純使用量を決める。

3. たんぱく質性食品の使用量を決める。

給与栄養目標量のたんぱく質量に対し、動物性たんぱく質比率が40～50%になるたんぱく質量を目安にそれぞれの動物性食品群（魚介類、獣鳥肉類、卵類、乳類）の純使用量を決める。また、大豆・大豆製品の純使用量も決める。

4. 副菜源となる食品群の純使用量を決める。

ビタミン・ミネラル・食物繊維の給与栄養目標量の充足を目標に、いも類、緑黄色野菜類、その他の野菜類、海藻類、きのこ類、果実類の純使用量を決定する。

5. 油脂類・砂糖類・調味料類の純使用量を決定する。

6. 各食品群について、食品群別荷重平均成分表を用いて栄養計算し、過不足を調整する。

❖ まずエネルギー、たんぱく質、脂質について合計量を算出する。エネルギーは基準値の±10%以内、たんぱく質・脂質は基準の範囲内に入れる。あわなければ各食品群の純使用量を増減して調整する。

❖ 次に、その他の栄養素について合計量を算出し、基準量（幅）に対する過不足を検討する。

推奨量（栄養素によっては目標量、目安量）以下にならないようにし、耐容上限量が設定されている栄養素はその値を超えないようにする。

7. 最終的に各栄養比率（動物性たんぱく質比率、穀類エネルギー比率、脂肪エネルギー比率）を計算し、適正範囲に収まっていることを確認する。

8. その他

・純使用量の欄は23 g、58 g などの中途半端な数値にせず、25 g、60 g など 5 g きざみで記入する。

・各成分の表記（小数点以下や整数など）は、食品成分表の表記と同様にする。

第3章　栄養・食事管理

表3.14　食品構成の例（700kcal）

食品類	摂取量 (g)	エネルギー (kcal)	たんぱく質 (g)	脂質 (g)	炭水化物 (g)	カルシウム (mg)	鉄 (mg)	ビタミン A (μmRAE)	ビタミン B1 (mg)	ビタミン B2 (mg)	ビタミン C (mg)	食物繊維 (g)
穀　　　　類	90	320	5.5	0.9	69.3	5	0.7	0	0.08	0.02	0	0.5
い　も　類	20	21	0.3	0.0	4.9	4	0.1	0	0.02	0.01	6	0.4
砂糖・甘味料類	5	19	0.0	0.0	4.9	0	0.0	0	0.00	0.00	0	0.0
種　実　類	2	12	0.4	1.1	0.4	21	0.2	0	0.01	0.00	0	0.2
緑黄色野菜	40	9	0.8	0.2	1.6	20	0.7	241	0.04	0.07	14	1.1
その他の野菜	90	33	1.2	0.2	7.7	35	0.3	4	0.04	0.02	21	2.1
果　実　類	30	21	0.3	0.1	5.5	3	0.1	4	0.02	0.01	7	0.3
き　の　こ　類	15	3	0.4	0.1	0.7	1	0.1	0	0.02	0.03	1	0.5
海　藻　類	2	1	0.1	0.0	0.4	9	0.3	5	0.00	0.01	0	0.3
魚　介　類	20	28	3.8	1.3	0.5	11	0.2	8	0.02	0.03	0	0.0
肉　　　　類	15	32	2.9	2.1	0.0	1	0.2	1	0.07	0.04	0	0.0
卵　　　　類	15	23	1.9	1.6	0.1	8	0.3	27	0.01	0.07	0	0.0
豆　　　　類	40	43	4.0	2.1	2.2	31	0.6	0	0.02	0.01	0	1.8
乳　　　　類	70	47	2.3	2.6	3.4	78	0.0	27	0.03	0.10	1	0.0
油　脂　類	10	90	0.0	9.7	0.0	0	0.0	7	0.00	0.00	0	0.0
合　　　　計		702	23.9	22.0	101.6	227	3.8	324	0.37	0.42	50	7.2
給与栄養目標量		700	22.8〜35.0 P比率 13〜20%	15.6〜23.3 F比率 20〜30%	87.5〜113.8 C比率 50〜65%	209	3.5	190〜1,025	0.42	0.46	38	6.9以上

コラム　サイクルメニュー

　一定期間の献立を重複しないように回転させていく献立作成方法である。概ね、4週間を1サイクルとして用いると便利である。約1カ月後の同じ曜日に同じ献立となる。サイクルメニューは、献立作成業務の労力の軽減につながるだけでなく、食材の計画的な購入が可能となり、調理作業の標準化がしやすいことや調理作業の効率化も図られるなど多くのメリットがある。ただし、同一献立を繰り返し使用することによるマンネリ化を避けるために、旬の食材や季節感のあるメニューを積極的に取り入れ、利用者の満足度を高める工夫が必要である。

---

2) 献立作成のポイント

① 給与栄養目標量が適正であること（概ね2〜4週間毎に確認する）。

② 利用者の嗜好や食習慣にあっていること。

③ 衛生的かつ安全であること。

④ 主食、主菜、副菜が揃っていること。

⑤ 料理に変化があること。

⑥ 行事食や季節感を取り入れること。

⑦ 彩りがよいこと。

⑧ 経費が予算の範囲内に収まること。

⑨ 確実な食材の購入ができること。

⑩ 施設・設備の状況に見合っていること。

⑪ 調理従事者の人数や作業能力に見合っていること。

⑫ 適時・適温に配慮すること。

⑬ 教育効果が上がること。

(3) 食事提供方式

1) 単一定食方式

提供者が利用者の嗜好や栄養面を考慮して料理を組み合わせた1種類の献立を提供する方法。

2) 選択食方式

(ⅰ) 複数定食方式

提供者が利用者の嗜好や栄養面を考慮して料理を組み合わせた複数の献立を提供する方法。利用者が献立を自由に選択できる。

(ⅱ) カフェテリア方式

一定量に盛り付けた複数の料理を提供する方法。利用者が嗜好や栄養面を考えながら料理を自由に選択できる。

(ⅲ) バイキング方式

大皿に盛り付けた複数の料理を提供する方法。利用者が嗜好や栄養面を考えながら料理を自由に選択できる。自分で量を調節できるため栄養教育の場としても活用できる。

(4) 献立の評価

献立の評価は、利用者の栄養管理の面だけでなく嗜好や満足度、調理従事者の作業性、衛生管理、原価などの面からも総合的に行う。献立の評価にあたっては**予定献立表**[1]と**実施献立表**[2]を作成し、これらを比較して実際の給与栄養量、食品群別使用量、食材料原価などの評価を行う必要がある。これは、日常の調理においては必ずしも予定通りの食材の種類や量が提供されるとは限らず、天候などの影響により発注した食材が納入されない場合や、下処理作業における廃棄率や提供する食数の変動などの要因により食材の種類や1人当たりの提供量が変わる可能性もあるためである。

---

[1] **予定献立表**：計画段階で作成した献立表。

[2] **実施献立表**：実際に提供した献立表。予定献立から食品の種類や使用材料の分量が変更となった場合には加筆修正を行う。

3.4 個別対応の方法

　集団であってもできる限り個別対応が求められる。個別対応の例としては給与栄養目標量から逸脱する場合や嗜好への配慮、個人の栄養療法への対応などがある。設定した給与栄養目標量から逸脱した利用者が含まれる場合には個別にアセスメントを行い、食事内容の調整が必要となる。嗜好上摂取できないものがある場合には、嗜好調査を行ったうえで代替食品を検討するなどの調整を試みる。食物アレルギーがある場合には疾患の程度にあわせて除去あるいは代替食の検討を行う。食物アレルギー用の調理においてはアレルゲンとなる食材が混入しないよう細心の注意が必要である。

4 栄養・食事計画の実施

4.1 利用者の状況に応じた食事の提供とPDCA サイクル

　給食における栄養・食事管理の目的を達成するためには、利用者の状況に応じた食事を提供するとともに適切な栄養教育を行うことが重要である。また、これらを効果的かつ円滑に行うためには、栄養・食事管理における PDCA サイクルに基づき、アセスメント、計画、実施、評価、改善を繰り返し行い、業務のマネジメントを徹底する必要がある。PDCA の実践は、健康増進法に基づく「栄養管理の基準」の中に示される**品質管理**のうえでも重要な位置付けとなっている。

4.2 栄養教育教材としての給食の役割

　給食は、単に栄養補給の手段としてだけでなく、栄養教育教材として重要な役割を果たしている。給食を通して利用者は食品の種類や量、料理の調理法や味、組み合わせなどを視覚的あるいは体験的に捉えることができる。また、これらの体験によって、食生活の改善や食行動の変容につながり、健康増進あるいは疾病の予防および治療に役立てることができる。

4.3 適切な食品・料理選択のための情報提供

　利用者への情報提供については、健康増進法に基づく「栄養管理の基準」の中で示されている。利用者にとって適切な食品や料理を自らが選択できるように献立表を掲示したり、エネルギーやたんぱく質などの主な栄養成分を表示したりして栄養に関する情報の提供を行う。この他にも利用者自身が自己の適正量を理解できるような情報提供が望ましい。

4.4 評価と改善

栄養・食事管理の評価は、利用者による満足度や計画した給与栄養目標量、立案した献立計画や食材料費、さらに栄養教育効果や治療効果に至るまでのPDCAサイクルに沿った各プロセスの改善につなげるために行う。さらに、栄養・食事管理システム、すなわちPDCAサイクル自体の見直しも必要に応じて行い、食事の品質管理の徹底を図る。

(1) 評価

1) 利用者による評価

提供した食事に対して、嗜好や量などの面において利用者からどの程度満足度が得られたかについて評価する。評価は喫食量調査、満足度調査、嗜好調査によって行い、食事内容の充実に努める。

2) 自己評価

アセスメントに基づき計画した給与栄養目標量や献立計画の立案、実際にかかった原価や作業性などの評価を行うとともに、利用者への栄養教育効果や治療効果についても総合的に評価する。検食の結果も自己評価の一手段として用いる。

3) 行政による評価

特定給食施設は、栄養管理報告書（図3.4）などによって都道府県等へ栄養管理の状況を報告することが義務付けられている。一方、都道府県等は評価結果に基づき、特定給食施設に対し指導や助言を行っている。報告書の書式については、多くの自治体では、施設毎の栄養管理の内容が確認できるように基準に沿ったものが示されている。栄養管理報告書は提出を目的とするだけでなく、栄養・食事管理の改善のために自己活用する手段としても有用である。

(2) 改善

栄養・食事管理の評価の結果、目標が達成できなかった点については、原因を精査し、改善し、次期の計画へとつなげる。

第3章 栄養・食事管理

栄養管理報告書（給食施設）

_____ 保健所長　殿

施 設 名
所 在 地
管理者名
電話番号

_____年 _____月分　　（健康増進法第21条による管理栄養士必置指定　1 有　2 無）

Ⅰ 施設種類	Ⅱ 食事区分別1日平均食数及び食材料費				Ⅲ 給食従業者数			
1 学校	食数及び食材料							
2 児童福祉施設		定食（□単一・□選択）	カフェテリア食	その他				
（保育所以外）	朝 食	食（材・売）　　円	食	食	管理栄養士			
3 社会福祉施設	昼 食	食（材・売）　　円	食	食	栄 養 士			
4 事業所	夕 食	食（材・売）　　円	食	食	調 理 師			
5 寄宿舎	夜 食	食（材・売）　　円	食	食	調理作業員			
6 矯正施設	合 計	食（材・売）　　円	食	食	そ の 他			
7 自衛隊								
8 一般給食センター	再 掲	職員職 _____食	喫食率 _____%		合 計			
9 その他								
（　　　　）								

Ⅳ　対象者（利用者）の把握

【年1回以上、施設が把握しているもの】

1 対象者（利用者）の把握　　：□有　　□無

2 身長の把握　　　　　　　：□有　　□無

3 体重の把握　　　　　　　：□有　　□無

4 BMI など体格の把握　　　：□有　　□無

4－1 肥満者の割合

_____名 ＋_____名 ＝_____%（__年度比_____%）

献立等の肥満者への配慮　　：□有　　□無

4－2 やせの者の割合

_____名 ＋_____名 ＝_____%（__年度比_____%）

献立等のやせの者への配慮　：□有　　□無

5　身体活動状況の把握：□有　□無

6　食物アレルギーの把握（健診・既往歴含む）
　：□有　□無

7　食物アレルギーへの対応
　：□有（除去　□代替　□その他（　　　　））□無

8　疾患状況の把握（健診結果）：□有　□無

9　生活習慣の把握（給食以外の食事状況　運動・飲酒・
　喫煙週間など　：□有　□無

【利用者に関する把握・調査】該当に印をつけ頻度を記入する

1 食事の摂取量把握
□実施している（□全員　□一部）
　　　　（□毎日　□___回/月　□___回/年）
□実施していない

2 嗜好・満足度調査　□実施している　□実施していない

3 その他（　　　　　　　　　　　　　　　　　　　　）

Ⅴ　給食の概要

1　給食の位置づけ	□ 利用者の健康づくり　□ 望ましい食習慣の確立 □ 充分な栄養素の摂取　□ 安価での提供　□楽しい食事 □ その他　（　　　　　　　　　　　　　　　　）
1－2　健康づくりの一環として給食が機能している	□ 充分機能している　□ まだ充分ではない　□ 機能していない □ わからない
2　給食会議	□ 有（頻度：_____回/年）
2－2　有の場合	構成委員：□ 管理者　□ 給食利用者　□ 調理師・調理担当者 □ 管理栄養士・栄養士　　□ 介護・看護担当者　□ その他
3　衛生管理	衛生管理マニュアルの活用　　□有　　　　□無
	衛生点検表の活用　　　　　　□有　　　　□無
4　非常時危機管理対策	①食中毒発生時マニュアル　　□有　　　　□無
	②食品の備蓄　　　　　　　　□有　　　　□無
	③他施設との連携　　　　　　□有　　　　□無
	④食中毒発生時マニュアル　　□有　　　　□無
5　健康管理部門と給食部門との連携 　（事業所のみ記入）	□有　　　　　　　□無

図3.4　栄養管理報告書の一例

施設名 _____

<table>
<tr><td colspan="13" align="center">Ⅵ　栄養計画</td></tr>
<tr><td colspan="2">1　対象別に設定した給与栄養目標量の種類</td><td colspan="11">□ _____ 種類　　　□　作成してない</td></tr>
<tr><td colspan="2">2　給与栄養目標量の設定対象の食事</td><td colspan="11">□　朝食　□　昼食　□　夕食　□　夜食　□　おやつ</td></tr>
<tr><td colspan="2">3　給与栄養目標量の設定日</td><td colspan="11">令和　　　年　　　月</td></tr>
</table>

4　給与栄養目標量と給与栄養量（最も提供数の多い給食に関して記入）

対象：年齢 _____ 歳～_____ 歳　性別：□男　□女　□男女共

	エネルギー(kcal)	たんぱく質(g)	脂質(g)	カルシウム(mg)	鉄(mg)	ビタミン A(μg)(RE当量)	B1(mg)	B2(mg)	C(mg)	食塩相当量(g)	食物繊維総量(g)	炭水化物エネルギー比(%)	脂肪エネルギー比(%)	たんぱく質エネルギー比(%)
給与栄養目標量														
給与栄養量(実際)														

<table>
<tr><td>5　給与栄養目標量に対する給与栄養量（実際）の内容確認および評価</td><td>□　実施している（□毎月　□報告月のみ）　□　実施していない</td></tr>
</table>

<table>
<tr><td>Ⅶ　栄養・健康情報提供：□有　□無
（有の場合は下記にチェック）</td><td colspan="2">Ⅷ　栄養指導：□有　□無（有の場合は下記に記入）</td></tr>
<tr><td>□栄養成分表示　　□献立表の提供　　□卓上メモ
□ポスターの掲示　□給食たより等配布　□実物展示
□給食時の訪問　　□健康に配慮したメニュー提示
□推奨組み合わせ例の提示　□その他（　　　　　　　）</td><td rowspan="2">個別</td><td>実施内容　　　　　　　　　　　実施数</td></tr>
<tr><td rowspan="3">Ⅸ　課題と評価：□有　□無（有の場合は下記に記入）

（栄養課題）</td><td>延　　　　人</td></tr>
<tr><td>延　　　　人</td></tr>
<tr><td>延　　　　人</td></tr>
</table>

Ⅹ　東京都の栄養関連施策項目
（最も提供数の多い給食に対して記入）

（Ⅵ-4の食事について記入）	目標量	提供量
野菜の一人あたりの提供量（□ 一食　□ 一日）	g	g
果物の一人あたりの提供量（□ 一食　□ 一日）	g	g

<table>
<tr><td colspan="2">Ⅺ　委託：□有　□無
（有の場合は下記に記入）</td><td rowspan="6">責任者と作成者</td><td>施設側責任者
役職　　　　　　　　　氏名</td></tr>
<tr><td colspan="2">名称：</td><td>作成者
所属　　　　　　　　　氏名</td></tr>
<tr><td colspan="2">電話　　　　　　　　FAX</td><td>電話　　　　　　　　FAX</td></tr>
<tr><td colspan="2">委託内容：
□献立作成　□発注　□調理　□盛付　□配膳
□食器洗浄　□その他（　　　　　　　）</td><td>職種：□管理栄養士　□栄養士　□調理師
　　　□その他（　　　　　　　　）</td></tr>
<tr><td colspan="2">委託契約内容の書類整備：□有　　　□無</td><td>保健所記入欄　　特定給食施設・その他の施設
（施設番号　　　　　　）</td></tr>
</table>

図3.4　栄養管理報告書の一例（つづき）

第3章　栄養・食事管理

コラム　行事食

　行事食とは行事や祝い事のときに食べる料理の総称をいう。もともとは季節の変化に応じて、旬のものを食べ、自然の恵みに感謝するものであったが、後にこれに加え、病魔払いのような宗教的、医療的な言い伝えなどの影響を受けて今日に至っている。行事食の主なものには節句料理をはじめ、**表3.15**のようなものがある。

　特定給食施設では行事食を年間の献立計画に加え、変化に富んだ満足度の高い食事を提供することが求められる。献立作成にあたっては、季節感の得られる旬の食材を積極的に取り入れ、普段よりも手間や費用をかけて行事にふさわしい内容にする。食事にカードや花などを添えても喜ばれる。クリスマスやバレンタインデーなどの他、施設の創立記念日や納豆の日（7月10日）のような日付に因んだ食材の料理を提供するのも変化があってよい。

表3.15　代表的な行事と行事食

行　　事	期　　間	行　　事　　食
正月	1月1日〜7日	おせち料理、屠蘇
人日の節句	1月17日	七草粥
鏡開き	1月11日	鏡餅のしる粉
小正月	1月15日	小豆がゆ
上巳の節句・雛祭り	3月3日	草餅、菱餅、はまぐり、白酒または桃酒、あられ
春の彼岸	春分の日を中心にした1週間	草餅、ぼた餅
端午の節供	5月5日	かしわ餅としょうぶ酒、ぼた餅、ぼらなどの出世魚を使った料理、ぶり、すずき
七夕の節供	7月7日	鯛、あわび、ささげ、枝豆、うり、桃、江戸時代からの習慣となったそうめん
盂蘭盆	7月13〜15日（地方によっては8月13〜15日）	精進料理
土用の丑の日	7月27日前後	土用うなぎ
十五夜	旧暦8月15日	栗、枝豆、ぶどう、きぬかつぎ、柿、月見だんご
重陽の節供	9月9日	菊酒
秋の彼岸	秋分の日を中心にした1週間	おはぎ、稲荷ずし
冬至	12月22、または23日	冬至がゆ、冬至かぼちゃ、ゆず湯、冬至こんにゃく
大晦日	12月31日	年越しそば

問　題

下記の文章の（　）に適切な語句を入れよ。

(1)　特定給食施設における栄養・食事管理の目的は、対象となる集団の個々人の（　①　）の維持・増進、疾病の治療・回復、（　②　）の健全な発育・発達に寄与することである。

(2)　栄養・食事管理システムの構築には、（　③　）サイクルを活用し、栄養・食事管理の評価には栄養状態以外にも作業管理、食材料管理、衛生管理を含めた総合的な（　④　）管理が重要である。

(3)　アセスメントは給食利用の開始時のみではなく、（　⑤　）的に行うことが重要である。

(4)　（　⑥　）に基づく栄養管理の基準では、利用者の身体状況や栄養状態などの（　⑦　）を行うよう努めるとされている。

(5)　給与エネルギー量の設定においては、カバーする対象者の幅（範囲）を確認し、不足する人の確率がより低くなる値を採用するが、（　⑧　）摂取には注意が必要である。

(6)　食事の（　⑨　）管理は（　⑩　）法に基づく栄養管理の基準の中に示されており、重要な位置づけとなっている。

(7)　「日本人の食事摂取基準」に示されている値は、摂取時を想定したものであるため、調理中に生じる栄養素量の変化を考慮して栄養価計算を行う必要がある。特に、（　⑪　）や一部のミネラルなどは、その変化率が大きい。

(8)　利用者集団のエネルギーを除く栄養素摂取量の評価として「日本人の食事摂取基準」を用いる場合には、（　⑫　）量、（　⑬　）量、（　⑭　）量、（　⑮　）量を指標とする。

(9)　栄養・食事管理における（　⑯　）サイクルに基づき、アセスメント、計画、実施、評価、改善を繰り返し行うことで、給食の（　⑰　）管理が達成される。

(10)　レシピ（調理作業の指示書）の記載内容は献立表の内容に（　⑱　）と（　⑲　）を加えたものである。

(11)　栄養補給法には、（　⑳　）栄養法と（　㉑　）栄養法がある。給食は（　㉒　）栄養法に該当する。

(12)　一定量に盛り付けた複数の料理を提供し、利用者が嗜好や栄養面を考えながら料理を自由に選択できる食事の提供方式は（　㉓　）方式である。

参考文献

1) 栄養法規研究会編「わかりやすい給食経営管理の手引き」新日本法規2010年
2) 君羅満他編著「給食経営管理論」建帛社、2009年
3) 富岡和夫編著「エッセンシャル給食経営管理論」医歯薬出版株式会社、2006年
4) 豊瀬恵美子編「給食経営管理論－給食の運営と実務－」学建書院、2008年
5) 外山健二他編「給食経営管理論」講談社、2006年
6) 鈴木久乃他編「給食経営管理論」南江堂、2009年
7) 木村友子他編著「楽しく学ぶ給食経営管理論」建帛社、2006年
8) 「日本人の食事摂取基準2025年版策定検討会報告書」厚生労働省、2024年
9) 韓順子他著「給食経営管理論」第一出版、2010年

給食の品質

達成目標
- ■給食システムにおける品質・品質管理活動および評価を理解する。
- ■献立・調理工程の標準化を理解する。

第4章　給食の品質

1 給食の品質の標準化

1.1 栄養・食事管理と総合品質

(1) 品質管理の概念・目的

　企業が経営を維持していくためには、顧客（消費者）の嗜好や安全性、利便性などにおいて満足させる製品やサービスを提供する必要がある。この製品やサービスの質を常に一定レベルに確保するための管理技法を品質管理という。

　JIS に示される品質管理用語によれば、品質管理（quality control：QC）とは、「買い手の要求にあった品質の品物またはサービスを経済的に作り出すための手段の体系」とされている。給食における品質とは、料理が適正に栄養管理され、衛生的かつ、おいしく安全であることをさす。食事提供の立場から捉えた品質管理には、「設計品質」、「適合（製造）品質」、「総合品質」の3つの要素がある。

❏ 設計品質とは

　製品（食事）となる品質のことである。計画段階での品質で、献立に反映される。栄養・食事管理の目標のもと、喫食者のアセスメントと具体的な食事計画を行う。

❏ 適合（製造）品質とは

　設計品質を目指して製造した実際の品質のことである。調理工程や食事の提供方法などが喫食者のニーズにあっているかどうかを示す。

❏ 総合品質とは

　計画と製造を通じて完成した最終的な品質のことである。設計品質と適合品質によって構成される。喫食者の立場からの評価が顧客満足度となる（図4.1）。

　高い「総合品質」は、喫食者のニーズにあわせた食事を献立や作業指示書に反映させ（設計）、それを実際に調理し食事として提供（製造）することで得られる。

　給食の品質管理は、顧客（喫食者）に対する安全性や満足度を実現するだけでなく、マネジメント活動によって問題点を明確にし、改善方法を見出すとともに、従業員の満足度や意欲向上も実現するものである。また、より質の高い製品やサービスの提供を促すことにもつながる。

　一方、給食施設で調理された食事は製造物にあたるため、製造した品物に対する製造者の責任を定めた**製造物責任法（PL 法）**[*1]の適用対象となる。そのため、喫食

---

*1 製造物責任法（Product Liability Law；PL Law）：PL 法ともいう。1994（平成6）年7月公布、1995（平成7）年7月1日より施行。通常有すべき安全性を欠いた欠陥商品によって人的もしくは経済的な損害が生じた場合、製造業者等は損害賠償の責任があることを定めた法律。

58

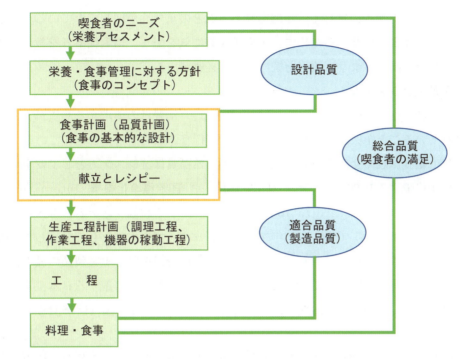

図 4.1　給食サービスにおける品質の考え方

者が食中毒などの損害を受けた場合には製造者側に賠償の責任が生じる。

　喫食者のニーズにあった食事やサービスを一定水準以上の品質で提供できるよう品質管理のシステム化を行うことで、喫食者の満足や信頼を得るとともに、経営の安定と収益の確保を図ることが可能となる。

(2) 栄養・食事管理における品質管理

　給食は、喫食者の栄養改善・健康増進を目的に、それぞれの対象者の特性を考慮した適正な栄養・食事管理、基準以上の衛生管理のもとで安心・安全な状態で提供されることが必要である。

　給食の栄養・食事管理は、喫食者の総合的な栄養アセスメント（栄養状態、食生活、生活習慣などの実態調査）の実施、給与栄養目標量の算出、食品構成表の作成、目標に応じた食事の提供と評価という一連の過程で行われる（3章参照）。喫食者の嗜好性、咀嚼・嚥下機能などを考慮した食形態、食事環境やサービスのあり方などを含め、総合的な品質管理が重要である。

　また、提供した食事の品質管理と評価を行うことが、「特定給食施設が行う栄養管理に係る留意事項について」の「1 身体の状況、栄養状態の把握、食事の提供、品質管理及び評価について」に明記されている（巻末資料 P 254）。

　近年、特に食の安心・安全の問題がクローズアップされることが多く、給食施設

第4章　給食の品質

においては、喫食者に対して信頼感を与えることの重要性が増してきている。食事の総合的な品質を保証するために、絶えず品質に気を配り、給食従事者を教育して技術・技能を高めるように改善を続けていく必要がある。

(3) 品質保証システム

　日本工業規格（JIS）によれば、品質保証とは、「消費者の要求する品質が充分満たされていることを保証するために、生産者が行う体系的活動」とされている。

　近年、給食施設や食品企業の生産活動における品質保証システムとして安全・衛生管理を保障するHACCPシステム（P139参照）や「国際標準化機構（International Organization for Standardization）：略称ISO」による評価システムの導入が進んでいる。ISOは、1947（昭和22）年スイスのジュネーブを本部として発足した国際的な規格を作成する民間の非営利団体で、電気技術分野を除く工業製品の標準化、規格化を目的としている。日本では、日本工業規格（JIS）を審議する日本工業標準調査会（JISC）が加盟しており、ISOに対応するものとして、国内標準JISZ9900シリーズがある。

　ISO規格は、その対応を組織の自主性に任せた「任意規格」であるが、技術の進歩や新材料の開発、品質や安全に対する新しい要求などに対応するために、全ての規格について、5年くらいの間隔で見直しを図り、必要に応じて改正されている。

　現在、給食施設や企業が取り組んでいるマネジメントシステムとしては、ISO9000（品質マネジメント）の他に、「環境」「食品安全」「労働安全衛生」「情報セキュリティ」などに関するマネジメントシステムがある（表4.1）。

1) ISO9000規格：品質管理システム（Quality Management System：QMS）

　製品や品質を保証するための標準であり、顧客の立場から供給者に対して、備える必要のある要求項目をまとめた審査登録制度のひとつである。これまでISO9001、9002、9003と3つの規格が存在したが、2000（平成12）年末に改定され、新しくISO9001：2000として発表された。ISO9001は、組織が業務全体を管理して、顧客要求事項や適用される法的要求事項に適合する製品を顧客に提供するためのマネジメントシステムである。国際標準化されたシステムの中で評価されるため、客観性が高く、国際的に通用するのみでなく、PL法対策にもつながる。この中で、給食経営管理に関係する代表的な項目が表4.2である。

2) ISO22000：食品安全マネジメントシステム（Food safety management Systems：FMS）

　消費者に安全な製品を供給することを目的として、フードチェーンにかかわる組織に対する要求事項を規定しているもので、2005（平成17）年9月に制定された。

対象は、食品にかかわるすべての企業・事業体であり、食品衛生法の中で HACCP による衛生管理を奨励されている製品以外に食品サービス業（フードサービス）も含まれている。

ISO22000 は、従来の HACCP のもつ食品安全確保の技術的技法を ISO9001（品質マネジメントシステム）がもつ仕組みでより確実な安全確保を図るシステムである。給食施設は認証の対象となっていないが、品質保証の一環としてこの基準を満たすべく多くの給食施設が努力している。

給食施設においては、HACCP の導入や ISO9000 規格、製造物責任法（PL 法）、食品衛生法などを参考に、体系化されたマネジメントシステムを構築していくことで、品質保証につながり消費者の信頼を得ることができる。

最近では、ISO についての関心が高まり、フードサービス業をはじめ、病院、福祉施設など特定給食施設においても認証を取得するように準備を進める動きもあり、顧客（喫食者）に対する品質保証のレベルアップにつながってきている。

3）ISO14000 規格：環境マネジメントシステム（Environmental Management System；EMS）

地球温暖化、産業廃棄物、ダイオキシンなどから地球の環境破壊を防ぐことを目的として1996（平成 8）年に制定された。EMS の運用は、地球環境問題への対応、環境リスクの回避、省資源・省エネルギーによる環境コスト低減などのメリットがある。この EMS における環境保全と予防の観点から給食経営管理にかかわる要求事項をまとめたものが**表4.3** である。

表 4.1　マネジメントシステム規格の種類

品質マネジメントシステム	ISO9000	品質に関して、組織を指揮し管理するため、方針および目標を定め、その目標を達成するためのシステム。
食品安全マネジメントシステム	ISO22000	顧客・行政当局の要求に合致する食品を安定的に供給し、食品安全に関する危害の効率的な管理により、顧客の満足を高めるように規定したもの。
環境マネジメントシステム	ISO14001	組織が同意する法的要求事項およびその他の要求事項ならびに著しい環境側面についての情報を考慮しながら、組織が環境方針および環境目的を開発し、実施できるように規定したもの。
労働安全衛生マネジメントシステム	OHSAS18001	組織における労働安全衛生災害のリスクの低減と将来の発生リスクを回避できるように規定したもの。
情報セキュリティマネジメントシステム	ISO/IEC27001	組織が情報の機密性、安全性および可能性の維持の標準の開発および効果的な情報セキュリティマネジメントの実施のための共通基盤を規定したもの。

表4.2 給食経営管理に関係する要求項目（ISO9001の場合）

経営者の責任	安全な製品の設計及び実現	製品（食事）が消費者に危害を及ぼさないように管理する ・製品（食品）安全方針の決定 ・不適合製品（食事）の発生防止策と再発防止策の立案及び実行（食品安全マニュアルの作成、食品安全システムなどのシステム）をつくる
資源の運用管理	人的資源・インフラストラクチャー・作業環境の整備を整える	組織は、資源提供の「仕組み」 ・製造提供者、資源担当者、検証担当者、モニタリング担当者、外部専門家などの要員を配置 ・活動（仕事）に影響する力量（知識・技能・経験）を見極め、必要な力量が得られるような教育・訓練計画の策定 インフラストラクチャー（＊）を確立する ・調理室、更衣室、倉庫、廃棄物処理施設など危険を回避する施設全体のレイアウト ・製造設備（冷凍・冷蔵庫、解凍設備、湯煮設備など）搬送設備（クレーン、コンベア、フォークリフトなど）の設置 ・輸送設備、通信設備などの支援体制 作業環境を確立する ・排水経路と排水処理施設、使用水供給源とトイレの位置、廃棄物とその置き場、害虫発生の地理的な位置など ・調理施設の照度、温度、湿度、交差汚染（汚染区域と清潔区域の明確化）に対する施設配置 ・作業員への作業着（白衣、靴、帽子、マスク、手袋など）の貸与、集団検診の実施
製品実現	品質計画書を作成し、製品が確実に提供できるプロセスを構築する	顧客関連の情報から要求事項を明確にする ・顧客の年齢、性別、体格、生活活動の程度、嗜好傾向の把握 製品（食事）の実現方法を設計・開発する ・献立計画の作成（給与栄養基準値の決定、食品構成、表の作成、食嗜好調査データ） 購買製品（組織外からの材料の購入）の質の管理を徹底する ・食材料の価格動向、食材料費の予算額の管理 ・購入業者の選定と管理 製造・サービス提供は、生産計画、提供計画書に従って、管理された状態で実行する ・予定献立表、調理作業指図書の作成 製品を識別・取扱い・包装・保管に関する方法の確立 ・製品（食事）を顧客に提供するまでに劣化しないように、保管時間や場所、方法の確立と管理 ・保管状態を管理するための計器（中心温度計、品温測定器、食塩濃度計など）の管理
測定・分析及び改善	製品の適合性、顧客満足の情報分析とシステム全体の能力の検証	製品（食事）が問題なく顧客へ提供（サービス）されたかを確認するための基準を作る ・保存食・検食の実施と記録の保管 ・不適合な製品（食事）の処置方法と顧客への流出防止策の決定 プロセス（作業工程）が計画通りであるかを監視・記録し、システム改善につなげる 顧客満足の情報の入手及び使用方法を決定し、是正・修正を図る ・顧客満足度調査、アンケート調査、市場調査

（＊）インフラストラクチャー：組織運営のために必要な施設、設備及びサービスに関するシステム

表 4.3　給食経営管理に関する要求事項（ISO14000 の場合）

		【基本的な要求事項】	組織の業務全体を管理する要求事項は、ISO9001 規格に基づく
環境保全・汚染予防からみた要求事項	環境方針	経営理念・経営方針を明確にし、組織行動の原則を作る	・地球環境問題（地球温暖化、産業廃棄物、ダイオキシンなど、への対応と環境リスクの回避、環境コストの低減を図る ・環境側面（製造プロセス、包装及び輸送、廃棄物管理など）を特定し、そこから生じる環境変化（環境影響）を図る評価基準を設定 ・特定した環境側面と評価基準等の文書化とコミットメント
	環境目的 環境目標	環境方針と整合する全般的な到達点を設定する	環境目的・目標は必ずしも定量的でなくても、測定可能とし、達成度が判定できるように設定する ・使用される原材料・エネルギーの量 ・完成品（食事の出来上がり量）当たりの発生廃棄物 ・廃棄物（食品）単位量当たりのリサイクル率 ・製品（食品）包装材料のリサイクル率 ・特定汚染物排出量 ・水の年間消費量 ・燃料油の消費量低減と廃油の適正管理とリサイクル計画
	策定・実施・運用	組織で働くすべての人々に対する役割、責任、権限を定める	経営層は資源が確実に利用できる手順を確立しておく ・人的資源—専門的な技能、技術者をもつ者（危険物取扱者、ボイラー運転者、公害防止管理者など） ・インフラストラクチャー—組織運営に必要な設備、備品など（消火器、消火、防災施設、危険物倉庫、通信回路、排水施設、地下タンクなど） 管理責任者を任命し、環境マネジメントシステムの効果的実施に関して責任と権限を与え、運用実施を行う 要求事項を文書化し、適切な管理を行う 組織内外への情報公開（コミュニケーション）を行う ・地域説明会、電子メール、ホームページ、新聞発表、定期刊行ニュースレター、年次環境報告書など 緊急事態・事故への対応手順の確立と定期的な試行及び訓練（シミュレーション）により、環境影響予防・緩和する ・緊急避難訓練、警報システムや事故発生時の防災設備の作動訓練など
	点検	環境影響を与える運用プロセスの監視・測定を行う	・環境へ影響を与える可能性がある特性を含むものに対して監視・測定を実施し、環境目的及び目標との適合を図る ・廃水放出の監視 ・生物学的酸素要求量（BOD）、化学的酸素要求量（COD）、酸性度（PH）、温度などの測定
	是正措置 予防措置	不適合に対応するための手順を確立し、実施・維持する	要求事項（組織が定めた規格や規格や法的要求事項）を満たしていない不適合が生じた場合、その原因を特定して是正措置又は予防措置を講ずる

第4章　給食の品質

1.2 標準化（マニュアル化）

　喫食者に提供する食事の品質保証では、栄養・量・味・温度などについて一定の基準以上に整えることが必要である。そのためには、献立作成、調理工程、調理作業などのマニュアルを作成し、標準化を図ることが大切である。

(1) 献立の標準化

　給食の献立は、計画された給与栄養目標量にあわせて料理を組み合わせて作成するものである。質の高い食事を継続的に提供するためには、いつ、誰が作っても同様の調理作業ができ、一定水準以上の給食が提供できるように、献立やレシピの標準化を行う。献立の標準化の要点は次の通りである。

　① 献立作成基準に基づき献立を作成する（3章3.3参照）。

　② サイクルメニューを活用する。

　サイクルメニューとは、それぞれの施設によって定められた期間内（週間、旬間、月間）に実施した献立を繰り返し使用するものである。そのため、食品の購入および管理が効率よくできる。ただし、メニューを使用する時期により、食材の価格・流通が変化するので、適宜見直して使用することが大切である。メニューの特性は施設の種類により異なる。

(2) 調理工程と調理作業の標準化

　調理工程や調理作業を標準化することで、作業者による切り方、味付け、出来上がり時間、提供温度などの差をなくし、品質のよい食事の提供が可能となる。

　調理工程・調理作業の標準化においては、以下のことが要点となる。

1) 作業工程の標準化

　各メニューごとに調理作業の一連の流れ〔下処理・下調理・本調理（加熱調理・非加熱調理）・盛り付け・配膳〕におけるマニュアルを作成する。

❖マニュアル作成時に考慮する要点は、作業人数、作業区域、作業時間の目安、使用機器・器具、作業動線などである。

❖また、作業途中で行う品質管理のための測定項目（温度、味の濃度、盛り付け量など）を決めておく。

❖その他、食器回収、洗浄・清掃作業についても同様にマニュアルを作成する。その際、大量調理施設衛生管理マニュアルの規定事項（機器・施設の清掃方法、器具・ふきんの消毒温度等）を網羅することが必須である。

2) 作業指示書の作成

　各メニューごとに具体的な調理作業指示についてマニュアルを作成する。

❖下処理の方法（食材の切り方、取り扱い方など）

- ❖調味パーセント（塩分・糖分パーセント、寒天・ゼラチン・でんぷんの濃度など）
- ❖加熱温度・加熱時間（調理法別）
- ❖保管管理（温蔵・冷蔵、使用容器など）
- ❖盛り付け（食器の選定、盛り付け方、盛り付け量など）
- ❖配食・配膳の方法

なお、温度の管理基準等については、大量調理施設衛生管理マニュアルの規定事項を遵守することが必須である。

その他、給食の品質管理においては、食中毒防止の観点から安全・衛生管理を徹底できるよう、従業員・食品納入業者の管理・教育についても標準化された方法や知識をマニュアル（標準書）にまとめてシステム化しておくことが大切である。

1.3 品質評価の指標と方法

（1）品質評価の指標

給食施設においては、提供される食事の質や安全性、サービスの質などを一定の基準以上に整えるため、品質指標（**表4.4**）および目標値を設定して作業を行うことが重要である。

表4.4 給食の品質管理の指標

品質の概念	品質管理の対象	設計品質の指標	適合品質の指標	総合品質の指標
製品属性	食材の質と量	重量・個数・質	重量・個数・いたみがない、賞味期限	
	給与栄養目標値	予定献立で供給が期待できる量 出来上がり予定量（全体・1人分） 1人分盛り付け予定量	実施献立で提供が期待できる量 出来上がり量（全体・1人分） 1人分供食量	
	味	予定の味の濃度	実際の料理の味の濃度	
	温度	予定の提供温度・喫食温度	提供温度・推定喫食温度	
	色	予定の色（例えば、焼き物の場合の焼き色	実際の料理の色（例えば、出来上がりの焼き物の焼き色）	
	衛生	異物混入などの衛生的なことに関するクレームが無い 加熱温度（加熱条件） 保管温度と保管時間	異物混入など衛生的な事柄のクレーム数 実際の加熱温度 実際の保管温度と保管時間	
	量・製品属性の総合化			販売数、残菜量返品金額、苦情件数
顧客ニーズ・満足度	提供するエネルギー・栄養素量	給与栄養目標量		摂取量
	喫食者の満足度			満足度

第4章　給食の品質

　食事の性質を表す指標（製品属性）は、実際に測定が可能であるため、数量的な評価基準を設定し、客観的評価を行うことが大切である。また、喫食者のニーズ・満足度は、相対的な質的評価であるため、段階別、カテゴリー別に尺度を設定して数量化すると評価基準の設定が可能となる。

(2) 評価の方法

　給食の品質評価は、提供者側と喫食者側について、それぞれ適正な尺度を用いて行う。

1）給食提供者側からの評価

　給食を提供する側の代表的な評価は、検食である（**表4.5**）。食事内容、食事量、味、温度などが評価指標となるが、これらは給食従事者の五感で確認・評価するものである（適合品質管理の評価）。この評価の場合、給食従事者の個人差やばらつきを小さくするための教育・訓練を日頃から行っておく必要がある。

表4.5　検食表（例）

平成　　年　　月　　日　　曜日 天候：　晴　曇　雨　気温（　　℃）			検査者名： 検食時間：　　　時　　　　分			
献立						
評価（○をつけてください）	分　　　量	多い （-1）	やや多い （0）	ちょうど良い （+1）	やや少ない （0）	少ない （-1）
	主食の炊き方	硬い （-1）	やや硬い （0）	良い （+1）	やや軟らかい （0）	軟らかい （-1）
	味　付　け	おいしい （+2）	ややおいしい （+1）	普通 （0）	ややまずい （-1）	まずい （-1）
	色　　彩	良い （+2）	やや良い （+1）	普通 （0）	やや悪い （-1）	悪い （-2）
	盛り付け	良い （+2）	やや良い （+1）	普通 （0）	やや悪い （-1）	悪い （-2）
	温　　度 （適温）	良い （+2）	やや良い （+1）	普通 （0）	やや悪い （-1）	悪い （-2）
	衛　生　面 （衛生的配慮）	良い （+2）	やや良い （+1）	普通 （0）	やや悪い （-1）	悪い （-2）
	＊判　　定	総　得　点（　　　点）　　　　A・B・C				
所見						

＊判定基準：A；5～12点（良い）　　B；4～-4点（普通）　　C；-5～-11点（悪い）

2) 喫食者側からの評価

喫食者側からの代表的な評価は、顧客満足度調査である（総合品質管理の評価）。満足度調査には、インタビュー、嗜好調査（**表4.6**）、アンケート、モニター調査、喫食率や残食率などの実態調査などがある。調査結果について、客観的に評価・分析を行うことで、実際の食事に対する評価と喫食者の期待度の両面を把握でき、サービスの向上につながる（設計品質管理の評価）。

表4.6 嗜好調査（例）

● 今日の食事についてお尋ねします。該当するものに〇をつけてください。

料理名	分量	料理の見栄え（外観）	彩り	味付け	温度	嗜好性
主食	1. 多い 2. やや多い 3. ちょうどよい 4. やや少ない 5. 少ない	1. よい 2. ややよい 3. 普通 4. やや悪い 5. 悪い	1. よい 2. ややよい 3. 普通 4. やや悪い 5. 悪い	1. おいしい 2. ややおいしい 3. 普通 4. ややまずい 5. まずい	1. よい 2. ややよい 3. 普通 4. やや悪い 5. 悪い	1. 好き 2. やや好き 3. 普通 4. やや嫌い 5. 嫌い
主菜	1. 多い 2. やや多い 3. ちょうどよい 4. やや少ない 5. 少ない	1. よい 2. ややよい 3. 普通 4. やや悪い 5. 悪い	1. よい 2. ややよい 3. 普通 4. やや悪い 5. 悪い	1. おいしい 2. ややおいしい 3. 普通 4. ややまずい 5. まずい	1. よい 2. ややよい 3. 普通 4. やや悪い 5. 悪い	1. 好き 2. やや好き 3. 普通 4. やや嫌い 5. 嫌い
副菜	1. 多い 2. やや多い 3. ちょうどよい 4. やや少ない 5. 少ない	1. よい 2. ややよい 3. 普通 4. やや悪い 5. 悪い	1. よい 2. ややよい 3. 普通 4. やや悪い 5. 悪い	1. おいしい 2. ややおいしい 3. 普通 4. ややまずい 5. まずい	1. よい 2. ややよい 3. 普通 4. やや悪い 5. 悪い	1. 好き 2. やや好き 3. 普通 4. やや嫌い 5. 嫌い
汁	1. 多い 2. やや多い 3. ちょうどよい 4. やや少ない 5. 少ない	1. よい 2. ややよい 3. 普通 4. やや悪い 5. 悪い	1. よい 2. ややよい 3. 普通 4. やや悪い 5. 悪い	1. おいしい 2. ややおいしい 3. 普通 4. ややまずい 5. まずい	1. よい 2. ややよい 3. 普通 4. やや悪い 5. 悪い	1. 好き 2. やや好き 3. 普通 4. やや嫌い 5. 嫌い
献立全体	1. 多い 2. やや多い 3. ちょうどよい 4. やや少ない 5. 少ない	1. よい 2. ややよい 3. 普通 4. やや悪い 5. 悪い	1. よい 2. ややよい 3. 普通 4. やや悪い 5. 悪い	1. おいしい 2. ややおいしい 3. 普通 4. ややまずい 5. まずい	1. よい 2. ややよい 3. 普通 4. やや悪い 5. 悪い	1. 好き 2. やや好き 3. 普通 4. やや嫌い 5. 嫌い

● 献立全体として料理の組み合わせはいかがでしたか。4・5に〇をされた方は、その理由もお書きください。
1. 適当　　　2. やや適当　　　3. 普通
4. やや不適当（何が　　　　　　　　　　　　）　　5. 不適当（何が　　　　　　　　　　　）

● 食事としてどの程度満足されましたか。
1. 大変満足した　　2. やや満足した　　3. 普通　　4. やや不満足　　5. 不満足

● その他、ご意見があればお書き下さい。

　　　　　　　　　　　　　　　　　　　　　　　　　ご協力ありがとうございました。

第4章　給食の品質

3）官能検査による評価

　味や外観、美味しさなど総合的に評価するためには、人の感覚機能を測定器として用いる官能検査の手法を取り入れる。この検査は、個人の主観的な感覚が中心となるため、その日の気分や健康状態、天候などの影響を受けやすく、個人間のばらつきを考慮する必要がある。そのため、ここで得られた結果は、物理的・化学的測定値とあわせて検討し、評価することが望ましい（総合品質の評価）。

　この他に、外部の第三者を含んだ栄養管理委員会を設置し、施設・栄養・衛生面などに関して評価や意見を求め、改善事項をまとめることが望ましい。このような多面的な調査から、改善点を見出しフィードバックすることで、喫食者のニーズに応え満足度を高めることにつながる。

　品質評価は、それぞれの施設の条件や一定の品質水準、喫食者のニーズをもとに設定されるものであり、日常業務の中に組み込む必要がある。評価は、毎日行うもの、定期的に行うもの、不定期に行うものを整理し、目的に応じて効率的に行う。普通1カ月単位で行うことが多いが、衛生管理のように、毎日評価しなければならない項目もある。

1.4 品質改善とPDCA サイクル

　品質改善活動では、まず到達目標を設定し、到達するための改善案を検討し、改善活動を計画（plan）、実行（do）、計画通りに目標へ到達できたかを評価（check）、目標到達へ不十分な点への改善（action）を行うというPDCA サイクルを回す。

　具体的には、総合品質として得られた結果について、設計品質、適合品質のそれぞれに照らし合わせながら検討し、改善を図っていく。見出された問題点については、原因究明を徹底し、適切な改善策を講じることが重要である。

問　題

下記の文章の（　）に適切な語句を入れよ。

(1) 喫食者の立場から捉えた品質の概念である（　①　）は、（　②　）と（　③　）の2つの要素からなる。

(2) HACCP の導入や（　④　）、（　⑤　）、食品衛生法などを参考に体系化された品質保証システムを構築する。

(3) ISO は（　⑥　）の略称で、製品やサービスの流通を促進させるために制定された。ISO9000 シリーズは（　⑦　）マネジメントシステム、ISO14000 シリーズは

（⑧）マネジメントシステムである。

(4) 給食における品質管理活動は、（⑨）・（⑩）・（⑪）・（⑫）のサイクルを繰り返し行うことで喫食者の満足度の向上につながる。

(5) 給食の標準化のためには献立作成や調理工程に関する（⑬）を作成する。

(6) 喫食者へ安心・安全な食事を提供するためには、（⑭）された献立とレシピ（⑮）が必要となる。

引用・参考文献

1) 鈴木久乃、大田和枝、定司哲夫他編著「給食マネジメント論」第一出版2006
2) 大浜庄司著「完全図解ISO22000の基礎知識150」日刊工業新聞社2008
3) 大浜庄司著「完全図解ISO9001の基礎知識126」日刊工業新聞社2009
4) 大浜庄司著「完全図解ISO14001の基礎知識130」日刊工業新聞社2010

給食の生産

達成目標

■ 給食を生産するための原価の概念と食材の購入契約などを理解する。
■ 適切な食材購入方法と管理方法を理解する。
■ 大量調理の特性を理解して、安全で効率的な調理と提供方法を理解する。

1 原価

1.1 給食の原価

　特定給食施設では、予算管理、食事の価格決定、財務状況の把握などの目的で、給食の製造に要した原価を把握することが必要である。給食の原価は材料費、労務費、経費で、それぞれ直接費と間接費がある。各費目の内容を**表**5.1に示す。

　特定給食施設の原価では、3大原価である**材料費**、**労務費**、**経費**をあわせたものを**製造原価**といい、製造原価に**一般管理費**[*1]や**販売費**を加えたものが**総原価**である（**図**5.1）。

表5.1　製造原価の費目

直接費	製造直接費	直接材料費	製品の生産のための材料購入に支払われる費用。給食では食材料（生鮮食品、各種加工食品等）の購入代金である。割りばしや手拭タオル等は間接材料費として扱う。
		直接労務費	製品の生産のための労働力に支払われる費用。給食では、直接給食業務を担当する人（管理栄養士、栄養士、調理師、調理員）の給与をさす。間接業務（配送・食器洗浄等）の担当者の給料は、間接労務費として扱う。
		直接経費	直接材料費、直接労務費以外で、製品の生産のために支払われる費用。給食では外注加工費などがある。
間接費	製造間接費		複数の種類の製品を生産している場合、どの製品の生産に要したのかはっきり区別できない原価で、各製品に対して適切に按分する。間接材料費、間接労務費、間接経費[注]からなる。
	一般管理費		総務や企業全体を運営・管理するのに要した費用。間接部門（総務部や役員など）の労務費やその他の経費がある。
	販売経費		販売に要する費用。販売手数料、販売促進費（広告宣伝費）などがある。

注）製造業では、どの製品生産にいくら使われたかが明らかにできない経費はすべて間接経費として扱う。給食業務で「経費」に分類される光熱水費、洗剤購入費、検便費、健康管理費、クリーニング費等について、直接・間接のどちらで取り扱うかは原価計算の目的や各企業の「原価」の考え方によって異なる。

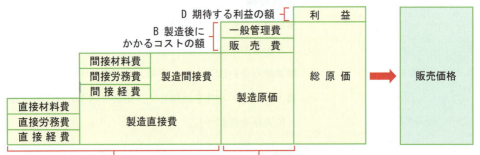

図5.1　原価分類と構成の内訳

　＊1　**一般管理費**：広告宣伝費、事務所運営費、事務給与など

1　原価

1.2 給食における収入と原価・売上

　給食経営管理においては、収入の状況および総原価がどれぐらい必要であるかを把握し予算を計画する必要がある。

(1) 収入

　給食施設の原価管理は多くの場合、年間予算に基づき計画される。収入は予算を決めるうえで重要な要素になるが、給食施設の種類によって収入を得る方法や総原価に対する割合が異なる。

　主な収入源としては、各種制度の適用による保険収入、国または市町村からの補助金、利用者の自己負担がある（表5.2）。各種制度を利用するには、適用条件が設定されており、管理栄養士の配置が規定条件になっているものも多い。

　経営の安定を図るうえで、一定以上の収入の確保が必要であるので、各施設において最大限の収入が得られるよう、人材確保、環境整備への働きかけを行っていく必要がある。

　各給食施設において、栄養部門の収益の良否が施設全体の収益に及ぼす影響は大きい。したがって、定期的に会計評価を行いながら、安定した収益が得られるようなマネジメントを行うことが大切である。病院の栄養部門の収支例を以下に示す。

■ 病院の栄養部門における1ヶ月の収入（例）

施設の種類：総合病院で入院時食事療養（Ⅰ）の施設。病棟食堂あり。
　　　　　　　　入院患者一日400人、外来患者1,200人

1カ月の給食延べ食数　30,600食
　（3食算定290人、2食算定50人、1食算定50人）

特別食延べ食数　15,750食

特別メニュー延べ食数　300食

病棟食堂利用者延べ人数　1,200人

栄養食事指導の件数（延べ人数）
入院栄養食事指導延べ数50件、外来栄養指導延べ数160件、集団栄養食事指導延べ数30件、在宅患者訪問栄養指導（居宅患者）3件

　収入の内訳では、患者給食からの収入が栄養食事指導からの収入を大幅に上回っているが、総額で見ると栄養部門が年間に獲得する収入は、かなりの額となる（表5.3）。患者給食関連からより多くの収入を得るためには、入院患者の数を一定以上に確保する必要がある。そのためには医療や各種サービスの質を上げることはもち

73

第5章　給食の生産

表5.2　施設別の給食にかかわる収入源（詳細は9章の各項目を参照）

施設の種類	収入源	収入額・関係する制度	備考	自己負担
病院 （健康保険法*²による入院時食事療養費*³適用施設、入院時生活療養費*⁴適用施設）	保険者 （各種医療保険）	入院時食事療養（Ⅰ）1　　670円/食 入院時食事療養（Ⅰ）2　　605円/食 特別食加算　　　　　　　 76円/食 食堂加算　　　　　　　　 50円/日	適用条件あり、但し、入院時食事療養（Ⅰ）2には、特別食加算の適用なし	460円/食 食材費プラス調理費 所得により減額
	保険者 （各種医療保険）	入院時食事療養（Ⅱ）1　　536円/食 入院時食事療養（Ⅱ）2　　490円/食	※特別食・食堂の加算の適用はなし	420円/食 食材費プラス調理費 所得により減額
	保険者 （各種医療保険、介護保険）	入院時生活療養（Ⅰ）1　　584円/食 入院時生活療養（Ⅰ）2　　530円/食 特別食加算　　　　　　　 76円/食 食堂加算　　　　　　　　 50円/日	適用条件あり、但し、入院時生活療養（Ⅰ）2には、特別食加算の適用なし	460円/食 食材費相当、所得・病状により減額
	保険者 （各種医療保険、介護保険）	入院時生活療養（Ⅱ）　　450円/食	※特別食・食堂の加算の適用はなし	420円/食 食材料費相当、所得・病状より減額
		特別メニュー： 通常の食療養費用では提供が困難な高価な食材や異なる材料を使用して調理する行事食メニューや標準メニュー以外の提供の場合		社会的に妥当な金額 施設により異なる
高齢者施設 （介護報酬） 1単位＝10円	保険者 （介護保険）	栄養マネジメント強化加算　　11単位/日 経口移行加算　　　　　　 28単位/日 経口維持加算（Ⅰ）　　　400単位/月　　適応条件あり 経口維持加算（Ⅱ）　　　100単位/月 療養食加算　　　　　　　 6単位/回		年金収入額で異なる
保育所	公費	国、地方自治体が食材費以外の費用を負担（額は自治体により異なる）		金額は施設により異なるが、保護者から食費あるいは保育料として徴収
学校	公費	国、地方自治体が食材費以外の費用を負担（額は自治体により異なる）		保護者から食材費として徴収（額は各自治体、低学年・中学校、高学年・中学生により異なる）
障がい者施設	公費	国、地方自治体が食材費以外の費用を負担（額は自治体により異なる） 栄養マネジメント加算 　　12（児入所施設は11）単位/日 経口移行加算　　　　　　 28単位/日　　適用条件あり 経口維持加算（Ⅰ）　　　 28単位/日 経口維持加算（Ⅱ）　　　　5単位/日 療養食加算　　　　　　　 23単位/日		金額は施設・所得に応じて異なるが、食費・光熱水費として徴収
事業所 （直営方式）	事業主	契約方法により異なる		契約方法により異なる

＊2 健康保険法
　健康保険に加入する被保険者が医療を必要とする状態になったとき、医療費を保険者が一部負担する制度を定めた日本の法律。

＊3 入院時食事療養費
　入院時食事療養費とは入院時の食事費用のうち食事療養標準負担額（自己負担額）を控除した額で各種医療保険が負担する。利用者の自己負担額は食材料費相当になる。入院時食事療養費には2種類あり、保健医療機関が都道府県知事に届出を行い算定できる入院時食事療養（Ⅰ）および、届出が必要なく算定できる入院時食事療養（Ⅱ）がある。

＊4 入院時生活療養費
　入院時生活療養費とは療養病床*⁵に入院する65歳以上の高齢者が要した費用のうち、生活療養標準負担額（自己負担額）を控除した額で、入院時食事療養費同様、各種医療保険が負担する。

＊5 療養病床
　症状は安定しているが長期の治療が必要とされる、主に高齢者など慢性疾患の患者のために、病院内に設けられた長期入院用のベッド。医療保険が適用される医療型病床（医療療養病床）と、介護保険が適用される介護型病床（介護療養病床）とがある。

表5.3 収入算出例

患者給食にかかわる費用		金額（円）
入院時食事療養（Ⅰ）1	30,400食×670円	20,368,000
入院時食事療養（Ⅰ）2	200食×605円	121,000
特別食加算	15,750食×76円	1,197,000
食堂加算	1,200人×50円	60,000
特別メニュー	300食×690円	207,000
総　　　額		20,696,000

		金額（円）
入院栄養食事指導料1	初回　30人×2,600円	78,000
	2回　20人×2,000円	40,000
外来栄養指導料2	初回　100人×2,600円	260,000
	2回　60人×2,000円	120,000
集団栄養食事指導量	30人×800円	24,000
在宅患者訪問栄養指導料1	3人×5,300円	15,000
総　　　額		537,900
収入総額は 21,233,900円 年間に換算すると約2.6億円		

ろんであるが、給食においても患者の満足度を高められるような魅力ある食事提供が求められる。また、栄養管理からの収入を確保するために、他職種・他部門との連携を密にして、入院患者や外来患者の栄養食事指導を行うことも重要である。

一方、栄養食事指導から得られる収入から人件費や経費を差し引くと赤字になってしまうケースが少なくない。できるだけ増額が図れるような対策が必要である。「管理栄養士による指導」が指導料の算定条件になっているので、人材を確保すると同時に、一定以上の指導件数をこなせる体制づくりや医師への依頼の働きかけなどが必要である。

(2) 支出

給食施設では利益率を求められることは少ない反面、予算に基づいて損失を伴わない経営計画が必要である。給食経営管理における原価の構成比率の例を図5.2に示す。飲食店や飲食業などの一般的な食材料費率は30％といわれているが、それに比較すると給食施設の食材料費率は10％程度高い比率である。労務費も約40％を占め、経費8％、減価償却費4％、一般管理費9％という割合である。

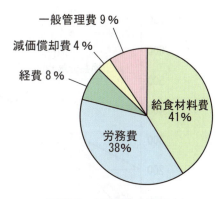

図5.2　原価構成比率例

1.3 原価の評価
(1) 損益分岐点分析

　一般的な経営管理において最も重要な点は如何にして利益を生み出すかということである。すなわち売上高に占める総原価（総費用）がどれぐらいであったかを把握することが必要となる。

　損益分岐点（break-even point ともいう）とは売上高と総原価が等しい状態であることを示すもので、利益（黒字）も損失（赤字）もない額を意味する（図5.3）。損益分岐点分析は、総原価を構成する項目において**固定費**と**変動費**に相当する金額を求め、分析を行う。

1）**固定費とは**

　供給する食数（売上高）に関係なく必要な費用のこと。社員の給料、地代、光熱水費（基本料部分）、健診費用、機器類のリース費など。

2）**変動費とは**

　食数（売上高）に応じて増減する費用のこと。材料費、消耗品費、光熱水費（使用量部分）、パート費など。

　損益分岐点は次の計算式によって求める。

　　　　変動費率＝変動費÷売上高

　　　　損益分岐点＝固定費÷（1－変動費率）

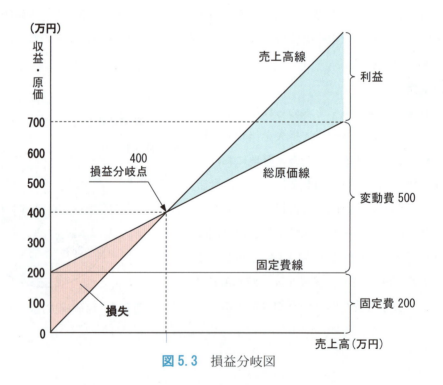

図5.3　損益分岐図

（例題）　特定給食施設A 社の損益分岐図を作成してみよう。

　A 社の 1 カ月の売上高は 1,000 万円で、そのうち固定費が 200 万円、変動費が 500 万円だとする。300 万円の利益を得ている。

　A 社の損益分岐点を求めてみよう。

　　　　A 社の変動費率は 500（万円）÷1,000（万円）＝ 0.5 …………………①

　　　　したがって、損益分岐点は 200（万円）÷（1－0.5）≒ 400（万円）……②

　給食経営管理では利益を目的とするのではなく、損失を出さないということの方が重要である。したがって、**損益分岐図**より経営状態を判断し必要に応じて対処する必要がある。

・売上高が損益分岐点を上回る場合　　損失＜利益
・売上高が損益分岐点を下回る場合　　損失＞利益

《売上高が損益分岐点を下回る場合の対策》

　利益を上げるには、売上高の増加が必要であるが、病院など収容人員に制限がある場合には無理な場合がある。その場合には、損益分岐点を低くして利益を増やす方法を検討する。具体的には変動費率を抑える方法と固定費を抑える方法がある。

❖変動費を抑える：食材を見直し、コストダウンを図る。消耗品などの使用を節約し、経費の支出を抑える。

❖固定費を抑える：正社員のパートへの切り替えや、給料の昇給額の見直しを行う。

(2) 財務諸表

　財務諸表とは企業が株主などの利害関係者に対して一定期間における経営や財務の状態を明らかにするために、簿記の方法を用いて作成される書類をいい、貸借対照表（バランスシート：B/S）、損益計算書（P/L）、キャッシュフロー計算書（C/F）を財務三表という（**表5.4**）。上場企業の場合は、法律によって開示が義務付けられている。

表5.4　財務三表

貸借対照表 （バランスシート：B/S）	企業の一定時点の財政状況を表す。表の右側に負債・資本（どこからお金を調達しているか）を示し、表の左側に資産（どのように運用しているか）を示し左右のバランスを見る。
損益計算書（P/L）	期間ごとの企業の経営成績を示す。一定の期間の収益（売上高）から、売上に要した費用を差し引いた利益を 5 つの段階で表す。
キャッシュフロー計算書 （C/F）	一定期間におけるキャッシュ（現金等）の流出入の状況を示す。営業活動・投資活動、財務活動の 3 区分における現金の流れの実態を示す。損益計算書とは別の観点から経営状態が分かる。

1) 貸借対照表

表の左側に資産（運用金）、右側に負債（調達金）と純資産（総資本）を示している（**表5.5**）。

（ⅰ）**資産の部**

将来、企業に何らかの収益をもたらす可能性のあるものをいう。また、企業が集めた資金をどのように運用しているかを表す。

・**流動資産**：1年以内に現金化される資産のこと。当座資産（現金、預金、売掛金、一時所有の有価証券などの現金化しやすいもの）と、棚卸資産（商品、原材料など、近い将来に販売等で現金化されるであろう在庫品のこと）がある。

・**固定資産**：生産・営業活動の基礎となるもので、長期にわたって保有する資産のこと。有形固定資産（土地、建物、機械設備など）、無形固定資産（営業所有権、権利金など）、投資（長期貸付金、保証金など）などがある。

・**繰延資産**：支出済みの資産で、将来にわたって企業に利益をもたらすと考えられるもの。開発費、新株発行費、社債発行費などがある。

（ⅱ）**負債の部**

すでに発生している支払い義務と、将来の資産減少が予想されるものをいい、返済義務のある資金の調達先を示す。

・**流動負債**：支払い手形、買掛金、前受金など、1年以内に返済しなければならないもの。

・**固定負債**：社債、長期借入金、退職給付引当金など、1年以後には支払わなければならないもの。

表5.5 貸借対照表

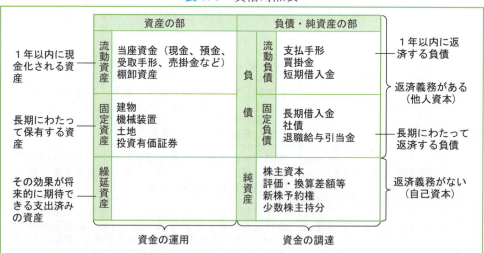

（ⅲ）純資産の部

企業の利益の蓄積と、投資家から集めた資金をいう。返済義務のない資本を表し、株主資本（資本金、資本準備金、利益準備金など）などから構成されている。「純資産＝資産－負債」の式が成り立つ。

2）損益計算書

企業において、1営業期間の総支出と総収入を比べて純損益を確定するとともにその純損益を出すに至った経路を示す書類である（**表5.6**）。**経常損益**（毎期必ず発生する損益）と**特別損益**（臨時に発生する損益）に分けて示す。また、**経常損益**については、**営業損益**（本業により発生する損益）と**営業外損益**（本業以外で発生する損益）に分けて示す。利益については、次の5つの段階で表される。

① **売上総利益（粗利）**：売上高から売上原価を引いたもの。粗利ともいう。
② **営業利益**：売上総利益から販売費・一般管理費を引いたもの。その企業の事業能力を表す。
③ **経常利益**：営業利益に、本業以外からの利益を加え、さらに本業以外からの損失を差し引いたもの。企業の日常的な収益力を表す。
④ **税引き前利益**：経常利益に、臨時に発生した利益を加え、さらに臨時に発生した損失を差し引いたもの。
⑤ **当期利益（純利益）**：税引き前利益から税金（法人税、住民税、事業税）を支払った後の純利益。

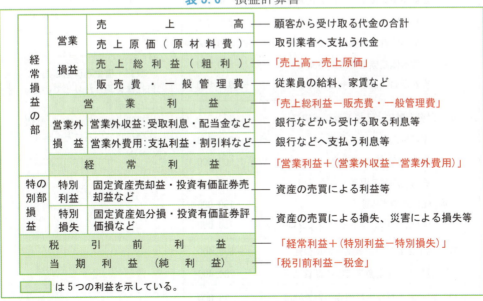

表5.6 損益計算書

注）経常損益は、毎期経常的に発生する損益。特別損益は、臨時に発生する損益。
　　営業損益は、本来の営業活動（本業）により発生する損益。営業外損益と特別損益は、本業以外によって発生する損益。

3）キャッシュフロー計算書

　一定期間におけるキャッシュの収支を示す書類で、収入−支出で計算される。営業活動、投資活動、財務活動の3区分におけるキャッシュの流れを示すことにより、企業の現金創出能力と支払い能力が示され、損益計算書とは違った角度から企業の経営状態を見ることができる（**表**5.7）。

表5.7　キャッシュフロー計算書

（単位：千円）

Ⅰ　営業活動によるキャッシュフロー	
1．税引前当期純利益	716,600
2．減価償却費	17,000
3．投資有価証券売却益	−35,000
4．土地売却益	−150,000
5．固定資産廃業損	30,000
6．売上債権の増加額	−25,000
7．棚卸資産の減少額	30,000
8．仕入債務の増加額	28,000
9．その他の資産、負債の増減額	−25,000
営業活動によるキャッシュフロー	586,600
Ⅱ　投資活動によるキャッシュフロー	
1．定期預金の払戻しによる収入	30,000
2．有形固定資産売却による収入	300,000
3．有形固定資産取得による支出	−1,500,000
4．投資有価証券取得による支出	−800,000
投資活動によるキャッシュフロー	−1,970,000
Ⅲ　財務活動によるキャッシュフロー	
1．短期借入金の純減少額	−300,000
2．長期借入れによる収入	1,500,000
3．長期借入金の返済による支出	−300,000
4．配当金の支払額	−150,000
財務活動によるキャッシュフロー	750,000
Ⅳ　現金および現金等価物の減少額	−635,400
Ⅴ　現金および現金等価物の期首残高	730,400
Ⅵ　現金および現金等価物の期末残高	95,000

合計が＋：本業が順調であることを示す
合計が−：本業が苦戦していて、現金不足で苦しんでいることを示す

−表記：設備投資などを行っていることを示す
＋表記：会社がもっている資産を売却したことを示す

−表記：借金返済をしたり、自社株を買ったりしていることを示す
＋表記：借金をしたり、社債を発行していることを示す

2 食材

2.1 給食と食材

　食材料管理とは、献立計画に基づき食材料の購入計画を立て、発注・納品・検収・保管・出納および食材料に関するすべての内容を統制し管理していくことである。図5.4に食材管理業務のプロセスを示した。

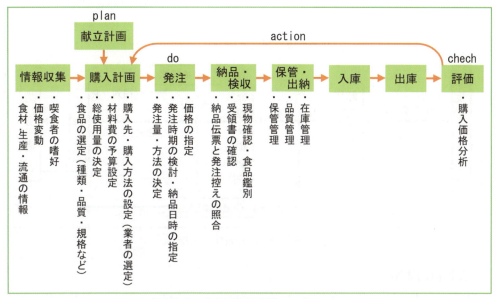

図5.4　食材管理業務のプロセス

2.2 食材料管理の目的

　施設にあった給食を提供するために、安全で良質の食材を納期・量・価格の面で適正に購入し、その食材に適した方法で保管し円滑に無駄なく使用するシステムを構築することが目的である。

2.3 食材の開発・流通

(1) 食材の開発

　近年、バイオテクノロジーの発達、輸入の規制緩和、流通路の多様化などにより新しい食材を手軽に入手できるようになった。多種多様な食材が市場に出回るようになり、給食でも広く利用されている。そのため、安全で良質の食材を適正価格で安定的に購入するという条件を満たす食材の開発が求められている。これらの使用により献立の種類が豊かになり、作業の効率化やコスト削減にも寄与するなどの利

点もあるが、同時に食品添加物や残留農薬など安全性に問題のあるものもあり注意が必要である。したがって、食材管理においては、食材に関する最新の情報を入手し、使用条件にあった食材を取捨選択できる能力を備えておくことも重要である。

(2) 食材の流通

食材の流通は、生産者から消費者に届くまで、卸売業者、仲卸業者、小売業者を介するため（図 5.5）、鮮度や品質の低下、高価格となりやすい。したがって、食材管理にあたっては適切な品質、適正な価格で安全に流通するシステムの把握が必要である。

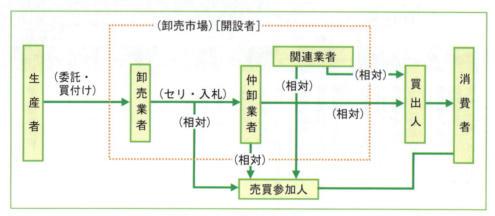

図 5.5　食品流通のシステム

1）産地直結体制

単なる卸売市場の介在のない産地直送ではなく、農協、生協などの生産者と消費者が直結するシステムである。流通の合理化によるコストの削減だけではなく生産者・産地が明らかであるため、消費者に安心・安全で新鮮・高品質なものを提供できる。

2）地産地消（地域生産地域消費）

地域で収穫された農水産物を地域で消費することである。学校給食では郷土料理給食として取り入れられ、食文化継承の機会となっている。生産者と消費者の距離が短いので、鮮度が高く、農水産物の輸送距離も短縮されるので輸送にかかるエネルギーの削減によりフードマイレージが削減でき、環境面でも注目されている。また地域経済の活性化や食料自給率のアップにもつながる。しかし地産地消は必ずしも大量流通システムになっていないためコストアップになることが多い。

3）トレサビリティー

生産・加工および流通の特定のひとつまたは複数の段階を通じて食品の移動を把握できるシステムである（コーデックス委員会 2004）。食品に安全性の問題が生じ

た場合、原因究明や被害拡大防止に役立つ。生産情報公表 JAS 規格は、牛肉、豚肉、農産物、加工食品（豆腐、こんにゃく）および養殖魚について制定されている。

4) コールドチェーン（低温流通システム）

生鮮食品などを産地から消費者の手に渡るまで低温管理下で流通させるシステムである。温度帯を冷凍（−18℃以下）、氷温冷蔵（−2〜2℃）、冷蔵（＋2〜10℃）のように区別して、各々の食品に適正な温度帯を適用し、合理的な食品の流通を図る栄養・衛生面で優れたシステムである。

コラム　T−T・T (time-temperature tolerance：時間－温度・許容限度)

　食品の品質を一定に維持・保存するための温度と期間の関係をいう。生鮮食品は一般に低温の方が賞味期限は長くなるが、食品によって適温が異なる。各々の最適温度を知っておくことが必要である。

---

(3) 安全保障のしくみ

2000（平成 12）年には低脂肪乳による大型食中毒事件、2001（平成 13）年には BSE（牛海綿状脳症）の発生、食品偽装表示問題などが相次ぎ、食品の安全性に対する消費者の不安が高まるなか、2003（平成15）年に「**食品安全基本法**」が制定された。この法律の主な基本理念は次の 3 つ（食品安全基本法 抜粋）である。

1．食品の安全性の確保のための措置を講ずるにあたっての基本的認識

第三条　食品の安全性の確保は、このために必要な措置が国民の健康の保護が最も重要であるという基本的認識の下に講じられることにより、行われなければならない。

2．食品供給行程の各段階における適切な措置

第四条　農林水産物の生産から食品の販売に至る一連の国の内外における食品供給の行程（以下「食品供給行程」という。）におけるあらゆる要素が食品の安全性に影響を及ぼすおそれがあることにかんがみ、食品の安全性の確保は、このために必要な措置が食品供給行程の各段階において適切に講じられることにより、行われなければならない。

3．国民の健康への悪影響の未然防止

第五条　食品の安全性の確保は、このために必要な措置が食品の安全性の確保に関する国際的動向及び国民の意見に十分配慮しつつ科学的知見に基づいて講じられることによって、食品を摂取することによる国民の健康への悪影響が未然に防止されるようにすることを旨として、行われなければならない。

1) サプライフードチェーン

食品は誕生から生育、食品工場での加工、輸送および食品売り場を経て一般の家庭に持ち込まれるが、これら一連の食品に関する連鎖をサプライフードチェーンという。どのプロセスであれ、食品が汚染されれば最終的に口にする人間の健康を損ねる。そのため、汚染されていない安全な餌・肥料を与え、安全な環境で飼育・栽培し、適切な施設で汚染を引き起こさず、かつ定められた手順に従った加工処理を行う必要がある。

2) ISO22000（食品安全マネジメントシステム（FMS））

品質マネジメントシステム ISO9001 をベースに、従来の HACCP 考え方を取り入れたセクター規格[*6]である。

2.4 購買計画

食材の購買は、献立計画に基づいて購買計画をたてて合理的に行い、その施設にとって最良の方法をとる（図5.6）。

(1) 購買方針と検収手法

購入計画は予定献立に基づいて適切な材料を適量、適時、適正価格で購入できるようにする。

1) 食材の種類、分類

日本食品標準成分表八訂に掲載の 2,538 食品から、喫食者の特性、献立の種類、食材費の予算、食事回数、施設の条件など使用目的にあった食材を選定する。

2) 給食に用いられる食品の種類

(ⅰ) 貯蔵食品

使用頻度や1回の使用量が比較的多く、なおかつ貯蔵可能なため、常備できる食品のことである。短期保存できるもの、長期保存できるものがあり、品質の保持期間、保管スペースを考慮して発注量を決め計画的な一括購入の方法をとる。

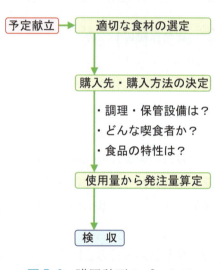

図 5.6 購買計画のプロセス

[*6] **セクター規格**：ISO9001システムに業界特有の要求事項を加味した規格のことである。製品の品質を保証するためにはISO9001だけでは難しい場合、業界特有の要求事項も考慮することにより製品の品質を確保している。

（ⅱ）生鮮食品

品質の劣化をきたしやすい食品類で即日購入して消費するのが原則である。搬入・保管も適切な温度・湿度で行う。

カッティング野菜は洗浄カット済みの状態で納品されるもので、使用水・廃棄物の削減や設備の軽減化、生産性向上、人件費の削減を図れるが、価格・品質面に留意する。

（ⅲ）冷凍食品

日本冷凍食品協会では冷凍食品とは「前処理を施し、品温が−18℃以下になるように急速凍結し、通常そのまま消費者に販売されることを目的として包装されたもの」と規定している。冷凍食品は貯蔵性にすぐれ、保存料を使う必要もない。また保存による栄養価の損失も少ない。価格が年間ほぼ安定しており、前処理がされているため廃棄部分がないのでゴミの量が少なく、下処理にかかる労力が節約でき、コスト削減につながるので給食にはかかせない食材である。

（ⅳ）レトルト食品（レトルトパウチ食品）

ミートソースやカレーなどの調整した食品を遮光性と機密性のある容器にいれ、熱溶融で密封した後、加圧加熱殺菌したものである。100℃以上の殺菌により微生物による腐敗を防ぎ、光や酸素の遮断により化学的な変敗を抑制するので保存性が高く、保存料殺菌料を使っていないが常温で長期常温保存が可能である。容器が薄いので缶詰よりも加熱時間が短くてすむ。

（ⅴ）凍結乾燥食品（フリーズドライ食品）

野菜など洗浄、殺菌後の食品を真空中で−30℃以下で急速凍結し、同時に減圧して水分を昇華させ乾燥させたものである。水分量が1〜3％に保たれるので色・味・ビタミン類など成分変化が少なく1年間の保存ができ、使用時に水または湯で戻して使用する。もともと軍隊の携帯食、NASAの宇宙食として利用され、日本国内では即席麺の具の開発に始まり、あらゆる食品や医薬の分野で利用されている最先端の乾燥技術である。

（ⅵ）コピー食品

かに風味かまぼこなど、形態・味・感触を本物そっくりに模造した食品で安価である。以前は偽和食品などともよばれていたが、コピー食品というよび名が出てきたのは1975（昭和50）年代である。

（ⅶ）バイオ食品（遺伝子組み換え食品）

害虫などに対する抵抗力など本来備わっていなかった性質をバイオテクノロジーの技術を用いて遺伝子に組み込んだ農作物である。従来の品種改良と異なり、人工

的に遺伝子を組み換えるため、種の壁を越えて他の生物に遺伝子を導入することができ、改良の範囲を大幅に拡大できたり、期間が短縮できたりする。安全性の全審査、表示について法律で定められている。

（viii）オーガニック食品（有機食品）

化学合成農薬や化学肥料を使わないで栽培された農作物や有機飼料で飼育された畜産物および加工品。第3者機関の検査・認証を受けたものである。

(2) 購買先の選定と契約方法

1) 購買先の選定

食材の購入については自由競争が原則となっており、購入先としては以下の条件を考慮して選定をしていく。

① 品質のよい食材を適正価格で指定日時に納入できる。

② 品揃えがよく、献立に必要な食品が揃えられる。

③ 食品の流通経路、店舗・従業員への衛生管理ができている。

④ 経営内容、販売実績などがよく、社会的信用度が高い。

⑤ 食材料の保管設備が整っており、配送能力が優れている。

⑥ 購入者側からの問い合わせに迅速に対応できる。

2) 購入方法

① 店頭購入、産地直結購入

② 一括購入（集中方式）分散方式、集中・分散併用方式（一部の食品を施設ごとに購入）、共同購入、単独購入

③ 長期契約購買、定期契約購買、不定期契約購買、計画購買

④ カミサリー（購入、保管配送をまとめて行う流通センターを設置し、食材料購入の合理化を図るもの）

3) 契約方法

（i）随意契約方式

入札や競争の方法によらず、購入先を限定せずに、適当と思われる業者と必要に応じて随意に契約する方法である。価格変動の大きい食品・購入量の少ない食品・生鮮食品の購入に向いている。業者との信頼関係が必要である。

（ii）競争契約方式

a）指名競争入札方式

あらかじめ指名した複数の業者に同時に入札させ決定する方法である。最も公正であるが手間と時間がかかるため、大量購入時、価格変動の小さい貯蔵食品、冷凍食品などの購入に向く。業者で談合が行われるときがあるので注意が必要である。

b) 一般競争入札方式

当該食品の納入に関し、実績のある複数の業者に入札させて決定する方法である。

c) その他の契約方式

① 相見積もり方式

複数の業者に見積もりを出してもらって比較検討して決定する。

② 単価契約方式

品目ごとに単価で契約する方法で、価格の安定した食材の購入に用いられる。単価契約方式は競争契約方式や相見積もり方式などと組み合わせて行う。

(3) 発注

発注は予定献立に基づき適切な材料を適時・適量入手するために計画的に行う。

1) 発注量の算出

大量調理の発注では純使用量と使用量を分けて考える。栄養計算では廃棄量等を除いた純使用量を用いて計算する。しかし、発注では廃棄量等を含んだ使用量を用いて計算する。

① （廃棄部分のない食品）精白米、小麦粉など

発注量＝総使用量＝1人分の純使用量×給食数

② （廃棄部分のある食品）じゃがいも、たまねぎ、魚など

発注量＝総使用量（kg）

$$= \frac{1 人分の純使用量（g）}{可食部率} \times 100 \times 給食$$

可食部率＝100－廃棄率

③ 発注係数[7]（表5.8）を用いる場合

発注量＝1人分の純使用量×給食数×発注係数

表5.8　発注係数

廃棄率(%)	発注係数	廃棄率(%)	発注係数	廃棄率(%)	発注係数
5	1.05	20	1.25	35	1.54
10	1.11	25	1.33	40	1.67
15	1.18	30	1.43	45	1.82

例題　じゃがいもの純使用量[8] 1人分50gのとき80人分の発注量を求めよ。廃棄率[9]を20%とする。

$$発注量＝総使用量＝\frac{50（g）}{100-20（\%）} \times 100 \times 80 人＝5,000（g）＝5.0 kg$$

発注係数を用いると…50（g）×80×1.25＝5,000（g）と算出が簡易化される。

2) 発注するときの留意点

① 廃棄率は各施設特有の数値を用いる。

一般的に廃棄率は日本食品標準成分表八訂の値を用いるが、季節、品質、調理法（手切りあるいは機械使用かなど）により変動する。また、できるだけ廃棄率を少なくする工夫によりゴミの量や材料費の削減ができる。**大量調理における廃棄率は日本食品標準成分表八訂の値より高い場合が多い。**

> **例**：りんご1個　技術が高い場合…廃棄率15%（例）薄くきれいな皮・芯
>
> 　　　　　　　　技術が低い場合…廃棄率25%（例）厚い皮・芯

② 常備品は施設ごとに上限量（最大限度量）・下限量（最小限度量）を決める。**下限量に近付いたときに上限量を満たすように発注し在庫管理を行う。**常に下限量を下回ることのないように購入計画を立てる。具体的には施設の食品庫の規模や1日平均使用量などを考慮して発注する。

3) 発注方法

① **発注伝票による発注**：伝票は複写式を用いて3部作成（控え用・業者保存用・納品用）にする。確実であるが、急な追加注文は不便である。発注伝票には食品名、規格、数量、納入月日時、場所、予定価格、希望事項などを記入する。

② **電話発注**：手軽で便利ではあるがミスが多いため、発注控えを作成したり復唱するなど伝達ミスがないようにする。

③ **店頭発注**：直接食材をみることができるが手間・時間がかかる。特別の物、少量、鮮度を要するものなどの購入に利用する。

④ **ファクシミリ・電子メール発注**：発注伝票をファクシミリ・電子メールで電送する。相手先が留守でも発注でき、即時性があり正確かつ確実である。メールアドレス、FAX番号の間違いに注意し受理確認する。

＊7 **発注係数発**：発注量の計算を簡単にするためにあらかじめ可食部率の割り算を行ったもの。庫出し係数ともいう。

$$発注係数 = \frac{1}{可食部率} \times 100$$

＊8 純使用量＝可食量＝正味重量
発注量＝購入量
総使用量＝純使用量＋廃棄量

＊9 廃棄率 $= \dfrac{廃棄量（芽・皮）}{全体重量（じゃがいも）} \times 100$　　廃棄率は変動する。

2 食材

2.5 検収・保管

(1) 検収

　検収は納品時に業者からの納入品が発注通りに適正なものであるか、発注控えと納品伝票を照合し、チェック項目を確認して受け取る。原材料の受け入れについて、検収事項を検収簿に記録することが義務付けられている。検収簿の様式および記入例を**表5.9**に示す。

1）チェック項目

　数量・品質・鮮度・品温・包装・規格・衛生・異物の混入・価格（単価、金額）など。

2）検収担当者

　管理栄養士・栄養士・調理主任など食品鑑別できる者が行う。複数人が厳正な態度で臨む。

3）検収時の留意事項

　① 検収簿の記録をする（**表5.9**）。

　② 業者の立ち入りは検収室までとし、調理室への立ち入りを禁止する。

　③ 科学的検査、統計的拭き取り検査を行う。

　④ 不適格品の返品・交換は、時間的に無理な場合は価格交渉・献立変更を行う。

表5.9　検収簿（例）

納品時刻	納品業者	発　注　品　目		期限1)表示	期限2)○・△・×	包装2)○・△・×	異物2)○・△・×	品温（表面温度）
		品　名	数　量					
8：30	○○肉店	豚肩ロース	11.5kg	－	○	○	○	4.5℃
⋮								
⋮								
⋮								
⋮								
⋮								
⋮								

1）当日使用のものは期限表示しない　2）○よい、△使用可能なので入荷、×悪い（返品）

4）食品鑑別

　食品の鑑別方法には人の五感による官能検査（色・形・香り・味など）と理化学的方法（硬度・成分・細菌数など）がある。

　理化学的方法は信頼性が高いが手間・時間がかかるので、一般的には官能検査が行われている。ただし経験による熟練が必要である。食品別の鑑別の要点を**表5.10**に示す。

第5章　給食の生産

表 5.10　主要食品の鑑別事項

食品群	食品名	鑑別の項目
穀類	米	粒状（形、粒の大きさ、色、光沢）、重量、異種穀粒、砕米、水分、硬さ、異物、食味、臭気、病変
	小麦粉	粉状、色沢、臭気、虫害、違和感、表示、カビ
	パン	表皮の色、表皮の質、形、触感、すだち、食味、香り、食感、表示、カビ、添加物、包装
いも類	さつまいも	形状、表皮、肉質、色沢、味、病害虫、傷、腐敗
	じゃがいも	種類、産地、形状、色、食味、大きさ、芽
油脂類	食用油	清澄度、香味、異臭、舌触り、色沢
	マーガリン	融点（32〜37℃）、水分、色調、香味、組織、刺激、粘ちょう度、包装、表示
豆類	大豆	色沢、整粒、夾雑物、未熟粒、異物、虫害
	豆腐	表面のきめ、硬さ、形状、臭い、破損
魚介類加工品	鮮魚	鮮度、眼球、うろこ、えら、肉の弾力、臭い
	練製品	色沢、変色、損傷、異臭、異物、弾力、ねと
	魚肉・ハムソーセージ	色沢、形、異物、異臭、味、弾力、ねと、硬さ、損傷、表示、ケーシング
肉類加工品	獣鳥肉	色、臭い、香り、弾力、脂肪の割合、硬さ
	ハム・ソーセージ	色沢、形、損傷、弾力、香味、異物、異味、異臭、ねと、表示、ケーシング
卵類	鶏卵	色沢、粒形、手触り、舌感、透視（光）、卵白卵黄の状態、異常卵、卵黄係数・卵白係数（比重）
乳類	牛乳	色沢、粘ちょう度、味、臭い、容器、包装、表示（比重、アルコールテスト）
	チーズ	斑点、組織、風味、異味、異臭、カビ、包装、表示
	バター	色調、香味、異物、包装、表示
野菜類		鮮度、廃棄率、色、光、形状、重量、硬さ、農薬
果実類		成熟度、色、形、香り、重量、光沢、農薬

資料）日本学校給食会「学校給食用物資選定の知識」

(2) 保管

　食材は納品後適切に使用時まで品質を維持し、衛生管理を徹底させた専用設備において保管する。T-T・T管理を考慮して専用の保管設備を用いて適切に管理する必要ある。主な食品の保管温度を表 5.11 に示す。

1) 保管温度条件区分

　室温：20℃前後、保冷：10±5℃、冷蔵：0〜5℃、氷温：0℃前後

　冷凍：−18℃以下（冷凍食品協会自主取り扱い基準）、−15℃以下（食品衛生法）

2) 低温管理[*10]の温度帯

　チルド（±5℃）：魚介類、肉類　　　クーリング（10℃前後）：野菜、果実など
　フローズン（−15℃以下）：冷凍食品

3) 先入れ先出しの原則

　先に購入したものから使用していく。

[*10]　**低音障害**：5℃以下の低温状態で保存すると品質低下する食品がある。バナナの黒変や追熟不良、パインアップルの追熟不良、グレープフルーツ・なす・きゅうりなどの組織の陥没、さつまいもの腐敗などがある。

2 食材

表5.11 食品の保存温度

食 品 名	保存温度	食 品 名	保存温度
穀類加工食品（小麦粉・デンプン	室　温	殻付き卵	10℃以下
		液卵	8℃以下
砂糖	室　温	凍結卵	−18℃以下
食肉・鯨肉	10℃以下	乾燥卵	室　温
細切りにした食肉・鯨肉を凍結したものを容器包装に入れたもの	−15℃以下	ナッツ類	15℃以下
		チョコレート	15℃以下
		生鮮果実・野菜	10℃前後
食肉製品	10℃以下	生鮮魚介類（生食用鮮魚、魚介類を含む）	5℃以下
鯨肉製品	10℃以下		
冷凍食肉製品	−15℃以下	乳・濃縮乳	10℃以下
冷凍鯨肉製品	−15℃以下	脱脂乳	10℃以下
ゆでたこ	10℃以下	クリーム	10℃以下
冷凍ゆでたこ	−15℃以下	バター・チーズ	15℃以下
生食用かき	10℃以下	練乳	15℃以下
生食用冷凍かき	−15℃以下	清涼飲料水（食品衛生法の食品、添加物などの規格基準に規定のあるものについては、当該保存基準に従うこと）	室　温
冷凍食品	−15℃以下		
魚肉ソーセージ、魚肉ハムおよび特殊包装かまぼこ	10℃以下		
冷凍魚肉練り製品	−15℃以下		
液状油脂	室　温		
固形油脂（ラード、マーガリン、ショートニング、カカオ脂）	10℃以下		

出典）大量調理施設衛生管理マニュアル

2.6 在庫管理

(1) 在庫管理

　保管食材の出納（入・出庫）は帳票を作成し常に的確に行い、在庫調査（棚卸し）で在庫量、品質、保管環境を定期的にチェックし正確に把握・記録し円滑に管理する。

1) 食品受け払い

　品目別の入・出庫に伴う帳票を作成し、常時正確に記録して在庫量を明確にしておく。入庫量、出庫量、在庫量が一致することが原則であるが、保管中に食品が目減りあるいは腐敗したり、記入ミスなどであわないことがある。もし不一致の場合はその原因を明らかにしておく必要がある。この帳票のことを**食品受け払い簿**（食品台帳）という。入庫・保管・出庫の流れを**図5.7**に示した。

2) 原材料の仕入れにおける記録内容と記録の保管期間

　品名、仕入れ元・生産者の名称と所在地、ロットが確認可能な情報（年月日表示またはロット番号）、仕入れ年月日の記録を1年間保存する。

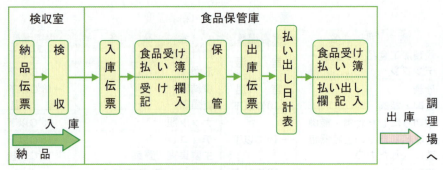

図5.7 食品の入庫・出庫の流れ

3）納入業者からの書類提出とその保管期間

原材料の定期的微生物および理化学検査結果を1年間保存する。

4）在庫量調査（棚卸し）

食品受け払い簿と在庫量を照合し、残量、品質、記入ミス等を調査する。品質が劣化したものは処分し、記入漏れがあれば訂正する。

2.7 食材管理の評価

食材の予算、購入・検収・保管が適切であったか、食材料の適正な統制ができたかについての評価を行う。

(1) 食材料費の算出（図5.8）

期間中の食材費は次の式にて算出する。

純食材料費＝期首在庫金額a＋期間支払い金額b－期末在庫金額c

なお、食品の購入には、それぞれ消費税が含まれる。食材費を算出する際は、

a **期首在庫金額**：前期からの繰越金

b **期間支払い金額**：期間在庫購入金額＋期間即日消費購入金額

c **期末在庫金額**：次期繰越金

(2) 食材料費の変動予測

① 生鮮食品の価格は年間変動が大きいので、年間出回り期と価格表を作成する。

② 使用食品単価一覧表、卸売価格、卸売物価指数、小売価格、消費者物価指数、新聞・物価情報誌、他施設の購入価格の動向に注意を払う。

(3) 食材料費のコストダウン

給食原価に占める食材費の割合は最も大きく、この引き下げが原価低下の手段として効率的である。ABC分析は一定期間内の食材料の使用金額（単価使用量）の高い順に並べ、A（上位80％）B（15％）C（5％）として分析する（図5.9）。使用金額の多いAグループを重点的に管理し、安く仕入れてコストダウンにつなげる方法。

2 食材

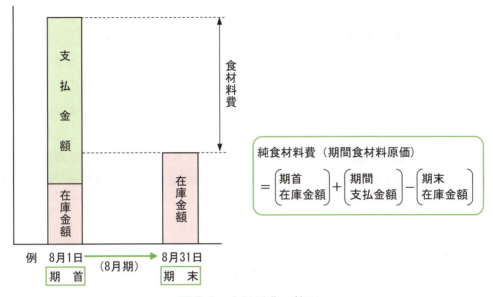

図5.8 食材料費の算出

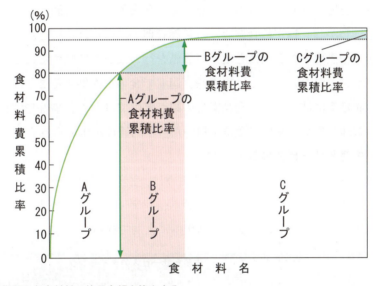

① 一定期間の各食材料の使用金額を算出する。
② それぞれの食品の食材料費占有比率を求める。
　食品名[X]の食材料費占有比率＝[X]の一定期間内の金額/一定期間内の食材料費合計額
③ ②を比率の大きい順に左側から並べる。
　占有比率は右側にいくほど累積する。
④ 累積比率80％までを占める食材料をAグループ、15％を占める食材料をBグループ、5％を占める食材料をCグループに区別する。
　・Aに属する食材料：単価×使用量が大きく、食材料原価に対する影響が大きい。
　・Bに属する食材料：単価×使用量が中間的位置にあるもの。
　・Cに属する食材料：単価×使用量が少なく、全体的な影響が小さい。

図5.9 ABC分析

3 生産（調理と提供）

生産管理とは顧客（消費者）の要求する商品やサービスを、要求されるときに、必要量をリードタイムを短く、在庫量を少なく、安く、安全にかつ環境面に配慮して生産することを目的に、計画・実施・確認・修正活動を実施することである。これを給食生産に置き換えると「喫食者の要求する食事とサービスを、定められた時間に、適正な栄養量、形態、温度帯で、短い生産時間、少ない在庫量で、安く、安全にかつ環境面に配慮して生産することを目的にPlan、Do、Check、Action を繰り返すこと」である。

3.1 給食のオペレーション（生産とサービス）

(1) 給食生産の意義と目的

給食の生産を提供者側からみると予算、施設や機器、生産時間、作業員数などの制約がある。しかし、特定給食施設には栄養管理が求められることから、提供した食事の喫食率や摂取率の目標値を定めて評価を行いながら統制することが必要である。味にバラツキがないおいしい食事や、適温で食事を提供することは、最終的には喫食者の満足度に結びつく。食品衛生の観点だけではなく、嗜好や栄養管理の観点からも、調理や作業において数値を用いた科学的管理が求められる。

(2) 給食の生産とサービスのシステム

給食のオペレーションは図5.10 に示すように、生産と提供サービスのタイミングと場所によって、コンベンショナルシステム、レディフードシステム、セントラルキッチンシステム、アッセンブリーシステムに大別できる。

		生産とサービスのタイミング	
		同じ日	異なる日
生産とサービスの場	同一施設	コンベンショナルシステム ・クックサーブ 例：学校給食 　（単独校調理場方式） 　病院給食 　福祉施設での給食	レディフードシステム ・クックチル　・クックフリーズ ・真空調理 例：病院給食 　（計画生産での前倒し調理）
	異なる施設	セントラルキッチンシステム （カミサリーシステム） ・弁当方式 例：学校給食 　（共同調理場方式） 　弁当方式	レディフードシステム アッセンブリーシステム ・クックチル　・クックフリーズ ・真空調理 例：院外給食 　セントラルキッチン

図 5.10　生産とサービスから見た給食オペレーション

1) コンベンショナルシステム

生産と喫食が同一の施設で行われる。喫食のタイミングにわせてクックサーブで生産する。

2) レディフードシステム

クックチル、クックフリーズ、真空調理を用いて生産・冷却後、規定の温度帯で保管し、提供時に再加熱して提供する。計画生産が可能である。

3) セントラルキッチンシステム（カミサリーシステム）

食材の購入と生産を一箇所で行い、複数の施設で提供する。学校給食の共同調理場方式は生産と喫食が同一日であるが、他の特定給食ではレディフードシステムと組み合わせて計画生産することも多い。

4) アッセンブリーシステム（コンビニエンスシステム）

出来上がった料理をチルドまたは冷凍状態で購入して、調理室で再加熱後にトレイセットして提供する。

レディフードシステムでは、計画生産を行うことで休日の勤務が減るなど労務管理が容易となる。セントラルキッチンシステムのように外部に生産の場を移した場合は、厨房スペースのスリム化が図れる。その反面、生産と提供サービスの施設やタイミングが異なるため、安全に食事を提供するためには、厳格な温度・時間管理が求められ、それに伴う保管施設、再加熱機器の導入が必要となる。

(3) 給食生産の流れ

クックサーブでの給食生産の流れを図5.11に示した。生産・提供日前に行う作業（献立作成、発注、検収、入庫・保管・出庫）と当日行う作業（検収、下処理、調理、配食・配膳、洗浄、清掃・後片付け）に大別できる。また、当日作業も清潔度のレベルに応じて、厨房内作業と厨房外作業に分けることができる。特に加熱調理では加熱操作、非加熱調理では消毒で食中毒菌を死滅させるため、その後の作業での食品・料理の取り扱いはHACCPに基づき2次汚染が生じないように衛生的に行う。

3.2 生産計画（調理工程、作業工程）

(1) 生産計画

生産管理は一定の品質と数量の製品を、経済的に効率よく生産することを目的として、図5.12「生産計画と生産統制」に示すように、生産計画と生産統制に区分できる。生産計画とは生産命令を行う前に準備すべき方法や時間の計画をいう。給食施設では「A. 生産条件」である施設、予算、人員計画と、「B. 設定事項」である栄養・食事計画、品質計画に分けられる。生産計画は5W1H1Bで考える。

第5章　給食の生産

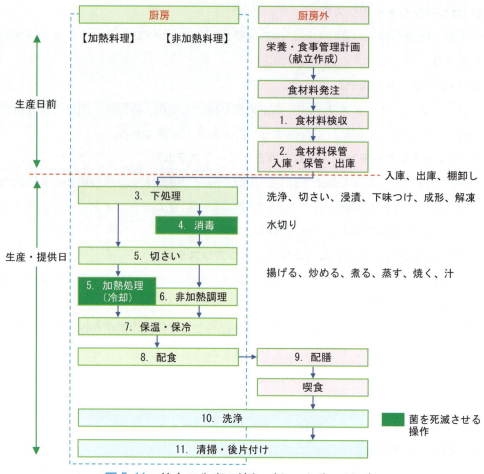

図 5.11　給食の生産の流れ（クックサービス）

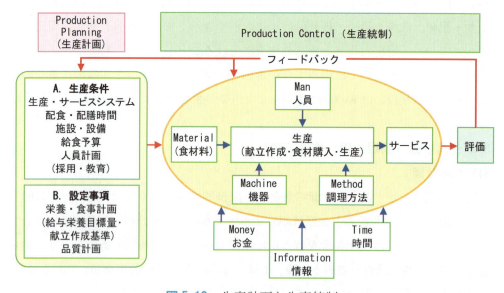

図 5.12　生産計画と生産統制

What	：食事の種類、給与栄養目標量、食事形態、提供温度帯
When	：いつまでに、調理終了時刻、配膳時刻
Who	：誰が
Where	：どこで生産するか、外部加工品の活用
Why	：目標・目的の明確化
How	：生産量、生産手段、品質基準
Budget	：予算

　生産統制とは、生産計画に基づいて作業命令を行い、計画どおりに完成させるための機能であり、給食生産の資源である5MであるMaterial（食材料）、Man（作業員）、Machine（機器）、Method（調理方法）、Money（お金）と情報、時間を資源として有効に活用して、計画した一定品質の製品を作り出すことである。品質目標に合致した食事を生産するためには、生産統制のプロセスと結果を評価して、生産計画にフィードバックし改善する。

　図5.13「給食の生産と衛生区分」に示したように、給食生産では施設内で生産するのみならず、施設外で食材料を加工した**カット野菜、冷凍野菜の活用**や、**外注加工品の活用**や**院外調理**の導入など、施設外での生産を組み合わせて給食を提供することもある。

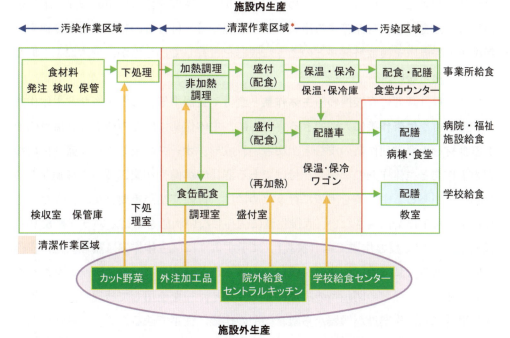

＊清潔作業区域における作業のうち、加熱調理もしくは再加熱までの作業は準清潔作業として扱う。

図5.13　給食の生産と衛生区分

第5章　給食の生産

(2) 調理工程と作業工程

1) 調理工程

　調理工程とは生産対象である食材が、製品である料理に変換させる過程（process）での操作の種類（皮むき、切砕、焼く、煮る、炒める、和える、保冷、盛り付けなど）と順序を表したものである。食中毒予防などのリスクの低減と品質管理のためにHACCPの手法（6章2.1）を取り入れて、温度、時間、重量などの管理基準を明記する。調理工程の作業時間は、調理に要する時間、生産量、機器の稼動能力によって概算できる。表5.12「ほうれん草のおひたし（15 kg、200食）の調理工程」に示したように、以下の事項を具体的に指示する

　　Where：作業区域、作業場所

　　What　：作業手順・内容、使用機器、器具

　　How　：切さいの大きさ（cm、g）、個数、時間（分）、温度（℃）、調味（%）

2) 作業工程

　作業工程とは狭義には生産工程における作業（operation）の内容と順序など、人の動きを表したものである。図5.14「作業工程表例（広義）」に示すよう、広義の作業工程とは複数の調理を同一の厨房で生産して配食・配膳、下膳、後洗、清掃までの間の調理工程や作業の順序を表したものである。1回の食事は複数の料理の組み合わせで成立っている。そのため、作業エリアや調理機器の使用の順序、下処理が終わった食材を一時保管する冷蔵庫や、調理や盛り付け後の料理を温度管理する保冷庫・保温庫を複数料理がどのように機器を占有しているのか、全体像を把握しなければならない。

　作業工程は調理に直接携わる**主体作業**と食材や食器準備、機器洗浄など主体作業の準備を行う**付帯作業**に大別できる。さらに、主体作業にはその仕事の直接目的である食材を扱う調理作業の皮むき、切さい、成形、オーブン出し入れ、盛り付けなどの主作業と主体作業の準備や片付けである器具の準備や作業区域への移動などの付随作業がある。主作業を円滑に行うためには、付随作業が重要となる。また、主体作業や付帯作業に属さない、直接生産に関与しない状態を余裕という（表5.13）。図5.15「調理工程と作業工程（狭義）」に示すように、主体作業は調理工程の操作と同じである。調理中に作業員が機器に拘束されないオーブンやスチームコンベクションオーブンなどの閉鎖型の調理機器や、タイマーを使用して調理時間を制御できる場合には、作業員が機器から離れて別の作業に従事できるため、生産性が高くなる。

3 生産（調理と提供）

表5.12 ほうれん草のおひたし（15 kg、200食）の調理工程

作業区域	調理工程	調理機器	調理の要点	CCP*	一般的衛生管理	時間（分）0 30 60 90 ／食事時間 120 150 180
汚染作業区域	検収	検収台	量、質、鮮度			▬
	切さい	下調理台	3cm、茎葉別に		異物除去	▬
	洗浄	下調理シンク	3槽シンク、流水			▬
準清潔作業区域	水切り	水切ラック・ざる	付着水を切る			▬
	茹でる	回転釜	1回の投入量		手洗い	▬▬
清潔作業区域	水にとる	上シンク	急冷、水温	2次汚染防止	ザル類の置き場	▬
	水切り	ラック・ザル	水切り、受け台	容器、手指		▬
	下味・保管	上冷蔵庫	0.2〜0.3%塩分	10℃以下		▬▬
	絞る	上調理台	80〜85%重量	容器、手指	手洗いエンボス手袋の着用	▬
	味付・盛付	上調理台	0.8〜1.0%塩分＋だし			▬
	保管	保冷庫	適温供食	10℃以下、時間短縮		▬▬
	配膳	サービステーブル				▬▬

＊重要管理点

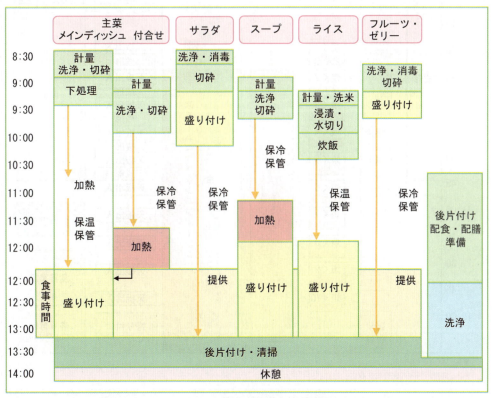

図5.14 作業工程表例（広義）

表5.13 作業余裕の種類と内容

種類	内容	例
作業余裕	必要な作業であるが、生産に対して間接的であり、不規則かつ標準化されていない作業	材料・器具の補充、機械の点検、作業のための歩行、清掃
職場余裕	本来の作業とは無関係に発生する手待ちや管理上発生する遅れ。管理システムの改善で減少可能である。	連絡。打ち合わせ。前工程の遅れによる待ち。
人的余裕	生理的欲求に基づく遅れ。作業員の意思による場合と、休憩として与える場合がある。	トイレ、水飲み、雑談、その他の休憩状態。
疲労余裕	作業による疲れを回復するための遅れで、手待ちのある仕事。疲労を認めない職場には与えられない。	重労働時の小休止。作業環境が著しく悪い場合に与える休憩。

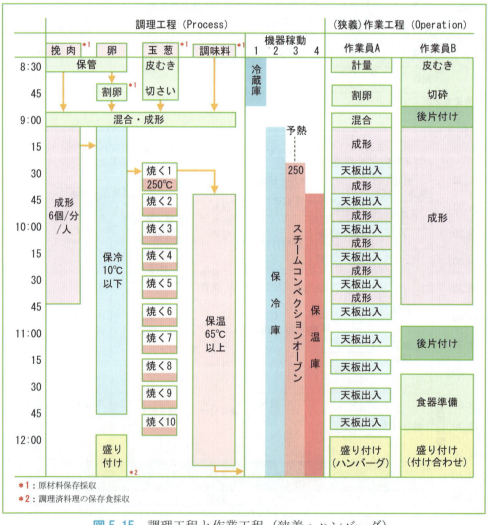

＊1：原材料保存採収
＊2：調理済料理の保存食採収

図5.15 調理工程と作業工程（狭義：ハンバーグ）

給食生産において、作業の標準所要時間を過去の実績からデータ化していると、工程の時間管理が可能となる。給食では配膳時刻や食事提供時刻が定められているため、出来上がり時刻から逆算して作業を計画する。厨房の作業スペースは限られているため、下処理場での食材の洗浄、切さいの順序、各料理の盛り付け台の使用順序などは、調理の所要時間や調理後の保温庫、保冷庫の使用予定にあわせて計画する。特に同一の機器を複数の料理や調理工程で使用する場合には、出来上がり時刻や、機器使用後の工程数を考えなければならない。表5.14「作業所要時間の数値管理」に示したように所要時間は生産量や作業員数や技術力以外にも複数の要因に影響される。

表5.14 作業所要時間の数値管理

作 業	所 要 時 間	影 響 要 因
下処理	洗浄所要時間 皮むき所要時間 切さい所要時間	・処理量 ・食材の傷み、歩留まり ・切さい方法、形態、大きさ
調 理	昇温時間 （沸騰、再沸騰）	・水量 ・食材投入量
	加熱所要時間	・生産量 ・加熱機器の生産能力（天板の処理枚数、処理容量） ・茹で水、揚げ油や煮汁に対する食材の投入率 ・天板1枚当たりの食材投入量（処理食数） 　（例：ハンバーグ枚数/1天板） ・食材の大きさ、各食材の物性 ・加熱温度、余熱の程度 ・扉開閉による庫内温度の低下
	冷却所要時間	・生産量 ・冷却方法 　（流水、氷水、ブラストチラー、タンブルチラー、真空冷却機） ・冷却機器の生産能力（天板の処理枚数、処理容量） ・天板1枚当たりの食材投入量（処理食数） ・食材の大きさ、各食材の物性
	調味時間	・食材の水切り% ・調味% ・調味から喫食までの時間 ・喫食時の料理温度
盛り付け	配食時間	・生産量 ・盛り付け方法（配食・配膳方法） ・品目数（何品の食材盛り付けるか） ・付け合わせ、ソース、かけ汁、トッピングの有無 ・作業員のスキル
	配膳時間	・生産量 ・トレイに乗せる料理数 ・ベルトコンベアのスピード

第5章　給食の生産

　給食生産では切さいや T-T・T（time-temperature tolerance）で管理できる調理ではある程度機械化が可能であるが、調味や盛り付けなどは人的能力に依るところが大きい。生産作業を工程や所要時間を分析することによって、各料理の作業に対する負荷の大小が評価できる。したがって、献立作成においては、作業負荷量に配慮して料理を組み合わせて、作業日による負荷量の差を小さくすることが望ましい。作業負荷量が大きい場合には、スキルの高い作業員の配置や作業員数の確保が必要となる。また作業の所要時間を分析してデータベース化することは、給食の生産を食品工場のラインのようにシステム化するためには有効である。具体的には生産量、機械の処理能力、各工程の所要時間や作業員数から、各料理の出来上がり時刻を算出して生産を数値管理する。

【予定生産の数値管理例】

　900 個のハンバーグを生産する。（**図 5.15**　調理工程と作業工程（狭義））

① 成形作業

　9：10 から成形を開始する。10：40 までに 900 個成形する場合に何人の作業員が必要か。

生産条件　生産速度は 6 個/分/人

　9：10 － 10：40 の 1 人作業での生産数 ＝ 6（個/分）× 90（分）＝ 540（個）

　900 食を生産する場合の作業員数 ＝ 900（個）÷ 540（個）≒ 1.67（人）

概ね 2 名作業で 900 個のハンバーグを 90 分以内に成形できる。作業途中にオーブンの天板入れ替えを行うことも可能である。

② 加熱調理

　12：00 までに 900 食のハンバーグをすべてを焼き上げるためには、何時から焼き始めるとよいか。

生産条件機器：スチームコンベクションオーブン 6 段、15 個 / 1 天板

　加熱：250℃ 12 分、天板の出し入れと余熱：3 分

　900 ÷（15 × 6）＝ 10（回転）

　10（回転）÷ 4（回転 / h）＝ 2.5 時間

　12 時から 2 時間 30 分前である 9 時 30 分に焼き始めなければならない。しかし肉を焼いている間の 12 分間は、作業員はオーブンから離れて別の作業に従事することができる。9 時 30 分に 900 個のハンバーグすべてを成形する必要はない。この場合、調理工程で「焼く」時間帯に、作業工程では「ハンバーグの成形」「食器準備」などの作業が可能となる。よって生産性を向上させるためには、作業員が機器に拘束される時間を短くするとよい。

102

(3) 新調理システムの作業工程

　新調理システムは、当日調理・当日喫食であるコンベンショナルシステムである**クックサーブ**に加え、レディフードシステムである**クックチル**、**クックフリーズ**、**真空調理（真空パック）**、**外部加工品**の活用といった異なる調理や保存方法を組み合わせる集中生産方式のシステムである。図5.16「新調理システムの作業工程」に示すように、クックチルは食材を加熱調理後、冷水または冷風により急速冷却して、冷蔵により運搬・保管して、提供時に再加熱する。クックフリーズは食材を加熱調理後、急速に冷凍し、運搬・保管も冷凍で行う。真空調理（真空パック）は食材を真空包装して、低温にて加熱調理する。調理後の運搬や保存は冷蔵もしくは冷凍のどちらでもよい。外部加工品の活用は外部の食品加工業者が生産した冷凍・チルド状態の調理済み食品を活用することである。既製品をそのまま活用する場合と、施設のレシピなどの仕様書により生産したものを購入する場合がある。

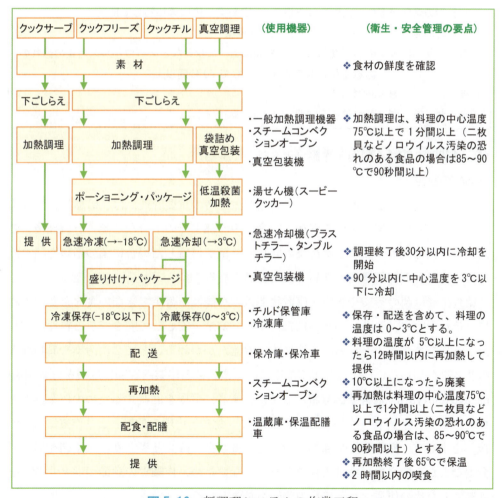

図5.16　新調理システムの作業工程

第5章　給食の生産

　クックチル、クックフリーズや真空調理を活用する場合には、加熱調理後に冷却し、喫食時に再加熱するために作業工程が複数日にまたがる。新調理システムではクックサーブの加熱調理（中心温度 75℃ で 1 分間以上、二枚貝などノロウイルス汚染の恐れのある食品の場合は 85〜90℃ で 90 秒間以上）の重点管理の他に、以下の温度や時間の管理基準が示されている（表 5.15）。温度管理を行うためには、急速冷却機（ブラストチラー（空冷）、タンブルチラー（水冷））、保存用のチルド保管庫、冷凍庫、保冷庫や、配送用の保冷車、再加熱用機器や温蔵庫、保温配膳車の設置が必要となる。

表5.15　新調理システム（クックチル）における冷却、保管、再加熱の温度条件

❖ 冷 却 開 始：調理終了 30 分以内
❖ 冷 却 温 度：冷却後 90 分以内に中心温度 3℃ 以下
❖ 保存・配送温度：0〜3℃
　＊ 料理の温度が 5℃ 以上になった場合 → 12 時間以内に再加熱して提供
　＊ 料理の温度が 10℃ 以上になった場合 → 廃棄
❖ 再 加 熱 温 度：中心温度 75℃ で 1 分間以上、二枚貝などノロウイルス汚染の恐れの
　　　　　　　　ある食品の場合は 85〜90℃ で 90 秒間以上
❖ 保　　　　温：65℃ 以上
❖ 喫 食 時 間：再加熱後 2 時間

(4) HACCP に基づく調理・作業 （第 6 章 2.1 参照）

1) HA の設定

　大量調理施設衛生管理マニュアルの給食生産時の重要管理点は、a) 原材料受け入れおよび下処理段階における管理　b) 食材中心部までの十分な加熱　c) 調理後の食品および消毒後の食品の 2 次汚染の防止　d) 菌が付着した場合に菌の増殖を防ぐため、原材料および調理後の食品の温度管理である。

　給食生産は菌の汚染や異物・腐敗物混入の可能性を否定できない食材を受け入れて、それを除去、洗浄、加熱、消毒によって安全・安心して喫食できる料理に作り上げる作業である。それらの作業に人や機器がかかわることで 2 次汚染や異物混入のリスクが加わる。それらを防ぐためには作業区域と作業内容別に危機を分析（HA：Hazard Analysis；危害要因分析）して、作業者に危機を回避するための作業操作を徹底させる。表 5.16「作業工程での HA」に「食材・料理の危機」と「作業による危機」を示した。異物発見や加熱・冷却時のモニター確認と異なり、人や調理器具・食器などからの 2 次汚染は視覚で発見できないため、作業者の意識づけとリスクを回避するための作業マニュアルの整備が必要となる。

表5.16　作業工程でのHA

作業区域	作業内容	食材・料理の危機	作業による危機
汚染作業区域	検収	・納品温度 ・混入異物	・異物混入
	保管	・品質劣化	
	下処理	・混入異物 ・腐敗物の混入 ・菌の増殖	・異物混入 ・消毒剤の残留
非汚染作業区域	加熱調理	・菌の残存 ・品質劣化	・作業による2次汚染 　（作業員の操作・調理器具） ・異物混入
	非加熱調理	・菌の増殖	・作業による2次汚染 　（作業員の操作・調理器具） ・異物混入
	保管	・菌の増殖 ・腐敗 ・品質劣化	
汚染作業区域	配食・配膳	・菌の増殖 ・腐敗 ・品質劣化	・作業による2次汚染 　（作業員の操作・調理器具・食器） ・異物混入 ・配膳車などの汚染
	洗浄・清掃	・よごれの付着 ・洗剤の残存	・菌の残存 ・異物混入

2) CCP の設定と管理

　HA の設定後に CCP（Critical Control Point; 重要管理点）を設定して作業をする。給食生産に他の製造業のような科学的管理法を導入するためには、表5.17「作業工程でのCCP」に示すように、作業工程ごとに数値を用いて管理して、基準を逸脱した場合の改善措置を定めて、管理基準に到達するように徹底する。

(5) 作業工程表の作成

　複数の料理を組み合わせて1回の食事を供食するまでの作業工程表を作成する場合には、以下の手順で行う。

① 全体の作業負荷量を考慮して献立を作成する。成形など工程数の多い料理の重複は避け、作業負荷量が極端に偏らないように配慮する。勤務シフトを作成する際には作業員数や熟練者の有無も参考にする。

② 料理の仕上がりと供食のタイミングから料理を分類し、供食時間から逆算して料理の仕上げの順序を定める。

（A）供食のタイミングにあわせて調理するタイプ（図5.17）

　例：汁物、煮込み料理など、調理後の保温・保冷が料理の品質を低下させるもの

第 5 章　給食の生産

表 5.17　作業工程での CCP（作業において数値管理を必要とするもの）

	管　理　基　準		改　善　措　置
検 収	冷蔵品 冷凍品	10℃以下 −15℃以下	・返品、廃棄 ・業者の見直し
保 管	冷蔵品 冷蔵品（生鮮魚介類） 冷凍品	10℃以下 5℃以下 −15℃以下	・廃棄 ・保管設備の整備
洗 浄	流水下で水洗い 貯水や井戸水使用の際の残留塩素濃度	3回以上 0.1 mg/L	・再洗浄
消 毒	消毒（次亜塩素酸ナトリウムの浸漬	200 mg/L　5分 100 mg/L　10分	
加 熱	加熱の食品の中心温度 〃（二枚貝等ノロウイルスの恐れの 　ある食品） 　　　　測定方法　　　煮物以外 　　　　　　　　　　　煮物	75℃以上で1分以上 85〜90℃90秒間以上 3点以上 1点以上	・再加熱 ・廃棄 ・作業マニュアル、レシピの見直し
冷 却	冷却開始 冷却	調理後30分以内 30分以内　20℃付近 60分以内　10℃付近 90分　3℃以下	・再冷却 ・廃棄 ・作業マニュアル、レシピの見直し
保 管	調理後30分以内に供食できる場合 　　〃　　　供食できる場合 　　　　　　加熱料理 　　　　　　非加熱料理	調理終了時刻の記録 65℃以上で保管 10℃以下で保管	・再加熱 ・廃棄 ・作業マニュアル、レシピの見直し
配食・配膳	器具・機器使用時の扱い	70％アルコール噴霧	
供 食	調理終了後から供食までの時間	2時間以内	
【作業員】 手洗い	石鹸で指、腕を洗う 石鹸を洗い流す 消毒　手指にすり込む場合 　〃　　手指を浸す場合	30秒 20秒 0.2％濃度 1％溶液　30秒	・再度手洗い ・作業マニュアルの見直し
【施設・機器】 作業環境 管理	温度 湿度	25℃以下 80％以下	・施設環境の見直し ・空調機器の整備
洗 浄	器具・機器の洗浄 器具・機器の消毒 布巾・タオルの洗浄 布巾・タオルの消毒	飲用適の水 （40℃程度の微温湯） 80℃　5分以上 飲用適の水 （40℃程度の微温湯） 100℃　5分以上煮沸	・再洗浄、再消毒 ・作業マニュアルの見直し ・機器の整備
清 掃	内壁から1m以内の場所、手指の触れる 場所 　　〃　　1m以上の場所及び天井	 1日1回以上清掃 月1回以上清掃	・再清掃 ・作業マニュアルの見直し

大量調理施設衛生管理マニュアルより作成

(B) 調理盛り付け後に保温・保冷機器に入れてそのまま供食するタイプ（図5.17）

例：サラダ、和え物、漬物、ゼリー類

(C) 工程数が多いため調理、盛り付けまでに時間がかかるタイプ（図5.17）

例：成形前に一部の食材を加熱・冷却するもの。ハンバーグ、炊き合わせなど

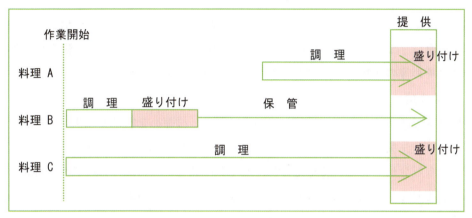

図5.17 供食のタイミングにあわせた調理の時期

③ 同一調理機器の重複を避ける。同一の機器を使用する場合には、どの料理が先に使用するか決める。一般的には加熱後に冷却や複雑な盛り付けなど後工程の多い料理を優先する。

④ HAの確認と、CCPの指定。

> **コラム　食の生産に活用されている科学的管理法**
>
> 19世紀後半に米国のF.W.テーラーは、労働者の作業をストップウォッチを用いて測定し、1日の仕事量を明確にして作業の標準化、品質管理、出来高払い賃金制度の基礎を築いた。それがフォード自動車の大量生産工場に導入されていった。現在ではその作業の標準化と時間管理による生産システムが、大手弁当工場の生産、特に加熱過程や盛り付けラインで応用されている。

3.3 大量調理の方法・技法

大量調理を下処理、加熱調理、非加熱調理（あえ物、サラダ）、配食・配膳、洗浄、清掃に分けて方法・技法を解説する。

(1) 下処理

1) 皮むき

一般に作業員がピーラーで野菜の皮を剥くが、玉葱、じゃがいも、里芋などは球

根皮むき機（ポテトピーラー）を用いる。未洗浄の食材をピーラーに入れ、水を注入し排水口から皮と汚水を垂れ流しながら剥く。人手による作業に比べて歩留まりがよい。

2）洗浄、消毒

土、ゴミなどの異物や食材の傷みを確認しながら洗う。大量に洗浄する場合は野菜洗浄機を用いることもあるが、一般には野菜洗浄槽を用いるか大きめなシンク（野菜・果物などは3槽シンクが好ましい）に水を張って、流水下で手作業で洗浄する。食材やその後の加熱の有無により洗浄・消毒方法は異なる。

（ⅰ）魚介類

切り身であっても表面に付着している細菌や、冷凍品を解凍した場合には表面のドリップや生臭さを除去するために、加熱前に流水で洗浄する。キッチンペーパーや水分吸収シートを用いて水分とり、速やかに調理する。魚介類の洗浄の際に2次汚染が生じやすいために、専用のシンクを使用し、2次汚染が生じないように留意する。

（ⅱ）生食用の野菜・果物

流水で3回以上水洗いをし、中性洗剤で洗った後、流水ですすぎ洗いをする。洗浄には除菌効果はあるが、消毒効果はない。一般的に消毒は**次亜塩素酸ナトリウム**か**電解水**（PH 2.7以下の強酸性水）のどちらかを用いて行う。次亜塩素酸ナトリウム 200 mg/L 溶液に5分間浸漬後（100 mg/L 溶液の場合は10分間）、ため水と流水で十分にすすぐ。同等の効果を有するものであれば、有機酸などを用いてもよい。電解水を用いて殺菌消毒をする場合でも、ため水と流水を用いて十分にすすぎ洗いをする。消毒後に切さいする。

（ⅲ）加熱調理用の野菜

洗浄方法は（ⅱ）生食用の野菜・果物と同様である。適正な加熱によって食中毒菌を死滅させることができるため、消毒の必要はない。

3）水切り

大量調理において洗浄による食材への**付着水**は、料理の品質に影響するため、付着水をできるだけ少なくする方法と時間を検討しなければならない。少量調理では自然放置による水切りは可能であるが、大量調理では味付けの均一化のためにも、料理に応じて目標となる水切り率（対茹で上げ重量、対冷却後重量）を設定する。水切り方法は食材料の特性に応じて異なる。

（ⅰ）放置による水切り

洗浄を早めに行い、大ざるに広げて放置する。大量の場合には効率的ではない。

（ⅱ）手作業による水切り

　ペーパータオル、水切り袋、水分吸収シートを用いて食材料を挟んで軽く押える。布巾は2次汚染のリスクがあるため好ましくない。

（ⅲ）機器による水切り

　電動式または手動式の脱水機を用いて、生野菜、茹で野菜、みじん切り後の野菜の水切りを行う。

4）浸漬

　洗浄後に給水、軟化、あくや塩分の除去、膨潤化、褐変防止、旨み成分浸出の目的で水、微温湯、酢水などにつける。

（ⅰ）じゃがいも、さつまいも、ごぼう

　いずれも水につけて褐変を防ぐ。じゃがいもの褐変物質メラニンは水溶性のため、水に浸漬することで除去できるが、あまり長くつけすぎないようにする。さつまいもはあくを除去するため、ごぼうはあく抜きと褐変防止のために水につける。

（ⅱ）なす、れんこん

　れんこんは3％程度の酢水に漬けると白く仕上がる。なすは1％食塩水に漬ける。

（ⅲ）りんご、なし

　切さい後に水または0.5％の食塩水に漬けると切り口からの酵素が除去され、空気に触れさせないことにより褐変を防ぐことができる。しかし長時間浸漬すると水っぽくなるため、注意が必要である。フルーツの缶詰と和える場合には、缶詰のシロップにつけておくとよい。

5）切さい

　切り方、調理技術、機器使用の有無により廃棄量や作業の所要時期が異なる。加熱時間を標準化するためにカットサイズや厚みを均一にする。合成調理器、フードスライサー、さいの目切り機、スライサーなどの切さい機器を用いるが、機器への食材の付着も考慮しなければならない。少量の食材料を切さいする場合には、手切りのほうが効率的なこともある。

　大量調理は少量調理に比べて廃棄率が大きい。作業の能率面から、大量調理ではほうれん草や小松菜などの葉物は束のまま根を切り落としてから洗浄する。キャベツは葉を外さずに2つ割、4つ割にして切るなど、少量調理とは切さい方法が異なる。ポテトピーラーでは1回にかける時間が長くなると廃棄率は高くなる。1回の処理量は皮むき時間と廃棄率から考えて、製品カタログに記載されている量の70％程度がよい。

第5章　給食の生産

参考　各種食材と放水量の関係

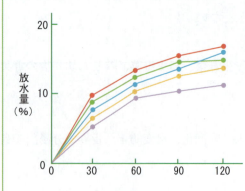

図1　キャベツの放水量（処理量の違い）[15]

即席漬は、材料の1～2%の食塩を加えるが、処理量、洗浄後の付着水の有無、手もみ操作、漬け込み時間によって野菜からの浸出液（放水量）が異なり、塩味に影響する。手もみ操作をし、付着水があると放水量は多くなる。また処理が多くなると放水量が増加するのは、材料の重みが加わり、食塩の浸透が促されるためである。

試料：キャベツ0.5×5.0 cmのせん切り、付着水 0
添加食塩量：2.0%
キャベツに食塩を添加したときを0分として30分ごとに120分まで測定

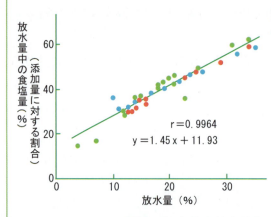

図2　放水量と放水量中の食塩量の関係[15]

試料：キャベツ0.5×5.0 cmのせん切り1 kg
食品中の食塩量は、放水量の測定によって算出できる。
放水量は添加食塩量が多くなると増加するが、放水量と放水量中の食塩量は相関があり、放水量から材料中の残存食塩量（塩味）を推定することができる。放水量が多いと食材中の残存食塩量は少なくなる。

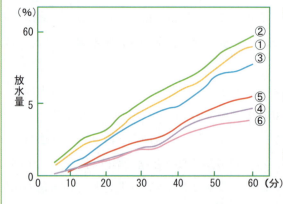

図3　調味順序による放水量[17]

調味順序：①塩→酢→油
②塩→油→酢
④酢→油→塩
⑤油→塩→酢
⑥油→酢→塩

注）試料：レタス 0.3×5.0 cmのせん切り100 g
調味添加物：食塩1%、食酢5%、サラダ油10%
調味方法：各調味料を添加するごとに30秒撹拌

3 生産（調理と提供）

6）解凍

冷凍食品は前日に冷蔵庫に移すか、流水の下で自然解凍する。2次汚染防止のためにドリップが他に触れないように配慮する。

7）下味つけ

下味には食塩もしくは食塩を含む調味料を用いる。処理量が多く、調味料の濃度が高く、組織が軟らかく、切り方では表面積が大きく、長時間浸漬するほど調味料の浸透や拡散が大きくなる。

（ⅰ）生野菜

下味つけや組織を軟らかくする目的で、材料の0.5～1.0％の食塩を用いる。ふり塩と食塩水に漬ける場合を比較すると、ふり塩のほうが吸塩量は大きい。

（ⅱ）ゆで野菜

加熱により細胞半透明性が失われているため、材料の生重量の0.5％の食塩、醤油またはだし割醤油を用いる。ゆで野菜は生野菜と異なり絞り操作が必要となるため、調味を均質化するためには、絞り加減を標準化して調味量の割合を定める。

（ⅲ）肉・魚介類

下味の食塩量は材料の0.2～0.5％である。肉や魚介類を醤油に浸漬して下味をつける場合、浸漬時間を考慮して調味％を定める。大量の魚に振り塩をした場合、味が不均一になりやすいため、濃度の高い塩水に浸漬する（立て塩）。立て塩では食塩の浸透が均一に行われ、魚肉からの脱水が防げるために味よく仕上がる。一般には食塩濃度10～15％の食塩水に1～10分浸漬する。浸漬時間が長いほど食塩濃度は高くなる。立て塩法は味の均一化、浸漬時間の効率化から大量調理に適しているが、水溶性の旨み成分が流出する欠点がある。

(2) 加熱調理

加熱は以下のいずれの方法を用いても、食材の中心温度が75℃で1分間以上（二枚貝などノロウイルス汚染のある食品の場合は85～90℃で90秒間以上）に達してさらに1分以上行う。

1）ゆでる

ゆでるという調理操作は基本的調理方法であり、回転釜、スープケトル、ブレージングパン、大鍋などを使用する。ゆで水の注水時間、沸騰時間、再沸騰時間なども作業工程に含めて計画する。食材投入後再沸騰までの時間が長いと緩慢な加熱が続くため、食材の食感が悪くなる。再沸騰までの時間はゆで水の量と食材投入量によって異なる（図5.18）。ゆで作業を標準化するためには、ゆで水とそれに対する投入量を予め定めるとよい。ゆで水量は使用する加熱調理機器の容量によって異なる。

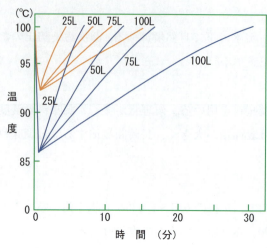

図 5.18 ゆで水の量と水（20℃）投入後の再沸騰までの温度上昇曲線[17]

　食材の取り出しは、ゆで水から引き上げるか、ゆでこぼす。清潔な場所において、器具などはアルコールなどで消毒したものを用いて 2 次汚染に注意して作業する。ゆでこぼす場合には床からのとび水がかからないように配慮する。

2）冷却

　冷却には 2 次汚染を防止するためにも**ブラストチラー、タンブルチラー、真空冷却機**を用いる。加熱した食材を入れるホテルパンやパックはアルコールスプレーなどを噴霧した後に使用する。冷却操作を標準化するためには天板やパック 1 個当たりの投入量を一定にする。1 天板の冷却単位は料理の厚みを 5 cm 以下にする。粘性のある食材や葉物のような密着度の高い食材では、冷気・冷水との接触が不均一であるため、定期的に攪拌しながら冷却する。急速冷却機に入れる食材の特性によっても冷却時間は異なり、天板数が多くなるほど冷却時間は長くなる。1 天板の分量を少なくしたほうが効率的である。

3）煮る

　煮るという調理操作は各食材を別々に煮て盛り付ける「炊き合わせ」と、すべての材料を最終的に 1 つの鍋に煮あげる「煮物」に大別でき、大量料理では盛り付けの作業量を軽減するために後者を用いることが多い。加熱に要する時間が食材により異なるため、煮えにくい食材では大きさを小さくしたり、加熱時間を長くするために投入順序を早くする。または下ゆでをして、出来上がり時の硬さを等しくする。また、盛り付けを迅速かつ均一に行うためには、食材は均一に切ることが必要である。

（ⅰ） 鍋、回転釜、ブレージングパンやケトルなど用いる煮物

これらの加熱調理機器では煮汁を蒸発させやすい。煮汁の量は加熱中の水分蒸発量に影響される。蒸発量は火力と加熱時間によるため、これらを一定にする。火力は沸騰までは強火で行うが、沸騰後は中火より弱い火力で十分である。出力は沸騰時の30%程度でよい。煮汁の量は料理の種類により異なる。調味を均一に行うためには食材の20〜30%重量の煮汁が必要である。きんぴらや炒り鶏のように煮上がったときに煮汁が残らないように仕上げる料理では煮汁は食材の10〜15%重量、おでんのように煮汁に浸した状態で仕上げる料理では80〜100%重量にする。煮汁が食材の30%以下になると材料容積の1/4程度になるため加熱途中で攪拌が必要である。また、大量調理では余熱が大きいため火を止めた後の煮崩れに注意する。

（ⅱ） スチームコンベクションオーブンを用いる煮物

煮物にスチームコンベクションオーブンを用いると、調理と加熱時間を設定できるため調理を均一化しやすい。スチームでは100℃、オーブンとスチームを併用したコンビモードでは100〜270℃ の加熱ができる。蒸気を用いるためホテルパンには蓋をして加熱する。煮汁には予め調味料を加えておき食材の50〜100%重量（食品がかぶる程度）にする。加熱途中で攪拌することがないため煮崩れがないが、煮熟時間は鍋を用いた場合に比べてやや長くなる。

4）蒸す

蒸すという調理操作は水蒸気の潜熱によって食材を加熱することであり、常圧で加熱する場合には蒸気温度が100℃ 以上になることはない。蒸し物は肉や魚介類の調理や野菜の下ゆでのように100℃ で蒸す場合と、卵豆腐やプディングのような100℃未満の調理に大別できる。スチームコンベクションオーブンでは加熱温度の調整は可能であるが、蒸し器などでは温度調整は難しい。

加熱時間は、蒸し物の熱伝導率がゆで料理と同程度であるため、ゆで時間を参考にする。ただし、オーブン庫内に入れる天板数が多い場合には蒸気の対流が滞るため加熱時間は長くなる。料理を均質化するためには、食材の大きさ・厚さ、1天板の食材量、1回に処理する天板数を一定にする。100℃ 未満で蒸す料理には、卵豆腐のすだちのように加熱温度が料理の品質に影響する。加熱温度は料理の最終仕上がり温度より高く設定する。

5）炒める

炒めるという調理操作は熱容量の大きい厚手の鍋に、少量の油を高温で熱し、高温で短時間に仕上げる。以下の場合には鍋の温度が低下して緩慢な加熱になるため調理時間が長くなり、野菜からの放水量が多くなるため、調味料、栄養成分や旨み

が流出して料理の品質が悪くなる。

・食材の水切りが不十分なため付着水が多い

・鍋に対して投入量が多い

・火力が弱い

　大量の食材を均一に味付けするためには撹拌操作が多くなる。そのため、炒め時間が長くなることや、炒めあがった後に余熱のために食材からの放水があるなど難しさがあり、炒め煮になりやすい。大量の食材の炒め物は相対的に熱伝導が低下し、強火で短時間で仕上げる料理の特性には適さない。

　炒め物を均質化するためには、1回の調理操作における火力、投入量を一定にするとともに、水切りを十分に行う。また、火の通りの悪い食材は予加熱してから投入することにより、鍋の温度低下を抑えて調理時間を短縮できる。作業管理上可能であれば、複数回に分けて炒める。炒め油は生の葉菜類では重量に対して3〜4%、中華の炒め物など油の多い料理では食材重量に対して5〜8%である。炒める順序は香味野菜を低温で先に炒め、火の通りの遅いものから順に炒め、8割程度火が通った時点で調味し、消火して余熱で加熱する。

　油通しとは、加熱した油の中を10〜60秒間野菜をくぐらせることをいう。炒菜の下調理操作としてピーマン、たまねぎ、白菜、なす、たけのこなどの野菜や肉やえびに下味をつけて片栗粉をまぶしたものに利用される。油通しによって食材全体に火が通るので、炒め操作の加熱むらを防ぎ、炒め時間を短縮することができるとともに、色よく仕上がり歯ごたえもよくなる。

6) 焼く

　焼くという調理操作は食品に対する熱伝導の違いにより、直火焼き（輻射加熱、ブロイル）、鉄板などを加熱して食材を接触させて焼く間接加熱（熱源から見ると天板を挟むために間接加熱となる、グリル）と食品を加熱空気に包んで焼く対流加熱（ローストやベイク）に大別されるが、大量調理ではオーブンを用いた対流加熱が多い。

　オーブンの設定温度と調理時間の関係は、オーブンの加熱能力によって異なる。同一オーブンでは食品の熱伝導率が高いほど食材内部の温度上昇速度は速くなる。一般的には設定温度が高いと調理時間が短くなるが、水分の蒸発量が大きくなるため、食材の身縮みが大きく、歩留まりが悪くなる。焼き色は食材の表面の水分が蒸発し、高温になりこげることにより生じるため、設定温度の影響が大きい。

3　生産（調理と提供）

表5.18　焼き物の加熱条件と過熱時間例[15]

料理名	オーブン ℃	加熱時間 （分）	1個の 重量(g)	1天板重量 kg（数）	サイズ(cm) たて×よこ×厚さ
ハンバーグステーキ	270	8〜10	120	1.77(16)	9.0×11.0×1.2
さけのムニエル	270	8〜10	80	1.40(18)	6.5×14.0×1.5
さんまの塩焼き	270	6〜7	120	1.20(10)	32.0
たらときのこのホイル焼き	250	12〜14	130	1.30(10)	13.0×6.0×3.0
さばの幽庵焼き	250	10	65	1.7(27)	8.4×9.0×2.3
鶏肉の松風焼き	230	14〜16	(75)	2.40	29.0×47.0×1.8
かにたま	250	7〜8	(130)	2.60	30.0×50.0×2.5
ふくさ卵	250	6〜7	(120)	1.70	30.0×50.0×1.8
スペイン風オムレツ	250	5〜6	(125)	2.10	30.0×50.0×1.5
焼きいも	220	28	80	2.20(27)	6.0×4.5×4.5

スチームコンベクションオーブン：CSD-0611E（ホバート社製）

　オーブンにスチームを加えたコンビモードでは、スチームなしオーブンに比べて食材の内部温度上昇速度が速くなるため、加熱時間が短縮されるだけではなく、身縮みが少なくジューシーに仕上がる。しかし焼き色をつけたり、水分蒸発が必要な料理には向かない。作業時には余熱が必要であり、余熱完了後からの調理時間を均一にする。コンベクションオーブンやスチームコンベクションオーブンでは、調理温度と時間の設定が容易であるため、料理を均質化しやすい。蒸し物や冷却操作と異なり、調理時間はオーブン内の天板数の影響を受けにくい。

7）揚げる

　揚げるという調理操作は120〜200℃の高温に熱した多量の油の中で食材を加熱するものであり、この間に食材と衣の中の一部の水分が油に代わることである。揚げ物は大量調理においてよく用いられる調理方法である。

　揚げ物調理の均一化には素揚げやフライといった揚げ物の種類別に、食材の特性に配慮して揚げ油の温度と食材投入量、揚げ時間を一定にする。揚げ油に対する食

表5.19　各種揚げ物調理の温度[15]

種類	フライヤー設定温度 （℃）	1回に揚げる量 （油量に対する%）	所要時間 （分）
フライドポテト	170〜180	8〜10	8〜10
さつまいもの素揚げ	〃	10	6〜8
野菜素揚げ	150〜180	少量ずつ	1弱
天ぷら	180〜190	7〜10	
魚から揚げ	170〜180	〃	5〜6
豚肉立田揚げ	〃	〃	4〜5
魚フライ	180	〃	6〜7
カツレツ	〃	〃	6〜7
コロッケ	180〜190	10〜15	1〜2

115

材投入量は5〜15%、揚げ油の温度は160〜180℃である。コロッケのように表面の加熱だけでよいものは油の温度低下が小さいため投入量を多くすることができ、高温・短時間で加熱することができる。しかし、中心まで十分加熱するものや冷凍食品では低温で長い時間加熱して中心温度を75℃で1分間以上（二枚貝などノロウイルス汚染の恐れのある食品の場合は85〜90℃で90秒間以上）加熱する。また、フライドポテトや芋の素揚げのようなでんぷん性食品では、糊化するのに時間がかかるため比較的低めの温度で揚げる。フライヤーを用いた場合の揚げ物の吸油率は、素揚げは5〜6%、フライでは10〜15%、食材の表面積が大きいいかリングフライでは20%程度である。揚げ油はさし油をしながら使用することができるが、揚げ油の使用限界は酸価0.4〜0.5である。

8）炊飯

炊飯という調理操作は水分15%の米に水を加えて約65%の水分を含む飯にすることである。計量は1釜の炊飯量（4〜7kg）単位で行う。洗米時間は3〜4kgの米を手でとぐ場合には4〜5分、水圧式洗米機で機械洗いする場合は1分程度が目安である。洗米時間が長くなると吸水した米が砕けやすい。1釜の炊飯量は釜の容積の70〜80%にする。炊き込みご飯などで炊飯量がそれ以上になると釜の上・下層部の飯の品質に差が生じる。

加水量は米重量の1.2〜1.4倍に炊飯中の蒸発量を加えたものとなる。炊飯中の蒸発量は炊飯器の種類、炊飯釜の形、蓋の密閉度、1釜の炊飯量により異なる。新米では古米に比べて米の水分量が多いため、加水量は少なくなる。浸漬時間は30〜120分、玄米では1晩浸漬する。

大量炊飯は沸騰に至るまでの時間管理が重要となる。大量調理でも少量調理と同様に沸騰までの時間は10〜15分が適当である。沸騰までの時間が10分より短い場合、または15分より長い場合は火力を調整する。沸騰後は沸騰継続1〜2分、弱火10〜15分で消火し、10〜15分間蒸らす。蒸らし後は軽く攪拌する。自動炊飯器では温度調節センサーにより火加減が制御されるため、加熱時間は炊飯量により異なる。点火から消火までが約25分、蒸らし15分間がよい。白飯以外の炊飯では以下の事項に配慮する。

（i）味付け飯

調味料を含めて予定加水量にする。

（ii）炊き込み飯

大量調理では下煮した具を炊き上げた飯にあわせる。具を一緒に煮込む場合は具材から出る水分量を含めて予定加水量にする。加熱時間の長い豆類や栗は始めから

入れるが、加熱時間が短い貝類や魚介類は米が沸騰してから入れる。

（ⅲ）ピラフ

米をバターや油で7〜8分炒めてから炊飯する。加水量は米と同重量とし、加熱時間は白飯より長くする。

9）汁物

汁物とは煮出し汁を主とする調理である。出来上がり量、出し汁の旨味、塩分濃度および提

表5.20　炊き込み飯の具の量（例）[15]

種　類	米に対する%
ぎんなんご飯	10〜15
ピースご飯	20〜30
くりご飯、えだまめご飯、きのこご飯	30〜40
たけのこ飯	40〜50
あさりご飯、かきご飯	50〜60
五目鶏飯	70
中華風炊き込みご飯	70〜80
えびピラフ	60〜80

五目鶏飯（鶏肉20、油揚げ5、にんじん10、ごぼう10、乾ししいたけ1、しらたき10、グリンピース）
中華風炊き込みご飯（豚肉20、こまつな30、たけのこ10、にんじん10、乾しいたけ1）
えびピラフ（小えび50、たまねぎ10、マッシュルーム8）

供温度が汁物の品質に影響する。出来上がり量は1人分の盛り付け容量を目標にする。出し汁の量は加熱時間と火力から加熱中の蒸発量を予測し、具の重量を容量換算して設定する。大量調理では少量調理に比べて蒸発量が多く、加熱後の具材の重量は容量とほぼ等しい。

塩味は0.6〜0.8%食塩濃度が一般的である。具材の多い汁では容量に対して0.8〜1.0%、もしくは出来上がり予定重量の0.6%前後で調味する。具材は適正な煮熟状態になるように、余熱を含めて火力と加熱時間を設定する。適温と感じる提供温度は個人差があるが、一般的に60〜65℃である。喫食時にこの温度で提供するためには、保温温度は80℃、それを維持するためのウォーマーテーブルの水温は90℃とする。だし汁のとり方を以下に示す。

（ⅰ）削り節だし

こす手間を省くために大きめなさらし地の袋に削り節を入れ、沸騰水中に投入後、1分間加熱して3分後に取り出す。

（ⅱ）昆布だし

給食の昆布の使用量は1〜2%であるが、使用量が少ない場合には30分浸漬の後に30分間沸騰させる。

（ⅲ）鶏がら

鶏がらは水で洗浄後、熱湯処理をして香味野菜とともに鍋に入れ、水を加えて沸騰するまで強火で加熱する。沸騰後はあくをとり、ブーケガルニを加えて、さらにあくを取り除きながら弱火で約40分間加熱した後にこす。

10) 再加熱

再加熱は料理の中心温度が75℃（二枚貝などノロウイルス汚染のある食品の場合は85～90℃で90秒間以上）に達したあと、さらに1分以上の加熱が必要である。この温度に到達する時間は再加熱機器の種類や設定温度などの加熱条件により異なる。スチームコンベクションオーブンでは、1天板の重量、天板数が多くなると加熱時間が長くなる。

(3) 非加熱調理（あえ物、サラダ）

あえ物・酢の物・サラダは副菜として野菜類を中心にほとんどすべての食材が使われる。いずれも消毒や加熱後の食材であるため、調理操作では2次汚染を防ぐよう配慮する。作業管理において調味後、提供まで時間が長い場合には放水量が多くなり、おいしさを阻害しやすい。あえ物などに魚介類・肉類・魚介肉加工品を加える場合の加熱・冷却の温度と時間の基準は、他の食材などの基準と同じである。

1) あえ物・お浸し

生の食材では洗浄・消毒後の水切りをしっかり行う。レタス、トマト、果物などは生のままで下味をつけない。あえ物では処理量、調理の割合、下味の時間、絞り上がり重量を標準化する。加熱した野菜はブラストチラーなどを用いて冷却後、絞り率を均一化して調味する。

食材とあえ衣は供食直前に50～100食単位であわせる。常温で提供する場合は、あえてから喫食までの時間は30分以内にする。適温で提供するためには保冷庫、コールドショーケースや保冷配膳車を用いる。

2) 酢の物

調理操作はあえ物と同様である。緑黄色野菜のクロロフィルのように酢が野菜の色に影響する場合がある。調味してから長時間経過すると料理の品質が低下する。材料に下味をつけないものや中華風酢の物では、盛り付け後に調味酢をかけることもある。

3) サラダ

サラダでは野菜類を中心とした食材を各種のソースであえるものである。フレンチドレッシングは食材重量の15～20％、マヨネーズでは8～15％用いる。

(4) 配食・配膳

配食とは出来上がった料理を食器に盛り付ける前までの作業で、出来上がり料理をホテルパンや食缶に移して、保温・保冷する工程をいう。**配膳**とは料理を器に盛り付け、トレイに複数料理をセットして、喫食者に渡す作業をいう。一般には料理の盛り付けは厨房内の清潔エリアで行うが、学校給食では盛り付けは教室で行うた

3　生産（調理と提供）

め、児童に対する配膳の衛生指導が必要になる。病院や介護保険施設での給食では、盛り付けた料理を運搬して供食する。いずれも衛生的にかつ安全に運搬するシステムを構築して、適温で提供するために保温食缶、保温食器、保温・保冷配膳車などを使用する。

1）配食

　清潔なホテルパン、食缶やバット等に料理を移す。2次汚染を防ぐために、容器や器具は70%アルコール噴霧もしくはそれと同等の効果を有する消毒方法を用いて前処理をしておく。加湿されていない保温庫は料理が乾燥するため、蓋もしくは覆いをする。長時間もしくは高温での保管は料理の歩留まりが悪くなる（焼いた肉や魚では身縮みが生じる）ため、品質が劣化しないよう保管時間や温度を考えて作業工程を決める。

2）配膳

　表5.21「特定給食施設別配膳の特徴」に示したように、特定給食施設により喫食の場所が異なるため、盛り付けやトレイセットに特徴がある。いずれも2次汚染が生じやすい工程であるため、衛生管理には配慮する。

（ⅰ）盛り付け

　清潔な器に清潔な器具を用いて盛り付ける。盛り付けの精度を高めるために、料理の特性に適した方法を用いる。

表5.21　特定給食施設別配膳の特徴

特定給食	喫食の場所	盛り付けとトレイセット
学校給食	教室、ランチルーム	・厨房外の教室に搬送して、配膳を行う。 ・盛り付けながらトレイセットする。
病院給食 　中央配膳	病室もしくは食堂	・厨房内で盛り付け、ベルトコンベアなどを用いてトレイセットする。 ・トレイをワゴンもしくは保温・保冷配膳車に入れて病棟に届ける。
病棟配膳	病室もしくは食堂	・病棟のパントリー（配膳室）で盛り付け、病棟に届ける。
介護保険施設	主として食堂	・厨房内で主食と汁まですべて盛り付け、トレイセットして届ける。 ・副食だけをトレイにセットして、主食と汁を食堂で盛り付ける。
社員食堂	食堂	・保温してある主食、汁、主菜を注文に応じて盛り付け、カウンター越しに渡す。 ・サイドメニューは予め盛り付けて保温・保冷している料理をショーケースから受け取る。

・汁物、煮物

　盛り付け容量から適切な量をすくえるレードルを定める。食缶の下に沈殿する場合があるため、よく攪拌しながら具材の種類が均等になるように配慮してよそう。

・個数付けの料理

　切さいの段階で盛り付けに必要な個数を確保して、一人分の個数を盛り付ける。食材料の入荷は重量で行うため、盛り付け個数が定まらないもの（パック入りフルーツなど）は洗浄の際に個数を確認する。盛り付け個数にバラツキが生じる場合はサイズの大小を組み合わせて、できるだけ提供重量にバラツキがでないように盛り付ける。

（ii）トレイセット

　複数の料理を1つのトレイに盛り付ける。病院給食や介護保険施設の給食のように、喫食者別に食事が異なる場合には、食札に食事の種類である食種や提供量、アレルギーや禁止食などの個別コメントなどを記載して指示する。トレイセットの間違いは重大な事故につながるため、管理栄養士や食事内容を瞬時に判断できる者が食事内容を最終確認する。

（iii）運搬

　清潔作業区域で盛り付けてトレイセットした食事を、汚染区域である廊下などを経由して病棟や食堂に届ける。そのため、扉があり温度管理できるワゴンを用いる。複数の病棟に運搬する場合には、エレベーターの数、積載台数、昇降スピードや病棟までの距離を考慮して、料理の出来上がりやトレイセット時間、ワゴン出発時間を計画する。

(5) 洗浄

　食器洗浄作業には、下膳、食器の残菜処理、浸漬、洗浄、消毒、格納の作業が含まれる。残菜内容や量から栄養管理や提供料理の良し悪しが評価できるため、確認して栄養アセスメントや食事提供の評価に活用することが重要である。

1）下膳

　給食では多くの場合、喫食者がセルフサービスで下膳する。または喫食の場所が洗浄室から離れている病院や学校ではワゴンや下膳車を用いて下膳する。食器の残菜を捨てた後、仕分けしてシャワーシンクで下洗いする。

2）食器の洗浄

　洗浄は微温湯（約40℃）に浸漬してから、手洗いもしくは食器洗浄機を用いて行う。

（i）手洗い

2～3槽のシンクを用いて複数の作業員が流れ作業で行う。すすぎは流水で5秒以上必要である。

（ii）食器洗浄機

食器洗浄機には大型施設で用いるベルトコンベアタイプとボックスタイプがある。洗浄機は洗浄液、下すすぎ湯（60～70℃）、上すすぎ湯（80℃）の順に高圧噴射する。

3）消毒

洗浄後は以下のいずれかの方法を用いて消毒し、扉のある保管庫に格納する。

（i）食器消毒保管庫

洗浄後の食器を熱風を用いて消毒・乾燥させる。温度調節器とタイマーにより、設定した温度で一定時間後（一般的には90分）に自動停止する。食器はかごもしくはカートインで格納する。

（ii）煮沸消毒

食器の量が少ない場合、かごに入れた食器を煮沸消毒器の中に浸して消毒し、これを引き上げて水切りした後に食器庫に格納する。食器洗浄において上すすぎの温度が80℃以上である場合、煮沸消毒に代わるものとして認められる場合がある。

（iii）薬品による消毒

次亜塩素酸ナトリウム50～100 ppmの溶液につけ、すすぎ洗いをする。

4）機器などの洗浄

機械本体・部品を分解して、40℃程度の飲用適の微温湯を用いて3回水洗いした後、中性洗剤または弱アルカリ性洗剤を用いて洗浄し、よく洗剤を洗い流す。部品は80℃で5分以上またはこれと同等の効果を有する方法で殺菌する。よく乾燥させてから組み立て、衛生的に保管する。

(6) 清掃

清掃作業は厨房内の清掃と食堂の清掃・整備に大別できる。これらの作業は1日の実労働時間の10～20%を占めるものである。

1）厨房内清掃

施設の清掃は食品が厨房内から完全に搬出された後に行う。施設の床および排水溝、床面から1mまでの内壁は毎日清掃する。施設の天井と床から1m以上の内壁は月に1回は清掃し、必要に応じては洗浄・消毒を行う。

2）食堂内清掃など

食堂の清掃、廊下のディスプレイの整備、テーブルや椅子の清掃、食卓調味料の補充などを行う。

第5章　給食の生産

3.4 大量調理の調理特性

　大量調理は少量調理に比べて、処理する食材の量が多いために調理時間が長くなるだけではなく、調理後から喫食までの時間が長いため、出来上がり料理の品質が変化する。また調理操作、調理過程、加熱速度など少量調理と異なる現象が生じる。作業管理においてこれらの調理特性を理解して、適切な品質に仕上がるように作業方法と作業工程を標準化する（表5.22）。

(1) 下処理

1) 廃棄率

　大量に食材を処理する場合、食材廃棄率は少量調理に比べて大きくなる場合が多い。切さい機器への付着もあるため、施設において大量調理の廃棄率のデータを蓄積するとよい。

2) 付着水

　水切りが難しいため付着水が多くなり、その後の加熱調理や調味に影響する。

(2) 加熱

1) 蒸発率

　大量調理では蒸発率が低く、煮汁がなくなるまで煮詰めることは難しい。だし汁や水など加える水分が少ないため、撹拌することが多くなり煮崩れやすくなる。

2) 緩慢加熱

　温度上昇速度が緩慢であるため料理の品質に影響しやすい。食材投入後、再沸騰までの時間が短縮できるように、加熱機器に対するゆで水と投入食材量を標準化する。加熱時間は沸騰後、または、ある温度に達してからの時間とする。

3) 余熱

　熱源消火後も加熱が続くため、加熱時間の短縮と省エネルギーとなる反面、色・硬さ・テクスチャーなどの品質に影響するため、余熱を含めて加熱時間を設定する。

(3) 保管

1) 喫食までの時期が長い

　大量調理において調理後から喫食まで30分以上経過する場合は、料理を保温もしくは保冷しなければならない。特に65℃以上で保温する場合、緑色が退色するとともにテクスチャーが悪くなる。保管庫を加湿できない場合は、料理が乾燥して出来上がり量の歩留まりが低下する。

2) 食材からの放水量が多い

　炒め物、サラダや和え物では食材からの放水が多くなり、調味料や栄養成分が流出して品質が低下する。

3　生産（調理と提供）

表5.22　大量調理において標準化する事項

調 理 操 作		標準化すべき事項
下処理	切さい	❖切さい方法（機械使用、手作業） ❖切り方、食材の大きさ・厚み
	下 味	❖調味料の投入順序　❖調味料の濃度（対 処理食材）　❖調味時間
加熱調理	ゆでる	❖ゆで水量と投入食材量
	冷 却	❖1天板当たりの処理量
	煮 る	❖加熱機器と1回当たりに処理量　❖撹拌のタイミング ❖煮汁量、調味料量、加熱時間（余熱を含める）
	蒸 す	❖1天板当たりの食材処理量　❖加熱温度と加熱時間
	炒める	❖鍋の大きさ、火力と1回当たりの投入食材量 ❖余加熱の有無と食材の投入順序　❖加熱時間（余熱を含める）
	焼 く	❖1天板当たりの処理量（食材の厚み・大きさ） ❖加熱温度、湿度と加熱時間
	揚げる	❖揚げ油に対する食材投入量（対 揚げ油）　❖加熱温度と加熱時間
	炊 飯	❖一釜の炊飯量　❖洗米時間、加水率（対乾燥米）、浸漬時間 ❖加熱時間、蒸らし時間
	汁 物	❖火加減と加熱時間　❖塩分濃度（対 汁容量）
調 味	和え物	❖食材の絞り加減　❖でき上がり重量に対する調味%
保 管	保温・保冷	❖保温・保冷温度、湿度、保管時間

表5.23　調味の割合（調味パーセント）の使い方[15]

汁 物	実の少ない汁・・・・だし汁に対しての割合 実の多い汁・・・・だし汁、または出来上がり容量に対しての割合
煮 物	煮上がったとき、煮汁を残さないもの・・・・全食品材料に対しての割合 すき焼き風煮などの煮汁が残るもの、中華風の炒め煮など・・・・食品材料とスープ（だし汁）に対しての割合 おでん・・・・だし汁に対しての割合
あえ物	調味前の食品材料に対しての割合 下味・・・・加熱前または過熱後の重量 あえ衣・・・・下調理後の重量
サラダ	生、または下調理後の重量に対しての割合
ソース類 （ホワイトソース、 カレーソースなど	出来上がり重量に対しての割合
味つけ飯	具と飯、または具と米に対しての割合
焼き物、揚げ物	生の重量に対しての割合で行うが、調理による重量減少を考慮する。例えば、塩味を1%にしたいとき、加熱後の重量が80%になるものは、生の重量の0.8%にする。

123

3.5 施設設備の能力と生産性

(1) 施設設備能力

　施設設備の能力は厨房面積、主要機器の能力と作業員数に影響される。特定の喫食者に食事を提供する給食では生産量の予想がつくため、それに応じた施設設備を設置する。**表5.24**「主要機器の能力計算」に主要機器の能力を示した。提供食数に応じて、機器を用いた場合の生産所要時間を計算して作業を計画する。

　以下の要因によって施設設備能力は異なる。

1) 給食システム

　院外給食や学校給食センターのように給食生産を外部のセントラルキッチンで行う場合には、提供側の給食施設で行う作業は一部の調理作業、再加熱や配食・配膳に限定されるため給食生産設備は少なくなる。また、カット野菜や外部加工品を活用する場合には、下処理の作業量が軽減されるため施設設備能力は少なくてすむ。病院給食では中央配膳は1箇所に生産機器を集中させることができるが、病棟配膳ではそれに加えて各フロアでの再加熱や配食・配膳のための設備が必要になる。

2) 献立

　単一給食に比べてカフェテリア給食では料理の種類が多くなるため、給食生産や保管のための施設設備や食器が多く必要となる。使用する食器の増加は洗浄施設設備や保管のための厨房スペースにも影響する。また、介護保険施設給食の刻み食やミキサー食のように調理後の料理を再加工する場合には、それに応じた設備を清潔作業区域内に設置する。

3) 配食・配膳

　学校給食では食缶配食で児童が盛り付けと配膳を行うため、厨房内の盛り付けスペースを縮小できるが、ワゴンのプールや洗浄や乾燥を行うスペースと設備を確保しなければならない。これらは配膳ワゴンを使用する施設でも同様である。保温・保冷配膳車では料理の乾燥防止のために食器に蓋をするため、それらの数も考慮して洗浄施設設備を設置する。

(2) 生産性

　生産性とは労働の能率を評価するための指標である。生産性の評価には以下の指標がある。

1) 労働生産性

　労働生産性＝生産数／従業員数： 給食の生産数（もしくは売上金額）を従業員数（もしくは労働時間数）で割ったもの。従業員数はパートタイマーや超過勤務の関係から8時間に換算して計算する。

表5.24　主要機器の能力計算（500食の事業所給食の例）[17]

コーナー	機器名	機器の大きさ、能力（容量）	台数	使用量計算	
格納	冷凍庫	700×800×2100mm　500L	1	0.3L/食×550食=165L	500L÷165L=3	3日分格納
	冷蔵庫	2100×800×2100mm　1680L	1	1.0L/食×550食=550L	1680L÷550L=3.1	〃
	貯米タンク	1500×750×1800mm　420kg	1	100g/食×450食=45kg	420kg÷45kg=9.3	約9日分格納
下処理	洗米機	22kg/回	1	100g/食×450食=45kg	45kg÷22kg=2.0	2回転
	合成調理機	卓上用輪切り　200kg/hr	1	50g/食×300食=15kg	15kg÷200kg=0.075hr	約5min
加熱調理	炊飯器	22kg	2	100g/食×450食=45kg	45kg÷(22×2)=0.98	約1回転
	ガスフライヤー	890×600×830mm（二槽式）	1	20～30切れ/回・槽×2=40～60切れ/回	200切れ÷40～60切れ≒4～5回転	20～50min
	万能焼き物機	800×600×1300mm　（ロースパン2枚）	1	20～30切れ/ロースパン×2=40～60切れ/回	200切れ÷40～60切れ≒4～5回転	30～60min
	ティルティングパン	100L	1	0.2L×200食=40L	安全率50%	1回転
	レンジ（オーブン）	（ロースパン4枚）	1	20～30切れ/ロースパン×4=80～120切れ/回	200切れ÷80～120切れ≒2回転	20～40min
	器具保管庫	900×750×800mm	1	まな板7～10枚、包丁7～10本　その他什器		
カフェテリアライン	ウォーマーテーブル	（ホテルパン4個）	2	ホテルパンサイズ・・・フルサイズ（500×300×150mm≒20L） 1/2・1/3・1/4・1/6の各サイズ（深さ60、100、150mmのユニット） 汁物 0.15L/食×400食=60L　　フルサイズホテルパン	1個3回転
				ライス 0.3L/食×450食≒135L	2個3回転
				主菜 0.2L/食×200食×3種類=120L　〃	3個2回転
				副菜 0.1L/食×200食×2種類=40L　〃	2個1回転
	コールドテーブル	（ホテルパン4個）	2	サラダ、デザート、他 0.2L/食×450食=90L　〃	2個1回転
	コールドショーケース		1	φ120mmのサラダボール　40～60枚	
洗浄・消毒	食器洗浄器	3400×1000×1600mm　Φ250mmの皿 4700枚/hr	1	5個×550人=2750個　2750個÷4700枚=35min トレイ 500枚　ナイフ・フォーク類、他	60～80min
	食器消毒保管庫	1500×950×1870mm　30カゴ用 2980×959×1870mm　60カゴ用	1	2750個÷40個/1カゴ=69カゴ ナイフ・フォーク類　4カゴ グラス・湯呑み　6カゴ トレイ　10カゴ（トレイ用）	89カゴ（スペアー1）

第5章　給食の生産

2）作業能率

作業員1人の能率で、一定時間の仕事量などを評価する。経験者や熟練者は作業能率が高い。

3）稼働率

作業中の機械設備がどの程度利用されているか評価する。給食の生産性は給食施設の種類、給食生産システム、提供回数、料理の種類・量、カット野菜を含めた外部加工活用や機械化の程度、料理の個人対応の程度、調理後の2次加工の有無、配食・配膳方法などによって異なる。**表5.25**「作業区分別労働生産性」に給食施設別の労働生産性を示した。

3.6 廃棄物処理

廃棄物には食材の残渣や食べ残しなどの生ゴミ、包材・ビン・缶などがある。廃棄物はできるだけ出さないことが基本である。食材料発注の際に包材・ビン・缶が少なくなるように配慮するとともに、廃棄物は自治体によって分別が異なるためその規定に従う。

2001（平成13）年度から**食品リサイクル法（食品循環資源再生利用法促進に関する法律）**の施行に伴い、食品廃棄物を年間100t以上排出する事業者では再生利用することが求められ、取り組みが不十分な場合には罰則が課せられるようになった。給食では生ゴミの排出量が多いため、施設内で減量またはリサイクルを行い、回収業者に引き渡すことが環境問題対策からも求められている。

生ゴミ処理は**表5.26**「厨芥処理の方法」に示したように、生ゴミを粉砕し脱水して減量する**厨芥処理**と、**生ゴミの最終処理物を飼料、肥料とする生ゴミ処理**の2つに大別できる。最終処理物は1次醗酵が終了したものであり、飼料として活用するためには、さらに土もしくは補助材（廃材、おがくず、チップ、菌など）と混ぜて2次醗酵が必要となる。食品をリサイクルして飼料・肥料として活用する場合は、最終処理物の引き取り先の確保や活用を視野に入れて導入を検討しなければならない。厨芥処理は環境対策だけではなく、保育園や学校での食育や環境教育での効果も認められている。

3.7 配食・配膳の精度

料理の配膳・配食の精度とは品質基準とのズレが少ない状態で食事を提供することをいう。よって料理やサービスを品質基準に近づけるために、提供時間、料理の内容・温度や量を定期的に評価して精度を高めるように統制する。

3　生産（調理と提供）

表 5.25　作業区分別労働生産性（100食当たりの作業時間、60分当たりの食数）[17]

施設の種類	学校給食（単独校）			学校給食（共同調理場）			大学学生食堂（昼食）			事業所給食（銀行）			病院給食（大学病院）		
給食の条件	単一定食、1300食 栄養士1人、調理員8人[160食/人] 食缶配食（盛り付けは児童・生徒）			単一定食、3600食 栄養士2人(1人調理限定)、調理員（常勤）15人・(非常勤)1人[210食/人] 食缶配食（学校へ搬送）			選択食、委託、300食 栄養士1人、調理員6人[50食/人] カウンターサービス			単一定食、委託、164食 調理員4人 カウンターサービス			518床、11病棟、延食数：一般食700、特別食410 病院側栄養士3人、調理員（常勤）2人・(非常勤)21人 中央配膳、コンベア配食		
作業区分	延作業時間 (分)	100食当たり作業時間 (分)	60分当たり食数 (食)	延作業時間 (分)	100食当たり作業時間 (分)	60分当たり食数 (食)	延作業時間 (分)	100食当たり作業時間 (分)	60分当たり食数 (食)	延作業時間 (分)	100食当たり作業時間 (分)	60分当たり食数 (食)	延作業時間 (分)	100食当たり作業時間 (分)	60分当たり食数 (食)
下調理（検収含む）	404 (16.3%)	31.1	193	1979 (36.1%)	54.9	109	505 (29.0%)	168	35.6	148 (19.5%)	90.4	66.4	769 (6.8%)	69.3	86.6
主調理	510 (20.6%)	39.2	153	1320 (24.1%)	36.7	164	345 (19.9%)	115	52.2	89.4 (11.8%)	54.5	110.1	1978 (17.5%)	178.2	33.7
[調理（狭義）計]	[914] (37.0%)	[70.3]	[85.3]	[3299] (60.2%)	[91.6]	[65.5]	[850] (48.9%)	[283]	[21.2]	[237.4] (31.3%)	[144.7]	[41.4]	[2747] (24.3%)	[47.7]	[24.2]
配食・配膳	325 (13.2%)	25.0	240	563 (10.2%)	15.6	384	414 (23.8%)	138	43.5	198.4 (26.1%)	121.0	49.6	4695 (41.5%)	423	14.2
食器洗浄	257 (10.4%)	19.8	303	788 (14.4%)	21.9	274	165 (9.5%)	55.0	109.1	156.0 (20.6%)	95.2	63.1	2432 (21.5%)	21.9	27.4
その他洗浄・清掃	533 (21.6%)	41.0	146	540 (9.9%)	15.0	400	272 (15.6%)	90.7	66.2	101.1 (13.3%)	61.6	97.3			
身支度・情報交換	442 (17.9%)	34.0	177	288 (5.3%)	8.0	750	38 (2.2%)	12.7	473.0	65.8 (8.7%)	40.1	149.5	1433 (12.7%)	130	46.1
計	2471 (100%)	190.1	31.6	5478 (100%)	152.2	39.4	1739 (100%)	580	10.3	758.7 (100%)	462.6	13.0	11,317 (100%)	1019	5.9

第5章　給食の生産

表5.26 厨芥処理の方法

		内　容	メリット	デメリット
厨芥処理		・投入した生ごみを粉砕し、脱水機により固形分と液状分に分離する	・省スペース ・低ランニングコスト ・臭いが少ない	・肥料、飼料として活用できない
生ごみ処理	乾燥式	・加熱によって乾燥減量し、飼料にする	・省スペース ・臭いが少ない	・乾燥処理中に追加投入できない ・エネルギー大
	バイオ処理式	・微生物を使用して減量化、堆肥化する	・連続投入が可能	・投入物の制限が多い ・設置スペースが大きい ・イニシャルコストが大きい ・補給材（チップ、菌）が必要

(1) 配食

　料理の出来上がり量を計測して、盛り付けしやすい単位に料理を分ける。例えば150食の場合は出来上がり料理を3つに分けて、それを50食分とする。学校給食の場合は児童数に応じてクラスごとに計量する。

(2) 配膳

　各器に適量を盛り付ける。病院給食の治療食の主食は1食ごとに計量するが、それ以外は最初に計量して盛り付け量を確認した後に、それを参考として盛り付ける。汁物や煮物は目標盛り付け容量に近いレードルを使用する。具材が均一になるように撹拌しながら盛り付ける。効き手にレードルを持つため食器は逆手の位置に配置する。病院給食では食札の内容に従いトレーをセットするが、食事提供の精度を高めるために最終的にすべての料理を確認する。

問　題

　下記の文章の（　）に適切な語句を入れよ。

(1)　生産・加工および流通の特定の1つまたは複数の段階を通じて食品の移動を把握できることを（　①　）という。

(2)　食品によって保存中の品質劣化の速度が温度と時間の間に一定の関係があり、時間 - 温度・許容限度のことを（　②　）という。

(3)　（　③　）とは購入、保管配送をまとめて行う流通センターを設置し、食材料購入の合理化を図るもの。

(4) （ ④ ）は、入札や競争の方法によらず、購入先を限定せずに、適当と思われる業者と契約する方法である。

(5) （ ⑤ ）とは、あらかじめ指定した複数の業者に同時に入札させて決定する方法である。

(6) 先に購入したものから使用していくことを（ ⑥ ）という。

(7) （ ⑦ ）分析は一定期間内で食材料の使用金額（単価使用量）の高い順に並べ、使用金額の多いものを重点的に管理し、安く仕入れてコストダウンにつなげる方法である。

(8) 可食部率70%の場合の発注係数は（ ⑧ ）である。

(9) 食材料費＝（ ⑨ ）在庫金額＋期間支払金額－（ ⑩ ）在庫金額

(10) 給食生産システムに関する記述である。次の空欄を埋めよ。

1. 給食の3大原価は（ ⑪ ）（ ⑫ ）（ ⑬ ）である。

2. 売上高と総原価が等しい状態の金額を（ ⑭ ）という。

3. 供給する食数に関係なく必要な費用を（ ⑮ ）、食数に応じて増減する費用を（ ⑯ ）という。

第6章 給食の安全・衛生

達成目標
- ■給食の安全・衛生の概要を理解する。
- ■HACCPおよび各種運用マニュアルを理解する。
- ■事故災害の対策・対応を理解する。

第6章　給食の安全・衛生

1　安全・衛生管理の概要

　給食施設において安全・安心して食べられる給食を提供するためには、想定できるあらゆる食品衛生上の配慮がされなくてはならない。

　給食施設で起こり得る食品衛生上の事故は、食中毒、感染症、異物混入、薬物汚染などが考えられるため、これらを日常の厳しい衛生管理の中で未然に防ぐ必要がある。また、調理従事者が安全に作業を行えるように、使用する機器の管理や作業環境を整えなくてはならない。管理栄養士として安全な食事を提供するためには、食品の安全性、および調理従事者、調理施設・設備、調理システムなどといった環境の安全性について安全・衛生管理をすることが重要である。

1.1　安全・衛生管理の目標・目的

　労働時の環境については、労働安全衛生法第23条に規定されている通りである。これに基づいて管理組織を築き、調理従業員が作業を安全に行うための体制を整える。また、労働生産性の向上を図るために、調理機器類の保守点検の知識・技術の習得が必要であり、作業管理の標準化の徹底により作業する者の安全管理の意識を高めることが重要である。

> 〈労働安全衛生法第23条〉抜粋
> 　事業者は、労働者を就業させる建設物その他の作業場について、通路、床面、階段等の保全並びに換気、採光、照明、保温、防湿、休養、避難及び清潔に必要な措置その他労働者の健康、風紀及び生命の保持のため必要な措置を講じなければならない。

　衛生管理の目的は、食品衛生上の危害（食中毒）などを防止し、衛生的で安全な給食を供することである。給食を通じて健康の維持・増進を図るために、給食の信頼性や評価へ結び付くことを認識し、食品、それを扱う者や施設・設備を対象として衛生管理を構築する必要がある。職場では作業にかかわる個人の意識として衛生・安全管理の重要性を認識し、自己管理に結びつけるよう、衛生教育と実践を繰り返して行うことが重要である。

(1)　給食に関わる安全・衛生管理の法律と食品安全行政

　給食の衛生管理にかかわる主な法律は**表6.1**の通りである。

　わが国の食品安全行政の基本となるのは、食品安全基本法である。現在、食品に

表 6.1　安全衛生管理関連法規

食材に関する法律	BSE対策特別措置法、家畜伝染病予防法
	と畜場法、食鳥処理法
	JAS法（農林物資の規格化及び品質表示の適正化に関する法律）
	牛の固体識別のための情報の管理及び伝達に関する特別措置法
	食品の製造過程の高度化に関する臨時措置法の一部を改正する法律
生産に関する法律	食品衛生法、同法施行規則、大量調理施設衛生管理マニュアル
	食品安全基本法、労働安全衛生規則、医療法
	水道法、製造物責任法
	感染症の予防及び感染症の患者に対する医療に関する法律

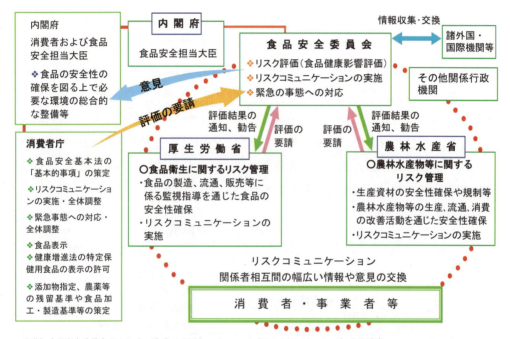

出典）食品安全委員会ホームページ（https://www.fsc.go.jp/iinkai/mission.html）より改変

図 6.1　食品安全行政

関するリスク評価を行う食品安全委員会と、リスク管理を行う厚生労働省と農林水産省、消費者庁、さらに地方自治体の食品安全に関する部局がそれぞれ連携して食品の安全確保に努めている（図 6.1）。また、法制の面でも農林水産省では2003（平成15）年に**食品安全基本法**を策定し、**食品安全委員会**を設立した。それに続いて**食品衛生法**（食品衛生法の一部を改定する法律、平成15年法律第55号）、**JAS法**などが改正され、HACCPシステム、ISO認証制度、食品の品質表示、**PL法**などが設定されている。

第6章　給食の安全・衛生

1.2 給食と食中毒・感染症

(1) 食中毒について

　食中毒とは、飲食物そのものおよびヒト、器具・容器包装などを介して体内に侵入した食中毒菌や有毒・有害な化学物質などにより起こる健康障害である。

　食中毒は、その原因物質から、微生物性食中毒（細菌性食中毒、ウイルス性食中毒）、化学性食中毒、および自然毒食中毒に大別される（表6.2）。さらに、細菌性食中毒には、感染型、毒素型、中間型がある。また、自然毒には、ふぐなどによる動物性自然毒ときのこなどによる植物性自然毒がある。

　また、従来、「飲食物に因る胃腸炎などの健康障害」の中でも、ヒトからヒトに感染するコレラ、赤痢、腸チフス・パラチフスなどの消化器感染症、ウイルス感染症、寄生虫、食物アレルギーおよび慢性疾患などは食中毒から除外されてきた。しかし、厚生労働省がウイルスによる事件の多発を受けて、「非細菌性」食中毒の学術調査を開始した結果、ウイルス性食中毒の実体が明らかにされ、厚生省は食品衛生法を改正（平成9年）し、ウイルスを食中毒の原因物質として認定した。さらに、1999（平成11）年4月1日に施行された「感染症の予防及び感染症の患者に対する医療に関する法律」では、コレラ、赤痢、腸チフスなどの消化器感染症は2類感染症に分類されているが、これらの感染症が食物を介して発生したことが明らかな場合、行政的食中毒事件として対応することと定めた。

表6.2　主な食中毒菌の種類

分　　類	区　　分	原　因　物　質
細菌性食中毒	感染型	サルモネラ
		腸炎ビブリオ
		病原大腸菌
		カンピロバクター
	毒素型	黄色ブドウ球菌
		ボツリヌス菌
	中間菌	毒素原性大腸菌
		ウェルシュ菌
		セレウス菌
ウイルスによる食中毒		ノロウイルス
自然毒による食中毒	植物性自然毒	毒キノコ、ジャガイモの新芽
	動物性自然毒	フグ、毒カマスなど
化学性物質による食中毒	化学物質の食品中への不適正混入	有害添加物、農薬、重金属、製造溶出物など
	環境汚染物質が食品を汚染（広義の食中毒）	有機水銀、PCB、カドミウムなど
その他	アレルギー様食中毒	みりん干しなど

(2) 食中毒の現況

2023（令和 5）年度の事件数を病因物質別に分類すると、アニサキスが432件、カンピロバクター・ジェジュニ／コリが211件、ノロウイルスが163件、植物性自然毒が 44 件などの順であった（**表 6.3（a）**）。近年では、アニサキス、カンピロバクターとノロウイルスによる食中毒が増加傾向にある。アニサキス食中毒件数の増加は、2012（平成24）の食品衛生法の改正によりアニサキス被害の報告が義務づけられたこと、および日本人は冷凍後解凍した魚類より冷凍過程を経ない生魚を好むことによるものと思われる。

表 6.3（a） 病因物質別の食中毒事件・患者・死亡数

原　因　物　質	2022（令和 4）年			2023（令和 5）年		
	事件数	患者数	死者数	事件数	患者数	死者数
総　　　　　　数	962	6,856	5	1,021	11,803	4
細　　　　　　菌	258	3,545	1	311	4,501	2
サルモネラ属菌	22	698	–	25	655	1
ぶどう球菌	15	231	–	20	258	–
ボツリヌス菌	1	1	–	–	–	–
腸炎ビブリオ	–	–	–	2	9	–
腸管出血性大腸菌（VT産生）	8	78	1	19	265	–
その他の病原大腸菌	2	200	–	3	116	1
ウェルシュ菌	22	1,467	–	28	1,097	–
セレウス菌	3	48	–	2	11	–
エルシニア・エンテロコリチカ	–	–	–	–	–	–
カンピロバクター・ジェジュニ/コリ	185	822	–	211	2,089	–
ナグビブリオ	–	–	–	–	–	–
コレラ菌	–	–	–	–	–	–
赤痢菌	–	–	–	–	–	–
チフス菌	–	–	–	–	–	–
パラチフスA菌	–	–	–	–	–	–
その他の細菌	–	–	–	1	1	–
ウ　イ　ル　ス	63	2,175	–	164	5,530	1
ノロウイルス	63	2,175	–	163	5,502	–
その他のウイルス	–	–	–	1	28	1
寄　　生　　虫	577	669	–	456	689	–
クドア	11	91	–	22	246	–
サルコシスティス	–	–	–	–	–	–
アニサキス	566	578	–	432	441	–
その他の寄生虫	–	–	–	2	2	–
化　学　物　質	2	148	–	8	93	–
自　　然　　毒	50	172	4	57	129	1
植物性自然毒	34	151	3	44	114	1
動物性自然毒	16	21	1	13	15	–
そ　　の　　他	3	45	–	5	592	–
不　　　　　　明	9	102	–	20	269	–

厚生労働省「食中毒統計」より

第6章　給食の安全・衛生

2022（令和4）年および2023（令和5）年の原因施設別食中毒発生状況（**表6.3(b)**）を見ると、患者数で見た判明率は非常に高く、事件数で見ても比較的判明率は高くなっている。そのうちで患者数および事件数ともに飲食店が最も多い。患者数では製造所が飲食店に次いで多かった。病院、学校、保育所、老人ホームでの発生は、事件数はそれほど多くないが、患者数は比較的多かった。これらの施設は、年少者、高齢者、疾病のある者など、身体的には弱い者が多く居る施設であり、重大な結果が生じる場合もあるので注意する必要がある。

表6.3(b)　原因施設別の食中毒事件・患者・死亡数

施　設　名			2022（令和4）年			2023（令和5）年		
			事件数	患者数	死者数	事件数	患者数	死者数
総　　　　数			962	6,856	5	1,021	11,803	4
原因施設判明			673	6,487	4	782	11,425	4
家　　　　庭			130	183	2	112	173	1
事　業　場　総数			25	949	–	33	1,081	1
	給食施設	事業所等	2	66	–	5	415	–
		保育所	7	211	–	5	176	–
		老人ホーム	12	622	–	20	472	1
	寄　宿　舎		1	23	–	–	–	–
	そ　の　他		3	27	–	3	18	–
学　　校　　総数			13	393	–	7	190	–
	給食施設	単独調理場 幼稚園	1	21	–	1	26	0
		単独調理場 小学校	0	0	–	–	–	–
		単独調理場 中学校	0	0	–	1	66	–
		単独調理場 その他	2	56	–	2	67	–
		共同調理場	1	143	–	–	–	–
		そ　の　他	2	57	–	–	–	–
	寄　宿　舎		3	51	–	1	6	–
	そ　の　他		4	65	–	2	25	–
病　　院　　総数			2	43	–	9	295	–
	給食施設		2	43	–	9	295	–
	寄　宿　舎		0	0	–	–	–	–
	そ　の　他		0	0	–	–	–	–
旅　　　　館			8	245	–	21	550	–
飲　食　店			380	3,106	1	489	6,527	1
販　売　店			87	154	1	62	161	–
製　造　所			3	12	–	12	1,169	1
仕　出　屋			20	1,323	–	22	1,123	1
採　取　場　所			0	0	–	–	–	–
そ　の　他			5	79	–	10	156	–
不　　　　明			289	369	1	239	378	–

厚生労働省「食中毒統計」より

1　安全・衛生管理の概要

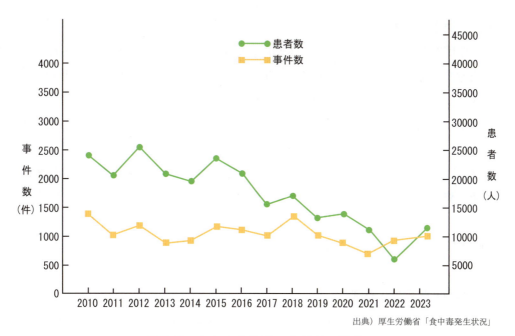

図6.2　食中毒事件数、患者数の推移

　また、月別の発生状況に関しては、かつては7月8月を中心として夏季に多発する傾向にあったが、最近は冬季に食中毒が多発する傾向がある（図6.3）。この季節に発生するものは、ノロウイルスによるものが大多数を占めている。

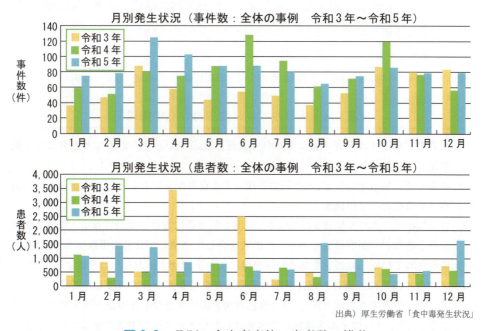

図6.3　月別の食中毒事件・患者数の推移

137

（3）ノロウイルス

近年問題とされているものは、冬季に多く発生するノロウイルスによる感染性胃腸炎や食中毒の多発があげられる。1997（平成9）年から厚生労働省ではノロウイルスによる食中毒を小型球形ウイルス（Small Round Structured Virus：SRSV）食中毒として集計することとなり、ノロウイルスがウイルス性食中毒の原因の9割を占めていることから、食中毒の原因物質に加えられた。

ノロウイルスの感染経路はほとんどが経口感染であるが、感染様式は多様であるため（**表6.4**）、制御を困難なものにしている。

ノロウイルス食中毒を防ぐためには、加熱が必要な食品は**中心温度85〜90℃で90秒間以上**を確認することや、食品取扱者や調理器具などからの2次汚染を防止することが重要である。

（4）食中毒防止の3原則

食中毒を防止するためには、「付けない」、「増やさない」、「殺す」の3原則に基づき、安全・衛生を徹底することが重要である。

（5）感染症について

日本の感染症対策の基盤となっていた伝染病予防法ができて100年が経過し、この間に多くの感染症が克服されてきた。一方で感染症をとりまく状況にも変化が見られ、「感染症の予防及び感染症の患者に対する医療に関する法律」（平成11年）が公布された。この法律の目的は、感染症の予防および感染症の患者に対する医療に関し、必要な措置を定めることにより感染症の発生を予防し、さらにその蔓延を防止して公衆衛生の向上、および増進を図ることとしている。

感染症には、1類感染症、2類感染症、3類感染症、4類感染症、5類感染症、新

表6.4　ノロウイルス食中毒の感染様式

（1）患者のノロウイルスが大量に含まれる糞便や吐ぶつからヒトの手などを介した2次感染
（2）家庭や共同生活施設など、ヒト同士の接触する機会が多いところでヒトからヒトへの飛沫感染などの直接感染
（3）食品取扱者（食品の製造などに従事する者、飲食店における調理従事者、家庭で調理を行う者など）が感染しており、その者を介して感染した食品の摂取による感染
（4）汚染されていた二枚貝を生あるいは充分に加熱調理せず摂取したことによる感染
（5）ノロウイルスに汚染された井戸水や簡易水道を消毒不十分で摂取したことによる感染、特に、食中毒では（3）のような食品取扱者の感染を介した事例が近年増加傾向にある。また、ノロウイルスは食品や水を介したウイルス性食中毒の原因になるばかりでなく、ウイルス性急性胃腸炎（感染症）の原因にもなる。

型インフルエンザ等感染症、指定感染症および新感染症などが含まれる。感染症のうち、食べ物から感染するものが「食中毒」ということになる。食中毒の項（P134）に示した通り、2類感染症に分類されるコレラ、赤痢、腸チフスについては、行政的食中毒として取り扱われることがある。これらの予防には、検便による保菌者の発見や感染経路の遮断が重要である。

2 給食の安全・衛生の実際

2.1 給食におけるHACCP システムの運用

HACCP とはHazard Analysis and Critical Control Point（危害要因分析重要管理点）の略で1960（昭和35）年代に米国で宇宙食の安全性を確保するために開発された食品の衛生管理の方式である。この方式は国連の国連食糧農業機関（FAO）と世界保健機構（WHO）の合同機関である食品規格委員会（CAC：コーデックス委員会）から発表され、国際的に認められた。

HACCP 方式は、安全・良好な品質を確保することができるシステムである。その手順は、まず、原料の入荷から製造・出荷までのすべての工程において、あらかじめ**危害要因分析（HA）**を行い、危害を防止（予防、消滅、許容レベルまでの減少）するための**重要管理点（CCP）**、**管理基準（CL）**を設定する。そのポイントを継続的に**監視・記録（モニタリング）**し、異常が認められたらすぐに対策を取り解決するという流れで行う。

HACCP システムに基づく衛生管理を効率的かつ効果的に実施するため、導入の仕方についての12 の手順[1]が示されており、導入作業はこの手順に従って進めていくこととされている（**表6.5**）。このうち、後半の7 つについては、HACCP システムを運用していくうえで特に重要なポイントとして7 原則とよばれる。

1995（平成7）年、厚生省（現厚生労働省）は「総合衛生管理製造過程」（HACCP 方式による食品衛生管理）の承認制度を法律として創設した。現在、食品の生産において、この制度の対象となっているのは、乳、乳製品、清涼飲料水、食肉製品、魚肉練り製品、缶詰、レトルト食品の6 種類の食品群とされている。

給食施設においても、この概念を取り入れた作業管理により、安全・衛生の確保が必須である。

---

*1 12 の手順：1993（平成5）年7 月WHO/FAO の国際合同食品規格委員会（CAC：コーデックス委員会）がHACCP の7 原則の前に5 つの手順を加えた「12 手順」を「HACCP 方式の適用に関するガイドライン」として公表した。

第6章　給食の安全・衛生

表 6.5 HACCP の 7 原則と 12 の手順

【7つの原則】
原則 1　危害要因分析（HA）を行い、防止対策を確認する。
原則 2　重点管理点（CCP）を決定する。
原則 3　重点管理点のそれぞれに適切な管理基準を定める。
原則 4　重点管理点のそれぞれに管理・監視・測定方法を定める。
原則 5　重点管理点ごとに修正措置、改善措置を定める。
原則 6　記録保存方法を定める。
原則 7　検証方法を定める。検証には、生物学的検証、化学的検証、物理的検証、官能的検証も含まれ、それぞれに基準を設定する。

【12の原則】
手順 1　専門家チームを編成する。責任者が品質管理や製造管理などとともにトップダウンできるチームを作る
手順 2　対象の食品の性質などの説明を記述する（記載）。
手順 3　対象の食品がどのようなヒトに、どのように食べられるか仕様について記述する（明確化）。
手順 4　製造工程一覧図、施設の図面および標準作業書を作成する。
手順 5　製造工程一覧図を現場で確認する。
手順 6　危害要因分析（HA）　　　　　　　（原則 1）
手順 7　重点管理点（CCP）設定　　　　　（原則 2）
手順 8　管理基準（許容限界：CL）を設定　（原則 3）
手順 9　モニタリング方法の設定　　　　　（原則 4）
手順 10　改善措置の設定　　　　　　　　（原則 5）
手順 11　検証方法の設定　　　　　　　　（原則 6）
手順 12　記録の維持管理　　　　　　　　（原則 7）

2.2 大量調理施設衛生管理マニュアル（巻末資料参照）

　食中毒発生時の際の処理の一層の迅速化、効率化を図るために HACCP の概念に基づいて1997（平成 9）年に「**大量調理施設衛生管理マニュアル**」が作成された。このマニュアルは、1996（平成 8）年の 0-157 による集団食中毒の発生により、給食施設などにおける食中毒を防止する目的で策定されたもので、さらに発生が増加しているノロウイルスに対応する目的で 2013（平成 25）および 2017（平成 29）年に改正された。

　食中毒予防のための HACCP の概念に基づく調理過程における重要管理事項として次の 4 項目が示されている。

① 原材料受入れおよび下処理段階における管理を徹底すること。
② 加熱調理食品は、中心部まで十分加熱し、食中毒菌を死滅させること。
③ 加熱調理後の食品および非加熱調理食品の 2 次汚染防止を徹底すること。
④ 食中毒菌が付着した場合に菌の増殖を防ぐため、原材料および調理後の食品の温度管理を徹底すること。

また、マニュアルに示されている主な項目は次の通りである。

> **Ⅰ．重要管理事項**
> 　1．原材料の受け入れ・下処理段階における管理
> 　2．加熱調理食品の加熱温度管理
> 　3．2次汚染の防止
> 　4．原材料および調理済み食品の温度管理
> **Ⅱ．衛生管理体制**
> 　1．衛生管理体制の確立

　このマニュアルは、一回 300 食以上または一日 750 食以上を提供する給食施設への適用が求められている。

　さらに、「食品衛生に関する監視指導の実施に関する指針」の一部改正において HACCP に沿った衛生管理が制度化され、令和 3 年 6 月 1 日から、原則としてすべての食品等事業者（食品の製造・加工、調理、販売等）は HACCP に沿った衛生管理の実施が必要となった。小規模事業者に該当する学校・病院等の営業以外の集団給食施設においても、HACCP の考え方を取り入れた衛生管理を行うこととされた（1 回の提供食数が 20 食程度未満の施設は対象外）。

2.3 衛生教育（一般衛生管理プログラム : Prerequisite Programs）

　給食の安全・衛生の確保においては、給食従事者、食品納入業者、喫食者に対する衛生教育の実施が必要である。

(1) 給食従事者に対する衛生教育

　年間・月間・週間における重点教育事項を設定し、定期的なミーティングや研修会の開催、ポスター掲示などによる注意の喚起などを行う。また、外部で開催される研修会や講習会へも積極的に参加を促す。

　日常の衛生チェック時や、作業時においても、不備があれば改善指導を行う。

(2) 食品納入業者への衛生教育

　安全・衛生に問題がある食品が納入されれば、食中毒の発生につながる危険性がある。衛生意識が高い業者を選定すると同時に、配送中の温度管理、梱包の衛生管理などの徹底を指示し、不備があれば返品・改善指導を行う。また、定期的に微生物検査結果の提出を求める。なお、納品業者においても月 1 回以上の検便実施が望ましい。

第6章 給食の安全・衛生

(3) 喫食者への衛生教育

　手洗いの励行や着衣の衛生、日頃の体調管理などについて、機会を捉えて指導する。食堂へのポスター掲示、卓上メモ・リーフレットの活用も有効である。

(4) 一般衛生管理プログラム（Prerequisite Programs）

　給食の安全・衛生をより確実なものとするため、HACCP システムを十分機能させる前段階のプログラムとして一般衛生管理プログラム（PP）が提示されている。

　食事の安全・衛生を確保するには、衛生管理手法である HACCP システムの活用だけでは不十分である。食中毒防止の3原則である菌を「つけない」・「増やさない」・「殺す」のうち、後者の2つは HACCP 管理で対応可能であるが、「つけない」を徹底するには、作業環境の整備や従業員の衛生管理・教育が必要である。

　具体的には次の10項目が示されている（**表6.6**）。

　これらの項目に関連する事項として**大量調理施設衛生管理マニュアル**（巻末資料 P255参照）に規定されているものがある。それらを遵守するとともに、規定がないものについては、各給食施設で安全・衛生の確保に向けて独自のマニュアルを構築し、徹底した運営・管理を行っていくことが必要である。

表6.6　一般衛生管理プログラム

① 施設・設備の衛生管理	⑥ 排水および廃棄物の衛生管理
② 従事者の衛生教育	⑦ 従事者の衛生管理
③ 施設・設備、機械・器具の保守点検	⑧ 食品などの衛生的取り扱い
④ 鼠族・昆虫の防除	⑨ 製品回収のプログラム
⑤ 使用水の衛生管理	⑩ 製品などの試験検査に用いる設備などの保守点検

2.4 給食運営における安全・衛生の対応

(1) 献立立案時における留意点

① 献立立案時は、HACCP の原則に基づき作業を行えるよう献立を配慮する。

② 施設、設備、人員に配慮する。調理従事者の調理能力を考慮し、余裕をもった献立を作成する。

③ 食中毒多発期においては、原因となりやすい食品や調理法は避ける。特に夏期の魚介類の生食は避ける。加熱食品に非加熱食品を混合・添加する料理には注意する。

(2) 食材の留意点

① 食材の受け入れ時には品名、仕入元の名称、生産（製造・加工）者・所在地、

ロットが確認可能な情報、仕入れ年月日を記録し、**1年間**保管する。

② 原材料について納入業者が定期的に実施する微生物および理化学検査の結果を提出させる。その結果については、保健所に相談するなどして、原材料として不適を判断した場合には、納入業者の変更など適切な措置を講じる。検査結果は**1年**保管する。

③ 検収場では調理従事者（責任者）が必ず立会い、品質、鮮度、品温（巻末資料 P255 参照）、異物の有無について確認を行う。

(3) 調理従事者の留意点

① 採用時に医師による健康診断を行う。検便による診断も同時に行うことが定められている。

② 採用後も1年に1回以上、定期的に健康診断を行い、健康状態の把握をする。月に1回以上の検便を受け、検査項目は赤痢菌・腸チフス・パラチフス A 菌に加え、腸管出血性大腸菌 O-157 の検査も含める。（必要に応じて10月〜3月はノロウイルスも含める）

③ 調理従事者は、下痢・発熱などの症状があったとき、手指などに化膿創があったときは調理作業に従事しないこと。

④ 調理従事者は清潔な身体や身支度（帽子・外衣・履物）に注意し、衛生的な生活習慣を身につけるとともに日頃からの健康管理に留意する。

⑤ 食中毒が発生したとき、原因究明を確実に行うため、原則として、調理従事者は当該施設で調理された食品を喫食しないこと。ただし、原因究明に支障を来さないための措置が講じられている場合は、この限りでない（毎日の健康調査および月1回以上の検便検査など）。

給食施設の調理現場では、始業時に必ず衛生管理表（**図6.4**）を用いて、従業員の衛生チェック・指導を行っている。また、調理作業にあたっては、手洗いが基本となるので、手洗いマニュアル（**表6.7**）に基づき徹底することが必要である。

(4) 生産における留意点

① 2次汚染を防止するため、魚類、肉類、野菜類の下処理は作業区域を分ける。加熱調理用食材、非加熱調理用食材、器具の洗浄などに用いるシンクを必ず別に設置する。

② 給食の使用水は、飲用適の水を用いる。色、にごり、におい、異物のほか、貯水槽を設置している場合、井戸水を殺菌・濾過して使用している場合は遊離残留塩素が **0.1 mg/L 以上**であることを始業前および調理作業終了後に毎日検査する。

第6章　給食の安全・衛生

従事者等の衛生管理点検表										平成　　年　　月　　日

	責任者	衛生管理者

氏　　名	体調	化膿創	服装	帽子	毛髪	履物	爪	指輪等	手洗い

	点　検　項　目	点検結果
1	健康診断、検便検査の結果に異常はありませんか。	
2	下痢、発熱などの症状はありませんか。	
3	手指や顔面に化膿創がありませんか。	
4	着用する外衣、帽子は毎日専用で清潔のものに交換されていますか。	
5	毛髪が帽子から出ていませんか。	
6	作業場専用の履き物を使っていますか。	
7	爪は短く切っていますか。	
8	指輪やマニキュアをしていませんか。	
9	手洗いを適切な時期に適切な方法で行っていますか。	
10	下処理から調理場への移動の際には外衣、履き物の交換（履き物の交換が困難な場合には、履物の消毒）が行われていますか。	
11	便所には、調理作業時に着用する外衣、帽子、履き物のまま入らないようにしていますか。	

12	調理、点検に従事しない者が、やむを得ず、調理場施設に立ち入る場合には、専用の清潔な帽子、外衣及び履き物を着用させましたか。	立ち入った者	点検結果

〈改善を行った点〉

〈計画的に改善すべき点〉

図6.4　調理従事者の衛生管理点検表（例）

表6.7　調理従事者の手洗いマニュアル

《手洗いマニュアル》
1. 水で手をぬらし石けんをつける。
2. 指、腕を洗う。特に、指の間、指先をよく洗う。（30秒程度）
3. 石けんをよく洗い流す。（20秒程度）
4. 使い捨てパーパータオルなどでふく。（タオルなどの共用はしないこと。）
5. 消毒用のアルコールをかけて手指によくすりこむ。
   （1から3までの手順は2回以上実施する。）

③ 野菜および果物を加熱せずに供する場合には、流水（飲用適のもの。以下同じ）で充分洗浄し、必要に応じて次亜塩素酸ナトリウム（生野菜にあっては、亜塩素酸ナトリウムも使用可）の **200 mg/L の溶液に 5 分間**（100 mg/L の溶液の**場合は 10 分間**）またはこれと同等の効果を有するもの（食品添加物として使用できる有機酸など）で殺菌を行った後、充分な流水ですすぎ洗いを行うこと。

④ 冷凍庫または冷蔵庫から出した原材料は、速やかに下処理、調理を行う。非加熱で供される食品については、下処理後速やかに調理に移行する。

⑤ 食品の取扱いは、床面から **60 cm 以上**の場所で行う。

⑥ 加熱調理では、中心部温度計を用いるなどにより、中心部が **75℃で 1 分間以上**（二枚貝などノロウイルス汚染の恐れがある食品の場合は **85～90℃で 90 秒間以上**）またはこれと同等以上まで加熱されていることを確認するとともに、温度と時間の記録を行う。

⑦ 加熱調理後の食品の冷却、非加熱調理食品の下処理後における調理場などでの一時保管などは清潔な場所で行う。

⑧ 調理終了後の食品は衛生的な容器にふたをして保存し、2 次汚染を防止する。

⑨ 調理後直ちに提供される食品以外の食品は病原菌の増殖を抑制するために、**10℃以下または 65℃以上**で管理することが必要である。

a. 加熱調理後、食品を冷却する場合には、病原菌の発育至適温度帯（20～50℃）の時間を可能な限り短くするため、冷却機を用いたり、清潔な場所で衛生的な容器に小分けしたりして **30 分以内に中心温度 20℃付近**（または **60 分以内に中心温度 10℃付近**）まで下げるように工夫する。冷却開始時刻、冷却終了時刻を記録する。

b. 調理が終了した食品は速やかに提供できるよう工夫し、調理終了後 **30 分以内**に提供できるものについては、調理終了時刻を記録する。

c. 調理終了後提供まで **30 分以上**を要する場合

・暖かい状態で提供される食品は、調理終了後速やかに保温食缶などに移し保存し、食缶などに移し替えた時刻を記録する。

・それ以外は、調理終了後提供まで **10℃以下**で保存し、保冷設備への搬入時刻、保冷設備内温度および保冷設備からの搬出時刻を記録する。

・配送過程においては保冷または保温設備のある運搬車を用いるなど、**10℃以下または 65℃以上**で提供される食品以外の食品については、保冷設備への搬入時刻および保冷設備内温度の記録を行うこと。

⑩ 調理後の食品は、調理終了後から **2 時間以内**に喫食することが望ましい。

第6章　給食の安全・衛生

(5) 保存食と検食

1) 保存食とは

　食中毒などが発生したときに、原因究明のための試料として保健所に提出するものである。原材料および調理済み食品を 50 g 程度ずつ清潔な容器に密閉して入れ、－20℃以下で 2 週間以上保存する。なお、原材料は、洗浄や殺菌を行わない購入した状態で保存する。

2) 検食とは

　喫食者に食事を提供する前に、施設長あるいは給食責任者が食事の品質を評価するための検査用の食事である。評価内容は検食簿に記入し、保管する。入院時食事療養（Ⅰ）の届け出を行っている保険医療機関では医師、または管理栄養士・栄養士が毎食行う。

3) 検食簿の記入内容

① 喫食者に対する栄養量・質

② 味付け、色彩、温度、形態

③ 食品の異臭・異味・異物など衛生面についてなど

2.5 施設・設備の保守

　大量調理を行う施設に関しては、厨房・食堂ともに環境に配慮した設置をされることが望ましい。また、調理従事者の労働衛生上、安全でなければならない。安全で衛生的な給食を作るためには、安全で衛生的な施設・設備を衛生的に管理運営することが必須である。

　施設・設備の構造は、能率的で安全なワンウェイを基本とした作業動線の考慮が必要となる。また、設備機器については点検表を作成して定期的に点検し、考えられる事故を未然に防ぐ。

　大量調理施設衛生管理マニュアル（巻末資料 P255 参照）には、重要管理事項として、施設・設備の構造および管理が規定されている。

(1) 施設・設備の構造

① 施設の出入り口や窓など、外部に開放される部分には網戸、エアカーテン、自動ドアなどを設置する。

② 食品の調理過程ごとに汚染作業区域と非汚染作業区域（準清潔区域、清潔区域）を明確に区分する（巻末資料 P257 参照）。

③ ドライシステム化を積極的に導入することが望ましい。ウエットシステムであっても、ドライ運用で工夫を行う。

④ 器具や容器などは作業動線を考慮し、適切な場所に適切な数を配置しておく。

⑤ 便所、休憩室および更衣室は、隔壁により食品を取扱う場所とは必ず区分する。なお、便所は調理場から **3m 以上**離れていることが望ましい。便所には専用の手洗い設備、専用の履物を備える。

⑥ 手洗い設備や履き物の消毒設備は各作業区域の入り口手前に設置し、ハンドルは直接手で操作しないものがよい。

(2) 施設・設備の管理

① 施設におけるネズミや昆虫などの発生状況は**1月に1回以上**巡回点検するとともに、駆除を**半年に1回以上**実施する。

② 施設は、みだりに部外者を立ち入らせたり、調理作業に必要のない物品などを置いたりしない。

③ 施設・設備は必要に応じて補修を行い、施設**床面から1m**までの部分および手指の触れる場所は**1日に1回以上**、**1m以上の部分は1カ月に1回以上**清掃し、必要に応じて洗浄・消毒を行う。

④ 施設は高温多湿を避け、充分な換気を行って**室温 25℃ 以下**、**湿度 80% 以下**に保つ。

⑤ 手洗い設備には、手洗いに適当な石けん、爪ブラシ、ペーパータオル、殺菌液などを定期的に補充しておく。

⑥ **井戸水**などを使用する場合には、公的検査機関、厚生労働大臣の登録検査機関などに依頼して、**年2回以上水質検査**を行う。飲用不適とされた場合は、ただちに保健所長の指示を受けて適切な処置を講じる。また、検査結果は**1年間保管**する。

⑦ **貯水槽**は専門業者に委託して、**年1回以上清掃**し、その証明書を**1年間保管**する。天災などの発生時には、必ず貯水槽の外観を点検する。

2.6 インシデント・アクシデント管理

(1) インシデント管理

インシデントとは

日常業務の中でありがちな事故、出来事のことで、いわゆる「ヒヤリ」としたり「ハット」とした事例である。アクシデント（事故）に至る危険性がある事態が起こり、実際には事故に至らなかった潜在的な事例のこと。例えば、髪の毛や野菜の害虫などの異物の混入、賞味期限切れの製品など、患者に提供する前に気づき未然に防止できた事例などはインシデント・レポートとして報告する（**図6.5**）。

第6章　給食の安全・衛生

患者氏名：		ＩＤ：		年齢：	歳　男・女
	病名：				主治医：

発生年月日：　　　　年　　　月　　　日　（　　曜日）　発生時刻：　　　時　　　分

発生源者：職種　　　　　　経験年数：　　　　年目、□4〜10年目、□11〜20年目、□21年以上

報告日：　　　　年　　　　月　　　　日　　　リスクマネージャー：

事故の種類（必要に応じて複数チェック可能）
　A、薬剤（内服、注射、点滴、抗ガン剤、麻薬、輸血、外用）
　　　□処方・与薬量間違い　□与薬時間・日付間違い　□重複与薬　□患者間違い
　　　□薬剤の間違い　□投与方法の間違い　□投与忘れ　□その他（　　　　　　　　　　）
　B、器機・器具
　　　□機器の誤操作・・・□条件設定間違い　□設定忘れ　□その他（　　　　　　　　　　　）
　　　□機器の不適切使用　□機器の誤操作　□機器の故障　□機器の点検管理ミス
　　　□その他（　　　　　　　　　　　　　　　　）
　C、検査：　□患者間違い　□検体取り違え　□検体紛失　□検体破損
　　　□データー管理・・・□データー取り違え　□データー紛失　□その（　　　　　　　　　　）
　D、ドレーン・チューブ類の使用・管理
　　　□点滴漏れ　□自己抜去　□自然抜去　□接続外れ　□未接続　□閉塞　□破損切断
　　　□接続間違い　□その他（　　　　　　　　　）
　E、□転倒　□転落・・・アセスメントスコア（　　　）点　危険度（　　　）度
　　　□転倒の既往（有・無）　　□センサーマット（有・無）　　□その他離床センサー（有・無）
　F、□食事　G、□接遇　　　H、□手術　　I、□麻酔　　J、□診断内容　K、□治療手技
　L、□インフォームドコンセント（　　　　　　　　　　　　　　　　　　　　　　　）
　M、□その他（　　　　　　　　　　　　　　　　　　　　　　　　　　　　　　　　）

インシデントの概要（どんな状況下で、何がおこったか、原因は何なのかを記載）

インシデントの内容　（どんな状況下で、何がおこったかを具体的に記載）

対処の方法（対処した内容を具体的に記載）

どうして気が付いたか

原因は何なのか。（具体的に記載）

【カンファレンスの実施結果】
開催日：　　　年　　　月　　　日　　時　　　分　〜　　時　　　分
参加者及び内容：

【管理者としての対応】（事例に学ぶ再発防止の対策）

図6.5　インシデント・レポート様式（例）

(2) アクシデント管理

アクシデントとは

　予定外のことが行われた事例や事故のこと。例えば、異物が混入した食事が誤って提供されてしまい、患者が食べてしまった場合などは、事故が起きてしまったのでアクシデント・レポートとして報告する（図6.6）。

　事故発生後、直ちに主治医および職場長に口頭で報告するとともに、すみやかに本報告書を職場長及び医療安全管理委員会に提出してください。

患者氏名：	ＩＤ：	年齢： 歳 男・女	
病名：		主治医：	

発生年月日：　　　　年　　　月　　　日　（　　　曜日）　発生時刻：　　　時　　　分

報告者：　　　　　所属：　　　　　所属長：　　　㊞　報告日：　　年　　月　　日

報告日：　　　　年　　　　月　　　　日　　　　リスクマネージャー：

事故の種類（必要に応じて複数チェック可能）
□Ａ；薬剤（内服、注射、外用、麻薬、輸血）　　　□Ｂ；器機・器具　　　□Ｃ；検査
□Ｄ；処置　　　□Ｅ；転倒・転落　　　□Ｆ；食事　　　□Ｇ；接遇　　　□Ｈ；手術・分娩
□Ｉ；麻酔　　　□Ｊ；診断内容　　　□Ｋ；治療手技　　　□Ｌ；インフォームドコンセント
□Ｍ；その他（　　　　　　　　　　　　　　　　　　　　　　　　　　　　　）

発生場所：
事故の概要　（どんな状況下で、何がおこったか具体的に記載）

対処の方法（具体的に記載）：

患者の病状と予後：

患者・家族への説明と反応：（家族氏名：　　　　　　　　　　続柄：　　　　　　　　　）

なぜ起こったか。（具体的に記載）：

検討した対策

【カンファレンスの実施結果】
開催日：　　　年　　　月　　　日　　　時　　　分　～　　　時　　　分
参加者及び内容：

【管理者としての対応】（事例に学ぶ再発防止の対策）

図6.6　アクシデント・レポート様式（例）

いずれも、事例を分析して再発防止の対策に役立てる。なお、提出の目的は、当事者の過失や責任を問うものではなく、事故の原因分析を行い再発防止の対策に活用することが目的である。

(3) レポートの記載について

① レポートは、軽微なものも含め、事故につながると思われる事例について記載、提出する。

② 各職場のリスクマネージャーは、事故に気づいた人、当事者から報告をうけ、事実関係を客観的に把握し、簡潔に記載する。

③ 事例に至った経緯や状況などについて簡潔に記載する。

④ レポートは速やかに記載し、直ちに当該委員会に報告する。

リスクマネージャーは、レポートに基づき、事故発生後直ちに調理など関連業務従事者への事例報告を行い、今後の防止策を検討する。「事例に学ぶ取り組み」の実践が再発防止策として重要である。

(4) ハインリッヒの法則とリスクマネジメント

ハインリッヒの法則とは、ハーバード・ウィリアム・ハインリッヒ（Herbert William Heinrich）が労働災害事例の統計を分析した結果、1件の大きな事故・災害の裏には、29件の軽微な事故・災害、その背景には、300件の異常（ヒヤリハット；事故に至らなかったもののヒヤリとした、ハッとした）事例があることを導き出した。事故や災害の未然防止のためには、ヒヤリハットの段階での対処が重要といえる。

3 事故・災害時対策

3.1 危機管理対策の意義

危機管理という言葉は、欧米諸国では「リスクマネジメント」がすべてのリスクを対象とするのに対し、「危機管理」はより被害の大きい危機（Crisis）に焦点をおいた管理をさして使う場合が多い。例えば、震災のような大惨事やテロなど国際的な紛争などが一般的に危機管理の対象となる。

しかし、日本の企業社会では通常、リスクマネジメント（危険管理）と同義で使用される場合が多い。つまり、危機管理には、クライシス（crisis）およびリスク（risk）などが含まれる。医療施設における危機管理は、あらゆる事故・災害などの発生を想定して、事故の未然防止および発生のリスクを回避するためにマニュアルを作成するなど必要な危機管理体制を構築しておかなければならない。

3 事故・災害時対策

　危機管理は、一部門の課題に留まらず、施設全体の課題と捉え不測の事態に備えた組織的な体制を整備することが重要である。

　特定給食施設（病院）では、院内感染や防災管理などの危機管理に対する各種委員会が設置（図6.7）され、事故未然防止および発生時の対応についてさまざまな対策が取られ再発防止に努めている。

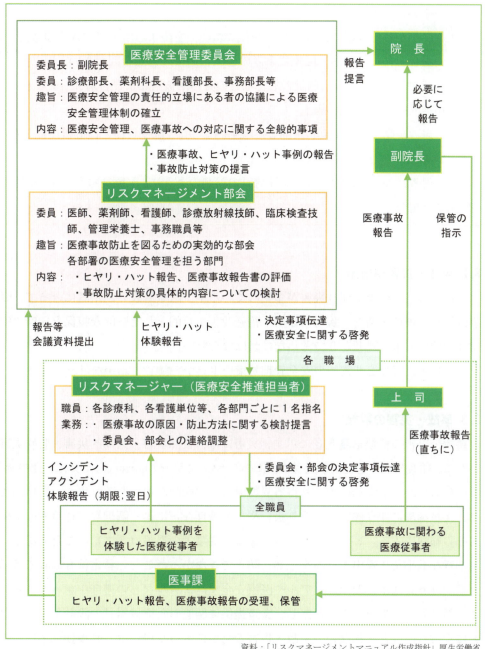

資料：「リスクマネージメントマニュアル作成指針」厚生労働省

図6.7　危機管理対策における委員会の位置づけ（病院）

第6章　給食の安全・衛生

> **コラム　厚生労働省による医療事故の定義**
>
> 　厚生労働省リスクマネージメントスタンダードマニュアル作成委員会「リスクマネージメントマニュアル作成指針」（国立高度専門医療センター等国立病院における医療事故の発生防止対策及び医療事故発生時の対応方法について、マニュアルを作成する際の指針）によると、医療事故は次のように定義されている。なお、医療過誤は医療事故の一類型とされている。
>
> 　医療にかかわる場所で、医療の全過程において発生するすべての人身事故で、以下の場合を含む。なお、医療従事者の過誤、過失の有無を問わない。
>
> 　ア　死亡、生命の危険、病状の悪化などの身体的被害および苦痛、不安などの精神的被害が生じた場合。
>
> 　イ　患者が廊下で転倒し、負傷した事例のように、医療行為とは直接関係しない場合。
>
> 　ウ　患者についてだけでなく、注射針の誤刺のように、医療従事者に被害が生じた場合。

3.2 事故・災害時対策

　近年、自然環境等に伴う災害が多発している中、医療施設の利用者にとって、食事は健康の維持・増進、疾病の予防・治癒改善を目的とした質的な担保と同時に安全性の確保も重要課題として考えなければならない。

　そのため災害など非常時の安全管理対策を平素から講じておかなければならない。

3.3 事故・災害の種類

　事故・災害の種類を表6.8に示す。災害には、自然災害、人為的災害、特殊災害がある。給食施設で想定される事故（ヒューマンエラー：human error）は、食中毒、感染症のほか、日常的に起こり得る異物混入、誤配膳などがある。また、厨房内では、大量調理に伴う機器類の取り扱いや加熱調理などによる調理など従事者の負傷もその範疇に入る。ヒューマンエラーとは、従事者の過誤（ミス）のことである。不本意な結果を生み出す行為や未然に防止できなかったこと。特定給食施設では、大量調理施設衛生管理マニュアルや医療安全マニュアルなどの遵守を怠ったことによる従事者の過失をさす。ただし、食事提供に関連した機械器具の設計上のミスなどによるものは含まれない。事故・災害の発生に至った場合は、食事提供業務に相応の影響が出ることを想定し、早期の的確な状況把握、適切な対応が必須である。

3　事故・災害時対策

表6.8　事故・災害の分類と食事提供への影響

分　類		内　容	食事提供などへの影響
災害	自然災害	台風、集中豪雨、洪水、地震、津波、雪害、火山噴火など	災害の発生場所、規模・拡大状況などにより医療機関などはマヒ状態となることが予想される。
	人為災害	化学爆発、都市大火災、大型交通災害、炭坑事故、ビル・地下街災害などの他テロも含む	・ライフラインの中断 ・孤立化 ・食材調達への影響
	特殊災害	放射能・有毒物汚染の拡大、自然災害と人為災害の混合2次、3次災害など	・備蓄食品の拠出 ・給食業務の中断
事故	ヒューマンエラー	食中毒（感染症など）	医療機関などでは発生規模によっては、診療など種々業務が停滞し影響は甚大となる。 ・食事提供業務の停止命令 ・代替給食の実施 ・信頼の失墜 ・損害賠償、医療費の補償
		異物混入、誤配膳など	食事に対する安心・安全性が損なわれる。 ・不快感、不信感の助長 ・再発防止のための危害（Hazard）分析調査の実施

3.4 事故の状況把握と対応

　事故の状況把握と対応について、病院での食中毒事故および異物の混入における安全管理体制の組織的な取り組みについて述べる。

(1) 食中毒事故発生時の対応－病院の例－

　衛生的に安全な食事提供に細心の注意を払っていても、食中毒など事故発生のリスクは常に存在する。

　患者から食中毒が疑われるような諸症状がでた場合、初動調査として看護部によって聞き取り調査など全体的な状況の把握が行われる。不幸にして、食中毒事故が確定となった場合、発生時の流れは医療機関においては概ね次のとおりである。

① 食中毒が発生した場合、直ちに第一報を病院幹部に報告。
② 院長は当該委員会を招集。対策本部を設置、必要な対応を決定して処置にあたる。
③ 保健所への届出。食品衛生法第58条、食品衛生法施行規則第72条による。
　届出は、文書、電話または口頭により24時間以内と定められている。
④ 調理室の自主的使用停止。代替え措置による食事提供。
⑤ 保健所の立入検査。
　・献立表、衛生管理などの関係書類および保存検食の提出。
　・業務改善命令、業務停止など処分の決定。
⑥ 業務改善計画書の提出。
⑦ 患者の諸症状の改善治癒確認。糞便検査（患者、喫食者、関係者）の陰性確認。
⑧ 保健所の指示を待ち、通常の食事提供を再開。

第6章　給食の安全・衛生

　食中毒発生による対応例の概略を図6.8に示す。医療従事者は、食中毒が確定となるまで、また確定となった場合においても、入院患者に不安を与えることのないよう言動には十分な配慮が必要である。

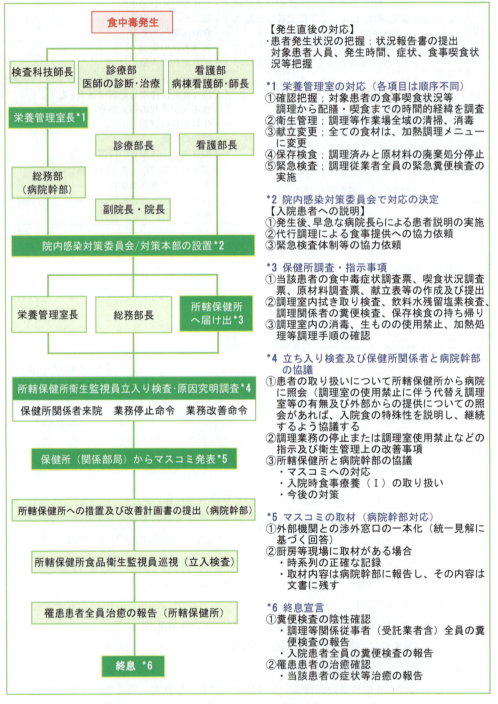

図6.8　食中毒事故発生時における対応例（病院）

(2) 異物混入の事例と対策

　食事への異物混入は、日常的に起こり得る可能性があるが、調理などにかかわる従事者のちょっとした注意で未然に防ぐことができる。事例（異物混入など）は、ハインリッヒの法則（P150）における軽微な事故の背景としての異常と捉え、直ちに原因の解明・分析、作業工程の確認・見直しなど再発防止の対策を明らかにすることである（**表6.9**）。こうした初期段階での対処が安全性確保のためのマネジメントとして重要である。

　日常的に起こり得る軽微な事故を軽視せず、事例に学びPDCAサイクルによる改善を図り、同じミスを起こさないという継続した取り組みが重要である。

表6.9　異物混入事例と対策

区分		発生事例	対策例
食材		・野菜を束ねているヒモ ・包装資材のビニール片 ・野菜につく昆虫類など	・食材入荷時の包装形態の見直し、検収の強化 ・下処理の作業工程の見直し、異物除去の徹底
調理器具		・調理小物・器具などの洗浄時に使う金たわしの金属片やブラシなどの毛 ・機械器具部品、ネジなど	・異物混入リスクの高い調理小物、器具等は、リスク軽減につながるものに更新、あるいは代替品とする。 ・不具合な機械器具などは、放置せず使用禁止や点検・修理などの処置を速やかに実施
従業者の	自己管理	・従業者の髪の毛など ・手指創傷に使う絆創膏など ・切さい時に使用するエンボス手袋片など	・作業前の身だしなみチェックの徹底 ・調理室全域の整理整頓

3.5　災害対策

　災害は、自然災害、人為災害、特殊災害に分類（**表6.8**）されるが、昨今の大規模な自然災害や特殊災害は周辺施設などからの救援が困難な広域災害であり、想定を遙かに超える災害である。災害時に起こりうる影響を**表6.10**に示す。

　しかし、医療機関にとって入院患者への食事提供は維持しなければならない。自力で対処できる可能な限りの体制を整えておく必要がある。

(1) 災害時への準備対応マニュアル

① 災害時など緊急時連絡網を平時に整備しておく。平日、休日、夜間など勤務体制に応じた作成が必要である。職員の被災状況、出勤可能な職員数の確認、確保を図る。

② 非常用の食料および水などの備蓄。備蓄日数は、概ね3日間程度が必要とされるが、経費面、地域・近隣の状況を踏まえ整備する。

③ 非常用備蓄食品の献立表および作成マニュアルを整備する。

表 6.10 災害時に起こりうる影響

		風水害	雪害	火災	地震	渇水
ライフラインへの影響	水（水道）	○	△	○	◎	◎
	電気	○	○	○	◎	△
	ガス	○	○	○	◎	△
	交通	◎	◎	◎	◎	△
	通信	○	○	○	◎	△
	物流把握	◎	○	○	◎	○
日常生活への影響	住居	◎	○	◎	◎	△
	食糧	◎	◎	◎	◎	○
	生活用品	○	△	◎	◎	○
	人的	○	○	◎	◎	△
施設への影響	設備	○	○	◎	◎	△
	食糧	◎	◎	◎	◎	△
	労働力の確保	◎	○	◎	◎	△
支援体制上留意点	交通	○	◎	◎	◎	△
	器具等	○	△	◎	◎	○
	食糧	◎	◎	◎	◎	◎
	労働力	○	○	○	◎	△

◎：非常に影響がある　○：影響がある　△：あまり影響がないと考えられる

④ リスクマネージャー（栄養部門責任者）、栄養士、調理師長らの役割など組織だった統制がとれる体制の構築など、予めマニュアルとして作成しておく。

⑤ 施設内防災対策委員会などへの被災状況の報告書（様式例**図 6.9**）の整備。

(2) 地域・施設間のネットワークづくり

　災害時には、ライフラインがマヒ、寸断されるため、備蓄食品により給食の提供は最低限維持しなければならない。自施設での提供が困難な場合も想定されることから、地域・近隣の施設間相互の協力・支援体制を構築する。

① 保健所、取引業者、事業所（弁当業者など）との連携を図る。

　　　・連携施設間の緊急時連絡網の作成　　　・交通ルート、輸送手段の確保

② 食事提供業務を委託している場合、事故・災害時の協力支援体制を契約項目に加え連携を結ぶ。

③ 平常時から取引業者は1業種複数業者との連携を結び、リスク分散を図る。

コラム　災害時における企業などとの連携

　災害時には、企業なども被災、輸送ルートの寸断なども考慮しなければならない。企業などとの災害時を想定した契約は、契約不履行を危惧する企業もある。契約による連携は双方の理解と調整が必要である。

　また、1業種複数業者との取引によるリスク分散は、ルーチンでは見積もり比較などによる適正価格での食材購入、災害時には支援体制の連携を図られるなど日頃からの信頼関係の構築が功を奏することとなる。

3　事故・災害時対策

			栄養管理室

被災状況点検・報告書

火災発生　　有　　無　　　　　　　　　　　　　年　　月　　日　　時　　分

報告者 _____

職員被災等状況

	職　名	勤務者	被災状況（具体的）
出勤者	管理栄養士	名	無・有（ ）
	栄養士	名	無・有（ ）
	調理師他	名	無・有（ ）
	事務員	名	無・有（ ）
	計	名	
週休者	管理栄養士	名	無・有（ ）
	栄養士	名	無・有（ ）
	調理師他	名	無・有（ ）
	事務員	名	無・有（ ）
	計	名	

被害状況

壁・天井等の損壊	無	有	
床に落下物等の危険	無	有（調理業務への支障： ）	
エレベーター	使用可	使用不能	
電　気	可能	一部可能	使用不能
ガ　ス	可能	一部可能	不可
蒸　気	可能	一部可能	不可
水　道	使用可	一部可能	使用不能
漏　水	無	有（場所は： ）	
調理機器の被害	無	有（機器名は： ）	
冷凍・冷蔵庫の被害	無	有	
温冷配膳車	使用可	一部可能	使用不能

食事提供

食材備蓄状況

精米	有___日分___	無	
副菜	有___食分___	無	
非常食	使用可	使用不能	
食事提供能力	可能	一部可能	不能

事務室関係

電気	使用可	一部可能	使用不能	
電話	使用可	一部可能	使用不能	緊急連絡は、ＰＨＳ・携帯
FAX	使用可	一部可能	使用不能	
オーダリング（EGMAIN）	使用可	使用不能		
食数管理（コメッティー）	使用可	使用不能		

連絡事項

図6.9　災害時被災状況点検・報告書（例）

157

3.6 災害時のための貯蔵と献立

(1) 災害時の備蓄食品（非常食）について

1）備蓄食品（非常食）の要件

① 常温保存が可能

② 包装は1食分ずつの個別包装、缶詰が中心。

③ 加熱しなくても喫食できる食品が望ましい。

④ 賞味期限、保存期限は2年以上がよい。

2）備蓄食品（非常食）の献立

① 主食；エネルギー源

② 主菜；たんぱく源

③ 副菜・果物；ビタミン、食物繊維

献立の基本的な組合わせの3要素を基本に整備する。

3）備蓄食品（非常食）の保管

① 非常食献立に基づき、緊急時に容易に整えることができるよう施設の状況にあわせて、主食、主菜、副菜など種類ごとに保管・管理する。

② 保管場所は、厨房内とは別の食品庫など冷暗所が望ましい。

4）備蓄食品（非常食）の更新

① 非常食選定にあたっては、更新の計画を想定すること。

② 通常の献立に計画的に取り入れ、保存期限内に更新すること。

コラム　防災の日の訓練・試食

　防災の日は、1923（大正12）年9月1日に発生した関東大震災に因み9月1日を防災の日と定められており、「防災の日」を含む1週間を防災週間として、全国的にさまざまな訓練が実施されている。

　この期間に、実施される防災訓練において、災害についての認識を深め、施設に備える災害時備蓄品（非常食）を入所者に提供、災害時の食事について確保していることへの安心と食事内容を知っていただくよい機会とする。

　また、災害時備蓄品（非常食）は、入所者だけでなく施設全体の対策としての位置づけから、施設内各部署のリスクマネージャーや防災訓練に参加した職員に試食提供することも大事な動機づけとなる。

3　事故・災害時対策

コラム　サバイバルフーズ

　サバイバルフーズとは、25年間という長期保存が可能なフリーズドライ加工食品（シチュー、雑炊）とクラッカーの備蓄食で缶詰になっている。米国陸軍やNASAの宇宙食として開発、使用されている。軽くて、保存性がよく、開缶後クラッカーはそのまま、シチュー、雑炊は水（湯）を加えるだけで食べることができる。

表6.11　備蓄食品と賞味期限

	備蓄食品	賞味期限
主食類	α米、ご飯、山菜おこわ、白粥、梅粥、サバイバルフーズ（25年間保存可能）	5年
主菜類	いわし蒲焼き、五目豆、赤貝煮付、牛肉大和煮、ビーフシチュー	3年
副菜類	たけのこかか煮、ひじき油揚げ煮付け、きんぴらごぼう、豚汁セット、けんちん汁セット	2年半～3年
その他	ミネラルウォーター	3年または5年

表6.12　非常食献立例

	食種	1回目	2回目	3回目	4回目	5回目	6回目
常食	主食	（α米）白飯	（α米）ワカメご飯	（サバイバルフーズ）クラッカー	（サバイバルフーズ）雑炊	（α米）五目ご飯	（α米）赤飯
	主食（全粥食）	（α米）白がゆ	（α米）梅がゆ			（α米）白がゆ	（α米）梅がゆ
	主菜	鮭大根缶	さんまの蒲焼缶	（サバイバルフーズ）野菜シチュー牛肉入り	鮭のみそ煮缶	（サバイバルフーズ）チキンシチュー	さんまの蒲焼缶
	副菜	ふりかけ					
	その他	みかん缶	トマトジュース	100%アップルジュース	杏仁フルーツ缶	野菜ジュース	100%アップルジュース
三分粥食きざみ・ミキサー食	主食	（α米）白飯					
	主菜	ブレンダー食ミニ　※レトルト					
	副菜	大根のそぼろ煮	鰹の生姜煮	肉じゃが	ひらめの甘酢あんかけ	野菜のクリーム煮	筑前煮
	その他	ジュース					

159

第6章　給食の安全・衛生

問　題

下記の文章の（　）に適切な語句を入れよ。

(1)　自然災害や事故に備えた対策として非常用の（　①　）や施設間（　②　）などの整備が必要である。

(2)　食事療養の安全な提供の対策として、作業中にヒヤリとしたりハッとした事例を経験した者は速やかに（　③　）レポートの提出を行う。

(3)　インシデント管理を実施することで、事故を（　④　）に防ぐことができる。

(4)　食事療養の中止などを想定した（　⑤　）は、医療施設の危機管理対策として有効である。

(5)　給食施設の管理者は、想定し得るあらゆる事故を未然に防止するための（　⑥　）と、（　⑦　）に備えた各種対策が必要である。

(6)　給食の食事に関する事故として、（　⑧　）、伝染性疾患、害虫、（　⑨　）などがある。

(7)　食中毒事故発生状況下において、食中毒（疑）患者を診察した医師は、文書・電話または（　⑩　）により所轄の保健所に（　⑪　）時間以内に届け出なければならない。

(8)　病院や福祉施設での給食の遅れや欠食は命にかかわる問題となるため、災害時の対策が（　⑫　）づけられている。

参考文献

1)　大泉光一著「危機管理学総論理論から実践的対応へ」ミネルヴァ書房2006
2)　社団法人日本栄養士会「非常災害時対応マニュアル」1995
3)　桑原節子、田中寛、高橋美恵子著「メディカル栄養管理総説病院栄養士業務のAtoZ」2008
4)　鈴木久乃、太田和枝、原正俊、中村丁次「給食用語辞典」第一出版2006
5)　藤原政嘉、田中俊治、赤尾正編「新実践給食経営・管理論」株式会社みらい2010

第7章 施設・設備管理

達成目標
- ■施設・設備の概要を理解し、望ましい作業動線・設備のレイアウトに対する理解を深める。
- ■食事環境整備の意義・設計を理解する。

1 生産（調理）施設・設備設計

1.1 施設・設備管理の概要

　給食の施設・設備管理は、①安全で衛生的な食事をサービスできる環境、②味、栄養面ともに、質の高い食事を提供できる環境、③豊かで落ち着いた雰囲気の食事時間、食事空間を提供できる環境、④快適で、安全な作業が容易にできる労働環境などを満たすことであり、そのためには、給食の規模、設置場所、導入機器、予算、期限などあらゆる条件を検討する。

　給食の関連設備には、床面、排水、天井、壁および窓、さらに給水、排水、給湯、照明、換気、防火、防災などがあり、それぞれに基準が示されている。施設および作業の安全面、衛生面からも十分な充実を図る。

1.2 施設・設備の基準と関連法規

　給食施設・設備は、食品衛生法第51条の「営業施設の基準」として規制されており、その詳細については各都道府県が条例によって、「業種別に、公衆衛生の見地から必要な基準を定めなければならない」としている（**表**7.1）。給食経営には、法の遵守は重要で、法改正にも注意しなければならない。また、食中毒を予防するために作成された「大量調理施設衛生管理マニュアル」にも、施設・設備の構造などに関する基準が記載されている（巻末資料P 255）。

　食品衛生以外には、建築、ガス、電気、消防、環境などについても法令により規制されている（**表**7.2）。さらに、給食施設の種別により、それぞれ設備および運営に関わる基準が定められている。

(1) 給食施設の立地条件

　給食施設の立地条件は、その施設の特性により異なるが、食品衛生、作業能率、環境などを考慮して、次の①〜⑥の条件を満たすことが望まれる。

① 採光、風通しがよく、清潔で明るい環境であること。

② 周囲の悪影響を受け難く、臭い、油煙、騒音など他部門への影響が少ないこと。

③ 食材の搬入、厨芥の搬出が容易であること。

④ 上下水道が受け入れやすく、工事が容易であること。

⑤ 事務室、検収室、倉庫などの設置条件を満たしていること。

⑥ 関係法規の基準に即した場所であること。

1　生産（調理）施設・設備設計

表7.1　営業施設の共通基準（大阪府の例）

項　目		基　準　の　内　容
施設の設備場所および構造・設備の基準	設置場所	衛生上支障のない場所に設置すること。
	区分	住居その他営業の施設以外の施設と明確に区分すること。
	作業場の面積と明るさ	使用目的に応じて適当な広さを有し、かつ、十分な明るさを確保することができる照明の設備および換気を十分に行うことができる設備を設けること。
	作業場の床	①排水溝を有すること。②清掃が容易にできるよう平滑であり、かつ、適当な勾配のある構造であること。③水その他の液体により特に汚染されやすい部分は、耐水性材料で造られていること。
	作業場の内壁	清掃が容易にできる構造とし、床面からの高さが1.5メートルまでの部分および水その他の液体により特に汚染されやすい部分は、耐水性材料で造られている。
	作業場の床面と内壁面との接合部分・排水溝の底面の角	適度の丸みをつけ、清掃が容易にできる構造であること。
	作業場の天井	隙間がなく、清掃が容易にできる構造であること。
	防虫など	ねずみ、衛生害虫などの侵入を防ぐ構造であること。
	洗浄設備	熱湯を十分に供給できるものであること。
	手洗い設備	消毒薬を備えた流水受槽式手洗い設備を、適当な場所に設けること。
	固定した設備・移動が困難な設備	洗浄が容易にできる場所に設けること。
	更衣室	従業員の数に応じて、更衣室その他更衣のための設備を設け、専用の外衣、帽子、マスク、履物などを備えること。
	便所	ねずみ、衛生害虫などの侵入を防ぐ設備を設けるとともに、その出入口およびし尿汲み取り口は、衛生上支障のない場所にそれぞれ設けること。
食品取扱設備などの衛生管理	施設および機械、器具類	製造量、販売量、来客数などに応じて十分な規模および機能を有するものを設けること。また、器具の洗浄、消毒、水切および乾燥の設備を設けること。
	機械	食品または添加物に直接接触する部分が不浸透性材料で造られ、かつ、洗浄および消毒が容易にできる構造であること。
	保管設備	器具および容器包装を衛生的に保管するための設備を設けること。また、原材料、添加物、半製品または製品それぞれ専用のものとし、温度、湿度、日光などに影響されない場所に設けるなど衛生的に保管ができるものであること。
	計量器	添加物を使用する場合は、専用の計量器を備えること。
	冷蔵庫（セ氏10度以下に冷却する能力を有するもの）	冷凍庫その他、温度または圧力を調節する必要のある設備には、温度計、圧力計その他必要な計器を見やすい位置に備えること。
	廃棄物容器	十分な容量を有し、不浸透性材料で造られ、清掃が容易にでき、および汚液、汚臭などが漏れない構造である廃棄物容器を設けること。
	給水設備	飲用に適する水を十分に供給できる衛生的な給水設備を専用に設けること。

資料：「大阪府食品衛生法施行条例」第4条　平成12年3月31日　大阪府条例第14号

第7章　施設・設備管理

表7.2　給食施設・設備管理の関係法令[8)]

所官庁	法　令　名
厚生労働省	・食品衛生法、食品衛生法施行令、食品衛生法施行規則 ・水道法、水道法施行令、水道法施行規則 ・弁当および惣菜の衛生規範について ・大規模食中毒の発生防止について ・総合衛生管理製造過程の承認と HACCP システムについて ・ボイラーおよび圧力容器安全規制の施行についてなど
経済産業省	・ガス事業法、ガス事業法施行令、ガス事業法施行規則 ・液化石油ガスの保安の確保および取引の適正化に関する法律 ・特定ガス消費機器の設置工事の監督に関する法律 ・ガスを使用する建物ごとの区分を定める件 ・ガス漏れ警報機の規格およびその設置方法を定める告示 ・電気用品安全法、電気用品安全法施行令など
国土交通省	・建築基準法、建築基準法施行令、換気設備の構造方法を定める件 ・下水道法、下水道法施行令など
総務省	・消防法、消防法施行令、消防法施行規則 ・火災予防条例準則など
環境省	・環境基本法 ・大気汚染防止法、大気汚染防止法施行令、大気汚染防止法施行規則 ・悪臭防止法、悪臭防止法施行令、悪臭防止法施行規則 ・水質汚濁防止法、水質汚濁防止法施行令、水質汚濁防止法施行規則 ・廃棄物の処理および清掃に関する法律など

(2) 給食施設の区分

　給食施設を区分すると、調理を行う施設と食事をする施設に分けられる。調理を行う施設には、調理室、下処理室、付帯施設（事務室、検収室、食品倉庫など）、食器洗浄室、給食従事者の厚生施設（更衣室、休憩室、便所など）があり、食事をする施設には食堂が併設されている。

　大量調理施設衛生管理マニュアルによれば、作業区分は、1回の調理食数の多少にかかわらず、「**汚染作業区域**」と「**非汚染作業区域**」とに明確に分けることとして、食材の2次汚染を防止する。汚染作業区域には、検収場、原材料の保管場所、下処理場がある。また、非汚染作業区域には、さらに**準清潔作業区域（調理場）**と**清潔作業区域（放冷・調理場、製品の保管場所）**に区分される。

　各区域は固定して、それぞれを壁で区画し、床面を色別するなどして明確に区分けすることが望まれる。

164

1　生産（調理）施設・設備設計

（3）給食施設の内装

1）床面

　床面には、**ドライシステム**と**ウェットシステム**がある（**表**7.3）。特にドライシステムは、大量調理施設衛生管理マニュアルにおいて推奨されているシステムで、湿度を良好に保ち、水撥ねによる食材の2次汚染のリスクや機器の劣化を軽減することができるとともに、長靴を使用しないため、労働環境の改善（疲労の軽減など）にもつながる。

　床材は、いずれも荷重に対する耐久性および耐火、耐熱、耐水、耐油性を有し、平滑で摩擦に強く、滑らず、亀裂を生じにくい材質が要求される。実際には、ラバーマットやノンスリップタイルなどで施工される。

2）壁・天井

　内装の材料は、耐火、耐熱、耐水、防湿性などに優れ、清掃性を考慮する。少なくとも床面から1.5mをタイルなど不浸透性、耐酸性および耐熱性の素材を用いて腰張りすることが望まれる。また、床と壁の境界には丸みをつけて、清掃しやすくする。

　天井は、パイプ、ダクト、梁を露出させないように平滑で清掃しやすい**2重の天井**などにすることが望ましい。床面から2重の天井までの高さは**2.4m以上**とする。また汚れの付着が直ちにわかるような明るい色彩がよい。

　また、室内と天井裏との温度差が大きいと、天井についた水滴が落ちてくることがあるので、天井裏には断熱材を張り、結露を防ぐ。

3）窓

　窓を設置する第1の目的は、採光である。開閉式の窓の場合は、防塵、防虫用の網戸が必要である。ただし、強い日差しはすだれなどで調整を行う。

4）出入口

　出入口は、引き戸、または扉で仕切り、1か所は両開式とする。また、外部との出入口は、衛生管理および鼠族昆虫の進入防止のために、網戸や自動ドア、エアーカーテンなどを設置することが望ましい。エアーカーテンとは出入り口の上方から空気を壁状に吹き下ろし、内外の空気の交流を遮断する装置である。清潔エリア入口に設置するエアシャワーは、上部・左右から強風を送り、全身の異物をとり除く。なお、エアシャワーがない施設では異物混入（毛髪・その他）防止対策として、手洗い前に毛取りローラーを使用して全身をくまなくローラー掛けする。後ろ（背中）側もあるので2人で行う。

第7章　施設・設備管理

表7.3　ドライシステムとウエットシステムの比較[8]

	ドライシステム	ウエットシステム
衛生面	・高温多湿を防止できるため、細菌、雑菌の繁殖を防ぎ、衛生的である。 ・清掃性の向上。	・高温多湿なため、細菌、害虫、かびなどの発生の好条件となり、臭気を助長する。
作業環境	・作業の能率上、安全上、従業員の健康上から作業環境がよい。 ・床がすべりにくく、軽装で作業が行えるため、労働環境が向上する。 ・軽装作業により作業者の身体的負担を軽減できる。	・高温多湿なため、作業環境が悪い。 ・ゴム長靴、ゴムエプロンを使用するので、作業能率が低下する。 ・床が濡れているため、物を運ぶ際にすべりやすい。
機器関係	・水はねの防止加工を施した機器を使用する。 ・衛生、清潔面を考慮した機器や設置方法を採用する。	・水はね防止機能がないため、多湿になる。 ・清掃面を考慮していないため、清掃がしにくい。
経済性	・設備コストは割高。湿度が低いため機器の損傷が減少するので、耐久性が向上。保全費は少なくすむ。	・設備コストは安くすむが、多湿なため建物や設備機器の傷みが早く、保全費がかさむ。

(4) 給排水設備

1) 給水設備・給湯設備

　給水設備は、基準を満たした飲用適の水を用いる。また、断水や停電などの非常時対策として貯水槽を準備するなどの検討が必要である。水量は、使用量がピークに達したときにも確保できるように、時間帯と必要水量を計算する（表7.4）。

　給湯設備は、必要な箇所に必要な給湯量と給湯温度を確保して供給する設備で2種類の方法がある。必要とする箇所に瞬間湯沸し器などで給湯する「個別式給湯法」と、大規模施設で建物内の1か所で一括して湯を沸かし、必要箇所に配管して各湯栓に送る「中央式給湯法」（直接加熱式など）がある。なお、個別式給湯法は、瞬間式のほかにも貯湯式や気圧混合式がある。

2) 排水設備

　排水設備には、シンクや厨房機器からの排水の臭いを遮断し、害虫の侵入を防ぐために「トラップ」を設置する。

　調理室内の排水は、一旦排水溝に流されるが溝の清掃を容易にするために蓋（**グレーチング**）が設けられている。労働安全の面からもグレーチングには滑り止めの加工が必要である。また排水は大量で、洗剤、油脂、残菜などがあるため、悪臭や

表7.4 調理室別水・熱資源使用量

	ホテル	レストラン	病院	学校給食センター	厚生施設
給水（L/食）	20	25	16	10	12
給湯（L/食）	10	8	8	5	6
ガス（kcal/食）	700	700	465	520	580
電気（W/食）	400	300	350	300	200
蒸気（kg/食）	0.8	0.3	0.7	0.5	0.3

資料：「建築資料集 89 年版」

害虫の発生源となりやすい。そうしたことから、床面の排水溝には100分の1以上の勾配（100分の2～4が望ましい）をつけて排水詰まりや逆流を防ぎ、末端まで円滑に水が流れるようにする。また、側面と床面の境目に半径5cm以上のアールをつけるなど清掃しやすい構造とする。

調理室外への排水は、生ゴミや油脂の流出を防ぐために、設備には食器洗浄室や調理室に隣接した場所に「**グリストラップ（阻集器）**」の設置が必要になる。また、排水規制〔「水質汚濁防止法」（昭和45年法律第138号）、「下水道法（昭和33年法律第79号）」〕に注意する。

グリストラップは、調理室からの排水に含まれている油や残飯を一時的に溜めておく装置で、食事を提供する飲食店、学校、病院、社員食堂などへは「建築基準法」（昭和25年法律第201号）で設置が義務づけられている。グリストラップ槽に溜まった油や残飯は、産業廃棄物として扱われ、事業主の責任において適切な処理をすることも義務づけられている。

グリストラップの構造は、施設の規模や食数、業種によって大きさや槽の数が異なる。3層式の場合は、通常、1槽目のバスケットがゴミかご、2槽目が油水分離、3槽目が排水出口になっている（図7.1）。

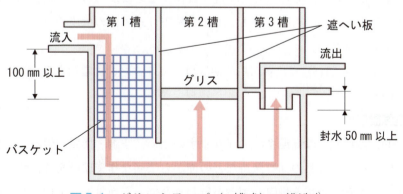

図7.1 グリストラップ（3槽式）の構造[4]

第7章 施設・設備管理

3) 手洗い設備

手洗い設備は、流水受槽式で、手洗いに十分な大きさを有する構造が求められる。設置場所は、各作業区域の入口付近に設置し、手洗いに適する洗浄液、手洗い用消毒（アルコール）液、爪ブラシ、ペーパータオル（またはエアータオル）などを定期的に補充し、常に使用できる状態にしておく必要がある。

(5) 熱源、電気設備、照明

1) ガス設備

ガスは、調理作業の熱源として最もよく使用されている。ガスの種類は、大きく分けると都市ガスと液化石油ガス（LPG）がある。都市ガスは、天然ガスを原料とし、燃焼する際に発生する二酸化炭素の排出量が少なく、また空気よりも比重が軽いという特性がある。万一、ガス漏れが生じたときでも、都市ガスは低いところに溜まらずに日常の生活空間より上層部へ上昇し、さらに空中へと放散されやすいため、ガス事故の防止・軽減につながる。液化石油ガスは、通常の状態では、気体の石油ガスを圧縮して液化させたもので、気化した場合は、空気の約1.5倍の重さがある。そのため、万一、ガス漏れが生じたときには、低いところや物陰に溜まるため、注意が必要である。

いずれの場合でも、ガス設備には、適切な換気を考える必要がある。

2) 電気設備

電気設備を設計する際には、電動機器が多いため、電圧や容量、同時使用率を考慮し、電気容量、コンセントの場所や個数などにゆとりをもつ必要がある。また、コンセントの取り付け場所は、安全性を考慮し、床付近の設置は避ける。また、あとからの配置はむずかしい。

3) 照明設備

照明設備は、作業が安全で衛生的に行うことができ、また、作業能率を上げるため、作業場所や作業内容に適した照度を確保する必要がある。また、照明器具は天井に埋め込むタイプのものが望ましく、吊り下げ式のものは埃やゴミが溜まりやすく、衛生的ではない。

日本工業規格（JIS）では厨房用の照度は500ルクス、食堂給食室は300ルクスとされている。

(6) 換気設備

一般的に調理施設は高温多湿になりやすいため、空調・換気設備は、酸欠防止、熱や臭いの換気、食品の品質保持などの面から快適な作業環境を確保するために必要である。また、給気と排気の両方が行われないと、換気として機能しないので注

意が必要である。具体的には建物の中に大きな空気の流れる道筋を立て、給気口から入った新鮮な空気がその道筋を通って流れていくに従って汚れていき、やがてその汚染空気が排気口へと導かれるようにする。大量調理施設衛生管理マニュアルによれば、**室温25℃以下、湿度80%以下**に保つことが望ましいとされている。なお、換気方式には、次の通りの方式がある。

1）自然換気

　窓・ドア・ガラリ（通気口）などの開口を利用した無動力の換気。外壁・ドアなどに換気口を設置して自然給気・排気を行う。

2）機械換気

　換気扇などの機械を用いた換気。

❖第1種換気：給気、排気の両方に換気扇などを設置

　特徴）換気量が安定しており、室内の圧力バランスが任意にできる

　例）ビル庁舎・地下室・大空間の居室

❖第2種換気：給気側に換気扇－排気側は自然換気

　特徴）室内を正圧に保てる・給気の温湿度調整塵埃処理ができる

　例）手術室・食品加工場

❖第3種換気：給気側は自然給気－排気側は換気扇

　特徴）室内を負圧に保てる・汚染空気を拡散せずに換気できる

　例）便所・厨房・機械室など

1.3 作業区域と作業動線

(1) ゾーニング計画

　ゾーニング計画とは、調理室設計の目的（給食施設の構成、調理システム、規模、衛生など）に沿った調理室の分割配置計画のことである。ドライシステムとウェットシステム、汚染作業区域と非汚染作業区域などについて、円滑な作業動線に配慮しながら調理作業工程別に計画し、間仕切りや床面の色別などで区分する。
また、図面に用いられる主な厨房設備図示記号は**図7.2**のとおりである。

(2) 作業動線計画

　作業動線計画とは、食材の搬入から厨芥処理までの流れを考慮して機器を配置し、人、食材、食器、食器および小型調理用具の動線について以下のような点に留意して計画することである。いずれも、ワンウェイ（一方向の動線）を基本とすることで、2次汚染を防ぐことができる（**図7.3**）。

第7章 施設・設備管理

給　水	⌬	スイッチ（三相）	Ⓢ
給　湯	⬤	コンセント	⊙
排　水	⊕	電動機（単相）	Ⓜ
床排水	⊖	電動機（三相）	Ⓜ
給　気	○	ヒータ（単相）	Ⓗ
排　気	●	ヒータ（三相）	Ⓗ
ガス立上り	▲	電　灯	Ⓛ
ガス栓	○	換気フード	⊠
分電盤	◤	換気扇	⊗
スイッチ（単相）	Ⓢ	電話機	Ⓣ

注1：本図示記号は厨房設備の平面設計図において、その室と機器が必要とする関係諸設備位置などを端的に示すために用いるものである。
注2：必要により寸法、規格その他について、作図を見にくくない範囲内で本記号に傍記する。

図7.2　厨房設備図示記号[8]

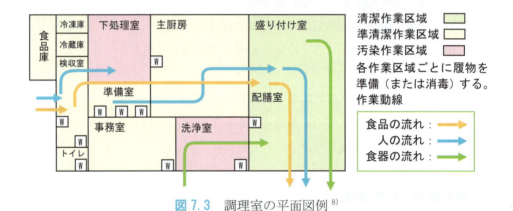

図7.3　調理室の平面図例[8]

1）人の動線

給食従事者の作業動線は、一方向で最短の移動を考慮し、人員の交差や逆移動がないように工夫する。作業動線の良否は、作業能率や調理従事者の疲労度に影響する。

2）食材の動線

食材の動線は食品衛生上重要であり、2次汚染を防止するために交差や逆戻りをしない。特に、汚染作業区域と非汚染作業区域での移動には注意が必要である。

3）食器及び小型調理用具の動線

食器および小型調理用具の動線は、保管庫から盛り付け、配膳、下膳、洗浄、保管まで一方向で作業する。食材と同様に、汚染作業区域と非汚染作業区域での移動には注意が必要である。

1 生産（調理）施設・設備設計

（3）作業スペース

調理室の面積は、機器の占有面積と作業スペースからなる。作業スペースを十分に確保するためには、特に通路の幅、人体の座位作業や立位作業といった諸動作を基準としてレイアウトする（図7.4 図7.5）。

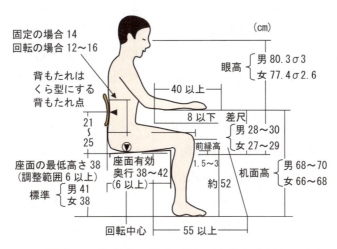

図7.4 作業時の機能寸法（座位作業）[12]

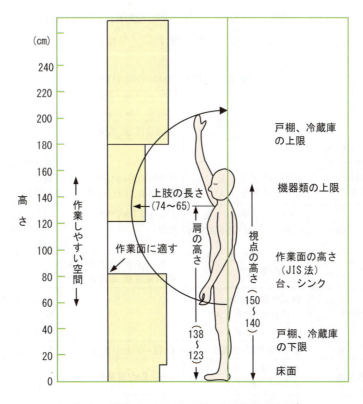

図7.5 作業時の機能寸法（立居作業）[12]

第7章　施設・設備管理

1.4 施設・設備のレイアウト

(1) 給食施設の形と面積

　調理室の形は他の条件と相まって決められるが、一般的には正方形よりも長方形のほうが使いやすい。一辺1に対してもう一辺を2〜2.5程度とする。これは仕事の流れに沿って機器類を配列する場合にも、壁面のほうが置きやすいことによる（同じ面積であれば正方形よりも長方形のほうが長い周辺を得れる）。正方形の場合は、部屋の中央に機器を置くことがあり、面積によっては動線が交錯することになる。

　また流れ作業の面から、機械化によるベルトコンベアシステムも長方形の方が有利である場合が多い。

　厨房面積は、機器の占有面積＋作業スペースとなる。大規模施設は機器占有面積×3〜4倍、小規模施設は機器占有面積×2〜2.5倍が目安であるが、機器の小型化、電化機器、カット野菜や加工食品の使用、新調理システム、セントラルキッチン、サテライトキッチンによって面積に違いが起こる。また、衛生管理上から作業区域を区分することによって、区域を移動することに伴う、更衣、手指の消毒、履物の交換などの設備が必要になる。

1) 調理室

　給食施設の面積に基準はないが、給食施設の種類、規模、給食形態を考慮した面積を確保する。給食施設の面積の標準を**表7.5**に示す。

表7.5　厨房面積の概算値

厨房の名称	A 項 厨房面積	B 項 事務室、厚生施設 機械電気室、車庫など	C 項 条 件
学校給食（ドライシステム、炊飯施設含む） 単独校調理場 共同調理場	0.191㎡/児童1人 0.176㎡/児童1人	0.03〜0.04㎡/児童1人 0.05〜0.06㎡/児童1人	児童数901〜1200人の場合 児童数10,001人の場合
病　院	1.3〜1.4㎡/ベッド当たり 1.75〜2.35㎡ベッド当たり	0.27〜0.3㎡/ベッド当たり	500ベッド以上の場合 50〜100ベッド内外の場合
寮	0.3㎡/寮生1人	3.0〜4.0㎡/従業員1人 （機械電気室、車庫含まず）	
集団給食	食堂面積×1/3〜1/4 0.35㎡/喫食者1人 0.25㎡/喫食者1人		回転率1回の場合 喫食者100人の場合 喫食者1,000人の場合
旅　館	0.3〜0.6㎡/定員1人	0.15〜0.3㎡/定員1人	定員100〜200人の場合
一般飲食店	食堂面積×1/3 0.5〜1.1㎡/1人	2〜3.0㎡/従業員1人	

資料：厨房工学監修委員会監修「厨房設備工学入門−実務−」日本厨房工業会 2001

1　生産（調理）施設・設備設計

2）付帯施設

（ⅰ）事務室

調理室に面した位置で作業が見渡せ、全体の流れが把握しやすい位置に設ける。

（ⅱ）検収室

納入業者が出入りするのに便利で、食品倉庫や事務所に近い位置がよい。

（ⅲ）食品倉庫

食材が適切に保管でき、スペースが十分であることが大事である。害虫の侵入を防ぎ、換気設備によって温度と湿度を良好に保つ。場合によってはエアコンの導入を考える。

(2) エネルギー源（熱源）

熱源には電気・ガス・蒸気があるのでそれぞれの特性をよく理解して施設に見合った方法を取り入れる（**表 7.6**）。

表 7.6　熱源の違いによる特性の比較

	電　気	ガ　ス	蒸　気
安全性	・爆発の危険性が極めて少ない。 ・立ち消えの心配がない。	・立ち消えによる引火・爆発の危険性がある。 ・不完全燃焼の恐れがある。	・構造体の耐圧強度に注意する必要がある。
衛生面・環境面	・空気を汚さず、フード・壁面などの汚れも少ない。	・排気により室内の温度上昇がある。 ・燃焼による空気の汚れがある。	・熱輻射による環境の悪化は少ない
制御性	・無段階または多段階での出力調整が容易。 ・タイマー、温度センサーにより時間管理が容易。 ・調整のマニュアル化が容易。	・無段階または多段階での出力調整が容易。 ・タイマー、温度センサーにより、時間管理が容易。 ・調理のマニュアル化が容易。	・自動化がむずかしい。
加熱性能	・電磁誘導式は極めて立ち上がりが早くエネルギーロスも少ない。 ・ヒーター式は予熱が必要で、かつ余熱もある。	・直火で立ち上がりが早い。 ・少面積で強力な火力が得られる。	・ジャケット式では立ち上がりが早い。
熱効率	・50～95％と比較的高い。	・30～60％と比較的低い。	・水加熱の場合には比較的効率がよい。
設備	・受電設備または供給電力量により制限があるため、事前のチェックが必要。設備費は比較的高い。 ・排気フードは排気量が少なくてよい。	・設備費は比較的安い。 ・換気設備は十分考慮する必要があり、フードの設置、排気量に注意。	・ブイラー設備、貯蔵タンク、配管と設備費が高い。 ・排気フードは排気量が少なくてよい。
運転費 （ランニングコスト）	・ガス燃焼と比較すると少々高くなる傾向がある。	・温度制御装置などを装備していれば比較的安価である。	・低温調理の場合、安価である。
耐久性	・一般的に長寿命であり掃除も容易。	・電気に比較して耐用年数は短く、特に焼物機などは掃除が面倒。	・シンプルな構成であるため、耐久性はよい。
裸火規制	・地下街・高層ビルなどにおいても規制は少ない。	・地下街・高層ビルなどにおいて規制を受けやすい。	・ボイラー取扱作業主任者の選任が必要。

173

（3）厨房設備の基本と主な機器の特徴

1）機器の種類と選定の基本

　給食施設では、その施設の生産計画の目的に沿って、さまざまな種類の機器が導入されている。給食関係機器は、作業区分からみると**表7.7**のような種類がある。

　機器を購入する際には、機器占有率と作業スペース、手入れの方法、また、**イニシャルコスト**（導入時費用）と**ランニングコスト**（運用費用）を試算するなど、機能性、作業効率性、経済性、衛生・安全性、耐久性、保守性（メンテナンス性）などから検討する。参考に実際に使用している施設からの意見も伺う。

表7.7　主な機器[8]

作業区域		作業区分	調理機器
汚染		搬入・検収 下処理	冷凍庫、冷蔵庫、エレクターシェルフ、検食用冷凍庫シンク、調理作業台、球根皮むき機（ピーラー）、合成調理器（フードスライサー）、フードカッター、洗米機
非汚染	準清潔	調理	ガスコンロ、スチームコンベクションオーブン、ブラストチラー、真空包装機、フライヤー、蒸し器、スープケトル、電子レンジ、回転釜、炊飯器、ティルティングパン（ブレージングパン）
	清潔	盛り付け・配膳	コールドテーブル、ウォーマーテーブル、温蔵庫、保温・保冷配膳車、ディスペンサー
汚染		洗浄・消毒	食器洗浄機、食器消毒保管庫
その他			ボイラー・湯沸かし器、生ゴミ処理機、浄水器

2）主な下処理機器

（ⅰ）球根皮むき機（ピーラー）

　全自動の球根皮むき機で、里芋、じゃがいもなどの根菜類を効率よく、短時間で洗いながら皮むきを行う。

（ⅱ）フードカッター

　人の手でみじん切りの作業を行う場合と同じように刃が食材に垂直にあたるため、手作りと同じように食感よくカットできる。キャベツ、ニラ、玉ねぎ、長ネギなどの野菜類をカットするのに適している。

（ⅲ）フードスライサー（合成調理機）

　刃の交換で丸せん切り、おろし、輪切り、角せん切りなどに対応でき、野菜類を短時間で切さいする。

（ⅳ）洗米機

　水圧を利用して素早く洗米を行う。ただし、洗米時間には注意を要する。

3）主な調理機器

（ⅰ）レンジ

加熱調理機器であるレンジは、点火方式、バーナーの種類や配列などのほか、ガス、電気または電磁誘導加熱（IH：Induction Heating）といった熱源によってさまざまな種類がある。なお、IHは熱伝導が接触時のみなので調理操作には一定のコツが必要になる。

（ⅱ）スチームコンベクションオーブン（コンビオーブン）（電気式、ガス式）

熱風と蒸気を併用して加熱温度や湿度の調整などにより、焼く、蒸す、煮る、炒めるといった多種類の調理が可能である。中心温度の測定が可能で芯温設定が可能な機種が多いため、T-T・T（time-temperature tolerance：品温と賞味期限の関係）への応用や、再加熱、保温、真空調理、冷凍食品の解凍などにも活用できる。また、肉類と野菜類など異なった食材を同時に調理することも可能である。

（ⅲ）回転釜（ガス式、蒸気式、電気式など）

大量の食材を煮る、ゆでる、炒める場合などの加熱料理で幅広く利用される。ドライシステム対応のものもある。

（ⅳ）平底回転釜（ティルティングパン、ブレージングパン）

平底の回転釜で、煮る、焼く、炒める、揚げるなどの調理が可能である。主に、煮魚、卵料理、ハンバーグ、揚げ物などに使用する。

（ⅴ）立体炊飯器（ガス式、蒸気式、電熱式）

省スペースで大量の炊飯が可能である。一般に自動炊飯式が多いため、無洗米を使用する場合には、吹きこぼれによる立ち消えに注意する。無洗米対応および手動式の場合は問題ない。

（ⅵ）ローレンジ

大きな鍋（寸胴）での調理が手軽に行えるローレンジである。

（ⅶ）フライヤー

効率のよい揚げ物調理が行える。

4）主な盛り付け・配膳機器

（ⅰ）ウォーマーテーブル

温かい料理を保温する機器で、焦げ付きを起こさないように湯煎式になっているなど間接熱で保温する。

（ⅱ）コールドテーブル

作業台の下に冷蔵庫を組み込み、保冷する。

（iii）保温・保冷配膳車（保温配膳車）

　適温配膳車ともよばれる。配膳車の内部が保温側と保冷側を間仕切りで2つに区分され、保温側（65〜70℃程度）、保冷側（5〜10℃程度）に1枚のトレイでセットする。季節に応じた温度管理ができ、利用者の満足度や衛生管理に効果的であるが、長期間の保管は食品の衛生管理上好ましくなく、短時間の応用に適している。

（iv）IH 保冷加熱カート

　「クックチル方式」で電磁誘導加熱（Induction Heating）技術を応用した再加熱カートである。家庭で使用する電磁調理器と同じように、電気で温める安全で効率的な加熱方式を採用している。このカートは1トレイあたり3点（主菜、副菜、汁）までを再加熱でき、カート庫内を保冷しながら、IHでピンポイント加熱できるので、あらかじめ冷菜を同じトレイにセットしておいても冷たいままで安心である。

（v）ディスペンサー

　食器やトレイが、常に一定の高さに保たれるように収納できる。作業者の盛り付け・配膳作業がスピードアップされ、省力化、作業時間の短縮が可能である。セルフサービスコーナーで多用される。

5）主な洗浄・消毒機器

（i）食器洗浄機

　食器の仕上げ洗浄には、自動食器洗浄器を用いる。自動食器洗浄機は、大別すると「ボックスタイプ（ドアタイプ）」と「コンベアタイプ」とがある。

　ボックスタイプは、比較的小規模の給食施設で用いられることが多く、設置スペースに余裕がない場合などには適している。食器専用のラックをセットして使用する。

　コンベアタイプは、食器や小物類を食器専用の洗浄ラックにセットしてコンベアに乗せると、動きにそって洗浄からすすぎまで自動洗浄される。コンベアの途中にタンクがあり、洗浄用の槽とすすぎ用の槽がある。タンク数は、食器洗浄機の種類によって1槽式のものから4槽式のものまである。

（ii）洗浄ラック

　洗浄能力を最大限に発揮させる食器や小物類の洗浄ラックである。

（iii）食器消毒保管庫

　洗浄した食器をカゴに入れたまま収納し、乾燥、消毒、保管する。一度で大量に投入、取り出し作業を行うことができる。また、熱源にあわせて、電気式、蒸気式、ガス式などがある。

（ⅳ）包丁・まな板消毒保管庫

　食器消毒保管庫と同様に、ヒーターによる熱風を庫内に強制循環させて、乾燥と同時に消毒・保管が行える器具用保管庫である。

6）その他の機器

（ⅰ）ブラストチラー・タンブルチラー

　加熱調理した料理を冷気の強制対流により短時間で冷却できる急速冷却機である。空冷によるものをブラストチラー、水冷によるものをタンブルチラーという。急速冷却によって雑菌が増殖する温度帯を一気に通過させ、衛生上の問題を解決することができる。なお、シチュー類のような粘性の高い料理の冷却にはタンブルチラーを用いる。

（ⅱ）冷蔵ショーケース

　カフェテリアなどに使用する両面式のショーケース型冷蔵庫。

（ⅲ）真空包装機

　食品を専用パックに入れ、真空状態にして長時間の保存ができる。また、不活性ガスを封入することにより食品の酸化・カビを防止したり、大気の圧力を緩和して、軟らかい食品の形状を崩さずにパックできるなどさまざまなタイプがある。

（ⅳ）生ゴミ処理機

　菌床に培養された微生物を使用して生ゴミを分解するなど、さまざまなタイプがある。

7）小型調理用具（什器）、器具類

　小型調理用具（什器）とは、日常使用する用具のことで、計量器、鍋類、容器類（ボール、ざる、バットなど）などさまざまな小型調理用具が使用されている。また、大きさや材質も多種類で、給食施設に応じて選択する。

　器具とは、日常的に使用する道具類のことをさす、つまり厨房で使用する器具類、食器類などをさす。これらの器具類については、給食の食数や規模などによって、種類や大きさ、数などが異なってくる。また、材質によって特徴があり、価格も材質によって異なる。選定時には、使用目的、器具類の材質、価格、重量などを考慮して選定を行う。

　器具類は、レードル、菜箸などの小さいものから、回転釜の中身を攪拌するときに使用するスパテラのような大きいものまで、形状も大きさもさまざまなものが存在する。

　器具の設定にあたっては、器具消毒保管庫に対応できる耐熱温度があるものを選定する。また、作業区域ごとに可能な限り色分けしておくとよい。

第7章　施設・設備管理

ピーラー（球根皮むき機）

フードカッター

フードスライサー（合成調理機）

洗米機

ガスレンジ

スチームコンベクションオーブン（コンビオーブン）

回転釜（ガス式）

平底回転釜（ティルティングパン、ブレージングパン）

立体自動炊飯器

ガスローレンジ

フライヤー

ウォーマーテーブル

1 生産（調理）施設・設備設計

コールドテーブル

保温・保冷配膳車

IH保冷加熱カート

ディスペンサー

真空包装機

生ゴミ処理機

食器洗浄機（ドアタイプ
またはボックスタイプ）

洗浄ラック

食器消毒保管庫

包丁・まな板消毒保管庫

ブラストチラー

冷蔵ショーケース
（パススルー型）

8) 各種機器の保守・管理

　高品質な食事を安全で衛生的に提供するためには、施設・設備が日々正常に稼動していなければならない。施設・設備の耐久性や安全性がさらに増すためには、施設・設備の特性を理解して正しく使用するとともに、保全活動が重要となる。保全活動には、大きく「維持保全」「改良保全」があり、さらに維持保全には、「予防保全」と「事後保全」がある。

　日常点検、定期点検の実施にあたっては、点検スケジュールを作成し、施設・設備の使用マニュアル、メンテナンスについての管理マニュアルに従って実施し、その結果を記録する。なお、異常（故障）時のために対応マニュアルなども必要となる。施設・設備の日常点検、定期点検については表7.8、主要材質の特性と手入れの方法については表7.9のとおりである。また、衛生管理で使用する次亜塩素酸ナトリウム溶液は厨房機器の素材を傷めるので、扱い方には特に注意が必要である。

（ⅰ）維持保全

（a）予防保全

　故障などが発生する前に定期点検で的確な保全措置を行うことにより、故障などの発生を未然に防止する方法である。効率的、経済的な施設・設備の運用が継続的に可能となる。事前に業者との保守契約を結ぶのも1つの方法である。

（b）事後保全

　故障などの発生後に修繕などの対応を実施する行為をさす。

表 7.8　施設・設備保守管理[8]

設　備	日　常　点　検	定　期　点　検
ガス設備	ガス漏れチェック 設備の作動状況の点検 配管・附属設備点検	都市ガス：ガス設備安全点検 　　　　　　（1回/3年）（ガス事業法） プロパンガス：配管と調整器の漏洩試験 　　　　　　　消費設備調査 　　　　　　　（1回/4年）（液化石油ガス法） 　　　　　　　給・排気設備の点検（1回/4年）
電気機器 電　気 照　明	漏電のチェック 正常機能の保持、設備点検 破損器具の補修	電気装置の点検整備 定期巡視点検（電気保安協会へ一部委託） 　　　　　　　　　　　　　（電気事業法）
蒸気機器 給水・給湯 蒸気管 ボイラー	機能保持、附属器の点検補修 弁、その他の漏洩と附属機器 の補修調整	燃焼装置：損傷、汚れ、つまり、漏洩、風圧異常 自動制御装置：機能および端子の異常 附属装置および付属品：損傷、保温の状態、機能 の異常 （1回/1月以内）（ボイラーおよび圧力容器安全規則）
調理機器	機器および周辺の清掃、消毒	消耗補修部品の交換（五徳、バーナーなど）
換気設備	換気扇、グリスフィルター、 フード内外の清掃	空気濾過器の点検整備 防火ダンパーの点検
排水設備	排水溝、排水管、トラップ、 グリストラップの清掃	グリストラップなどの清掃（4回/年）

1　生産（調理）施設・設備設計

表7.9　主要材質の特性と手入れ方法[8]

材質・種類	成分	用途	特性	手入れ方法
SUS304（ニッケル-クロム系）	クロム18〜20%ニッケル8〜11%	調理台、調理器具、食器など。	・クロム系よりいっそう優れた耐蝕性、耐熱性、低温強度を有し、機械的性質良。・加工硬化性大・磁性なし。	・汚れは、中性洗剤や粒子の細かいクレンザーで落とし、乾いた布でよくふく。・表面の被膜を傷つけない。・鉄合成成分で酸化を防止しているので、手入れを十分に行う（サビを生じるような物質を長時間接触させない）。
SUS316（モリブデン系）	クロム16〜18%ニッケル10〜14%モリブデン2〜3%	調理室内の特殊機器など。	・モリブデンにより海上の大気、さまざまな化学的腐食剤に対し優れた耐蝕性をもつ。・加工硬化性大。・磁性なし。	
SUS430（クロム系）	クロム16〜18%	調理台、調理器具、食器など	・最も一般的。・耐蝕性、耐熱性に優れ、ニッケルクロム系に比し安価なため多く利用されている。・磁性あり。	
アルミニウム		煮物鍋、蓋、回転釜、調理器具など。	・酸、アルカリ、塩分に弱い。・腐食防止のためアルマイト加工をする。・強度が低く、変形しやすい。	・調味料や材料を長時間入れておかない。・中性洗剤を用いて、傷つきにくいものを使用する。
鉄鋼類		ガスレンジ本体、焼き物器、オーブンなどの骨組みや脚部。	・ステンレスと比較して価格が安い。・赤サビが出て腐食されやすい（サビ止め用の塗装、メッキ仕上げを施してある）。	・汚れは洗剤で落とし乾燥させる。・サビは落とし、油性または合成樹脂系塗料を塗る。
鋳鉄		ガスレンジのトップ、ガスバーナー、回転釜など。	・サビが出やすい。	・汚れを落とし油分の補給をしておく（濡れたままにしない）・バーナー類はこまめに手入れをする。

（ⅱ）改良保全

　故障・不良を発生させないように、また、保全がしやすいように設備を改良する活動をさす。

1.5 食具

　食事をするために使う道具類の総称であり、器（皿・椀・鉢・丼類など）、カトラリー類（箸・ナイフ・フォーク・スプーンなど）、トレイなどがある。

　料理は、最初に「目で見て味わう」といわれ、日常的に使用する食器の良し悪しによって食事のイメージが大きく左右される。したがって、色柄、材質、大きさ、安全性、耐久性、収納性、作業性などについて十分な検討が必要である。材質については、その性質によって取り扱い方が異なるため、熟知しておく必要がある。集団給食で使用される食器の主な材質と特性は、表7.10のとおりである。また、漂白

181

表7.10 給食用食器の素材別取扱い方法[11]

商品名	略号	耐熱温度(℃)比重	食器保管庫の設定温度(℃)	蒸気消毒	漂白剤 酸素系	漂白剤 塩素系	直射日光紫外線殺菌灯	特に着色に注意する食材	電子レンジ使用
ポリプロピレン食器トレイ	PP	120 1>	85～90	×	○	×	―	トマトケチャップ、スイカ、かぼちゃ、人参おろし	加熱による変形などのトラブルの危険性がある
ポリカーボネートカップ	PC	130 1<	85～90	×	○	○	×(黄変する)	生姜	加熱による変形などのトラブルの危険性がある
ポリエチレンナフタレート	PEN	120 1<	85～90	×	○	○	×(黄変する)	―	加熱による変形などのトラブルの危険性がある
メラミン樹脂食器	MF	120 1<	85～90	×	○	×	×(黄変する)	梅漬、紅生姜、ソース、ドレッシング	×
不飽和ポリエステルトレイ	FRP	130 1<	85～90	×	○	○	―	カレー、紅生姜	―
ポリサルフォン食器	PSF	170 1<	85～90	○	○	○	―	カレー、紅生姜	―
超耐熱ABS/表面塗装	ABS	140 1<	85～90	×	○	×	―	カレー	加熱による変形などのトラブルの危険性がある
ポリエーテルスルフォン	PES	150 1<	85～90	×	○	○	―	―	○
芳香族ナイロン箸	PA	290 1<	85～90	×	○	×	―	試験データを有しない(着色クレームはない)	―
強化磁器	―	700	85～90	○	○	○	―	―	○
アクリル樹脂	PMMA	75 1<	保管庫に入れない	×	○	○	○	―	―
シリコン樹脂スプーンの取っ手 滑り止め	SI	200 1<	85～90	△	○	○	―	トマトケチャップ	加熱による変形などのトラブルの危険性がある
エラストマー樹脂 食器	PP/TPE	120	85～90	×	○	×	―	トマトケチャップ、カレー、スイカ	―
強化PBT塗り箸	強化PBT	150	85～90	×	○	×	△	―	―
強化R-PBT箸	強化R-PBT	200	85～90	×	○	○	△	―	―
強化R-PEN箸	―	120	85～90	×	○	○	×	―	―
R-PPトレイ	―	110	85～90		○		―	トマトケチャップ、カレー、スイカ	加熱による変形などのトラブルの危険性がある
ポリ乳酸樹脂	PLA	120 1<	85～90	×	△	△	×	トマトケチャップ	加熱による変形などのトラブルの危険性がある

剤については、食器を使用し続けていると、日常の洗浄では落ちない汚れが生じるため、定期的な漂白が必要となり、その際に材質により使用できる漂白剤が異なるので注意が必要である。

食器は、定期的に数の確認を行い、破損、損失の原因を調べて、対応する。

なお、食器の中には、適温サービス用の食器である「保温食器」や「保温トレイ」、また、障害のある人の食事用の自助具なども開発されている。

(1) 保温食器

保温食器とは、適温を維持するために、プラスチック素材の内部に断熱材が入った容器である。主として、病院給食および介護施設給食でご飯碗、汁椀、煮物碗などが使用される。他の適温サービス用器具と比較してイニシャルコストが安価であるため使用する施設は多い。しかし、器としてのデザイン性やバリエーションに欠けること、また、保温効果が1次的限定的であることなどから、保温・保冷配膳車への移行が多くなっている。

(2) 保温トレイ

保温トレイとは、プラスチック素材の内部に断熱材が入ったトレイのことで、4～5品程度の食器を保温トレイで覆うことで適温を維持する。給食施設での食事提供で使用するには、トレイが大きいため作業性が悪く、また高価である。しかし、在宅への配食サービスなどの用途に使用されることが多い。

(3) 食事用の自助具

高齢者施設などでは、身体の不自由な方や認知症の方などのADLに配慮した食事用の自助具を検討することが大切である。自助具とは、障害のある利用者の残存機能を活かすように工夫された道具で、日常生活の自立を助けるものである。食事用の自助具とは、食べ物を口まで運びやすくするために工夫されている。例えば、皿の底に傾斜がつけられていてすくいやすいようにしたもの、スプーンやフォークが太柄で握りやすく、さらに先を自由に曲げることができるもの、握りやすい持ち方で箸が使えるように間がバネでつながっているものなどがある（図7.6）。

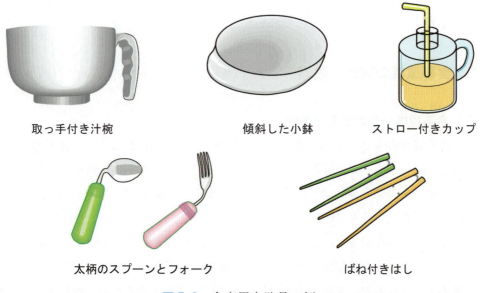

図7.6 食事用自助具の例

第7章　施設・設備管理

1.6 施設・設備管理の評価

(1) 食事環境整備の意義・目的

　快適な食事環境は、喫食者の満足度を高めて喫食率を向上させる。給食施設においては、従業員食堂のほか、病院の場合は病室、学校では教室であったりするが、給食の共通の目的から、次のようなことが食事環境整備の意義として考えられる。

　① 提供される食事が栄養管理されたものであることから、喫食率を向上させ、残食率を低下させることにより、喫食者の健康の維持・増進に寄与する。

　② 各種の栄養教育を行う実践の場として期待できる。

(2) 施設・設備の稼動分析・評価

　施設・設備を選択する際には、それぞれの給食施設での使用頻度や稼動率を考慮しなければならない。機器によっては、毎日のように稼動する設備機器と献立によって一定期間だけ稼動する設備機器がある。稼動率とは、ある時点または一定期間の全調理作業時間（勤務時間）のうち、給食従事者や機器などが、どの程度の割合で正常運転の状態で稼動しているかを示す数値で生産性を計る指標である。

　例えば、機器が休止中または停止中が50％、つまり、稼動率が50％とすると、稼動分析の結果をもとに、仮に100％稼動するように改善すれば、機器の台数は半数で間に合うことを意味する。

　稼働率は、一般に次の式で示される。

稼働率＝機器や作業者が実際に働いている時間／全作業時間

　給食施設においては、調理機器の稼動率は、献立を構成する料理の組み合わせによって変動する。したがって、施設・設備の稼動状況はデータなどで記録して保存し、定期的に分析・評価する必要がある。

2　食事環境の設計と設備

2.1 食事環境整備の意義と目的

　生活の質（QOL）が問われ、人間らしい生活の向上が叫ばれる中で、特定給食施設の食堂についても、単に提供される食事を摂るだけの場所から、快適でリラックスでき、活力を養い、仲間同士のコミュニケーションを図る場へと、その役割は大きく変化してきた。仕事や勉強の空間、あるいは「寝」の空間と、「食」の空間との分離の動きは、学校給食での食堂・ランチルームの整備や、病院給食での入院時食事療養制度における食堂加算の継続などの例を見ても明らかである。「食環境」には、人間の営みや行動との関係の中で論じられる広義な捉え方と、道具や建物のレベル

の狭義な捉え方とがあるが、ここでは特定給食施設の食堂における食事環境のあり方を物的な側面から述べる。

2.2 食事環境の設計

(1) 食堂のロケーション

① 庭、緑地に面した展望、採光のよいところ－建物の最上階が望ましいが、地下の場合も、できるだけ外からの光を採り入れる。

② 食堂入口は階段・エレベーターに近いところに設け、利用者の便宜を図る。

(2) 食堂ホール

1) 食堂と厨房の仕切

厨房の調理による喧騒・臭気を遮断し、厨房・食堂の双方を衛生的に保つ目的で、食堂と厨房は仕切により区別する（クローズ式）。近年、厨房の全部または一部が見えるオープン式も見られる。給食施設の目的、雰囲気づくりにあわせて使い分けられる。

2) スペースの確保

喫食者1人当たりの食事スペースは、労働安全衛生規則により$1\,\mathrm{m}^2$以上とされる。適正坪数は「喫食人数（1回）× 0.41坪／3（回転数）」で算出される（食堂開設時間90分、喫食時間が1人20～30分とすると、回転数は2～3）。

また、食堂面積は、「（1席当たりの面積×喫食人員）／席の利用回転数」で算出できる。利用者が一時集中する事業所給食では、あらかじめ利用時間や休憩時間を各部・課で時間差を利用したり、食事時間を含めた休憩時間を60分より長くするなどの、工夫が必要である。

3) ホール内の材質・色彩

（ⅰ）床

靴音が響かない、清掃しやすく衛生的に維持できる材質とする。木材・ビニルタイルが多く用いられる。カーペットは清掃が不便なため不向きである。

（ⅱ）壁

衛生的で明るい色彩にする。

- ・白系…………清潔感があるが汚れやすい。
- ・オレンジ系…食欲を促す。淡い色調ならば最適である。
- ・青系…………不快感がある。

（ⅲ）天井

防火・耐湿・防音材を用いる。色彩は壁にあわせた明るく淡い色にする。2重天

井裏に不燃性の断熱材を用いるなどで、水滴の発生を防止する。

※床、壁、天井の材質が硬質なものばかりになると、物音や話し声が反響して雑然とした雰囲気になるので、一部に音を吸収する部分（材質）を必ず取り入れる。

（iv）テーブル・椅子

（a）テーブル・椅子のセット数

　床面積と同様の方法で算出する。ただし、ホールの広さに対してテーブル数が多過ぎると、食事の持ち運びに支障を来すので通路としてのスペースを考慮する必要がある。

（b）テーブル・椅子の高さ

　テーブルの面が喫食者の胸より下、腹より上になるのがよい。特に学校給食では、できるだけ子どもにあわせて調整できるものが望ましい。

（c）テーブル・椅子の材質

　木製が落ち着くが、清掃時にはスチール製などの方が適する。

（d）テーブルの形状

　食事の際にコミュニケーションを図るためには、4人用の正方形が望ましい。病院などでは車椅子使用者や介助者が座りやすいことから、円形を用いた方がよい場合もある。食事のトレイを置いて前後左右にゆとりがあり、調味料セット・湯茶セットが置ける広さが望ましい。

（e）テーブルクロス

　食事空間を家庭の食卓のイメージに近づけ、トレイ・食器の滑りや音を防ぐ。ただし、常に衛生的に管理・使用することに注意する。

（f）椅子

　背もたれのあるものを用いる。鮮やかな色調にする（食堂が明るくなる）、また床の色調にあわせる（落ち着く）。最近は、1人でゆっくり食事をとりたい喫食者もいるため、窓や壁側に向かって座れるような、テーブルまたはカウンターの設置も必要である。この場合は他の席の喫食者に背を向けることになるので、ややテーブルを低くする。

4）採光・照明・換気・室温

（i）窓

　南北2面窓が理想的である。1面の場合はできるだけ大きくとり、採光・通風・展望をよくする。空調・換気をよくし、原則として食堂内は禁煙とする。休憩室、喫茶室が併設不可能な場合は、「健康増進法第25条受動喫煙の防止」に基づき、禁煙コーナーを設置する。

> **コラム　点灯時間と殺菌線出力の関係**
>
> 　殺菌ランプは点灯するに従って殺菌線出力が減退し、殺菌力も減退する。殺菌線出力が低下した状態では初期の殺菌効果が得られないので、殺菌ランプは定格出力（100時間点灯後の出力）の80%にまで出力が減退する時間を定格寿命と定めている。したがって、殺菌ランプは、定格寿命時間経過後（常時点灯約4000時間6か月）はたとえ点灯しているものでも交換する必要がある。

（ii）照度

　喫食が落ち着いてできる明るさとする。間接照明は食堂を暖かく、落ち着いてやさしい印象を与える。

（iii）室温

　一定かつ適度に保つためにハード面を整える。食堂利用者が増えると室温が上がりやすいので、配慮が必要である。また、エアコンの場合は、冷気や暖気が集中しないよう、機器の設置に注意する。

（iv）におい

　換気・排気が十分であれば問題ないが、ベーカリーやコーヒースタンドの導入で臭気のマスキングが可能である。また、消臭効果のあるグリーンの設置や、観葉植物の鉢に消臭器を配備することも効果的である。

5）その他

（i）BGM

　心地よいBGM は気分を豊かにし、リラックスして食事をとることにつながる。しかし、音量が大きいと支障を来すので、意識しないと聞こえない程度のものにする。また、ニュースや校内放送のプログラムを流すこともよい。

（ii）観葉植物

　観葉植物の緑は気分をリラックスさせる。窓から樹木が望めなければ、食堂内の適所の設置を考える。ただし、虫の混入原因とならないような配慮が必要である。病院の食堂では、感染、異物混入などの理由から、植物の設置は禁止されている。

第7章　施設・設備管理

問　題

下記の文章の（　）に適切な語句を入れよ。

(1)　給食施設における調理室のレイアウトに関する記述である。次の空欄を埋めよ。

1.　食材の搬入口と（　①　）の搬出口は、別に設置する。

2.　加熱食品の下処理と、（　②　）のスペースを区分する。

3.　検収と下処理は、（　③　）部屋で行う。

(2)　厨房の作業動線に関する記述である。次の空欄を埋めよ。

1.　食品の流れは、逆行や交差をしないように（　④　）を考える。

2.　機器の配置は、作業動線を（　⑤　）するように考える。

(3)　特定給食施設の設備に関する記述である。次の空欄を埋めよ。

1.　フードには、（　⑥　）を設置する。

2.　排水設備には、（　⑦　）を設置する。

3.　（　⑧　）設備は、各作業区域の入り口付近に設置する。

(4)　給食施設における調理機器類の使用に関する記述である。次の空欄を埋めよ。

1.　使用前に（　⑨　）を確認してから作業を開始する。

2.　（　⑩　）を保存し、定期的に分析する。

(5)　大量調理施設における保全活動についての記述である。次の空欄を埋めよ。

1.　フードカッターを（　⑪　）分解して洗浄・殺菌する。

2.　貯水槽を専門の業者に委託して、（　⑫　）以上清掃する。

3.　井戸水を用いているので、（　⑬　）以上水質検査を行う。

(6)　給食施設の内装（床面）についての記述である。次の空欄を埋めよ。
　　床面には、（　⑭　）と（　⑮　）があり、特に（　⑯　）は食品衛生上推奨されているシステムである。

(7)　排水設備についての記述である。次の空欄を埋めよ。
　　（　⑰　）は、調理室からの排水に含まれている油や残飯を一時的に溜めておく装置であり、設置が義務づけられている。

(8)　照明設備の照度についての記述である。次の空欄を埋めよ。
　　盛りつけ場所の照度は最低でも（　⑱　）ルクス以上必要である。

(9)　次は調理機器についての特性である。空欄を埋めよ。
　　（　⑲　）は空冷の急速冷却によって雑菌が増殖する温度帯を一気に通過させ、衛生上の問題を解決することができる。

参考文献

1) 富岡和夫編「エッセンシャル給食経営管理論」医歯薬出版2004年
2) 香西みどり、小松瀧史、畑江敬子編「給食マネジメント論」東京化学同人2005年
3) 外山健二、幸林友男編「給食経営管理論（第2版）」講談社サイエンティフィク2006年
4) 君羅満、岩井達、松崎政三編「給食経営管理論（第2版）」健帛社2006年
5) 中山玲子、小切間美保編「給食経営管理論」化学同人2006年
6) 大阪府ほか監修「病院及び介護保険施設における栄養管理指針ガイドブック」大阪府栄養士会2007年
7) 鈴木久乃、小林幸子、君羅満、石田裕美編「給食経営管理論」南江堂2009年
8) 藤原政嘉、田中俊治、赤尾正編「給食経営管理論（第2版）」株式会社みらい2010年
9) 八倉巻和子編「給食経営管理論（第2版）」医歯薬出版2010年
10) 韓順子、大中佳子編「給食経営管理論」第一出版2010年
11) 富岡和夫編「給食経営管理実務ガイドブック」同文書院2010年
12) 日本建築学会編「建築設計資料集成－人間」丸善 2003 年

第8章

給食の人事・事務

達成目標

■給食業務従事者の雇用形態および人材の育成、教育方法および業績評価について理解を深める。
■給食業務全体の把握と事務の効率化・合理化の方法および情報活用の概要を理解する

1　人事・労務管理

　企業においては、合理的かつ円滑な経営を展開するための**人事**（採用・配置・異動・昇進・退職・教育訓練・人間関係の円滑化など）や**労務**（労使関係、労働条件、福利厚生など）を適切に管理していくことが重要である。

1.1　給食業務従事者の雇用形態

　特定給食施設における栄養部門の人員構成は、会社・企業の規模や経営方針あるいは給食利用者数などによって異なるが、一定人員数の職員が確保され業務の運営が行われている。

　雇用形態には正規職員や契約職員、嘱託職員、パートタイマー、アルバイト、派遣社員などがあり、新規採用と中途採用がある。採用は、雇用者側の採用条件（給料賃金や労働時間、採用年齢、性別、休日、有給休暇など）に基づいて行われる。雇用形態により勤務規定・給与等の条件が異なるため、採用に当たっては給食部門の責任者だけでなく事務方の人事担当者に相談、確認が必要である。

雇用形態には、企業に直接雇用される場合と間接雇用される場合がある。

(1)　企業に直接雇用され労働力を提供する雇用形態

1)　正規職員

　正職員または正社員といい、一般的には長期間の雇用契約を結び、一日8時間以上、1週間に40時間以上働く者をいう。

2)　パート・アルバイト

　正規職員と比べて短期間（時間）の雇用である。給食サービス従業員におけるパート・アルバイトの比率は大きい。

3)　契約社員

　使用者と労働者の間で交わされた契約に基づいて雇用される社員のことである。一般的には仕事の時間や内容は正規職員とほぼ同じで、雇用契約期間が一定期間内に決められている。専門能力を必要とする業務に対して即戦力として活用したい場合に有効な雇用形態である。

(2)　企業に間接雇用され労働力を提供する雇用形態

1)　派遣社員（職員）

　派遣会社に雇用され出向先（別会社）で勤務するという形態である。

2）請負

　企業対企業あるいは企業対個人で一定の仕事が完成するまでの業務を請け負う。一般的には外注や業務委託なども請負の範囲に入る。給食の外部委託（アウトソーシング）が該当する。

　特定給食施設で人材を雇用するには、どのような雇用形態で行うかを確認することが重要である。

1.2 給食業務従事者の教育・訓練

　給食業務の円滑化を図り、質の高い食事の提供への成果をあげていくためには、従業員がそれぞれの立場で必要な態度・知識・技術を身に付けていくことが大切である。

(1) モラル・モラール・モチベーションの管理

　組織においては、職場内の人間関係や職場環境を良好に保つことが重要である。したがって、従業員一人ひとりが適正な**モラル（倫理観や道徳意識）**をもち、職場の規律を守って公序良俗に反しない行動をとることが重要である。また、自分の業務に対する**モラール（やる気・士気）**を高め、積極的かつ的確な業務の遂行に向けての**モチベーション（動機づけ）**を高めていくことが大切である。

　教育・訓練の実施は、従業員の知識・技術力の向上、士気の高まりによるモチベーションアップに有効である。また、教育・訓練の効果により、生産効率の向上が得られ、会社や職場の充実・活性化を図ることが可能となる。

　また、教育や訓練以外でも従業員の職務満足を図りモチベーション要因に働きかけていくことも重要である。

(2) 教育・訓練の方法と内容

　従業員の教育・訓練には次の方法がある。

1）OJT：(on the job training)

　職場内で行われる方法である。職場の上司・先輩が、職場での実際の作業や職務知識、手順、技能などを指導する日常的な教育・訓練方法である。

　　長所：仕事の遂行状況を見ながら、より具体的な指導ができる。コスト面の負担
　　　　　もない。

　　短所：日常業務が優先され、教育が後回しにされやすい。指導者の能力により差
　　　　　が出る。

2）OFF-JT (off the job training)

　企業外（職場外）で行われる訓練である。企業の教育・研修訓練や外部の職業訓

練指導会社がプログラムした研修会・教育・訓練内容で実施される

長所：特定領域について、専門的あるいは高度な知識を習得できる。教育・研修に専念できる。多人数を効率的に教育できる。

短所：研修内容によっては実際の業務に応用できない場合がある。職場ではなく別の場所に出向いて行かなければならない。コストがかかる。

3) 自己啓発（self development）

自らの意思と努力により能力の向上に努める。業務に関連する書籍や文献を読む、通信教育・外部の講座で学ぶなどがある。

■栄養・給食関係での教育・訓練方法（OJT と OFF-JT の例）

給食施設内の教育・訓練は主に OJT が行われる。しかし、栄養部門のスタッフの職種（管理栄養士・栄養士・調理師・調理補助員・パートタイム要員等）の専門性を考えると OFF-JT での教育・訓練も重要視され、実施機会が増加してきている。

OJT の場合 　　：①施設の衛生管理に関する点検の結果に基づいたミーティングやマニュアルに基づく作業中の教育など。

　　　　　　　　②HACCP に基づく食品衛生教育・訓練。

OFF-JT の場合：①病院・介護保険施設における栄養管理指針の改定時の説明。

　　　　　　　　②保健所が主催する食中毒予防対策食品衛生講習会の受講。

(3) 階層に応じた教育・訓練

組織体における教育・訓練は、顧客のニーズやウォンツに対応した業務の展開、ならびに、経営管理活動の向上をめざし、組織の階層別に応じた内容で、計画的に実施することが重要である。

1) 新従業員に対する教育・訓練

入社時のオリエンテーションなどを活用して、会社の諸規則（就業規則、労働条件、賃金、支払いの方法など）を知らせる。また、会社の認識（経営方針・活動・組織など）を高め、職業人・組織人としての心得・知識を深めさせる。さらに、施設内および部内の組織や各部の業務内容を理解させると同時に、利用者のニーズなども理解させる。チームの一員として業務を担っているという認識をもたせることが大切である。

2) 監督者の教育・訓練

各業務単位の長は、次のような条件を備えていることが必要とされ、組織内で訓練する。

①仕事に対する知識、②会社についての全般的な知識、③作業指導を行う技能、④作業方法改善の技能、⑤統率の技能

3) 管理者の教育・訓練と能力開発

　管理者としての職務を果たすために、監督者の資質に加えて、"管理の原則"、"組織と計画"、"会議のもち方"、"人の育て方"などが必要となる。

1.3 給食業務従事者の業績と評価

(1) 人事考課

　人事考課とは、仕事に対する能力および仕事の業績、結果など通して、社員や職員の会社、組織体への貢献度を評価するものである。この評価に基づいて、昇進や給与、賞与などを決定する査定資料として活用する管理システムである。評価方法は、公平性・透明性・客観性・納得性の観点から実施し、**加点主義**[*1]の理念も取り入れることが大切である。

　人事考課の特徴は、「理念に基づき・評価基準にしたがって・方法と手順を重視して」評価し、「評価の結果」をどのように活用するかである。

人事考課の実施にあたっては、管理者が評価者になる。そのため管理者は十分な評価ができるように評価に対する知識、能力そして技能をもっていなければならない。このため管理者を対象にした人事考課者訓練のシステムが重要視される。

　人事考課の評価領域は、**能力評価、情意（態度）評価、業績評価**であり、複数の評価項目で構成され、評価基準が体系化されている（**表8.1**）。

　社員区分により評価項目が異なり、また、評価手順の部分では、評価点やウエイト（%）の付け方が異なる。人事考課は通常2段階で実施される。一般的に、下位（部下）の者は、直属の上司が「1次査定者」となり、その上の上司が「2次査定者」として評価結果が最終的に決定される。なお、能力評価は年1回が一般的である。

2 事務管理

2.1 事務の概要と目的

　事務管理の目的は、給食部門のあらゆる業務（食事計画、献立作成、栄養計画、作業管理、衛生管理、給食の評価など）を円滑に運営し、給食業務全体の評価・記録などを行うことである。給食の計画から実施、評価、検討（plan-do-check-action）からさらに次の計画に至る一連の管理のサイクルを能率的に進めるうえで、**給食に**

　[*1] **加点主義**：失敗を中心に評価する「減点主義」の人事考課では、何事も消極的な姿勢が生じてくる（日本型雇用形態の例として）。加点主義とは、このマイナス思考を改善するために「失敗にこだわらず積極的にチャレンジ」する社員や職員を評価するという考え方である。

表 8.1 評価基準の体系

評価基準の体系				
分　　野		社員区分（例）		
評価領域	評価項目（例）	一般社員	主任係長	課長部長
能力 ＜br＞ 能力評価	① 知識技能	○	○	○
	② 理解力	○		
	③ 説明力	○		
	④ 判断力		○	○
	⑤ 計画力		○	○
	⑥ 指導力		○	○
	⑦ 折衝力		○	○
取組姿勢 ＜br＞ 情意（態度）評価	① 積極性	○	○	
	② 責任感	○	○	○
	③ 強調性	○	○	
	④ 規律性	○		
	⑤ 革新性			○
	⑥ 部下指導		○	
	⑦ 部下育成			○
	⑧ 全社的視点			○
業績 ＜br＞ 業績評価	仕事の量・質・目標達成度（目標管理による業績評価）			

かかわる情報を収集・分析し、業務の合理化・効率化を進める。また、栄養教育をはじめとする**栄養管理情報の収集と報告、保管**も含まれており、**帳票や書類の形で記録・保存する**ことが求められる。

　事務管理では、常にコスト意識をもって業務内容の見直しや改善を行い、仕事を遂行することが大切である。また、事務管理を効率的に合理化していくためにコンピュータの導入が欠かせないものとなっている。文書の作成、記録と保存、計算などさまざまな面で活用し、作業の集約を図ることが望まれる。

(1) 事務管理の種類

1) 食事提供業務での事務処理

　食事提供に関する事務処理で管理栄養士・栄養士が主に取り扱う事務業務である。**食事管理**（栄養計画・献立計画）、**食材管理**（発注・保管）、**調理・加工作業管理**（発注書、献立表、作業工程表）、**食事提供・配食管理、食事評価**（喫食調査表）などがある。また、日常の業務として日々の処理に必要な伝票や帳簿の作成や記入がある。

2) 栄養管理業務での事務処理

　病院における栄養食事指導・栄養管理の実施は、医療保険の診療報酬の収入源となる。高齢者施設などでは、栄養マネジメントなどの実施が介護保険の介護報酬か

2 事務管理

らの収入として関係し、管理栄養士業務の収入源として重要となっている。各施設における適切な栄養管理業務の遂行・事務処理（栄養管理報告書の作成・提出）は、保険請求においても必要である。

(2) 経営管理業務での事務処理

労務関連（出勤簿）、会計関連（食材費、経費など）の書類・伝票などがあり、組織の事務部門へ提出・報告の業務がある。

(3) その他、届出に関する事務処理

給食施設を新規に開設する場合は、給食施設給食開始届（p. 10）、届出内容が変更になる場合は給食施設変更届・規模変更届、給食提供を休止もしくは停止する場合は給食施設休止届（p. 11）や給食施設廃止届を監督官庁に提出しなければならない。その他に特定給食施設栄養管理報告書（p. 52）、特定給食施設報告書の提出義務がある。

2.2 情報の概要と目的

情報には、伝達・連絡の要素をもつ情報と知識（専門的）としての情報の2通りがある。いずれの情報も上手な活用により、業務の円滑な運営、業務内容・技術の向上、新たな情報発信などに有効である。ただ、情報の取り扱いと情報源の取捨選択は適切に行う必要があり、間違った情報の入手や発信には注意が必要である。

情報源には、紙媒体（本、雑誌、新聞、資料など）、電子媒体（パソコン、携帯電話）、音声画像媒体（テレビ・ラジオなど）、個人情報（カルテなど）などさまざまなものがある。給食施設における情報は、あらゆる喫食者（顧客）の情報、給食を取り巻く環境や政治・経済、世界情勢にかかわる情報など多岐にわたる。

(1) 文書情報の扱い

事務情報として文書を取り扱うときの原則を**表8.2**に示す。文書情報には、さまざまな関係部署の情報も含まれ、関連部署へ回覧する場合もある。その場合は、一カ所で留まらないよう迅速かつ丁寧な対応が必要である。また、報告は時間内にできるよう配慮する。

最近では施設内においてメールで文書のやり取りを行うことが多くなり、その確認・対応も日々の業務の一部となっている。

表8.2　文書（帳票）取り扱いのポイント

1. 文書の取り扱いは正確かつ迅速に行う
2. 文書は丁寧に取り扱う
3. 文書は責任をもって取り扱う
4. 文書の処理状況は明らかにしておく
5. 文書の適正な保管、保存に努める
6. 記憶媒体への保存の場合は、複製を取っておく

第8章　給食の人事・事務

(2) 事務管理における各種帳票の種類

1) 事務帳票の性質と機能

　事務管理では、通常各種帳票などを使用して、業務の統制、記録、評価を行う。帳票とは帳簿と伝票をあわせた用語で、またその機能をもつ。**帳簿**とは、金銭の収支や物品の出納その他必要な事柄を書きつける帳面であり、**伝票**とは、納品・支払いなどの伝達に使う小紙片という意味である。

　つまり、帳票とはある事柄を連続して記帳して物の流れなどを統制しつつ、個々の記録をバラバラにして、評価・伝達資料として使用することもできる。現在ではコンピュータを用いて事務管理を行うことが多く、帳票等の作成や保存もコンピュータが無くてはならないものになっている。利便性からも業務の遂行を効率的に行えるコンピュータの操作を身につけておきたい。

2) 各種帳票の種類

　実際の業務別の各種帳票の種類と作成時の注意点（**表8.3**）、主な給食業務の主要な帳票の流れと関連業務（**図8.1**）を示す。

　帳票の処理については、実際の給食業務が進むにつれて準備するものと月単位で処理するものなどがある。給食提供は、計画から実施、評価のように時間とともに処理していくので、それぞれの業務ごとの帳簿をまとめておくことも大切である。また、事務管理では、多種類の帳票により業務が煩雑にならないよう合理化や効率化を図りながら、施設で必要なものを備えておく。特定給食施設においては、**栄養管理報告書、衛生管理（大量調理施設衛生管理マニュアル）の必要書類**は必ず記載、保存しなければならない。また、**書類提示の義務、報告書の提出義務**がある。

　病院における食事療養に必要な主な帳票と機能を**表8.4**に示す。

(3) その他

1) 委託契約による給食業務の事務

　委託給食を行う場合には、**委託契約書**を交わして、契約書の内容に従い業務を遂行する。契約業務内容についての書類も、記載し保存して業務内容の検討に使用する。通常の給食業務の場合と同様に各種帳票書類は揃えて保管し、監査時の閲覧・提出に備える。

2) 各種管理・監査書類の整備・保管

　特定給食施設の管理者は、**指導監督官庁（保健所等）**に対して必要書類を提出、**病院では医療監査**に対応することが求められ、実施した給食について報告する必要がある。報告書の様式が定められていることが多く、その様式（書類に直接記入）に従って漏れのないよう記載し、提出する。

表 8.3 帳票の種類（給食業務の機能により分類）

業務内容	帳票名	備考（作成時の注意）
1）食事管理	人員構成票	予め計算しておく（定期的に算定） ※栄養月報 提出時に記載
	給与栄養量の算定書	
	荷重平均成分票	
	食品構成票	
	献立票（作成基準表）	
2）施設設備管理	厨房設計書　厨房見取り図	予め準備および備えておく
	機器類の性能	
	機器類の減価償却計画	該当年で算出
	勤務計画表（勤務表）	月毎
	予算書	
3）献立管理	期間献立表	献立サイクルにあわせて
	献立表（予定・実施）	
	レシピ（作業指示書）	食事毎
	作業工程・調理工程計画書	
4）食材管理	発注書、発注伝票	1日毎
	検収簿	
	納品伝票	
	食品受払い簿	食品の出入日毎
	入庫伝票、出庫伝票	
	支払・請求伝票	月毎
5）調理作業管理	献立表	食事毎
	食数管理表	
	調理作業工程表	
	機器使用計画・実施表	
	加熱温度記録簿	
	保管温度記録簿	
	勤務記録	1日毎
	喫食数記録表	食事毎と月毎
	売上表	
6）衛生・安全管理（大量調理施設衛生管理マニュアルより一部抜粋）	調理室等安全・使用水点検表など	1日毎
	調理室温度記録簿	
	廃棄物処理など	
7）評価	給食日誌	1日毎
	検食簿	毎食毎
	食材（費）日計表	1日毎
	栄養月報　栄養管理報告書	月毎
	残菜調査票	年間定期時または月毎
	嗜好調査票	
	提供時間、提供温度調査票	
	廃棄量調査票	
	栄養出納表	週間または月間
	会計報告書（収支報告書）	年間(会計期間)
	貸借対照表	

第8章 給食の人事・事務

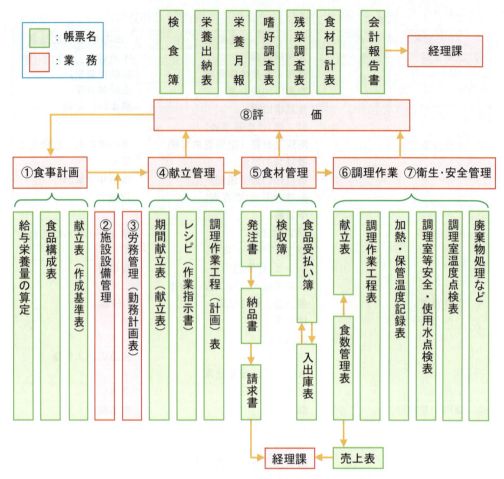

図8.1 給食業務の帳票の流れと関連業務

2　事務管理

表8.4　入院時食事療養に必要な主な帳票と内容

	帳票名	機　能
1	一般治療食(常食)患者年齢構成及び給与栄養目標量	毎月15日の入院患者全員の年齢、性別を分類して、各人数を求め、該当する栄養量を算出。献立作成の基本にする。
2	食品構成表	食事箋の指示内容に沿って食品を選択、数量を明記。
3	食事箋及び食事変更伝票	医師が患者の性、年齢、体格、病状などから食事の内容を決定し、発行する。食事変更でも発行される。
4	約束食事箋	院内で予めエネルギー、たんぱく質などを協議して決定。
5	献立表	栄養計画と給食の運営計画に基づいて具体的な料理を組み合わせて、実際の調理時には作業指示書となる。
6	発注書（発注伝票）	予定献立に基づき、食材料を業者に注文する指示書。
7	納品書（納品伝票）	注文した食材の納品状況を確認。食材費の計算にも用いる。
8	病院給食食品量表	適切に食事が提供されたかを1ヶ月単位で検討・評価する。
9	食材日計表	食事提供業務を効率的に行うため、食材料の出納、食材管理を適切に行う上で備えておくもの（ITを活用してもよい）。
10	食数管理表	食事提供数を1日毎、月毎に疾患別・病棟別にまとめたもの。特別食加算を算定する場合に患者把握を行う。
11	栄養管理報告書	給与栄養量の評価、報告書として作成しなければならない。一定期間の給与平均値（栄養出納表）と基準値との評価をする。
12	検食簿	給食責任者が調理後に提供する料理は、栄養、衛生、嗜好的観点から評価する。検食者は、医師または管理栄養士・栄養士
13	栄養管理委員会議事録	食事の効果を生かすように医師、看護師、管理栄養士などの食事関係者から構成される定期的な会議を行い、食事計画、調査、改善などに関する事柄を検討し記録する。
14	嗜好調査結果表	喫食者の食事の評価を行い、満足度を高めるために結果から得られた意見を献立に反映する努力を行う。
15	残菜調査結果表	提供された食事の残菜を毎食調べることにより、適切な食事内容の検討を行う。この時、各喫食者ごとのデータをまとめ、栄養評価、栄養指導につなげていけるよう記録することも重要。
16	細菌検査結果表	毎月（1〜2回）の検査が義務付けられている。
17	健康診断結果記録表	給食業務従事者へ、年1回以上の健康診査が義務付けられている。
18	栄養管理業務日誌	1日の業務内容の把握・管理・評価の際に必要である。
19	管理栄養士等免許証	給食業務等に必要な免許、資格。
20	出勤簿	職員の出勤状況、人事管理に必要な書類。
21	栄養食事指導箋及び報告書	栄養食事指導を行う際に指導内容（疾病名）、医師のオーダーが明記されている。診療報酬算定時に必要な書類になる。

第8章　給食の人事・事務

3　給食経営おけるITの活用

3.1　情報技術の効率的活用

(1)　IT（Information Technology）の導入と利点

ITは情報関連技術をさすが、コンピュータを中心として、ハードウエア（パーソナルコンピュータ）、ソフトウエアとそのシステム（ネットワーク化など）がある。給食管理業務では、さまざまな業務を統括し、最終的に記録を残し帳票の発行、文書作成、必要書類の提出・保存を行う。その過程で発生するさまざまな帳票・情報管理にコンピュータを活用すれば、作業内容の整備と合理化・効率化を進めることができる。現在では、パソコンは業務上必須の道具であり、給食管理専用のソフトも多く開発されている。

一方、インターネットやメールを使用した情報のやり取りは時間や場所を選ばず、意志の疎通やデータのやり取り・保存もできる。また、インターネットから各種情報を得ることも容易で、簡便な情報収集媒体としても有効である。ただし、活用に際しては、データ管理を適切に行うとともに、収集する情報内容の吟味や出典サイト（情報の出処）の正確性や信頼性を見極めることも大切である。

(2)　給食業務への応用

① 給食管理業務：食数管理、献立管理、調理作業管理、品質管理、衛生管理、在庫管理
② 会計管理業務：発注・納品・請求伝票、給食経費計算
③ 栄養管理業務：栄養アセスメント、栄養出納、栄養指導のデータを管理

上記に加えて、病院では**オーダリングシステム**（ordering system）（**図8.2**）が導入され、**電子カルテ**を各部署で情報共有し、事務の効率化・迅速化に役立てている。

(3)　情報の管理・保管

各情報には、個人情報も多数含まれており、その保管には厳重な注意が必要である。個人情報保護の観点からも、保管には鍵の掛かる設備に保管する。情報を取り扱う場合は、施設内で決められた者が取り扱うなど特に電子保存媒体（CD、USBメモリーなど）の保管場所、使用についての取り決めが必要である。また、必ず複製（バックアップ）を作成しておく。

パソコンを操作して、処理するのでパソコン（ハード上）での保存にも配慮したい。

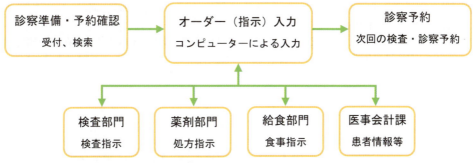

図8.2 オーダリングシステム

問　題

下記の文章の（　）に適切な語句を入れよ。

(1) 正規職員とは一般的には長期間の（ ① ）を結び、1日（ ② ）時間以上、1週間に（ ③ ）時間以上働く者をいう。
(2) 従業員の教育訓練には、職場内で行われる（ ④ ）と職場外で行われる（ ⑤ ）がある。
(3) 給食業務従事者の業績評価には（ ⑥ ）を用い、（ ⑦ ）を取り入れる。
(4) 給食業務を委託する場合には（ ⑧ ）を交わして、施設に備え付けなければならない。
(5) 病院の栄養管理業務におけるITの活用として、（ ⑨ ）や（ ⑩ ）が導入されている。

参考文献

1) 君羅満、岩井達他：「ブックス給食経営管理論」第2版建帛社2008
2) 豊瀬恵美子他：「給食経営管理論－給食の運営と実務」学建書院2008
3) 鈴木久乃、小林幸子他：「給食経営管理論」南江堂2007
5) 鈴木久乃、太田和枝他：「給食用語辞典」第一出版2006
6) 鈴木久乃、太田和枝他：改訂新版「給食管理」第一出版2004
7) 佐久間信夫編集：「現代経営用語の基礎知識」学分社2005
8) 栄養セントラル学院編著：「管理栄養士国家試験の要点」中央法規2011
9) 新井将能著：「図解で学ぶコトラー入門」日本能率協会マネジメントセンター2010
10) 富岡和夫編著：「エッセンシャル給食経営管理論」第2版医歯薬出版2010
11) 外山健二、幸林友男編：「NEXT 給食経営管理論」講談社2003

第8章 給食の人事・事務

12) 香西みどり、小松龍史、畑江敬子編：「給食マネジメント論」東京化学同人2005
13) 坂口久美子、上田哲雄編：「給食経営管理論」化学同人2006
14) 大阪府、大阪市、堺市、東大阪市、高槻市監修：「病院及び介護保険施設における栄養管理指針ガイドブック」社団法人大阪府栄養士会
15) 林憲生：「採用業務のすべてがわかる本」シーアンドアール研究所2009

施設別給食経営管理

達成目標
■ 各種特定給食施設の目的、対象者および栄養・食事管理の特性および制度を理解する。
■ 給食生産に関わる資源と条件を把握し、給食生産の要点を理解する。

第9章　施設別給食経営管理

1　病院

1.1　概念

病院における食事療養は、

① 疾病の重症化予防や治療、病状の改善・安定による早期退院

② 患者に必要とされる栄養量の確保による栄養状態の改善

③ 治療食を媒体とした食生活習慣の改善（支援）

などを目的としている。病院は在院日が短く高度な医療を提供する急性期型の病院と、療養・回復を目的として長期に入院する療養型の病院に大別することができる。病院の特性により栄養・食事管理の目的は異なる。

1.2　経営管理

病院は以下の3種類に大別できる。

・療養型（老人）病院：療養型病床群及び特例許可老人病床の割合が全体の80%以上を占める病院

・精神病院：精神病床が全体の80%以上を占める病院

・一般病院：それ以外の病院

病院給食の経営は医療保険法と健康保険法に基づき行われる。

また、多職種からなるチームによる取り組みを評価する「**栄養サポートチーム (NST：Nutrition Support Team) 加算**[1]」、緩和ケア診療加算（平成22年）における「**個別栄養食事管理加算**[2]（平成30年）」などがある。いずれも管理栄養士の配置が必須である。栄養管理部門においては、管理栄養士は組織の責任者として、食事の質的な保証と経済効率を考慮した経営管理を行うことが求められる。

(1)　栄養管理部門の収入

病院給食における収入は健康保険法に基づき、「入院時食事療養費に係る食事療養及び入院時生活療養費に係る生活療養の費用の額の算定に関する基準（平成18年3月6日厚生労働省告示第99号）」に規定されている。栄養管理部門の収入は以下の3つに大別できる。

---

[1] **栄養サポートチーム加算**：週1回200点、専任の常勤医師、常勤看護師、常勤薬剤師、常勤管理栄養士により構成されたチームの設置等が要件になっている。

[2] **個別栄養食事管理加算**：70点（1日につき）、［算定要件］(1) 緩和ケア診療加算を算定している緩和ケアを要する患者について、緩和ケアチームに管理栄養士が参加し、患者の症状や希望に応じた栄養食事管理を行った場合に算定する。(2) 緩和ケア診療実施計画に基づき実施した栄養食事管理の内容を診療録に記載又は当該内容を記録したものを診療録に添付する。

表 9.1 入院時食事療養（Ⅰ）又は入院時生活療養（Ⅰ）等の届出に当たって留意すべき事項

入院時食事療養（Ⅰ）又は入院時生活療養（Ⅰ）の届出に当たっては、下記の全ての事項を満たすものであることとする。

(1) 病院である保険医療機関にあっては入院時食事療養及び入院時生活療養の食事の提供たる療養を担当する部門が組織化されており、常勤の管理栄養士又は栄養士が入院時食事療養及び入院時生活療養の食事の提供たる療養部門の責任者となっていること。また、診療所にあっては管理栄養士又は栄養士が入院時食事療養及び入院時生活療養の食事の提供たる療養の指導を行っていること。

(2) 入院時食事療養及び入院時生活療養の食事の提供たる療養に関する業務は、質の向上と患者サービスの向上を目指して行われるべきものであるが、当該業務を保険医療機関が自ら行う他か、保険医療機関の管理者が業務上必要な注意を果たしうるような体制と契約内容により、入院時食事療養及び入院時生活療養の食事の提供たる療養の質が確保される場合には、保険医療機関の最終的責任の下で第三者に委託することができるものである。

(3) 一般食を提供している患者の栄養補給量については、患者個々に算定された医師の食事箋又は栄養管理計画による栄養補給量を用いることを原則とするが、これらによらない場合には、推定エネルギー必要量及び栄養素（脂質、たんぱく質、ビタミンA、ビタミンB1、ビタミンB2、ビタミンC、カルシウム、鉄、ナトリウム（食塩）及び食物繊維）については、健康増進法（平成14年法律第103号）第16条の2に基づき定められた食事摂取基準の数値を適切に用いるものとすること。なお、患者の体位、病状、身体活動レベル等を考慮すること。また、推定エネルギー必要量は治療方針にそって身体活動レベルや体重の増減等を考慮して適宜増減することが望ましいこと。

(4) 患者の病状により、特別食を必要とする患者については、適切な特別食が提供されていること。

(5) 当該保険医療機関の療養の実態、当該地域における日常の生活サイクル、患者の希望等を総合的に勘案し、適切な時間に適切な温度の食事が提供されていること。この場合においては、それぞれ患者の病状に応じて必要とする栄養量が与えられていること。

(6) 提供食数（日報、月報）、食事箋、献立表、患者入退院簿、食料品消費日計表等の入院時食事療養及び入院時生活療養の食事の提供たる療養関係の帳簿が整備されている。ただし、これらの名称及び様式については当該保険医療機関の実情に適したものを採用して差し支えない。なお、関係事務業務の省力化を図るために、食品納入・消費・在庫等に関する諸帳簿は、各保険医療機関の実情を勘案してできる限り一本化を図るなどして、簡素合理化に努めること。

(7) 栄養管理体制を整備している施設又は栄養管理実施加算を算定している施設（有床診療所に限る。）においては、下記の場合において、各帳簿を必ず備えなくても差し支えない。

　　① 患者の入退院等の管理をしており、必要に応じて入退院患者数等の確認ができる場合は、提供食数（日報、月報等）、患者入退院簿

　　② 栄養管理体制の基準を満たし、患者ごとに栄養管理を実施している場合は、喫食調査

　　③ 特別治療食等により個別に栄養管理を実施している場合は、患者年齢構成表、給与栄養目標量

　　④ 食材料等の購入管理を実施し、求めに応じてその内容確認ができる場合は、食料品消費日計表、食品納入、消費、在庫等に関する帳簿

　　また、(2) の通り、保険医療機関の最終的責任の下で第三者に委託した場合は、保険医療機関が確認する帳簿を定め、①から④までにより必ず備えなくても差し支えないとした帳簿であっても整備すること。

(8) 帳簿等については、電子カルテやオーダリングシステム等により電子的に必要な情報が変更履歴等を含め作成し、保存されていれば、紙で保管する必要はない。

(9) 適時の食事の提供が行われていること。なお、夕食に関しては病棟で患者に配膳される時間が午後6時以降であること。ただし、当該保険医療機関の施設構造上、厨房から病棟への配膳に時間を要する場合には、午後6時を中心として各病棟で若干のばらつきを生じることはやむを得ない。この場合においても、最初に病棟において患者に夕食が配膳される時間は午後5時30より後である必要がある。

(10) 保温食器等を用いた適温の食事の提供が行われていること。即ち、適温の食事の提供のために、保温・保冷配膳車、保温配膳車、保温トレイ、保温食器、食堂のいずれかを用いており、入院患者全員に適温の食事を提供する体制が整っていること。なお、上記適温の食事を提供する体制を整えず、電子レンジ等で一度冷えた食事を温めた場合は含まないが、検査等により配膳時間に患者に配膳できなかった場合等の対応のため適切に衛生管理がされていた食事を電子レンジ等で温めることは、差し支えない。また、食堂における適温の食事の提供とは、その場で調理を行っているか、又は保温庫等を使用している場合をいう。保温食器は名称・材質の如何を問わず、保温機能を有する食器であれば差し支えない。また、クックチル、クックフリーズ、真空調理（真空パック）法により料理を行う過程において急速冷却し、提供する際に再度加熱する場合は、電子レンジ等で一度冷えた食事を温めた場合にはあたらない。

(11) 職員に提供される食事と患者に提供される食事との区別が明確になっていること。なお、患者に提供される食事とそれ以外の食事の提供を同一の組織で行っている場合においては、その帳簿類、出納及び献立盛り付けなどが明確に区別されていること。

(12) 入院時食事療養及び入院時生活療養の食事の提供たる療養に伴う衛生管理は、医療法（昭和23年法律第205号）及び同法施行規則（昭和23年厚生省令第50号）の基準並びに食品衛生法（昭和22年法律第233号）に定める基準以上のものである。

(13) 障害者施設等入院基本料を算定している病棟又は特殊疾患入院施設管理加算若しくは特殊疾患病棟入院料を算定している病棟については、個々の患者の病状に応じた食事の提供が行われている場合には、必ずしも(8)の要件を満たす必要はないものとする。

資料）「入院時食事療養及び入院時生活療養の供給たる療養の基準等に係る届け出に関する手続きの取り扱いについて（別紙）」平成18年3月6日保医発第0306010号（最終改正：令和6年3月5日保医発第0305第13号）」をもとに作成

第 9 章　施設別給食経営管理

表 9.2　入院時食事療養費の患者定額負担額（食材費＋調理費）

区　　　分			入院時食事療養費
一般			1 食につき 490 円
市区町村民税非課税世帯	低所得者Ⅱ		1 食につき 230 円 （過去 1 年間の入院期間が 90 日以内）
			（90 日超の場合は 180 円）
	低所得者Ⅰ	70 歳未満	1 食につき 230 円 （過去 1 年間の入院期間が 90 日以内）
			（90 日超の場合は 180 円）
		70 歳以上 75 歳未満	1 食につき 110 円
指定難病・小児慢性特定疾病の患者			1 食につき 280 円

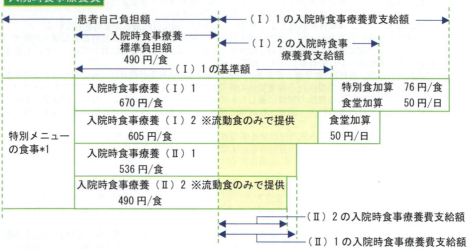

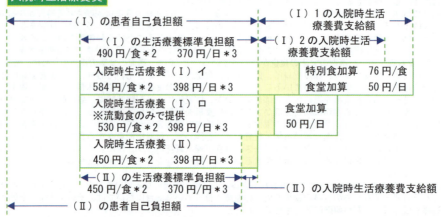

注）＊1：特別メニューの食事：通常の食事療養費用では提供が困難な高価な食材や異なる材料を使用して調理する行事食メニューや標準メニューではない複数のメニューを選択した場合の選択メニューなど、特別のメニューを提供した場合。　＊2：食費　＊3：居住費

資料）入院時食事療養費に係る食事療養及び入院時生活療養費に係る生活療養の費用の額の算定に関する基準、厚生労働省告示第 99 号（最終改正：令和 6 年 3 月 5 日　厚生労働省告示第 64 号）

図 9.1　入院時食事療養費・入院時生活療養費の基本構造

·食事提供によるもの：入院時食事療養費、入院時生活療養費（高齢者対象）

·栄養管理によるもの：栄養サポートチーム加算、緩和ケア診療加算など

·栄養指導によるもの：各種栄養食事指導料

なお、これらの収入も保険者からの報酬[*3]、入院患者の一部自己負担および自費によるものがある。このうち最も大きな収入源となるものが入院時食事療養費であり、病院給食を計画するうえで経理上の基本、基準となるため、その情勢については注意が必要である。上記の診療報酬は、通常2年に一度改正が行われる。

(2) 入院時食事療養

入院時食事療養費とは、入院患者の食事にかかる費用のうち患者自己負担額を控除した額のことである（**表9.2**）。

入院時食事療養は（Ⅰ）と（Ⅱ）に分けられ、（Ⅰ）は、食事療養は管理栄養士または栄養士が行っており、患者の年齢、病状によって適切な栄養量を提供されているなど要件を満たしている場合に、保険医療機関が都道府県知事に届出を行うことによって適用される（**図9.1**）。基本の食事療養の他に、治療目的として特別な配慮を行う食事に対しては**特別食加算**、入院患者の食事環境に配慮して患者食を利用した場合の**食堂加算**があり、いずれも入院時食事療養（Ⅰ）の適用を受けることによって算定することができる。さらに患者の多様化するニーズに応じて自己負担で**特別メニューの食事**を提供することも可能である。

(3) 特別食加算

① 特別食加算は、入院時食事療養（Ⅰ）また入院時生活療養（Ⅰ）の届出を行った保険医療機関において、患者の病状等に対応して医師の発行する食事箋に基づき、「入院時食事療養及び入院時生活療養の食事の提供たる療養の基準等」（平成6年厚生省告示第238号）の第2号に示された特別食が提供された場合に、**1食単位で1日3食を限度**として算定する。ただし、流動食（市販されているものに限る。）のみを経管栄養法により提供したときは、算定しない。なお、当該加算を行う場合は、特別食の献立表が作成されている必要がある。また、食品である経腸栄養用製品のみを使用する場合には、入院時食事療養費または入院時生活療養費に含まれることとする。

＊3 診療報酬：診療報酬は、保険診療の際に医療行為等の対価として計算される報酬のことである。診療報酬点数表に基づいて計算され、点数で表現される。医師の医療行為だけでなく医療行為を行った医療機関・薬局の医業収入の総和を意味する。医業収入には、医師（または歯科医師）や看護師、その他の医療従事者（管理栄養士による栄養食事指導など）の医療行為に対する対価である技術料、薬剤師の調剤行為に対する調剤技術料、処方された薬剤の薬剤費、使用された医療材料費、医療行為に伴って行われた検査費用などが含まれる。

第9章　施設別給食経営管理

② 　加算の対象となる特別食は、疾病治療の直接手段として、医師の発行する食事箋に基づいて提供される患者の年齢、病状等に対応した栄養量および内容を有する治療食、無菌食および特別な場合の検査食をいうものであり、治療乳を除く乳児の人工栄養のための調乳、離乳食、幼児食等ならびに治療食のうちで単なる流動食および軟食は除かれる。他、特別食加算対象食種と算定要件は **表9.3** のとおりである。

③ 鼻腔栄養との関係

　　患者が経口摂取不能のために鼻腔栄養を行った場合に算定する。薬価基準に収載されていない流動食を提供した場合、特別食の算定要件を満たしているときは特別食の加算を算定して差し支えない。

　　また、食道がんを手術した後、胃瘻より流動食を点滴注入した場合は、鼻腔栄養に準じて取り扱うとなっている。

(4)　食堂加算

　食堂を備えている病棟または診療所が算定できる。食堂の床面積は当該食堂を利用する病床1床当たり0.5 ㎡以上必要であり、複数の病棟との共有や談話室等との兼用は認められる。なお、食堂での喫食が可能な患者に対しては、食堂で喫食するように努める。

(5)　特別メニューの食事

　患者からの多様なニーズに対応するために、患者から特別の料金の支払いを受けるメニューを提供することも可能である。しかしその場合には、

❖患者に対して十分な情報提供を行い、自由選択とする

❖料金を含めたわかりやすいメニュー表示とし、文書を交付する

❖自己負担額に見合う内容の食事であること

❖栄養量に関しては患者ごとに栄養記録を作成し、個別の医学的・栄養学的管理が行われることが望ましい

1.3 栄養・食事管理

(1)　病院給食の種類と栄養基準

　病院給食における栄養・食事管理は、健康増進法施行規則第9条の「栄養管理の基準」に基づき、疾病の治癒・安定・回復、栄養状態の改善を図り、早期退院を促進することが目的である。食事は、一般治療食と特別治療食に大別される。

表 9.3　病院における食事の分類

区分	種類	適応症および食種	
		加算食（特別食）	非加算食
一般食	常食		特殊な食事療法を必要としない常食
	軟食		特殊な食事療法を必要としない分粥・全粥など軟食
	流動食		特殊な食事療法を必要としない流動食
特別食	腎臓食	急性・慢性腎炎、急性・慢性腎不全、ネフローゼ症候群、透析	
	心臓疾患食	食塩総量 6.0 g/日未満の減塩食	その他の心疾患
	妊娠高血圧症候群食	日本高血圧学会、日本妊娠高血圧学会等の基準に準じた減塩食	その他の妊娠高血圧症候群
	肝臓食	肝庇護食、肝炎食、肝硬変食、閉鎖性黄疸食（胆石症と胆嚢炎による閉鎖性黄疸を含む	肝がん、胆石症など
	糖尿食	糖尿病	
	胃潰瘍食	十二指腸潰瘍にも適用。クーロン病、潰瘍性大腸炎などにより腸管の機能が低下している患者の低残渣食にも適用。流動食は除く。	胃がん、その他のがん関係、便秘症、その他の大腸疾患
	術後食	侵襲の大きな消化管手術（食道・胃・腸など）の術後食は胃潰瘍食に準ずる	各種疾患の術後食
	貧血食	血中ヘモグロビン濃度 10 g/dL 以下（鉄欠乏に由来）の者を対象	白血病、血友病、紫斑病、悪性腫瘍など
	膵臓食	急性・慢性膵炎	膵がんなど
	脂質異常症食	空腹時 LDL-コレステロール値が 140 mg/dL 以上、または HDL-コレステロール値が 40 mg/dL 未満、もしくは中性脂肪値が 150 mg/dL 以上の者を対象	その他の脂質異常症
	高度肥満症食	高度肥満症食（肥満度が＋70%または BMI が 35 以上）は脂質異常症食に準ずる	
	痛風食	通風	高尿酸血症
	てんかん食	難治性てんかん、グルコーストランスポーター 1 欠損症、ミトコンドリア脳筋症の治療食対象	
	先天性代謝異常食	フェニルケトン尿症食、楓糖尿症食、ホモシスチン尿症食、ガラクトース血症食	その他の先天性代謝異常
	治療食	乳児栄養障害症に対する酸乳、バター穀粉乳など	プレミルク等の既製品、添加含水炭素の選定使用など
	口腔・咽頭・食道疾患食		口内炎、舌炎、舌がん、上下顎がん、上下顎骨折、食道炎、食道潰瘍、食道がんなど
	アレルギー食		食事性アレルギー症
	食欲不振食		悪性腫瘍、神経性食欲不振症、放射線宿酔食など
	検査食	潜血食、大腸 X 線検査、大腸内視鏡検査のための低残渣食	各種検査食（ヨード制限、ミネラル定量テスト、レニンテスト、乾燥食、その他）
	無菌食	無菌治療室管理加算算定患者を対象	白血病、免疫不全症、再生不良性貧血症、無顆粒球症など
	乳児期食		乳児期（調乳が大部分を占める）
	離乳期食		離乳期（離乳食が大部分を占める）
	幼児期食		就学前の幼児期
	その他		特定栄養素の付加あるいは制限を必要とする疾患、上記に属さない疾患

資料）厚生労働省保険局医療課：「入院時食事療養費及び入院時生活療養費の実施上の留意事項について」

保医発 0305 第 14 号　令和 6 年 3 月 5 日

第9章　施設別給食経営管理

1）一般治療食

一般治療食は各栄養素など特別な制限や強化の必要がなく、「日本人の食事摂取基準」を参考に給与栄養目標量を設定する。

2）特別治療食

特別治療食は、医師が患者の病状や栄養状態、治療方針に沿って処方された食事せん（食事指示書）に基づき、管理栄養士・栄養士が立案した献立によって提供される食事である。

栄養目標量は、各疾患のガイドラインや指針が示されているものはそれに従う。

(2) 栄養食事指導

医療機関では、管理栄養士が栄養食事指導を行うことにより診療報酬を算定できる（表9.4）。栄養食事指導料は、表9.4のとおり入院、外来、集団、在宅訪問などに対する栄養食事指導料がある。栄養食事指導料は、①厚生労働省が定める特別食を必要とされる患者に対し②管理栄養士が医師の指示に基づき、③患者ごとにその生活条件、嗜好を勘案し、食事計画案等必要に応じて交布し、④所定の時間の指導を行った場合に算定できる。また、在宅患者訪問栄養食事指導料は、③の食事計画案又は具体的な献立を示した栄養食事指導箋を患者または家族等に対して交布し、その指導箋に従った調理を介して実技を伴う指導を行った場合に算定する。食事は生きた栄養指導の媒体となるため、指導時には入院期間中の食事を例に指導すると、食事量、バランスや味について具体的に示すことができる。糖尿病の教育入院では、運動や食事を体感できるようにそれぞれの専門職が協働して教育プログラムを立案する。

1.4 生産管理、品質管理

(1) 生産管理

1）病院給食における給食生産の特徴

病院給食は、単一給食を提供する学校給食や、様態が安定していて長期に療養する高齢者福祉施設と異なり、1日3回毎日食事を提供する他に以下の特徴がある。

（ⅰ）多品種少量生産

特別食の基準に従い食種が多い他に、個人対応が求められるために多品種少量生産となる。また、個々の患者の病状の変化に応じて食種の変更も多い。

（ⅱ）適時、適温配膳

入院時食事療養（Ⅰ）は適時・適温で食事を提供することが前提とされている。その際の適時とは夕食では実際に病棟で患者に食事が届く時刻で、原則として6時

表 9.4　管理栄養士による栄養食事指導料（診療報酬算定額）

種　類	算定額（1件・1名あたり）	
1	外来栄養食事指導料 1	(1) 初回 　①対面での実施 260 点（2600 円） 　②情報通信機器での実施 235 点（2350 円）
		(2) 2 回目以降 　①対面での実施 200 点（2000 円） 　②情報通信機器での実施 180 点 1800 円）
	＊診療所での実施については、外来栄養食事指導料 2 として、それぞれ−10 点の算定額となる。	
2	入院栄養食事指導料 1	(1) 初回 260 点（2600 円）
		(2) 2 回目以降 200 点（2000 円）
	＊診療所での実施については、入院栄養食事指導料 2 として、それぞれ−10 点の算定額となる。	
3	集団栄養食事指導料	80 点（800 円）
4	在宅患者訪問栄養食事指導料 1 イ　単一建物診療患者が 1 人の場合 ロ　単一建物診療患者が 2〜9 人の場合 ハ　イ及びロ以外の場合	イ 530 点（5300 円） ロ 480 点（4800 円） ハ 440 点（4400 円）
	＊保険医療機関以外の管理栄養士の実施については、在宅患者訪問栄養食事指導料 2 として、 　それぞれ−20 点の算定額となる	
5	歯科入院栄養食事指導料 1	イ）初回 260 点（2600 円）
		ロ）2 回目以降 200 点（2000 円）
	＊診療所での実施については、入院栄養食事指導料 2 として、それぞれ−10 点の算定額となる。	

＊他に、管理栄養士が診療チームの一員となって行う疾病予防のための取り組みに対する診療報酬として、
「糖尿病透析予防指導管理料」（350 点）、「慢性腎臓病透析予防指導管理料」（イ：300 点、ロ：250 点）がある。

資料）厚生労働省　令和 6 年診療報酬点数表

以降であること。適温とは保温食器等や保温・保冷配膳車等を用いて配膳する。

2) 配食・配膳方式

　病院給食の配食・配膳方法は、中央配膳室で盛り付けながらトレイセットを行う中央配膳と、各階の配膳室で盛り付ける病棟配膳に大別できる。中央配膳は効率的、集中的に配膳することができるが、喫食者の状況を確認しにくいというデメリットがある。一方、病棟配膳は喫食者の状況を把握して、すみやかな対応が可能であるが多くの人員を必要とする。

3) 給食業務の委託

（ⅰ）院内施設における業務委託

　病院給食では、給食業務の委託および院外調理が認められている。1986（昭和 61）年に「病院における給食業務は病院自ら行うことが望ましいが、病院の最終的責任の下で当該業務の一部を第三者に委託することは差し支えない」（健政発第 226 号）

第9章　施設別給食経営管理

とされ、病院内の給食施設を使用して調理を行う委託のみ認められた。病院自らが実施すべき業務が定められている。

（ii）　院外調理

1996（平成8）年、健政発第263号によって医療法施行規則の一部が改正され、「院外調理」も認められることとなった（巻末資料p.270～274）。病院内の給食施設において調理のすべてを行う必要はないが、一部加熱作業は残るため、病院内の給食施設のすべてが不要になるわけではない。

院外調理の方式には、クックチル、クックフリーズ、クックサーブ、真空調理（真空パック）がある。ただし、クックサーブは同一敷地内の施設へ配送する場合のみ認められる。料理の生産・保管・運搬・再加熱に対して細かい温度基準が設けられている。いずれの調理法式であってもHACCPの概念に基づく適切な衛生管理が行われていることが必要である。

(2) 品質管理

病院給食の品質管理は食事の提供量、栄養素量、提供温度・時間などの品質管理の基準が設定されており、それを遵守するように作業を行う。保温庫・保冷庫や保温・保冷配膳車など適切な設定温度で管理するとともに、機器を過信することなく直接料理温度を測定してモニタリングすることも必要である。機器に頼る品質管理ではその機器が正常に作動していることが前提であり、機器のメンテナンスも不可欠となる。

生産作業工程を管理してジャスト・イン・タイムで生産するように計画する。そのためには、個々の料理の生産に要する時間やマンパワー等の科学的分析が必要である。

また、入院患者の高齢化に伴い、ソフト食やミキサー食など調理した料理を形態調整する食種が増えている。2次汚染のリスクを低減するとともに、形態調整の標準化を行う。

1.5 安全・衛生管理

病院給食の安全・衛生管理は、入院患者に対して衛生的で安全な食事の提供を行うことである。食品衛生法、HACCPの概念に基づいた「大量調理施設衛生管理マニュアル」など遵守し、食中毒などの事故を未然に防止しなければならない。病院給食では食種が多いため、料理のセットミスや誤配膳のないように病棟も含めての注意喚起が必要です。

1.6 施設・設備管理

　病院給食は1日3食、365日食事提供を行うため、計画的に清掃や機器のメンテナンスを行う。特に院内クックチルシステムや院外給食を採用している施設では十分な冷蔵・冷凍施設が必要となる。

1.7 人事・事務管理

　人事管理は施設が独自で給食を提供する直営給食と、業務委託を行う場合で異なる。業務内容とその責任の所在を明確にして給食業務を運営する。人事管理では朝食生産から、夕食の下膳・洗浄までの適正な人数を把握して、配置しなければならない。特に複数の治療食を提供するため、食事内容等を確認・説明できる管理栄養士・栄養士の配置や指導体制が必要である。

　事務管理では食数管理、献立作成、発注や食事履歴などにITが活用されている。近年では院内をランで結び情報を共有するオーダリングシステムや電子カルテシステムが導入されている。

2　高齢者・介護保険施設

2.1 概念

　高齢者・介護保険施設は介護保険法、老人福祉法に基づいて運営され、いずれも施設サービス、短期入所サービス、通所サービスがある（**表9.5**、**表9.6**）。高齢者・介護保険施設の入所者は年齢層も幅広く、身体機能等の個人差も大きい。そのため栄養状態や病状、嗜好など定期的に把握し、適切な食事計画による提供を行い、低栄養の予防、要介護状態の軽減、悪化の防止、さらに経口栄養移行等により、生活機能の維持・改善を図ることが求められている。

　高齢者・介護福祉施設の給食の目的は、
① 入所者のQOLの向上、健康の保持・増進を図る。
② 入所者個々人にあった必要な栄養量の確保。
③ 摂取栄養量の不足を防ぎ、褥瘡や低栄養を予防・改善する。
④ 生活習慣病予防のためライフスタイルや食生活を身につける。
⑤ 生活機能の維持改善（コミュニケーションをもち社会参加のすすめ）。
などがあげられる。また、咀嚼・嚥下能力、味覚機能、消化管機能などの個人差や高齢者特有の身体機能の低下が見られるため、食事提供にあたっては食事形態や嗜好など個々人に応じた十分な配慮が必要である。

第9章　施設別給食経営管理

表9.5　食事提供を行う主な介護サービス（介護給付におけるサービス）

	施設	指定法令[1]	対象年齢	対象者	利用手続き	栄養士配置規定
施設サービス	介護老人福祉施設	法第8条	65歳以上	身体上または精神上に著しい障害があるために常時の介護を必要とする人（所得の多寡にかかわりなく入所できる）	契約	1名以上（入所定員が40人を超えない施設では他の福祉施設などの栄養士と連携できる場合に、栄養士を置かないことができる）
施設サービス	介護老人保険施設	法第8、94条 規則第20条	65歳以上	病状が安定期にあり、リハビリテーションなどが必要な人	契約	入所定員100以上で1名以上
施設サービス	介護療養型医療施設療養病床（老人性認知症疾患療養病棟）	医療法第7条 法第8条 規則第22条	65歳以上	病状が安定期にある長期療養患者で、医療的な介護が必要な人	契約	病床数100以上で1名
短期入所サービス	短期入所生活介護[2]（福祉施設へのショートステイ）	法第8、41条 規則第61条	65歳以上	家族の病気、冠婚葬祭、休養、旅行などで、一時的に在宅での日常生活に支障がある場合	契約	1名以上（入所定員が40人を超えない施設では他の福祉施設などの栄養士と連携できる場合に、栄養士を置かないことができる）
短期入所サービス	短期入所療養介護[2]（医療施設へのショートステイ）	法第8、41条 規則第13、61条	65歳以上	病状が案的期にあり、ショートステイを必要としている居宅の要介護者など、および家族の病気、冠婚葬祭、休養、旅行などで、一時的に在宅での日常生活に支障がある場合	契約	病院の規定に準じる（病床数100以上で1名以上）
地域密着型サービス	認知症対応型共同生活介護[2]（グループホーム）	法第8条 規則第65条	65歳以上	中程度の認知症高齢者で、家庭環境により家庭介護が困難な、かつおおむね身辺の自立ができ、共同生活に支障のない人	契約	規定はない（原則として、食事等の家事は、利用者と従業者が共同で行うように努める）
通所サービス	通所介護[2]（デイサービス）	法第8、41条 規則第10、61条	65歳以上	在宅の虚弱高齢者や寝たきり高齢者	契約	規定はない
通所サービス	通所リハビリテーション[2]（デイケア）	法第8、41条 規則第11、12条	65歳以上	病状が安定期にあり、診療に基づき実施されろ計画的な医学管理のもとでのリハビリテーションが必要と主治医が認めた人	契約	規定はない

注）※1　法：介護保険法、規則：介護保険法施行規則
　　※2　予防給付による場合は、それぞれ、介護予防短期入所生活介護、介護予防短期入所療養介護、介護予防認知症対応型共同生活介護、介護予防通所介護、介護予防通所リハビリテーション

2 高齢者・介護保険施設

表9.6 食事提供を行う主な高齢者福祉サービス

	施設	指定法令[※1]	対象年齢	対象者	利用手続き	栄養士配置規定
施設サービス	特別養護老人ホーム[※2]	法第11、20条の5	65歳以上	①やむを得ない理由によって介護保険法での地域密着型介護老人福祉施設または介護老人福祉施設への入所が困難な人 ②身体上または精神上に著しい障害があるために常時の介護を必要とし、居宅においてこれを受けることが困難な人（①の条件を満たした上で）	措置	1名以上（入所定員が40人を超えない施設で他の福祉施設などの栄養士と連携できる場合には、栄養士を置かないことができる）。
	養護老人ホーム[※3]	法第11、20条の4	65歳以上	環境上の理由と経済的な理由（低所得）で居宅の生活が困難な人	措置	1名以上（入所定員が50人未満の施設で併設する特別養護老人ホームの栄養士と連携できる場合には、栄養士を置かないことができる）
	軽費老人ホーム	法第11、20条の6 軽費老人ホームの設備及び運営に関する基準	65歳以上（夫婦どちらかが60歳以上）	身体機能の低下、高齢のため独立の生活に不安があり、家族の援助を受けることが困難な人	契約	1名以上（入所者に提供するサービスに支障がない場合は栄養士を置かないことができる）
	A型			身寄りがないか、家族との同居が困難な人（収入が利用料の2倍程度以下）		
	B型			家庭環境・住宅事情などにより居宅での生活が困難な人、自炊ができる程度の健康状態		
短期入所サービス	老人短期入所事業[※2]	法第5条の2、第10条の4	65歳以上	擁護者の疾病その他の理由により、居宅において介護を受けることが一時的に困難になった人で、やむを得ない事由により、介護保険法での短期入所生活介護または介護予防短期入所生活介護を利用できない場合	措置	介護保険法に準じる
	認知症対応型老人共同生活援助事業[※2]	法第5条の2、第10条の4	65歳以上	認知症の状態にあるために日常生活を営むのに支障がある人（共同生活はできる）が、やむを得ない事由により、介護保険法での認知症対応型共同生活介護または介護予防認知症対応型共同生活介護を利用できない場合	措置	介護保険法に準じる
通所サービス	老人ディサービス事業[※2]	法第5条の2、第10条の4	65歳以上	身体上または精神上の障害があり日常生活を営むのに支障がある人が、やむを得ない事由により介護保険法での通所介護、認知症対応型通所介護、介護予防通所介護または介護予防認知症対応型通所介護を利用できない場合	措置	介護保険法に準じる

注）※1 法：老人福祉法　※2：介護保険給付の対象
※3：介護老人保健施設。病院等の本体施設と密接な連携をもちつつ、別の場所で運営される。入所定員が29人以下の養護老人ホームを、サテライト型養護老人ホームという。サテライト型養護老人ホームでは、介護老人保健施設、病院（病床数100以上の病院の場合に限る）が本体施設であり、そこの栄養士により入所者の処遇が適切に行われていると認められるときは、栄養士を置かないことができる。

2.2 経営管理

(1) 介護保険施設における運営経費

介護保険施設の運営経費は、利用者の自己負担金と利用者に対して実施したサービスから得られる介護報酬等により賄われている。

施設系サービス、通所系サービスにおける主な栄養関連の介護報酬は**表9.7**の通りである。

1) 施設系サービス

（ⅰ）栄養ケア・マネジメントの強化に対する評価

基本サービスとして入所者の状態に応じた栄養管理（栄養ケア・マネジメント）を計画的に実施し、さらに入所者ごとの継続的な栄養管理を強化して実施した場合、**「栄養マネジメント強化加算」**として、1日につき**11単位**が算定できる。算定要件の概要は以下の通りである（詳細は**表9.7**）。

① 管理栄養士の人員配置（常勤換算）

② 低栄養のリスクのある中・高年の利用者に対し週3日のミールラウンド

③ 低栄養のリスクが低い利用者に対しても対応

④ LIFE の活用（フィードバック）

なお、2009（平成21年）より算定対象となっていた「栄養マネジメント加算（14単位/月）」は令和3年の介護保険の改定に伴い、基本サービス料に包括された。さらに、栄養ケア・マネジメント（**表9.8**）を未実施の施設は14単位/月の減算が適用され、経口移行加算や経口維持加算は算定できない。

表9.7 介護保険施設における栄養関連サービスの評価（介護報酬算定分）

【施設系サービス】

【基本サービス】 栄養ケア・マネジメント	❖栄養士又は管理栄養士1名以上配置 ❖栄養ケア・マネジメント未実施の場合は14単位/日減算
①栄養マネジメント 　強化加算 　（11単位/日） ＊入所者全員が対象	❖管理栄養士を入所者50人に1名以上配置すること（ただし、常勤栄養士を1名以上配置し、給食管理を行っている場合には、入所者70人に1名以上配置すること）。 ❖低栄養状態又は低栄養状態のおそれのある入所者に対し、医師、歯科医師、管理栄養士、看護師等が共同して作成した栄養ケア計画に従い、入所者の栄養管理をするための食事の観察（ミールラウンド）を週3日以上行い、入所者ごとの栄養状態、心身の状況及び嗜好を踏まえた食事の調整等を実施すること。 ❖低栄養状態のリスクが低い入所者にも食事の際に変化を把握し、問題がある場合は、早期に対応すること。 ❖入所者ごとの栄養状態等の情報を厚生労働省に提出し、継続的な栄養管理の実施にあたって、当該情報その他継続的な栄養管理の適切かつ有効な実施のために必要な情報を活用していること（LIFE の活用）。

2　高齢者・介護保険施設

表9.7　つづき

②経口移行加算 （28単位/日）	❖ 医師の指示に基づき、医師、歯科医師、管理栄養士、看護師等が共同して、経管により食事を摂取している入所者ごとに、経口移行計画を作成する。 ❖ 経口移行計画に基づき、医師の指示を受けた管理栄養士又は栄養士による栄養管理及び言語聴覚士又は看護職員による支援により経口による食事の摂取を進める。 ❖ 経口移行計画が作成された日から180日以内に限り、1日につき所定単位数を加算する。 ❖ 180日を超えても、経口による食事の摂取が一部可能であり、医師が経口移行のための栄養管理および支援の必要性を認めた場合は引き続き加算できる。
③経口維持加算 (1) 経口維持加算 （Ⅰ）400単位/月 (2) 経口維持加算 （Ⅱ）100単位/月	❖ 摂食機能障害を有し、誤嚥が認められる入所者に対し、医師または歯科医師の指示に基づき、医師、歯科医師、管理栄養士、看護師等が共同して、入所者の栄養管理をするための食事の観察及び会議等を行い、入所者ごとに経口による継続的な食事の摂取を進めるための経口維持計画を作成する。 ❖ 経口維持計画に従い医師又は歯科医師の指示（歯科医師が指示を行う場合、指示を受ける管理栄養士等が医師の指導を受けている場合に限る。）を受けた管理栄養士又は栄養士が、栄養管理を行った場合に、1月につき所定単位数を加算する。 ❖ 経口移行加算を算定している場合は算定できない。 ❖ (2) は協力歯科医療機関を定めている各指定介護施設が、経口維持加算（Ⅰ）を算定している場合で、入所者の経口による継続的な食事の摂取を支援するための食事の観察及び会議等に、医師、歯科医師、歯科衛生士又は言語聴覚士が加わった場合は1月につき所定単位数を加算する。
④療養食加算 （6単位/回）	❖ 疾病治療の直接手段として医師の発行する食事箋に基づいて、入所者の年齢、病状等に対応した栄養量と内容を有する治療食を提供したときは、1日につき3回を限度として、所定単位数を加算する。 ❖ 上記の治療食とは、以下の通り（経口、経管の別を問わない）。 　・糖尿病食、腎臓病食、肝臓病食、胃潰瘍食、（流動食は除く）、貧血食、膵臓病食、脂質異常症食、通風食、特別な場合の検査食（潜血食など）。 　・減塩食を心臓疾患等に対して行う場合は、腎臓病食に準じて取り扱う（総量6.0g未満の減塩食）。高血圧症に対して行う場合は、加算対象にならない。 　・高度肥満症（肥満度が＋70%以上またはBMIが35以上）に対しての食事療法は、脂質異常症食に準じて取り扱う。
⑤退所時栄養連携加算 （70単位/回）	❖ 対象は、厚生労働大臣が定める特別食を必要とする入所者又は低栄養状態にあると医師が判断した入所者であること。 ❖ 入所者が介護老人保健施設から退所する際に、本人からの同意を得た上で管理栄養士が退所先の医療機関に当該者の栄養管理に関する情報を提供した場合、月に1回を限度として所定単位数を加算する。 ❖ 栄養マネジメント強化加算を算定している場合は算定できない。
⑥再入所時栄養連携加算 （200単位/回）	❖ 対象は、介護保険施設を退所して医療機関に入院し、退院後再び当該施設に入所する際、当該入所者が厚生労働大臣が定める特別食または嚥下調整食を必要とする者であること。 ❖ 当該介護保健施設の管理栄養士が医療機関の管理栄養士と連携して二次入所後の栄養ケア計画を策定したときに、入所者1人につき1回を限度として所定単位数を加算する。 ❖ 栄養ケア・マネジメントを未実施の場合は算定できない。

＊基本サービス「栄養ケア・マネジメント」未実施の場合、④以外の加算は算定できない。
＊通所系サービスに関する加算としては、以下がある。
①口腔・栄養スクリーニング加算：（Ⅰ）20単位/回（Ⅱ）5単位/回　②栄養アセスメント加算50単位/月
③栄養改善加算：200単位/回

資料）厚生労働省：令和6年介護報酬改定資料
　　　「指定施設サービス等に要する費用の額の算定に関する基準の制定に伴う実施上の留意事項について」

第9章　施設別給食経営管理

表9.8　栄養ケア・マネジメントの体制

① 栄養ケア・マネジメントは、ヘルスケアサービスの一環として、個々人に最適な栄養ケアを行い、その実務遂行上の機能や方法手順を効率的に行うための体制をいう。

② 施設長は、医師、管理栄養士、看護師及び介護支援専門員その他の職種が共同して栄養ケア・マネジメントを行う体制を整備する。

③ 施設長は、各施設における栄養ケア・マネジメントに関する手順（栄養スクリーニング、栄養アセスメント、栄養ケア計画、モニタリング、評価等）をあらかじめ定める。

④ 管理栄養士は、入所者又は入院患者（以下「入所（院）者」という）に適切な栄養ケアを効率的に提供できるように関連職種との連携調整を行う。

⑤ 施設長は、栄養ケア・マネジメント体制に関する成果を含めて評価し、改善すべき課題を設定し、継続的な品質改善に努める。

資料：「栄養マネジメント加算及び経口移行加算に関する事務処理手順例及び様式例の提示について」
（平成17年9月7日　老老発第0907002号）

（ii）経口摂取への移行に対する評価

経管により摂取している入所者ごとに経口移行計画を作成する。医師の指示を受けた管理栄養士または栄養士が、経口による食事の摂取を進めるための栄養管理を行う。その場合に、「**経口移行加算**」として、1日につき**28単位**（180日を限度）が算定できる。ただし、栄養ケア・マネジメント未実施の場合は算定できない。

（iii）経口摂取維持に対する評価

経口により食事を摂取する者であって、摂食機能障害を有し、誤嚥が認められる入所者ごとに摂食・嚥下機能に配慮した経口維持計画を作成する。医師の指示に基づき管理栄養士または栄養士が、継続して経口による食事の摂取を進めるための特別な管理を行う。その場合に「**経口維持加算（Ⅰ）**」として**400単位/月**、または「**経口維持加算（Ⅱ）**」として**100単位/月**が算定できる。ただし、栄養ケア・マネジメント未実施の場合は算定できない。

（iv）療養食に対する評価

医師の発行する食事箋に基づき入所者の年齢、病状等に対応した栄養量と内容を有する治療食を提供した場合に「**療養食加算**」として、1回6単位（1日3回まで）が算定できる。

算定要件は、以下の通りである。また、適用となる治療食は**表9.7**に記載の通りである。

① 食事の提供を管理栄養士または栄養士が行う。

② 入所者の年齢、心身の状況によって適切な栄養量と内容の食事を提供。

③ 経口移行加算、又は経口維持加算と併加算が可能である。

④　食事の提供が、厚生労働大臣が定める基準に適合している。

　その他の施設系サービスとして、「退所時栄養情報連携加算」（70単位/回）、「再入所時栄養連携加算」（200単位/回）がある（加算の要件は**表9.7**参照）。

2）通所系サービス

（i）口腔の健康・栄養状態の確認に対する評価

　サービスの利用開始時または利用中6カ月ごとに利用者の口腔の健康状態及び栄養状態について確認を行い、その情報を担当の介護支援専門員に提供した場合、半年に1回を限度として「口腔・栄養スクリーニング加算」が算定できる。算定単位数は、（I）が1回に20単位、（II）が1回に5単位である。

（ii）栄養アセスメントの実施に対する評価

　利用者ごとに、管理栄養士と他職種が共同して栄養アセスメントを実施し、当該利用者又は家族に対して結果説明や相談等を行った場合に「栄養アセスメント加算」として月に1回50単位が算定できる。

　ただし、口腔・栄養スクリーニング加算（I）及び栄養改善加算との併算定はできない。

（iii）低栄養状態の改善に対する評価

　低栄養状態にある利用者またはそのおそれのある利用者に対し、心身の状態の維持・向上に資する個別の栄養改善サービスが実施された場合、**「栄養改善加算」**（200単位/回）として、3月以内の期間に限り1月に2回を限度として算定できる。

（2）高齢者福祉施設における運営経費

　高齢者福祉施設は一般にはさまざまな理由から介護施設の利用が難しい福祉の支援が必要な利用者に対して、措置もしくは契約でサービスを提供する。措置による施設の給食費は、国・都道府県・市町村・利用者本人もしくは扶養義務者が負担する。一方、契約による施設の給食費は利用者が負担する。

（3）業務委託

　給食運営の業務委託は、保険医療機関（病院）と同じ考え方である。

2.3 栄養・食事管理

（1）給与栄養目標量の設定

　高齢者・介護施設の入所者は個人差が大きく、個々人の栄養状態、身体の状況、病状、身体活動レベル、嗜好を定期的に把握し、これらに基づいて栄養計画・食事計画（献立作成）を行う。栄養計画は、患者等個人ごとに設定することが原則であるが、少なくとも、求められる食事の種類（性、年齢、身体活動レベル別）を適切

に集約して、対象患者等に対して適切な許容範囲（幅）で食事を提供することが必要である。

1）給与エネルギー目標量

利用者の性、年齢、体重、身体活動レベルを把握した後、個人の推定エネルギー必要量は以下の式で算出する。

推定エネルギー必要量＝標準体重（BMI＝22）×基礎代謝基準値×身体活動レベ

身体活動レベルは、ベット上安静＝1.2、ベット外活動＝1.3、リハビリ中=1.4を活用し体重変動を考慮して設定する。1日当り200～300 kcal の幅を許容範囲として給与エネルギー目標量を集約する。

2）各栄養素の給与目標量

- たんぱく質：たんぱく質エネルギー比15～20％推奨量をめざす。
- 脂質：脂質エネルギー比15～25％。
- ミネラル、ビタミン：推定平均必要量を下回らず、推奨量や目安量をめざす。

3）形態調整

高齢者は口腔機能や嚥下機能が個々人により異なるので利用者に応じた適切な形態の食事を提供する。

2.4 生産・品質管理

高齢者・介護保険施設の給食は、利用者の口腔機能や嚥下機能にあわせた食事形態に調整しなければならない。調理後の料理を形態調整する他、ペースト状の食材や、形態調整加工食品も活用する。一定の品質管理を行うためには、生産の段階でカットサイズ、ミキサーでの攪拌時間、とろみ剤の使用割合などの数値管理による作業標準化を行う。

2.5 安全・衛生管理

高齢者・介護保険施設の給食の衛生管理は、他の給食と同様に大量調理施設衛生管理マニュアルに基づき行うが、高齢者は抵抗力が乏しいために食中毒や感染症に対して細心の注意が必要である。ソフト食などの形態調整の作業場所は固定し、包丁、まな板も専用のものを使用するとともに、ミキサーやフードプロセッサーは毎日洗浄消毒し、使用前には必ずアルコール消毒して用いる。また、食事生産における衛生管理のみならず、食事介助における介護者や利用者の衛生管理も必要となる。

2.6 施設・設備管理

高齢者・介護保険施設は病院や医療施設同様、1日3食、365日食事提供を行うため、計画的に清掃や機器のメンテナンスを行う。特に院内クックチルシステムや院外のセントラルキッチンを活用している施設では冷蔵・冷凍設備は必須である。

2.7 人事・事務設備管理

高齢者・介護保険施設で給食運営の業務委託を行っている場合、施設側の管理栄養士・栄養士は1名だけで管理業務を行うことが多い。給食受託会社、施設の介護部門のいずれとも良好なコミュニケーションをとり、情報が円滑に流れることが必要である。

また、利用者が他の介護保険施設から入所したり、他の医療施設に転院、または自宅に戻り居宅療養となることがあるため、利用者の食事内容や履歴を要約して、転院先の管理栄養士や介護スタッフと情報交換すること求められている。

3 児童福祉施設

3.1 概念

児童福祉施設は0〜18歳未満の児童・生徒を対象とし、18歳以上の成人を対象とした社会福祉施設とともに福祉施設と称される。

児童福祉施設は児童福祉法に基づき設置されており、収容施設と通園施設に分類される（図9.2）。それぞれの施設において、社会生活を営む上での生活支援をはじめ、援護や育成、更生等を目的とした訓練や治療などが行われている。一般には公立の施設であるが、保育所については民間が運営している施設が多い。

児童福祉施設では、こどもの身体的発育状況等を考慮し、家庭的な環境の中での食事を通して、豊かな人間性の形成と正しい食習慣の育成が求められる。例えば行事食の提供を通して季節感や日本の食文化の大切さを教えたり、食事の時間を体験的教育の場と考え、望ましい食習慣や食知識・意識を育んでいく食育の実践を積極的に取り入れることが大切である。また、保護者への働きかけや地域・学校との連携も重要である。

3.2 経営管理

児童福祉施設における給食では、成長期の児童・生徒に必要な栄養を確保しながら健全な発育および健康の維持・増進を図り、食事を通して楽しい、美味しいとい

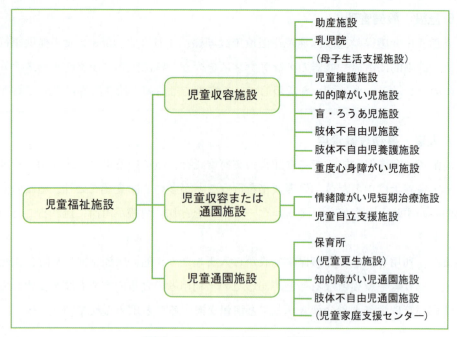

図 9.2　児童福祉施設の種類

う情緒機能を育むことが求められる。したがって、児童福祉施設がめざすべき給食経営管理では、発育段階における児童・生徒に対し望ましい食習慣の形成を行うという教育的役割をふまえたマネジメントが必要である。

　児童福祉施設の給食にかかわる費用は国や自治体からの補助金で賄われているが、保護者からはその一部を収入に応じて負担金として徴収している。また、障がい児施設では、2009（平成21）年から栄養マネジメント加算、経口移行加算、経口維持加算、療養食加算が適用されるようになっている。対象児童・生徒に応じた栄養管理を行うことで、QOLの向上が図れると同時に、加算収入により施設の運営面でのメリットも得られる。ただし、加算のためには管理栄養士の配置が必須である。

3.3 栄養・食事管理

　児童福祉施設の給食は、健常または障害を有する0〜18歳未満の児童・生徒を対象としており、また、提供する食事回数も収容施設と通所施設では異なるため、栄養・食事管理については施設の実態にあわせた適正な対応が必要である。

　児童福祉施設給食の食事計画は、厚生労働省「児童福祉施設における食事の提供ガイド」（平成22年3月）および「児童福祉施設における「食事摂取基準」を活用した食事計画について」（平成22年3月）を目安として弾力的な運用を行うこととされている。社会情勢や家庭環境・個々人の健康状況を適切に把握しながら「日本

人の食事摂取基準」の推奨量、目安量または目標量に近づけ、示された範囲に収めるよう適切な栄養管理が求められる。

近年、生活習慣病の低年齢化によりリスクをかかえた児童・生徒の増加や食物アレルギー疾患児の増加が問題となっているが、個別的な対応や相談指導が必要な対象者に対しては、給食開始時にスクリーニングにより把握する必要がある。施設においては施設管理者・管理栄養士・保育士・調理師・保護者などで構成された給食委員会を設置し、家庭、施設（全職員）が共通理解により、連携して取り組む必要がある。

(1) 保育所給食

保育所の献立においては、調乳・離乳食（0歳児）、幼児食（1〜2歳児食、3〜5歳児食）に分けて食事計画がなされている。特に0歳児は個人差が大きいため乳児ごとの月齢階級別推定エネルギー必要量で個別対応が必要である。また、おやつは食事で不足しがちな栄養素を充足させるため、発達・発育状況に応じ1日に全体の10〜20%程度の量を目安とする。1日の栄養量に占める保育所の食事（昼食とおやつ）の栄養比率は、家庭での食事状況や延長保育等の状況を考慮の上各施設の実態に応じて設定するが、一般的には1〜2歳児で50%、3〜5歳児で40〜45%を目標とすることが多い。

総エネルギーに占める3大栄養素のエネルギー割合は、たんぱく質エネルギー比率10%以上20%未満、脂肪エネルギー比率20%以上30%未満、炭水化物エネルギー比率50%以上70%未満の範囲とする（**表9.9**、**表9.10**）。

表9.9 保育所における給与栄養目標量例（1〜2歳児）

1〜2歳児の栄養給与目標（完全給食・おやつを含む）

区 分	エネルギー (kcal/日)	たんぱく質 13〜20%/E (g/日)	脂質 20〜30%/E (g/日)	カルシウム (mg/日)	鉄 (mg/日)	ビタミンA (μgRE/日)	ビタミンB1 (mg/日)	ビタミンB2 (mg/日)	ビタミンC (mg/日)
1〜2歳児の食事摂取基準(1) （1日当たり）	925	30〜46 37(16%)	21〜31 26(25%)	425	4.0	375	0.4	0.6	35
昼食とおやつの給与目標 食事摂取基準に対する比率(2)	50%	50%	50%	50%	50%	50%	50%	50%	50%
保育所における栄養給与*	463	15〜23	11〜16	213	2.0	188	0.2	0.3	18

(1) 1日の摂取基準
  エネルギー ：男女の平均値1日の摂取基準の50%とした
  たんぱく質 ：1日の総エネルギーの13〜20%（16%＝37g）
  脂質   ：1日の総エネルギーの20〜30%（25%＝26g）
  ビタミン・鉄・Ca：年齢階層の推奨量
(2) 保育所における給与栄養量：1日の摂取基準の50%とした
* 目標量＝(1)×(2)

第9章　施設別給食経営管理

表 9.10　保育所における給与栄養目標量例（3〜5 歳児）

3〜5 歳児の栄養給与目標（副食・おやつを含む）

区　分	エネルギー (kcal/日)	たんぱく質 13〜20%/E (g/日)	脂質 20〜30%/E (g/日)	カルシウム (mg/日)	鉄 (mg/日)	ビタミンA (μgRE /日)	ビタミンB1 (mg/日)	ビタミンB2 (mg/日)	ビタミンC (mg/日)
3〜5 歳児の食事摂取基準 (1)（1 日当たり）	1275	41〜63 50 (16%)	28〜42 35 (25%)	575	5.0	500	0.5	0.8	40
昼食とおやつの給与目標 食事摂取基準に対する比率 (2) 栄養量 [(1)×(2)] (3)	45% 547	45% 18〜28	45% 13〜19	50% 288	50% 2.5	50% 250	50% 0.25	50% 0.4	50% 10
家庭から米飯 110g 持参するとしてその栄養量 (4)	172	2.8	0.3	3	0.1	0	0.02	0.01	0
副食とおやつの栄養給与目標量 [(3)−(4)]	402	15〜25	13〜19	285	2.6	250	0.2	0.4	20

(1) 1 日の摂取基準
　　エネルギー：男女の平均値 1 日の摂取基準の 45%とした
　　たんぱく質：1 日の総エネルギーの 13〜20%（16%＝51 g）
　　脂質　　　：1 日の総エネルギーの 20〜30%（25%＝35 g）
　　ビタミン・鉄・Ca：年齢階層の推奨量
(3) 保育所における給与栄養量：1 日の摂取基準の 45%とした
　　　　　　　　（不足しやすいビタミン A・B1・B2・C・Ca・鉄は 50%）

　また、献立作成や調理法においては、乳幼児の成長状況、咀嚼、嚥下能力などの発達にあわせ、離乳食から幼児食へと移行しつつ、食事時の観察から食器や器具の扱い、食品や食味への関心を高めるような工夫が必要である。

　なお、保育所には栄養士の配置規定は設けられていないが、栄養・食事管理の重要性の観点から、その必要性は明らかである。また、現在、食育推進の視点からも管理栄養士・栄養士を配置して、さまざまな取り組み（クッキング保育、栽培・収穫体験など）が行われている。

3.4 生産管理・品質管理

　児童福祉施設においては、提供する食事の種類が調乳、離乳食、幼児食、一般食と多岐にわたるため、発育・発達段階に配慮すると同時に個人差にあわせた柔軟な対応が望まれる。したがって、給食のメニューや調理法を標準化する際には個人差があることを十分に考慮したうえで対応することが望ましい。

　また、障害のある児童・生徒については、障害の程度（肢体の状況や咀嚼・嚥下能力）にあわせた調理法・調理形態の工夫が必要である。その他、自助具の使用やスタッフによる介助などにより、食事をする際の負担を軽減させ、安心して食事を味わうことができるような配慮が大切である。

　なお、保育所においては、調理業務の委託が認可されているが、厚労省通達の「保育所における調理業務の委託について」の留意事項（**表 9.11**）を遵守すると同時に、

226

3 児童福祉施設

表 9.11 保育所における調理業務委託の留意点

調理室	施設の調理室を使用して調理する。
栄養面での配慮	保育所や保健所・市町村等の栄養士から献立等について、栄養面での指導を受けられる体制とする。
施設が自ら行う業務	①保育所における給食の重要性を認識させる。 ②栄養基準・献立作成基準を受託業者に明示し、規準通りに献立表が作成されているかを事前に確認する。 ③献立表に示された食事内容の調理等について、必要な事項を現場作業責任者に指示する。 ④毎回、検食する。 ⑤給食業務従事者の健康診断・検便の実施状況・結果を確認する。 ⑥衛生的取り扱い、食材など、契約の履行状況について確認する。 ⑦嗜好調査の実施、喫食状況の把握により、栄養規準を満たしていることを確認する。 ⑧児童および保護者に、栄養指導を積極的に実施する。
受託業者の条件	①保育所における給食の趣旨を十分確認し、適切な食材を使用して栄養量が確保される調理を行う。 ②継続的、安定的に業務が遂行できる能力を有する。 ③専門的な立場から必要な指導を行う栄養士が確保されている。 ④調理業務従事者の大半は相当の経験を有する。 ⑤調理業務従事者に、定期的に衛生面・技術面の教育・訓練を実施する。 ⑥調理業務従事者に、定期的に健康診断・検便を実施する。 ⑦不当廉売行為等、健全な商習慣に違反しない。
業務の委託契約について	契約内容、施設と受託業者との業務分担・経費負担を明確にした契約書を取り交わす。前記①④⑤⑥と、以下を明確にする。 ①受託業者に、必要な資料の提出を求めることができる。 ②受託業者が契約書で定めた事項を誠実に履行しない場合は、契約を解除できる。 ③受託業者の労働争議などの事情で、受託業務の遂行が困難になった場合の業務の代行保証 ④受託業者の責任で法定伝染病、食中毒等の事故が発生した場合の損害賠償。

対象児童・生徒の特殊性をふまえつつ品質の整った食事提供ができるよう、調理員への指導が必須といえる。

3.5 安全・衛生管理

　児童福祉施設の安全・衛生管理については、対象となる児童・生徒のアレルギー等への配慮はもとより、抵抗力が未発達段階であることも考え、給食の献立には安心で安全な食材を選び、調理、配食に至るまで十分な衛生管理が求められる。また、食事前の手洗い、食べ方の指導を通して子ども達への衛生教育が必要である。

3.6 施設・設備管理

　児童福祉施設の給食施設は、少ない食数で給食を運営している施設も少なくないため、施設の規模にあった設備とともに、個人対応にも配慮できる少人数対応の調

理器具や調理設備があることが望まれる。

3.7 人事・事務管理

　児童福祉施設の給食は、少ない食数で給食を運営されている場合には、給食に携わる職員（栄養士や調理師など）も少人数であることから、限られた人員で給食を運営することとなる。また施設内の職員や専門職スタッフも十分な人員が配置されているとは限らないため、対象となる児童・生徒の状況についてすべてのスタッフが情報を共有しながら育成を行うことが大切である。

　また、実際の食事介助は保育士、その他の職員が対応している。そのため、栄養士・管理栄養士は食事だけでなく生活全般にわたり他職種との十分な連携と情報交換のためにコミュニケーションを図ることが必要である。

4 障がい者福祉施設

4.1 概念

　障がい者福祉施設は18歳以上の障がい者を対象とした福祉施設で、児童福祉施設と同様、入所型と通所型の施設がある。対象者の障害の状況を考慮した栄養の確保に努め、健康の保持・増進をすすめる必要がある。

4.2 経営管理

　障がい者福祉施設における経営管理では、障害を有する対象者の健康の保持・増進、QOLの向上を図れるようなマネジメントが必要である。

　障がい者福祉施設の給食にかかわる費用は、児童福祉施設と同様、国や自治体からの補助金で賄われているが、一部を収入に応じて負担金として徴収している。また、障がい児施設同様、2009（平成21）年から栄養マネジメント加算、経口移行加算、経口維持加算、療養食加算が適用されており、対象者のQOLの向上、施設の運営面の充実を図るうえで、加算の算定条件となっている管理栄養士の配置を整えることが必須である。

4.3 栄養・食事管理

　対象者は身体あるいは知的障害および疾患を有するため、身体状況や生活状況に個人差が見られる。そのため対象者の栄養アセスメントを定期的に行い、特性に応じた適切な食事計画が必要である。給与栄養量の設定においては、「日本人の食事摂

取基準」を参照するが、障害の状況により消費エネルギーが通常に比べ増加する場合と逆に低下する場合があるので、個々に応じた適正なエネルギー設定が必要である。また、口腔機能の障害による咀嚼・嚥下困難がある人の食事づくりにあっては、食材の形状、大きさ、軟らかさ等の調理方法や調理形態への配慮が必要である。

さらに、障がい者支援施設等の食事計画においては、対象者の食事環境にも十分配慮することが大切である。献立作成では、四季を感じる月々の行事食や郷土料理を取り入れ、また、作業訓練等で自らが育てた食材を給食に用いることにより、食材や食事を大切にする考え方を学ぶなど情緒的機能や教育的機能を高める役割は大きいと考える。また、障害者の自立支援にむけて、配膳や調理に関する教育の機会を取り入れていくことが望まれる。

4.4 品質および生産管理

障がい者福祉施設の給食においては、個人差にあわせた柔軟な対応が望まれる。障害の程度（例えば食事を行うときに箸やスプーンが持ちにくいなど肢体の状況や咀嚼・嚥下能力）にあわせた調理法の工夫、自助具やスタッフによる介助など、食事をする際の負担を軽減させ、安心して食事を味うことができるようサポートすることが大切である。また、咀嚼・嚥下障害を有する喫食者に対しては、常に一定の品質（温度・テクスチャー・柔らかさなど）で食事を提供することが必要である。

4.5 安全・衛生管理

障がい者福祉給食における安全・衛生管理については、児童福祉施設と同様、安心で安全な食材と調理、配食に至るまで衛生管理に配慮した食事の提供が求められる。また、さまざまな障害の状況をふまえた喫食者への衛生指導が必要である。

4.6 施設・設備管理

児童福祉施設と同様、少ない食数で給食を運営している施設も少なくないため、施設の規模にあった設備とともに、個人にも配慮できる少人数対応の調理器具や調理設備があることが望まれる。

4.7 人事・事務管理

児童福祉施設と同様、少ない食数で給食を運営している場合には、施設給食に携わる職員（栄養士や調理師など）とその他の職員との連携をはかり、対象者の障害の状況やケアする目標にあわせた食事提供が必要である。

第9章　施設別給食経営管理

5　学校給食

5.1　概念

(1)　学校教育における学校給食の位置づけ

わが国の学校給食は、1889（明治22）年に山形県鶴岡町の私立忠愛小学校で、貧困家庭の児童を対象に救済事業として無償で昼食を提供したものが起源といわれている。

近年、児童生徒を取り巻く社会環境が大きく変化し、食生活の多様化が進む中で、食を起因とする健康問題や食習慣の乱れなどが大きな課題となっている。特に成長期にある児童生徒にとって健全な食生活は、健康な心身を育むために欠かせないものであると同時に、将来の食習慣に大きな影響を及ぼすものであり、生活習慣病の発症にも関連している。

このような状況に対応するため、子どもたちに対する食育を家庭だけでなく学校においても充実することが強く求められるようになってきており、今日では、学校給食は**教育の一環**として「**学校給食法**」（昭和29年制定、平成20年6月18日改正）（巻末資料 p.279）に基づいて実施されている。

(2)　学校給食の意義と役割

学校給食法第1条において、学校給食の意義を「児童及び生徒の**心身の健全な発達**に資するものであり、かつ、児童及び生徒の**食に関する正しい理解と適切な判断力**を養ううえで重要な役割を果たす」としている。

学校給食は、栄養バランスのとれた豊かな食事を提供することにより、**健康の増進、体位の向上**を図ることができる。また、学校給食を食に関する指導の「生きた教材」として活用することにより、正しい食事の在り方や望ましい食習慣等**食に関する実践力**を身につけ、**好ましい人間関係**を育てることができる。さらに、学校給食に地場産物を活用したり、地域の郷土食や行事食を提供したりすることを通じ、地域に対する理解や関心を深めることができるなどの教育効果が期待できる。

(3)　学校給食の目標

学校給食法第2条において、学校給食を実施するにあたって、義務教育諸学校における教育の目的[*1]を実現するために、次の目標を掲げている。

① 適切な栄養の摂取による健康の保持増進を図ること。

② 日常生活における食事について正しい理解を深め、健全な食生活を営むことができる判断力を培い、および望ましい食習慣を養うこと。

③ 学校生活を豊かにし、明るい社交性および協同の精神を養うこと。

④ 食生活が自然の恩恵の上に成り立つものであることについての理解を深め、生命および自然を尊重する精神ならびに環境の保全に寄与する態度を養うこと。

⑤ 食生活が食にかかわる人々のさまざまな活動に支えられていることについての理解を深め、勤労を重んずる態度を養うこと。

⑥ わが国や各地域の優れた伝統的な食文化についての理解を深めること。

⑦ 食料の生産、流通および消費について、正しい理解に導くこと。

このように、学校給食の目標は、**食育の推進**を重視したものとなっている。

(4) 学校給食の対象者

学校給食法第3条では、学校給食を、「義務教育諸学校[*2]において、その児童または生徒に対し実施される給食をいう」と定義し、特別支援学校の幼稚部および高等部については「特別支援学校の幼稚部および高等部における学校給食に関する法律」、高等学校の夜間課程については「夜間課程を置く高等学校における学校給食に関する法律」において、給食の実施に努めるよう規定している。

(5) 学校給食実施基準

学校給食法第8条では、児童または生徒に必要な栄養量その他の学校給食の内容および学校給食を適切に実施するために必要な事項について維持されることが望ましい基準「**学校給食実施基準**」を定めている。基準では、学校給食は、在学するすべての児童生徒に対して、年間を通じ、原則として毎週5回、授業日の昼食時に実施されるものであり、実施にあたっては、児童生徒の個々の健康および生活活動等ならびに地域の実情等に配慮することとしている。また、学校給食に供する食物の栄養内容の基準「**学校給食摂取基準**」を定めている。

(6) 学校給食栄養管理者

学校給食法第7条では、「学校給食の栄養に関する専門的事項を司る職員（**学校給食栄養管理者**）は、**栄養教諭**[*3]の免許状を有する者または栄養士法栄養士の免許を有する者（**学校栄養職員**）で学校給食の実施に必要な知識若しくは経験を有するものでなければならない。」としている。

なお、学校給食においては、管理栄養士の配置義務は規定されていない。

---

*1 教育の目的：義務教育諸学校における教育の目的とは、教育基本法第5条第2項義務教育として行われる普通教育は、各個人の有する能力を伸ばしつつ社会において自立的に生きる基礎を培い、また、国家及び社会の形成者として必要とされる基本的な資質を養うことを目的として行われるものとする。

*2 義務教育諸学校：学校教育法に規定する小学校、中学校、中等教育学校の前期課程又は特別支援学校の小学部若しくは中学部をいう。

*3 栄養教諭：学校教育法第37条において、「児童の栄養の指導及び管理を司る」とされ、食に関する指導と給食管理を一体のものとして行うことを職務とする。

第9章　施設別給食経営管理

5.2　経営管理

(1)　学校給食における設置者の任務

学校給食は、学校の設置者*4の責任によって行われる。

学校給食法第4条では、義務教育諸学校の設置者の任務として、「学校給食が実施されるように努めなければならない」としており、学校給食の実施は義務ではないが、実施するよう努めることを求めている。また、第8条では、学校給食を実施する義務教育諸学校の設置者は、学校給食実施基準に照らして適切な学校給食の実施に努めるものとしている。

(2)　給食の運営方法

1)　単独調理場方式

学校の敷地内に給食室があり、その学校の児童生徒および教職員にコンベンショナルシステムにより給食を提供する方式で、調理から喫食までの時間が短い。自校給食方式ともいう。

2)　共同調理場方式

複数の学校の給食を一括して調理し、各学校に配送するカミサリーシステムにより給食を提供する方式で、調理から喫食までの時間は自校方式より長くなる。学校給食センター方式ともいう。また、その中間の方式として、親子方式がある。

3)　親子方式

調理場をもつ学校が、調理場をもたない学校の給食も調理し、給食を提供する方式で、一般的に距離の近い学校同士で行われる。

(3)　学校給食の運営組織

学校給食は、設置者（教育委員会）の管理のもと、学校関係者や保護者および学校医等地域の協力者等による運営組織（例学校給食運営委員会等）を組織し運営される。単独調理場方式では学校長が責任者となり、校内体制を整備し教職員の共通理解のもとに運営される。共同調理場方式では所長が責任者となり、学校と連携した体制により運営される。

(4)　給食運営の合理化

1985（昭和60）年文部省「学校給食業務の運営の合理化について」において、地域の実情等に応じて、学校給食運営の合理化を推進するよう、①パートタイム職員の活用、②共同調理場方式の採用、③民間委託の実施が示され、合理化が進められている（表9.12）。

---

*4 学校の設置者：学校を設置し、学校を所有する者のことである。公立学校は国や地方公共団体（都道府県、市町村等）、私立学校は学校法人等。

5 学校給食

表 9.12 学校給食業務の運営の合理化状況

	①調理員配置状況		②調理方式の状況			③外部委託の状況				
	常勤職員(%)	非常勤職員(%)	単独調理場方式(%)	共同調理場方式(%)	その他の調理方式(%)	調理(%)	運搬(%)	物資購入・管理(%)	食器洗浄(%)	ボイラー管理(%)
2014	57.1	42.9	48.5	51.1	0.4	41.3	43.9	9.2	39.3	21.8
2018	55.4	44.6	40.4	55.2	4.4	50.6	46.4	10.8	49.8	24.8
2023	50.1	49.9	39.5	56.5	4.0	59.6	51.9	12.7	57.3	32.5

出典）文部科学省「学校給食実施状況」

＜学校給食業務の民間委託に関する注意事項＞

① 献立の作成は、設置者が直接責任をもって実施し、委託の対象にしないこと。

② 物資の購入、調理業務等における衛生、安全の確保は、設置者の意向を十分反映できる管理体制を設けること。

③ 必要に応じ、委託者に対して資料の提出を求めたり立入検査をするなど、運営改善のための措置がとれるよう契約書に明記すること。

④ 受託者の選定は、学校給食の趣旨を十分理解し、円滑な実施に協力する者であることの確認を得て行うこと。

(5) 学校給食を活用した食に関する指導

学校給食法第10条では、栄養教諭は「学校給食を活用した食に関する実践的な指導を行うものとする。」とし、校長は「食に関する指導の全体的な計画を作成すること、その他の必要な措置を講ずるものとする。」と規定している。

なお、栄養教諭以外の学校給食栄養管理者（学校栄養職員）は、栄養教諭の規定を準用することとしている（表9.13）。

(6) 給食経費

学校給食にかかる経費の負担については、学校給食法第11条に、「学校給食の実施に必要な施設および設備に要する経費ならびに学校給食の運営に要する経費のうち政令で定めるものは、義務教育諸学校の設置者の負担とする。それ以外の学校給食に要する経費は、学校給食を受ける児童または生徒の保護者の負担とする。」としている（表9.14）が、一般的には食材料費のみを給食費としている場合が多い。

5.3 栄養・食事管理

学校給食は、栄養のバランスのとれた食事内容に配慮するとともに、児童生徒が楽しく、満足して食べられるよう料理や食品の組み合わせを工夫することが大切である。

第9章　施設別給食経営管理

表9.13　栄養教諭と学校栄養職員の職務内容について

区　分		具 体 的 内 容	
		栄養教諭	学校栄養職員
食に関する指導	児童生徒への個別的な相談指導	・偏食傾向、強い痩身願望、肥満傾向、食物アレルギー及びスポーツを行う児童生徒に対する個別の指導 ・保護者に対する個別の指導 ・主治医・学校医・病院の栄養士等との連携調整 ・アレルギーやその他の疾患をもつ児童生徒の対応・相談 ・望ましい食生活に関し、専門的立場から担任教諭等を補佐して、児童生徒に対して集団または個別の指導を行うこと	・望ましい食生活に関し、専門的立場から担任教諭等を補佐して、児童生徒に対して集団または個別の指導を行うこと ・学校給食を通じて、家庭及び地域との連携を推進するための各種事業の策定及び実施に参画すること
	児童生徒への教科・特別活動等における教育指導	・学級活動及び給食時間における学級担任や教科担任と連携した指導 ・給食放送指導、配膳指導、後片付け指導 ・児童生徒集会、委員会活動、クラブ活動における指導 ・指導案作成、教材・資料作成	
	食に関する指導の連携・調整	(1) 校内における連携・調整 ・児童生徒の食生活の実態把握 ・食に関する指導（給食指導含む）年間指導計画策定への参加 ・学級担任、養護教諭等との連携・調整 ・研究授業の企画立案、校内研修への参加 ・給食主任等校務分掌の担当、職員会議への参加 (2) 家庭・地域との連携・調整 ・給食だよりの発行 ・試食会、親子料理教室、招待給食の企画立案、実施	
学校給食管理	学校給食基本計画への参画	・学校給に関する基本計画の策定に参画すること ・学校給食の実施に関する組織（学校給食委員会等）に参画すること	
	栄養管理	・栄養所要量及び食品構成に配慮した献立作成、献立作成委員会への参画及び運営 ・食事状況調査、残食調査等の実施	
	衛生管理	・作業工程表の作成及び作業動線図作成・確認 ・物資検収、水質検査、温度チェック・記録の確認 ・調理員の健康視察、チェックリスト記入 ・「学校給食衛生管理の基準」に定める衛生管理責任者としての業務 ・学校保健委員会等への参画	
	検食・保存食等	・検食、保存食の採取、管理、記録	
	調理指導その他	・調理及び配食に関する指導 ・物資の選定（物資選定委員会等出席）、食品購入に関する事務、在庫確認、整理、産地別使用量の記録 ・施設設備の維持管理 ・学校給食の食事内容および児童生徒の食生活の改善に資するため、必要な調査研究を行うこと ・その他学校給食の栄養に関する専門的事項の処理にあたり、指導、助言または協力すること	

（平成 16 年「学校給食法の一部改正する法律」説明会資料（文部科学省）、昭和 61 年　文部省体育局長通知）より

表9.14　給食経費負担

項　目	政令で定めるもの	それ以外の学校給食に要する経費	
	施設設備費・人件費	光熱水費	食材料費
負担者	設置者	多くの場合学校の設置者が負担しているが、保護者負担でもよい	保護者 一部を設置者が負担してもよい

(1) 給食の種類

学校給食法施行規則第1条において、学校給食の種類を規定している。

❖**完全給食**：米飯またはパン（これらに準ずる小麦粉食品、米加工食品その他の食品を含む。）＋ミルク＋おかず

❖**補食給食**：完全給食以外の給食で、給食内容がミルク＋おかず等

❖**ミルク給食**：ミルクのみ

(2) 学校給食摂取基準

学校給食摂取基準については、厚生労働省が策定した「日本人の食事摂取基準」を参考とし、その考え方をふまえるとともに、厚生労働科学研究費補助金により行われた循環器疾患・糖尿病等生活習慣病対策総合研究事業「食事摂取基準を用いた食生活改善に資するエビデンスの構築に関する研究」および「食事状況調査」の調査結果より算出した、小学3年生、5年生および中学2年生が昼食である学校給食において摂取することが期待される栄養量）などを勘案し、児童または生徒の健康の増進および食育の推進を図るために望ましい栄養量を算出したものである。したがって、本基準は児童生徒の1人1回当たりの全国的な平均値を示したものであるから、適用にあたっては、児童生徒の個々の健康および生活活動などの実態ならびに地域の実情などに十分配慮し、弾力的に運用することとされている（**表9.15** 参照）。

表9.15　児童または生徒1人1回当たりの学校給食摂取規準

区　分	基　準　値						
	特別支援学校の幼稚部及び高等部		児童（6歳～7歳の場合）	児童（8歳～9歳の場合）	児童（10歳～11歳の場合）	生徒（12歳～14歳の場合）	夜間学校
	幼児	生徒					生徒
エネルギー　（kcal）	490	860	530	650	780	830	860
たんぱく質　　（g）	学校給食による摂取エネルギー全体の13～20%						
脂　　質　　（%）	学校給食による摂取エネルギー全体の20～30%						
ナトリウム（食塩相当量）(g)	1.5 未満	2.5 未満	1.5 未満	2 未満	2 未満	2.5 未満	2.5 未満
カルシウム　　（mg）	290	360	290	350	360	450	360
マグネシウム　（mg）	30	130	40	50	70	120	130
鉄　　　　　　（mg）	2	4	2	3	3.5	4.5	4
ビタミンA（μgRAE）	190	310	160	200	240	300	310
ビタミンB1　（mg）	0.3	0.5	0.3	0.4	0.5	0.5	0.5
ビタミンB2　（mg）	0.3	0.6	0.4	0.4	0.5	0.6	0.6
ビタミンC　　（mg）	15	35	20	25	30	35	35
食物繊維　　　（g）	3 以上	7.5 以上	4 以上	4.5 以上	5 以上	7 以上	7.5 以上

（注）1. 表に掲げるものの他、次に掲げるものについても示した摂取について配慮すること。
　　　　亜鉛・・幼児 1mg、児童（6歳～7歳）2mg、児童（8歳～9歳）2mg
　　　　児童（10歳～11歳）2mg、生徒（12歳～14歳）3mg、生徒 3mg
　　　2. この摂取規準は、全国的な平均値を示したものであるから、適用にあたっては、個々の健康及び生活活動等の実態ならびに地域の実情等に十分配慮し、弾力的に運用すること。
　　　3. 献立の作成にあたっては、多様な食品を適切に組み合わせるよう配慮すること。

出典）令和3年　文部科学省告示第10号

第9章　施設別給食経営管理

＜学校給食摂取基準についての基本的な考え方＞

🔲1. エネルギー

　文部科学省が毎年実施する学校保健統計調査の平均身長から求めた標準体重と身体活動レベルのレベルⅡ（ふつう）を用いて、推定エネルギー必要量の3分の1を算出したところ、昼食必要摂取量の中央値との差も少なく四分位範囲内であるため、学校保健統計調査により算出したエネルギーを基準値とした。なお、性別、年齢、体重、身長、身体活動レベルなど、必要なエネルギーには個人差があることから、成長曲線に照らして成長の程度を考慮するなど、個々に応じて弾力的に運用することが求められる。

🔲2. たんぱく質

　食事摂取基準の目標量を用いることとし、学校給食による摂取エネルギー全体の13%〜20%エネルギーを学校給食の基準値とした。

🔲3. 脂質

　食事摂取基準の目標量を用いることとし、学校給食による摂取エネルギー全体の20%〜30%エネルギーを学校給食の基準値とした。

🔲4. ミネラル

🔲4-1 ナトリウム（食塩相当量）

　昼食必要摂取量で摂ることが許容される値の四分位範囲の最高値を用いても献立作成上味付けが困難となることから、食事摂取基準の目標量の3分の1未満を学校給食の基準値とした。なお、食塩の摂取過剰は生活習慣病の発症に関連しうるものであり、家庭においても摂取量をできる限り抑制するよう、学校給食を活用しながら、望ましい摂取量について指導することが必要である。

🔲4-2 カルシウム

　昼食必要摂取量の中央値は、食事摂取基準の推奨量の50%を超えているが、献立作成の実情に鑑み、四分位範囲内で、食事摂取基準の推奨量の50%を学校給食の基準値とした。

🔲4-3 マグネシウム

　昼食必要摂取量の中央値は、小学生は食事摂取基準の推奨量の3分の1以下であるが、中学生は約40%である。このため、小学生以下については、食事摂取基準の推奨量の3分の1程度を、中学生以上については40%を、学校給食の基準値とした。

🔲4-4 鉄

　昼食必要摂取量の中央値は、小学生は食事摂取基準の推奨量の約40%であるが、中学生は40%を超えている。献立作成の実情に鑑み、四分位範囲内で、食事摂取基

準の推奨量の 40%を学校給食の基準値とした。

□4-5 亜鉛

昼食必要摂取量の中央値は、食事摂取基準の推奨量の 3 分の 1 以下であるが、望ましい献立としての栄養バランスの観点から、食事摂取基準の推奨量の 3 分の 1 を学校給食において配慮すべき値とした。

□5. ビタミン

□5-1 ビタミンA

昼食必要摂取量の中央値は、食事摂取基準の推奨量の 40%を超えているが、献立作成の実情に鑑み、四分位範囲内で、食事摂取基準の推奨量の 40%を学校給食の基準値とした。

□5-2 ビタミンB$_1$

昼食必要摂取量の中央値は、食事摂取基準の推奨量の約 40%であり、食事摂取基準の推奨量の 40%を学校給食の基準値とした。

□5-3 ビタミンB$_2$

昼食必要摂取量の中央値は、食事摂取基準の推奨量の約 40%であり、食事摂取基準の推奨量の 40%を学校給食の基準値とした。

□5-4 ビタミンC

昼食必要摂取量の中央値は、食事摂取基準の推奨量の 3 分の 1 以下であるが、望ましい献立としての栄養バランスの観点から、四分位範囲内で、食事摂取基準の推奨量の 3 分の 1 を学校給食の基準値とした。

□6. 食物繊維

昼食必要摂取量の中央値は、小学 3 年生は食事摂取基準の目標量の約 40%、小学 5 年生は約 3 分の 1 であるが、中学 2 年生は 40%を超えている。献立作成の実情に鑑み、四分位範囲内で、食事摂取基準の目標量の 40%以上を学校給食の基準値とした。

(3) 学校給食における食品構成

食品構成については、「学校給食摂取基準」をふまえ、多様な食品を適切に組み合わせて、児童生徒が各栄養素をバランスよく摂取しつつ、さまざまな食に触れることができるようにすること。また、これらを活用した食に関する指導や食事内容の充実を図ること。なお、多様な食品とは、食品群であれば、例えば、穀類、野菜類、豆類、果実類、きのこ類、藻類、魚介類、肉類、卵類および乳類などであり、また、食品名であれば、例えば穀類については、精白米、食パン、コッペパン、うどん、中華めんなどである。また、各地域の実情や家庭における食生活の実態把握のうえ、

日本型食生活の実践、わが国の伝統的な食文化の継承について十分配慮すること。さらに、「食事状況調査」の結果によれば、学校給食のない日はカルシウム不足が顕著であり、カルシウム摂取に効果的である牛乳などについての使用に配慮すること。なお、家庭の食事においてカルシウムの摂取が不足している地域にあっては、積極的に牛乳、調理用牛乳、乳製品、小魚などについての使用に配慮すること。

(4) 学校給食の食事内容の充実

（ⅰ）学校給食の食事内容については、学校における食育の推進を図る観点から、学級担任や教科担任と栄養教諭などとが連携しつつ、給食時間はもとより、各教科などにおいて、学校給食を活用した食に関する指導を効果的に行えるよう配慮すること。また、食に関する指導の全体計画と各教科などの年間指導計画などとを関連づけながら、指導が行われるよう留意すること。

a. 献立に使用する食品や献立のねらいを明確にした献立計画を示すこと。

b. 各教科などの食に関する指導と意図的に関連させた献立作成とすること。

c. 学校給食に地場産物を使用し、食に関する指導の「生きた教材」として使用することは、児童生徒に地域の自然、文化、産業等に関する理解や生産者の努力、食に関する感謝の念を育むうえで重要であるとともに、地産地消の有効な手段であり、食料の輸送に伴う環境負荷の低減等にも資するものであることから、その積極的な使用に努め、農林漁業体験等も含め、地場産物に係る食に関する指導に資するよう配慮すること。

d. わが国の伝統的食文化について興味・関心をもって学び、郷土に関心を寄せる心を育むとともに、地域の食文化の継承につながるよう、郷土に伝わる料理を積極的に取り入れ、児童生徒がその歴史、ゆかり、食材などを学ぶ取り組みに資するよう配慮すること。また、地域の食文化等を学ぶ中で、世界の多様な食文化等の理解も深めることができるよう配慮すること。

e. 児童生徒が学校給食を通して、日常または将来の食事つくりにつなげることができるよう、献立名や食品名が明確な献立作成に努めること。

f. 食物アレルギーなどのある児童生徒に対しては、校内において校長、学級担任、栄養教諭、学校栄養職員、養護教諭、学校医などによる指導体制を整備し、保護者や主治医との連携を図りつつ、可能な限り、個々の児童生徒の状況に応じた対応に努めること。なお、実施にあたっては、公益財団法人日本学校保健会で取りまとめられた「学校生活管理指導表（アレルギー疾患用）」および「学校のアレルギー疾患に対する取り組みガイドライン」ならびに文部科学省が作成した「学校給食における食物アレルギー対応指針」を参考とすること。

（ⅱ）献立作成にあたっては、常に食品の組み合わせ、調理方法などの改善を図るとともに、児童生徒の嗜好の偏りをなくすよう配慮すること。

a. 魅力あるおいしい給食となるよう、調理技術の向上に努めること。

b. 食事は、調理後できるだけ短時間に適温で提供すること。調理にあたっては、衛生・安全に十分配慮すること。

c. 家庭における日常の食生活の指標になるように配慮すること。

（ⅲ）学校給食に使用する食品については、食品衛生法（昭和22年法律第233号）第11条第1項に基づく食品中の放射性物質の規格基準に適合していること。

（ⅳ）食器具については、安全性が確保されたものであること。また、児童生徒の望ましい食習慣の形成に資するため、料理形態に即した食器具の使用に配慮するとともに、食文化の継承や地元で生産される食器具の使用に配慮すること。

（ⅴ）喫食の場所については、食事にふさわしいものとなるよう改善工夫を行うこと。

（ⅵ）給食の時間については、給食の準備から片付けを通して、計画的・継続的に指導することが重要であり、そのための必要となる適切な給食時間を確保すること。

（ⅶ）望ましい生活習慣を形成するため、適度な運動、調和のとれた食事、十分な休養・睡眠という生活習慣全体を視野に入れた指導に配慮すること。また、ナトリウム（食塩相当量）の摂取過剰や鉄の摂取不足など、学校給食における対応のみでは限界がある栄養素もあるため、望ましい栄養バランスについて、児童生徒への食に関する指導のみならず、家庭への情報発信を行うことにより、児童生徒の食生活全体の改善を促すことが望まれること。

5.4 生産・品質管理

（1）生産管理

1）学校給食用物資の購入

　学校給食の食材料は、学校の設置者の判断で購入している。単独調理場、共同調理場ごとに購入する**単独購入方式**と、複数の単独調理場、共同調理場が共同で購入する**共同購入方式**がある。

　また、物資の選定にあたっては、関係者による学校給食用納入物資選定委員会等を組織し、学校給食に適した食材料を選定することが大切である。

　なお、主食等については、財団法人都道府県学校給食会[*5]が都道府県内同一規格のものを提供している場合が多い。

2) 工程管理

児童生徒が満足する給食を提供するためには、献立ごとに調理作業の手順、時間および担当者を示した調理作業工程表ならびに食品の動線を示した作業動線図を作成し、作業前に調理作業工程表および作業動線図を確認し、作業にあたる。

(2) 品質管理

栄養・食事管理された安全でおいしい給食を提供するために、品質管理を徹底する。提供者側の品質評価として、**学校給食衛生管理基準**では、校長、共同調理場長等検食責任者が児童生徒の摂食開始時間の30分前までに**検食**し、摂食に適するか否か次の評価項目等について判断し、その時間および結果を記録し保存することが規定されている。

【評価項目】

①異物混入の有無　②加熱・冷却処理の良否　③異味、異臭、その他の異常の有無　④一食分として適量か　⑤味付けや、香り、色彩、形態が適切か　⑥児童生徒の嗜好との関連性はどのように配慮されているか。

また、喫食者側の評価として、残量調査や嗜好調査などを実施し、献立作成に反映することが大切である。

5.5 安全・衛生管理

学校給食は、学校教育の一環として実施されるものであり、安全な給食の提供は不可欠である。

(1) 学校給食衛生管理基準 （巻末資料 p.279）

学校給食法第9条では、学校給食の実施に必要な施設および設備の整備および管理、調理の過程における衛生管理その他の学校給食の適切な衛生管理を図るうえで必要な事項について維持されることが望ましい基準（**学校給食衛生管理基準**[6]）を定めている。学校給食独自の留意点は次のとおりである。

1) 献立作成

① 学校給食施設および設備ならびに人員等の能力に応じたものとするとともに、衛生的な作業工程および作業動線となるよう配慮すること。

＊5 財団法人都道府県学校給食会：学校給食用物資を都道府県内の給食実施校に供給する都道府県段階の機関として設立された団体（公益法人）で、米、パン、脱脂粉乳、輸入牛肉その他の物資の買入れ、売渡しの業務ならびに学校給食の普及充実事業として、学校給食関係者の資質向上等を図るための各種研修会・講習会・研究会、衛生管理、情報収集・提供等の事業を行っている。

＊6 学校給食衛生管理基準：1996（平成8）年度に学校給食関係者を震撼させた病原性大腸菌O157による食中毒事件を教訓に作成された。

② 高温多湿の時期は、なまもの、和えものなどについては、細菌の増殖等が起こらないように配慮すること。

2) 調理過程

① 原則として前日調理は行わないこと。

② 生で食する野菜類、果実類などを除き、加熱処理したものを給食すること。

③ 野菜類は原則として加熱調理することとするが、教育委員会等において安全性を確認しつつ、加熱調理の有無を判断すること。また、生野菜の使用にあたっては特に衛生的に取り扱うこと。

④ 和えもの、サラダ等は、各食品を調理後速やかに冷却機等で冷却すること。やむを得ず水で冷却する場合は、直前に使用水の遊離残留塩素が 0.1 mg/L 以上であることを確認し、確認した数値および時間を記録すること。

⑤ マヨネーズは、つくらないこと。

3) 検食および保存食等

① 給食の受配校においてあらかじめ責任者を定めて児童生徒の摂食開始時間の 30 分前までに行うこと。

② 保存食は、毎日、原材料、加工食品および調理済食品を食品ごとに 50 g 程度ずつビニール袋等清潔な容器に密封して入れ、専用冷凍庫に−20℃ 以下で 2 週間以上保存すること。また、納入された食品の製造年月日若しくはロットが違う場合又は複数の釜で調理した場合は、それぞれ保存すること。

③ 卵については、全て割卵し、混合したものから 50 g 程度採取し保存すること。

④ パン等残食の児童生徒の持ち帰りは、衛生上の見地から、禁止することが望ましい。

⑤ パン、牛乳、おかず等の残品は、すべてその日のうちに処分し、翌日に繰り越して使用しないこと。

4) 教室での留意事項

① 給食当番等配食を行う児童生徒および教職員は、毎日、下痢、発熱、腹痛等の有無その他の健康状態および衛生的な服装であることを確認すること。

② 配食前、用便後の手洗いを励行させ、清潔な手指で食器および食品を扱うようにすること。

5) 給食従事者の健康管理

① 月 2 回以上の検便検査を実施すること。

② 本人の健康状態および同居人も含め感染症予防法に規定する感染症またはその疑いがあるかどうか毎日点検し、記録する。

第9章　施設別給食経営管理

5.6 施設・設備管理

　衛生管理の徹底を図るため、「学校給食衛生管理基準」に示されている学校給食施設および設備の整備および管理に係る衛生管理基準を遵守するよう努めるとともに、献立および調理内容に応じて、機器の整備にも努める必要がある。また、ドライシステムを導入するよう努め、ドライシステムを導入していない調理場においても**ドライ運用**[*7]を図るよう努めなければならない。さらに、近年、食物アレルギーをもつ児童生徒に対応するため、専用の施設・設備の整備も必要である。

　「学校給食実施基準の施行について」において、食器具については、安全性が確保されたものであり、また、児童生徒の望ましい食習慣の形成に資するため、料理形態に即した食器具の使用に配慮するとともに、食文化の継承や地元で生産される食器具の使用に配慮することとしている。さらに、喫食場所については、食事にふさわしいものとなるよう改善工夫することとしており、ランチルームや食堂を整備した学校も増加している。

5.7 人事・事務管理

　学校の設置者は、栄養教諭・学校栄養職員、学校給食調理員（非常勤職員等も含む）等を対象とした研修プログラムを作成し、研修を実施し、資質の向上を図る必要がある。なお、「学校給食衛生管理基準」には、学校給食調理員の標準的研修プログラムが示されている。

6 事業所給食

6.1 概念

　企業は労働安全衛生法、事業附属寄宿舎規定、健康増進法に基づき従業員に対する労働安全衛生管理が義務付けられており、従業員に健康障害をもたらすことがないよう快適な職場環境を整備する必要がある。

　事業所給食は、企業における従業員の福利厚生の一環として行われるが、栄養バランスのとれた適正な栄養量の食事の提供により、従業員の健康保持・増進、生活習慣病の予防に寄与するとともに、企業の生産性の向上を目指している。

　＊7　ドライ運用：ウエットシステムの調理場でドライ仕様の調理器具の使用や作業方法を工夫することにより、できるだけ床が乾いた状態を維持しながら調理を行う方法。

6.2 経営管理

　事業所給食は、特定の企業に属する従業員（オフィス、工場、寄宿舎、研修所など）を対象とした給食である。喫食者は年齢や性別、職種や業務内容等が多様であるが、できるだけ個々に応じた適正な食事提供ができるような配慮が必要である。

　現在、ほとんどの事業所給食はアウトソーシングされており、その契約方法（食単価制・管理費制）により食事負担額が異なる。事業所給食の食事価格は、総原価を企業側と従業員が負担しているため、一方では福利厚生の一環として安価な食事が提供されているが、他方では顧客満足・従業員満足が要求されている。さらに、外食産業や中食産業の増加とともに低価格メニューとの競合で給食の喫食数が減り、労働生産性の低下をもたらす要因となっている。また、近年、給食施設をもたない企業の従業員に対し、福利厚生の一環として食事券を発行し、提携した外食店で食事ができるような食券発行方式も採用されている。

　事業所給食の設置については事業主の裁量が大きく影響しており、経営の合理化や経費削減の努力と喫食者への安全・安心、サービスの向上への努力が必要である。また、給食施設を企業間の接待や従業員の定着率向上等のために戦略的に魅せる企業も出現しており、事業所給食に対する考え方には企業規模や業種あるいは事業主により格差が広がっている。

　本来の目的である福利厚生の意義、労働安全衛生の意義を果たすため、社員の社員食堂の利用が多くなるよう、マーケティングの実施により、近隣の外食店・中食店などの状況を把握しつつ喫食者のニーズに応じた食事提供を行うことが重要である。

6.3 栄養・食事管理

　事業所給食の食事計画は、「**日本人の食事摂取基準**」を用いて対象者の性・年齢、身体活動レベルを考慮して、事業所施設ごとに給食の給与栄養目標量を設定する。施設により利用者の人員構成が異なるため、場合により複数の食事基準が必要となる。多くの事業所で昼食の提供が主となるが、昼食の栄養基準の設定については、できるだけ対象者の特性を考慮し、一日の摂取量が食事摂取基準の推奨量、目安量、目標量に近づくよう設定する。一般的には、昼食の栄養基準として一日の給与栄養目標量の35％を目標とすることが多い。また、献立内容による給与エネルギー量は、料理の盛り付け量を考慮し、1食当たり±50～75kcal、一日当たり±100～200kalの範囲内の変動は認められる。

　事業所給食の栄養管理においては、アセスメントの際に、年1回実施される健康診断の結果を用いることが多い。その結果を活用し、喫食者が抱える健康上の問題

第9章　施設別給食経営管理

点を解決できるような食事計画を行う。

　また、THP[8]や特定健康診査・特定保健指導制度の観点から、「**スマートミール（Smart Meal）**[9]」の基準をふまえたヘルシーメニューの導入をはじめ生活習慣病対策の予防・改善が図れるような献立作りの配慮が必要である。

6.4　生産管理・品質管理

(1)　食事対応

　昼食提供を主とする事業所が多いが、朝食、夜勤食の提供を行っている施設もある。提供時間帯に応じた食事内容とすることが大切である。

　また、事業所給食のメニューは、喫食者の好みで売れ行きが左右されやすい。そのため、定期的な嗜好調査や売上状況の評価を行い、ロスが少なくかつニーズにあった献立を提供することが必要である

(2)　提供方法

1)　定食方式

　1食分が主食、主菜、副菜など組み合わせられた献立方式で単一献立方式と複数献立方式がある（**表9.16**）。

2)　カフェテリア方式

　主食、主菜、副菜などそれぞれの一品料理として提供し、喫食者が自分の嗜好にあったものを選択し、1食分を組み合わせる。喫食者の選択に任せるため、栄養バランスの偏りや食材のロスがでないよう、好ましい組み合わせやモデル献立の提示などが必要である。

表9.16　単一献立方式と複数献立方式との違い

	一般的な特徴および問題点など
単一献立方式	定食を一種類のみで提供するため、利用者に選択の余地はなく、利用者への嗜好の配慮は十分にできない。
複数献立方式	2種類以上の定食献立または1種類の定食と副菜の何種類から1品を提供する方式。利用者が自由に選択することができる。

---

　*8 THP（Total Health Promotion plan）：従業員が働く職場には、従業員自身の力では取り除くことができない健康障害要因やストレス要因が存在しており、従業員の健康を確保するために従業員の自助努力に加えて事業者の行う健康管理の積極的な推進が必要であるとして、労働安全衛生法第69条、70条に基づき、厚生労働省が1988（昭和63）年から推進している働く人の心と体の両面からの総合的な健康づくりを目指した運動。THP指針ともいわれており、事業者は健康保持増進対策を、継続かつ計画的に推進するための計画を策定し、産業医、運動指導者、産業栄養指導者、産業保健指導者、心理相談員などのTHPスタッフによる健康測定や運動指導、栄養指導、保健指導、メンタルヘルスケアなどが行われている。

　*9 スマートミール（Smart Meal）：「健康な食事・食環」認証制度

3) 弁当方式

給食施設をもたない企業に対し、外部の業者から弁当を配食する方式である。あるいは企業の敷地が広く食堂への移動が困難な場合に施設内の給食部門から配食サービスを行う場合もある。

(3) 生産方法

従来型のクックサーブ方式のみでなく、ロスを少なくするためあるいは多品種提供を効率よく行うために、クックチルやクックフリーズ、真空調理などの調理方式を取りいれて、計画生産に取り組む施設が増えている。これらの生産方法は、食事の待ち時間を短縮させることが可能となり、顧客満足度の向上に有効であると同時に調理担当者の労働時間や労働人員の調整においても利点がある。

6.5 安全・衛生管理

事業所給食は1回の食事生産量が比較的多いので、「大量調理施設衛生管理マニュアル」に基づく安全・衛生管理を徹底し、食中毒防止に努めることが重要である。

また、近年、**セントラルキッチン**で一括生産し、**サテライトキッチン**（各事業所）に配送する方式が見られる。その際は、特に一連の作業工程における安全・衛生管理を徹底することが必須である。特に配送時の温度管理、サテライトでの提供管理は食中毒防止の万全の対策が必須である。

6.6 施設・設備管理

事業所給食はほとんどが給食会社への委託方式で実施しているため、給食施設・設備については依頼主が保有するものを給食会社に貸与する形をとっている場合が多い。したがって、日常の取り扱いあるいは故障時や新規購入の対応などについては、契約の段階で双方の合意のもとに明らかにしておく必要がある。

また、事業所給食では、喫食者の利用率の増加を図るうえで、食堂の環境整備が重要である。レイアウトを工夫し、食事の受け取り、清算、喫食、下膳の一連の動線の円滑化により混雑を緩和する。また、BGMでの音楽利用、観葉植物の設置などはリラックス効果を高めるのに有効である。イスやテーブルについても、人間工学に基づく形状やカラーリング、材質などへの配慮が望まれる。

6.7 人事・事務管理

事業所給食では、労務費の抑制からパートやアルバイトの短時間労働者に依存する率が高い。したがって、安全・衛生管理、作業の標準化、サービスのあり方など

における教育が必要である。

　また、1つの給食会社が近隣の複数の事業所の給食を請け負っている場合、エリアマネージャーや担当の管理栄養士が統括を担当している。

　一方、給食の受託会社では、献立作成は本社で作成し、各事業所で微調整するシステムがとられている。また、発注に関しては、オンラインシステムの利用により食材の大量購入を安価で効率よく仕入れている。

7 外食・中食・配食

7.1 外食・中食・配食と給食の概念

　特定給食施設は特定の多数人の喫食者に対して継続的に食事を提供するために、栄養士・管理栄養士の配置と栄養管理基準が定められている。しかし、特定の喫食者に対して継続的ではあるが、多数人を対象としていない施設では、特定給食施設のような基準は定められていない。

　例えば5～9人の認知症高齢者が家庭的雰囲気の中で生活するグループホームや、地域密着サービスである小規模デイサービスや小規模多機能型居宅介護では、特定の入所者や利用者に対して定期的に食事を提供しているが、施設に台所はあるものの外部からの食事提供は認められている。食事を提供するサービスを実施しているが、これらは必ずしも給食ではない。

7.2 外食と給食

　事業所給食は社員への福利厚生の一環として実施されている。近年、社員食堂としての福利厚生とは別に、外食産業を活用した**食券発行方式（バウチャー食事券）**が普及している。これは社員食堂もたない企業や、工場と異なり本社や営業所の職員が食事代金の一部を企業から補助を受けるもので、近隣の外食店やコンビニエンスストアでも利用できる食券として受け取るものである。

　企業は社員に複数店で利用可能な食券と利用店舗一覧を示すため、社員は自由に利用することができる。企業にとっては社員食堂を設置するスペースや運営にかかる煩雑な作業がないだけではなく、社員食堂を利用できない社員に対しても平等に福利厚生を行うことができるというメリットがある。しかし、外食店の一部では栄養成分表示やヘルシーランチへの取り組みが進んでいるものの、外食やコンビニエンスストアで食事を購入する場合には、給食のような栄養・食事管理は難しい。

7.3 中食と給食

中食とは調理済み食品をテイクアウトして喫食することであり、必ずしも特定の喫食者を対象としたものではない。しかし、食堂をもたない企業であっても、弁当会社との提携により福利厚生や栄養管理を行うことも可能である。複数の弁当会社と提携して社員に食事を提供している企業の例を示す。また、中食店で子どもへの食育を展開している例も示す。

事例Ⅰ　社員食堂の代わりに中食（弁当）を活用

A社は都心のオフィスで事業を展開する企業である。在籍職員数は派遣・契約社員を含めて約1,200人である。契約オフィスには厨房設備を設置することができないため、複数の弁当会社と契約し12階フロアで11：30～13：00までの間弁当を販売している。他の本社や工場では管理費制で給食会社に食事提供を委託している。この事業所においても1食500円/日、会社から食事代金が補助されている。

■栄養・食事管理

定期的に総務部門、健康管理センター（産業医や担当保健師）、労働組合と弁当会社の間で情報交換が行われ、健康管理センターからはヘルシーランチの要望や、労働組合からは弁当の品揃え、味、価格への要望が出されて改善に向けて協議する。週間献立は各フロアに弁当会社ごとに印刷物で掲示される。料理内容、熱量と価格が示されている。弁当会社によっては詳細な使用食品や、熱量以外の栄養成分値、栄養や食品に関する一口メモをHPで掲載している。

食材料管理は弁当業者によって対応は異なる。A社は定期的に契約弁当会社の見直しを行うため、食材料や味、弁当の内容や品質が問われることになる。

■生産管理、安全・衛生管理

A社に納入する弁当数は弁当会社により異なるが、各弁当会社は150～400食/日の弁当をA社に納入する。いずれも大量調理施設衛生管理マニュアルに基づいて作業を行うことを入札時の条件としている。

■経営管理

A社の社員は弁当と味噌汁やドリンクなどを購入後、レジで清算して給与天引きされる。食事補助は月間勤務日数に応じて支給される。概ね中間帯の金額の弁当と味噌汁の合計金額が補助費に該当する。

A社では近隣の外食施設を利用した場合の飲食料金が高く、また、客席数の少なさから昼休みの時間帯での食事が難しいなどの理由から、弁当利用率が高い。

そこで、社員への健康教育において弁当を例にあげて、栄養教育の教材として活用している。

事例Ⅱ　中食を食育に活用

　中食の惣菜店で子どもの食育のための「Kid's Club」を展開している店舗もある。給食の提供や栄養管理の取り組みではないが、子どもの食事に対する関心を高め、家庭でのお手伝いのきっかけづくりとなるイベントを定期的に開催して評判となっている。運営は月に1回行い、完全予約制で最高12名までの5歳〜12歳の幼児・児童を対象にしている。毎月のイベントテーマは異なり、巻き寿司、コロッケなどにも挑戦している。1テーブル4名までの児童を1名のインストラクターが担当する。参加費は1回500円で、所要時間は60分である。

　プログラムの「Kid's Club」は教室ではなくイベントとして組まれている。調理の一部を児童が行うが、オーブンで焼くなどの待ち時間に、「食べ物のお話」やクイズで子ども達を飽きさせない工夫がなされている。出来上がったお菓子や料理はラッピングして、家庭での話題となるように持ち帰りにしている。会場はスーパーマーケットの一角であり、イベントの最中には保護者は自分の時間を楽しめるようになっている。

7.4 配食

(1) 配食の概念

　配食による食事提供は要介護者や高齢者を対象に展開されている。運営母体は市町村等自治体によるものとNPO法人、ボランティアや民間企業によるものに大別できる。

(2) 経費

1) 運営母体が自治体によるもの

　自治体が高齢者等の生活支援事業のうちの「食」の自立支援事業として配食を運営している。自治体から社会福祉協議会、社会福祉法人、医療法人、ボランティア、NPO法人や民間企業に対して補助金を交付して事業を委託している。

　食事の提供は週1〜5回、主として1日1食である。対象は65歳以上の要介護者・要支援者で、配食の回数や自己負担額も200〜600円と自治体により幅がある。食事の提供だけではなく安否確認も行う。

2) 運営母体がボランティア、NPO法人や民間企業によるもの

　個人が自由契約により配食サービス受けるもの。対象は要介護者のみに限定するのではなく、介護者もサービスを受けることができる。自治体からの費用補助がな

いため料金は 500〜1500 円/食と幅がある。1日3食、日祭日もサービスを受けることは可能である。業者によっては治療食や刻み食、ミキサー食など食形態調整にも対応している。

3）栄養・食事管理

宅配で提供する糖尿病食や腎臓病食は、令和元年9月の「特別用途食品の表示許可等について」の全部改正に伴い、特別用途食品の病者用食品（許可基準型病者用食品）に属する「糖尿病用組み合わせ食品」、「腎臓病用組み合わせ食品」に位置づけられるようになった。販売に際しては、消費者庁の規定（令和元年9月9日 消食表第296号）に示された食品群別許可基準を満たしたうえで販売許可を受ける必要がある。

表示が必要な事項には、①1食分当たりの熱量及び栄養成分等、②エネルギー産生栄養素バランス（％エネルギー）、③医師・管理栄養士等の相談又は指導を得て使用することが適当である旨、④標準的な使用方法、摂取に際して注意すべき医学的及び栄養学的事項などがある。

栄養成分等の基準については、表9.17、表9.18 に示すとおりである。主食を含まない献立の場合は、想定する主食の種類と量を明確にしたうえで、主食と副食をあわせたときに各表の基準値を満たすこととされている。

なお、従来運用されていた「食事療法用宅配食品等栄養指針」（厚生労働省 平成21年4月）は上記の法改正に伴い廃止された。

表9.17 糖尿病組み合わせ食品の栄養成分等の規準

栄 養 成 分	1食当たりの栄養素の組成
炭 水 化 物	50〜60％エネルギー
たんぱく質	20％エネルギー以下
食塩相当量	2.0 g 未満

表9.18 腎臓病組み合わせ食品の栄養成分等の規準

栄 養 成 分	1食当たりの熱量または栄養素の組成
熱　　量	380〜750kcal
たんぱく質	9.0〜22.0g
食塩相当量	2.0g 未満
カ リ ウ ム	500 mg以下

第 9 章　施設別給食経営管理

問　題

下記の文章の（　）に適切な語句を入れよ。

(1) 入院時食事療養（I）または入院時生活療養（I）の加算には（　①　）加算、（　②　）加算がある。

(2) （　③　）加算は患者の病状に応じて医師が発行する食事せんに基づき適切な食事が提供された場合に算定できる。

(3) 栄養食事指導料を算定する場合は、小児食物アレルギー患者（9歳未満）に対する（　④　）食も特別食に含まれる

(4) 外来栄養食事指導と（　⑤　）は同一日の算定は可能である。

(5) 経口移行加算は、経口移行計画を作成した日から（　⑥　）日間、1日につき（　⑦　）を加算する。

(6) 栄養マネジメント強化加算は、常勤の（　⑧　）を配置し、基本サービスとして入所者に（　⑨　）を実施したうえで、入所者ごとの栄養管理を強化した場合に1日につき（　⑩　）単位が算定できる。

(7) 療養食加算は、経口移行加算または（　⑪　）と同時算定ができる。

(8) 児童福祉施設は（　⑫　）法に基づき（　⑬　）施設と（　⑭　）施設に分類される。

(9) 保育所給食の給与栄養目標量は（　⑮　）（　⑯　）に分けて設定する。

(10) 障がい者福祉施設では、施設の収入源として（　⑰　）（　⑱　）（　⑲　）（　⑳　）の算定が認められている。

(11) 学校給食の栄養管理は（　㉑　）省が定める（　㉒　）に従い、各種栄養素の摂取量に関しては（　㉓　）を用いる。

(12) 学校給食栄養管理者とは（　㉔　）（　㉕　）をいう。

(13) 学校給食の運営方法にはコンベンショナルシステムである（　㉖　）とカミサリーシステムである（　㉗　）に大別できる。

(14) 事業所給食の食事計画は（　㉘　）に基づき行う。

(15) 事業所給食の運営はほとんどが（　㉙　）されており、契約方法には（　㉚　）（　㉛　）がある。

(16) 配食サービスで提供する糖尿病や腎臓病用の食事は、消費者庁の（　㉜　）基準を満たし、販売許可を受ける必要がある。

250

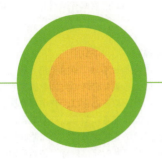

参考資料

特定給食施設／252

大量調理施設衛生管理マニュアル／255

病院／264

高齢者・介護保険施設／274

児童福祉施設／277

社会福祉施設／279

学校／279

事業所／289

特定給食施設

健康増進法（抄）

第5章　特定給食施設等

第1節特定給食施設における栄養管理

〔特定給食施設の届出〕

第20条　特定給食施設（特定かつ多数の者に対して継続的に食事を供給する施設のうち栄養管理が必要なものとして厚生労働省令で定めるものをいう。以下同じ。）を設置した者は、その事業の開始の日から1月以内に、その施設の所在地の都道府県知事に、厚生労働省令で定める事項を届け出なければならない。

2　前項の規定による届出をした者は、同項の厚生労働省令で定める事項に変更を生じたときは、変更の日から1月以内にその旨を当該都道府県知事に届け出なければならない。その事業を休止し、又は廃止したときも、同様とする。

〔特定給食施設における栄養管理〕

第21条　特定給食施設であって特別の栄養管理が必要なものとして厚生労働省令で定めるところにより都道府県知事が指定するものの設置者は、当該特定給食施設に管理栄養士を置かなければならない。

2　前項に規定する特定給食施設以外の特定給食施設の設置者は、厚生労働省令で定めるところにより、当該特定給食施設に栄養士又は管理栄養士を置くように努めなければならない。

3　特定給食施設の設置者は、前2項に定めるもののほか、厚生労働省令で定める基準に従って、適切な栄養管理を行わなければない。

〔指導及び助言〕

第22条　都道府県知事は、特定給食施設の設置者に対し、前条第1項又は第3項の規定による栄養管理の実施を確保するため必要があると認めるときは、当該栄養管理の実施に関し必要な指導及び助言をすることができる。

〔勧告及び命令〕

第23条　都道府県知事は、第21条第1項の規定に違反して管理栄養士を置かず、若しくは同条第3項の規定に違反して適切な栄養管理を行わず、又は正当な理由がなくて前条の栄養管理をしない特定給食施設の設置者があるときは、当該特定給食施設の設置者に対し、管理栄養士を置き、又は適切な栄養管理を行うよう勧告をすることができる。

2　都道府県知事は、前項の規定する勧告を受けた特定給食施設の設置者が、正当な理由がなくてその勧告に係る措置をとらなかったときは、当該特定給食施設の設置者に対し、その勧告に係る措置をとるべきことを命ずることができる。

〔立入検査等〕

第24条　都道府県知事は、第21条第1項又は第3項の規定による栄養管理の実施を確保するため必要があると認めるときは、特定給食施設の設置者若しくは管理者に対し、その業務に関し報告させ、又は栄養指導員に、当該施設に立ち入り、業務の状況若しくは帳簿、書類その他の物件を検査させ、若しくは関係者に質問させることができる。

2　前項の規定により立入検査又は質問をする栄養指導員は、その身分を示す証明書を携帯し、関係者に提示しなければならない。

3　第1項の規定による権限は、犯罪捜査のために認められたものと解釈してはならない。

第6章　受動喫煙防止

〔関係者の協力〕

第26条　国、都道府県、市町村、多数の者が利用する施設（敷地を含む。以下この章において同じ。）及び旅客運送事業自動車等の管理権原者（施設又は旅客運送事業自動車等の管理について権原を有する者をいう。以下この章において同じ。）その他の関係者は、望まない受動喫煙が生じないよう、受動喫煙を防止するための措置の総合的かつ効果的な推進を図るため、相互に連携を図りながら協力するよう努めなければならない。

〔喫煙をする際の配慮義務等〕

第27条　何人も、特定施設及び旅客運送事業自動車等（以下この章において「特定施設等」という。）の第二十九条第一項に規定する喫煙禁止場所以外の場所において喫煙をする際、望まない受動喫煙を生じさせることがないよう周囲の状況に配慮しなければならない。

2　特定施設等の管理権原者は、喫煙をすることができる場所を定めようとするときは、望まない受動喫煙を生じさせることがない場所とするよう配慮しなければならない。

〔定義〕

第28条　この章において、次の各号に掲げる用語の意義は、当該各号に定めるところによる

四　特定施設　第一種施設、第二種施設及び喫煙目的施設をいう。

五　第一種施設　多数の者が利用する施設のう

特定給食施設

ち、次に掲げるものをいう。
イ　学校、病院、児童福祉施設その他の受動
喫煙により健康を損なうおそれが高い者が
主として利用する施設として政令で定める
もの

第8章　罰則

第36条　国民健康・栄養調査に関する事務に従事
した公務員、研究所の職員若しくは国民健康・
栄養調査員又はこれらの職にあった者が、その
職務の執行に関して知り得た人の秘密を正当な
理由がなく漏らしたときは、1年以下の懲役又
は100万円以下の罰金に処する。

2　職務上前項の秘密を知り得た他の公務員又は
公務員であった者が、正当な理由がなくその秘
密を漏らしたときも、同項と同様とする。

3　第26条の11第1項（略）の規定に違反してそ
の職務に関して知り得た秘密を漏らしたもの
は、1年以下の懲役又は100万円以下の罰金に
処する。

4　第26条の13（略）の規定による業務の停止の
命令に違反したときは、その違反行為をした登
録試験機関の役員又は職員は、1年以下の懲役
又は100万円以下の罰金に処する。

第36条の2　第32条の3第2項の規定に基づく命
令に違反した者は、6月以下の懲役又は100万
円以下の罰金に処する。

第37条　次の各号のいずれかに該当する者は、50
万円以下の罰金に処する。

一　第23条第2項又は第32条第2項の規定に基
づく命令に違反した者

二　第26条第1項の規定に違反した者

三　第26条の15第2項（略）の規定による命令
に違反した者

第38条　次の各号のいずれかに該当する者は、30
万円以下の罰金に処する。

一　第24条第1項の規定による報告をせず、若
しくは虚偽の報告をし、又は同項の規定によ
る検査を拒み、妨げ、若しくは忌避し、若し
くは同項の規定による質問に対して答弁をせ
ず、若しくは虚偽の答弁をした者

二　第27条第1項（第29条第2項及び第32条第
3項において準用する場合を含む。）の規定
による検査又は収去を拒み、妨げ、又は忌避
した者

第39条　法人の代表者又は法人若しくは人の代理
人、使用人その他の従業者が、その法人又は人
の業務に関し、第37条又は前条の違反行為をし

たときは、行為者を罰するほか、その法人又は
人に対して各本条の刑を科する。

健康増進法施行規則（抄）

〔特定給食施設〕

第5条　法第20条第1項の厚生労働省令で定める
施設は、継続的に1回100食以上又は1日250食
以上の食事を供給する施設とする。

〔特定給食施設の届出事項〕

第6条　法第20条第1項の厚生労働省令で定める
事項は、次のとおりとする。

一　給食施設の名称及び所在地

二　給食施設の設置者の氏名及び住所（法人に
あっては、給食施設の設置者の名称、主たる
事務所の所在地及び代表者の氏名）

三　給食施設の種類

四　給食の開始日又は開始予定日

五　1日の予定給食数及び各食ごとの予定給食
数

六　管理栄養士及び栄養士の員数

〔特別の栄養管理が必要な給食施設の指定〕

第7条　法第21条第1項の規定により都道府県知
事が指定する施設は、次のとおりとする。

一　医学的な管理を必要とする者に食事を供給
する特定給食施設であって、継続的に1回
300食以上又は1日750食以上の食事を供給す
るもの

二　前号に掲げる特定給食施設以外の管理栄養
士による特別な栄養管理を必要とする特定給
食施設であって、継続的に1回500食以上又
は1日1,500食以上の食事を供給するもの

第8条　法第21条第2項の規定により栄養士又は
管理栄養士を置くように努めなければならない
特定給食施設のうち、1回300食又は1日750食
以上の食事を供給するものの設置者は、当該施
設に置かれる栄養士のうち少なくとも1人は管
理栄養士であるように努めなければならない。

第9条　法第21条第3項の厚生労働省令で定める
基準は、次のとおりとする。

一　当該特定給食施設を利用して食事の供給を
受ける者（以下「利用者」という。）の身体の
状況、栄養状態、生活習慣等（以下「身体の
状況等」という。）を定期的に把握し、これら
に基づき、適当な熱量及び栄養素の量を満た
す食事の提供及びその品質管理を行うととも
に、これらの評価を行うよう努めること。

二　食事の献立は、身体の状況等のほか、利用
者の日常の食事の摂取量、嗜好等に配慮して

作成するよう努めること。

三　献立表の掲示並びに熱量及びたんぱく質、脂質、食塩等の主な栄養成分の表示等により、利用者に対して、栄養に関する情報の提供を行うこと。

四　献立表その他必要な帳簿等を適正に作成し、当該施設に備え付けること。

五　衛生の管理については、食品衛生法（昭和22年法律第223号）その他関係法令の定めるところによること。

特定給食施設が行う栄養管理に係る留意事項について

（令和2年3月31日付け健健発0331第2号別添2）

第2　特定給食施設が行う栄養管理について

1　身体の状況、栄養状態等の把握、食事の提供、品質管理及び評価について

(1)　利用者の性、年齢、身体の状況、食事の摂取状況、生活状況等を定期的に把握すること。
なお、食事の摂取状況については、可能な限り、給食以外の食事の状況も把握するよう努めること。

(2)　(1)で把握した情報に基づき給与栄養量の目標を設定し、食事の提供に関する計画を作成すること。なお、利用者間で必要な栄養量に差が大きい場合には、複数献立の提供や量の調整を行う等、各利用者に対して適切な選択肢が提供できるよう、工夫すること。複数献立とする場合には、各献立に対して給与栄養量の目標を設定すること。

(3)　(2)で作成した計画に基づき、食材料の調達、調理及び提供を行うこと。

(4)　(3)で提供した食事の摂取状況を定期的に把握するとともに、身体状況の変化を把握するなどし、これらの総合的な評価を行い、その結果に基づき、食事計画の改善を図ること。

(5)　なお、提供エネルギー量の評価には、個々人の体重、体格の変化並びに肥満及びやせに該当する者の割合の変化を参考にすること。ただし、より適切にエネルギー量の過不足を評価できる指標が他にある場合はこの限りではない。

2　提供する食事（給食）の献立について

(1)　給食の献立は、利用者の身体の状況、日常の食事の摂取量に占める給食の割合、嗜好等に配慮するとともに、料理の組み合わせや食品の組み合わせにも配慮して作成するよう努めること。

(2)　複数献立や選択食（カフェテリア方式）のように、利用者の自主性により料理の選択が行われる場合には、モデル的な料理の組み合わせを提示するよう努めること。

3　栄養に関する情報の提供について

(1)　利用者に対し献立表の掲示や熱量、たんぱく質、脂質、食塩等の主要栄養成分の表示を行うなど、健康や栄養に関する情報の提供を行うこと。

(2)　給食は、利用者が正しい食習慣を身に付け、より健康的な生活を送るために必要な知識を習得する良い機会であるため、各々の施設の実情に応じ利用者等に対して各種の媒体を活用することなどにより知識の普及に努めること。

4　書類の整備について

(1)　献立表など食事計画に関する書類とともに、利用者の身体状況など栄養管理の評価に必要な情報について適正に管理すること。

(2)　委託契約を交わしている場合は、委託契約の内容が確認できるよう委託契約書等を備えること。

5　衛生管理について

給食の運営は、衛生的かつ安全に行われること。具体的には、食品衛生法（昭和22年法律第233号）、「大規模食中毒対策等について」（平成9年3月24日付け衛食第85号生活衛生局長通知）の別添「大量調理施設衛生管理マニュアル」その他関係法令等の定めるところによること。

第3　災害等の備え

災害等発生時であっても栄養管理基準に沿った適切な栄養管理を行うため、平時から災害等発生時に備え、食料の備蓄や対応方法の整理など、体制の整整備に努めること

特定給食施設

大量調理施設衛生管理マニュアル

（平成9年3月24日付け衛食第85号別添）

（最終改正：平成29年6月16日付け生食発0616第1号）

I　趣旨

本マニュアルは、集団給食施設等における食中毒を予防するために、HACCP の概念に基づき、調理過程における重要管理事項として、

① 原材料受入れ及び下処理段階における管理を徹底すること。

② 加熱調理食品については、中心部まで十分加熱し、食中毒菌等（ウイルスを含む。以下同じ。）を死滅させること。

③ 加熱調理後の食品及び非加熱調理食品の二次汚染防止を徹底すること。

④ 食中毒菌が付着した場合に菌の増殖を防ぐため、原材料及び調理後の食品の温度管理を徹底すること。

等を示したものである。

集団給食施設等においては、衛生管理体制を確立し、これらの重要管理事項について、点検・記録を行うとともに、必要な改善措置を講じる必要がある。また、これを遵守するため、更なる衛生知識の普及啓発に努める必要がある。

なお、本マニュアルは同一メニューを1回 300 食以上又は1日 750 食以上を提供する調理施設に適用する。

II　重要管理事項

1．原材料の受入れ・下処理段階における管理

(1) 原材料については、品名、仕入元の名称及び所在地、生産者（製造又は加工者を含む。）の名称及び所在地、ロットが確認可能な情報（年月日表示又はロット番号）並びに仕入れ年月日を記録し、1年間保管すること。

(2) 原材料について納入業者が定期的に実施する微生物及び理化学検査の結果を提出さささせること。その結果については、保健所に相談するなどして、原材料として不適と判断した場合には、納入業者の変更等適切な措置を講じること。検査結果については、1年間保管すること。

(3) 加熱せずに喫食する食品（牛乳、発酵乳、プリン等容器包装に入れられ、かつ、殺菌された食品を除く。）については、乾物や摂取量が少ない食品も含め、製造加工業者の衛生管理の体制について保健所の監視票、食品等事業者の自主管理記録票（別添）等により確認するとともに、製造加工業者が 従事者の健康状態の確認等ノロウイルス対策を適切に行っているかを確認すること。

(4) 原材料の納入に際しては調理従事者等が必ず立ち会い、検収場で品質、鮮度、品温（納入業者が運搬の際、別添1に従い、適切な温度管理を行っていたかどうかを含む。）、異物の混入等につき、点検を行い、その結果を記録すること。

(5) 原材料の納入に際しては、缶詰、乾物、調味料等常温保存可能なものを除き、食肉類、魚介類、野菜類等の生鮮食品については1回で使い切る量を調理当日に仕入れるようにすること。

(6) 野菜及び果物を加熱せずに供する場合には、別添2に従い、流水（食品製造用水[注1] として用いるもの。以下同じ。）で十分洗浄し、必要に応じて次亜塩素酸ナトリウム等で殺菌[注2] した後、流水で十分すすぎ洗いを行うこと。特に高齢者、若齢者及び抵抗力の弱い者を対象とした食事を提供する施設で、加熱せずに供する場合（表皮を除去する場合を除く。）には、殺菌を行うこと。

注1：従前の「飲用適の水」に同じ。（「食品、添加物等の規格基準」（昭和34年厚生省告示第370号）の改正により用語のみ読み替えたもの。定義については同告示の「第1 食品B 食品一般の製造、加工及び調理基準」を参照のこと。）

注2：次亜塩素酸ナトリウム溶液又はこれと同等の効果を有する亜塩素酸水（きのこ類を除く。）、亜塩素酸ナトリウム溶液（生食用野菜に限る。）、過酢酸製剤、次亜塩素酸水並びに食品添加物として使用できる有機酸溶液。これらを使用する場合、食品衛生法で規定する「食品、添加物等の規格基準」を遵守すること。

2．加熱調理食品の加熱温度管理

加熱調理食品は、別添2に従い、中心部温度計を用いるなどにより、中心部が75℃で1分間以上（二枚貝等ノロウイルス汚染の恐れのある食品の場合は 85〜90℃で 90 秒間以上）又はこれと同等以上まで加熱

255

されていることを確認するとともに、温度と時間の記録を行うこと。

3．二次汚染の防止

(1)　調理従事者等（食品の盛付け・配膳等、食品に接触する可能性のある者及び臨時職員を含む。以下同じ。）は、次に定める場合には、別添2に従い、必ず流水・石けんによる手洗いによりしっかりと2回（その他の時には丁寧に1回）手指の洗浄及び消毒を行うこと。なお、使い捨て手袋を使用する場合にも、原則として次に定める場合に交換を行うこと。

① 　作業開始前及び用便後

② 　汚染作業区域から非汚染作業区域に移動する場合

③ 　食品に直接触れる作業にあたる直前

④ 　生の食肉類、魚介類、卵殻等微生物の汚染源となるおそれのある食品等に触れた後、他の食品や器具等に触れる場合

⑤ 　配膳の前

(2)　原材料は、隔壁等で他の場所から区分された専用の保管場に保管設備を設け、食肉類、魚介類、野菜類等、食材の分類ごとに区分して保管すること。この場合、専用の衛生的なふた付き容器に入れ替えるなどにより、原材料の包装の汚染を保管設備に持ち込まないようにするとともに、原材料の相互汚染を防ぐこと。

(3)　下処理は汚染作業区域で確実に行い、非汚染作業区域を汚染しないようにすること。

(4)　包丁、まな板などの器具、容器等は用途別及び食品別（下処理用にあっては、魚介類用、食肉類用、野菜類用の別、調理用にあっては、加熱調理済み食品用、生食野菜用、生食魚介類用の別）にそれぞれ専用のものを用意し、混同しないようにして使用すること。

(5)　器具、容器等の使用後は、別添2に従い、全面を流水で洗浄し、さらに80℃、5分間以上の加熱又はこれと同等の効果を有する方法^{注3}で十分殺菌した後、乾燥させ、清潔な保管庫を用いるなどして衛生的に保管すること。なお、調理場内における器具、容器等の使用後の洗浄・殺菌は、原則として全ての食品が調理場から搬出された後に行うこと。また、器具、容器等の使用中も必要に応じ、同様の方法で熱湯殺菌を行うなど、衛生的に使用すること。この場合、洗浄水等が飛散しないように行うこと。なお、原材料用に使用した器具、容器等をそのまま調理後の食品用に使用するようなことは、けっして行わないこと。

(6)　まな板、ざる、木製の器具は汚染が残存する可能性が高いので、特に十分な殺菌^{注4}に留意すること。なお、木製の器具は極力使用を控えることが望ましい。

(7)　フードカッター、野菜切り機等の調理機械は、最低1日1回以上、分解して洗浄・殺菌^{注5}した後、乾燥させること。

(8)　シンクは原則として用途別に相互汚染しないように設置すること。特に、加熱調理用食材、非加熱調理用食材、器具の洗浄等に用いるシンクを必ず別に設置すること。

また、二次汚染を防止するため、洗浄・殺菌^{注5}し、清潔に保つこと。

(9)　食品並びに移動性の器具及び容器の取り扱いは、床面からの跳ね水等による汚染を防止するため、床面から60cm 以上の場所で行うこと。ただし、跳ね水等からの直接汚染が防止できる食缶等で食品を取り扱う場合には、30cm 以上の台にのせて行うこと。

(10)　加熱調理後の食品の冷却、非加熱調理食品の下処理後における調理場等での一時保管等は、他からの二次汚染を防止するため、清潔な場所で行うこと。

(11)　調理終了後の食品は衛生的な容器にふたをして保存し、他からの二次汚染を防止すること。

(12)　使用水は食品製造用水を用いること。また、使用水は、色、濁り、におい、異物のほか、貯水槽を設置している場合や井戸水等を殺菌・ろ過して使用する場合には、遊離残留塩素が0.1mg/ℓ以上であることを始業前及び調理作業終了後に毎日検査し、記録すること。

注3：塩素系消毒剤（次亜塩素酸ナトリウム、亜塩素酸水、次亜塩素酸水等）やエタノール系消毒剤には、ノロウイルスに対する不活化効果を期待できるものがある。使用する場合、濃度・方法等、製品の指示を守って使用すること。浸漬により使用することが望ましいが、浸漬が困難な場合にあっては、不織布等に十分浸み込ませて清拭すること。

（参考文献）「平成27年度ノロウイルスの不活化条件に関する調査報告書」

特定給食施設

(http://www.mhlw.go.jp/file/06-Seisakujouhou-11130500-Shokuhinanzenbu/0000125854.pdf)

注4：大型のまな板やざる等、十分な洗浄が困難な器具については、亜塩素酸水又は次亜塩素酸ナトリウム等の塩素系消毒剤に浸漬するなどして消毒を行うこと。

注5：80℃で5分間以上の加熱又はこれと同等の効果を有する方法（注3参照）。

4．原材料及び調理済み食品の温度管理

(1) 原材料は、別添1に従い、戸棚、冷凍又は冷蔵設備に適切な温度で保存すること。また、原材料搬入時の時刻、室温及び冷凍又は冷蔵設備内温度を記録すること。

(2) 冷凍又は冷蔵設備から出した原材料は、速やかに下処理、調理を行うこと。非加熱で供される食品については、下処理後速やかに調理に移行すること。

(3) 調理後直ちに提供される食品以外の食品は、食中毒菌の増殖を抑制するために、10℃以下又は65℃以上で管理することが必要である。（別添3参照）

① 加熱調理後、食品を冷却する場合には、食中毒菌の発育至適温度帯（約20℃～50℃）の時間を可能な限り短くするため、冷却機を用いたり、清潔な場所で衛生的な容器に小分けするなどして、30分以内に中心温度を20℃付近（又は60分以内に中心温度を10℃付近）まで下げるよう工夫すること。
この場合、冷却開始時刻、冷却終了時刻を記録すること。

② 調理が終了した食品は速やかに提供できるよう工夫すること。調理終了後30分以内に提供できるものについては、調理終了時刻を記録すること。また、調理終了後提供まで30分以上を要する場合は次のア及びイによること。

ア 温かい状態で提供される食品については、調理終了後速やかに保温食缶等に移し保存すること。この場合、食缶等へ移し替えた時刻を記録すること。

イ その他の食品については、調理終了後提供まで10℃以下で保存すること。この場合、保冷設備への搬入時刻、保冷設備内温度及び保冷設備からの搬出時刻を記録すること。

③ 配送過程においては保冷又は保温設備のある運搬車を用いるなど、10℃以下又は65℃以上の適切な温度管理を行い配送し、配送時刻の記録を行うこと。また、65℃以上で提供される食品以外の食品については、保冷設備への搬入時刻及び保冷設備内温度の記録を行うこと。

④ 共同調理施設等で調理された食品を受け入れ、提供する施設においても、温かい状態で提供される食品以外の食品であって、提供まで30分以上を要する場合は提供まで10℃以下で保存すること。この場合、保冷設備への搬入時刻、保冷設備内温度及び保冷設備からの搬出時刻を記録すること。

(4) 調理後の食品は、調理終了後から2時間以内に喫食することが望ましい。

5．その他

(1) 施設設備の構造

① 隔壁等により、汚水溜、動物飼育場、廃棄物集積場等不潔な場所から完全に区別されていること。

② 施設の出入口及び窓は極力閉めておくとともに、外部に開放される部分には網戸、エアカーテン、自動ドア等を設置し、ねずみや昆虫の侵入を防止すること。

③ 食品の各調理過程ごとに、汚染作業区域（検収場、原材料の保管場、下処理場）、非汚染作業区域（さらに準清潔作業区域（調理場）と清潔作業区域（放冷・調製場、製品の保管場）に区分される。）を明確に区別すること。なお、各区域を固定し、それぞれを壁で区画する、床面を色別する、境界にテープをはる等により明確に区画することが望ましい。

④ 手洗い設備、履き物の消毒設備（履き物の交換が困難な場合に限る。）は、各作業区域の入り口手前に設置すること。なお、手洗い設備は、感知式の設備等で、コック、ハンドル等を直接手で操作しない構造のものが望ましい。

⑤ 器具、容器等は、作業動線を考慮し、予め適切な場所に適切な数を配置しておくこと。

⑥ 床面に水を使用する部分にあっては、適当な勾配（100分の2程度）及び排水溝（100分の2から4程度の勾配を有するもの）を設けるなど排水が容易に行える構造であること。

⑦ シンク等の排水口は排水が飛散しない構造であること。

⑧ 全ての移動性の器具、容器等を衛生的に保管するため、外部から汚染されない構造の保管設備を設けること。

⑨ 便所等

ア　便所、休憩室及び更衣室は、隔壁により食品を取り扱う場所と必ず区分されていること。なお、調理場等から 3 m 以上離れた場所に設けられていることが望ましい。

　　イ　便所には、専用の手洗い設備、専用の履き物が備えられていること。また、便所は、調理従事者等専用のものが設けられていることが望ましい。

　⑩　その他施設は、ドライシステム化を積極的に図ることが望ましい。

(2)　施設設備の管理

　①　施設・設備は必要に応じて補修を行い、施設の床面（排水溝を含む。）、内壁のうち床面から 1 m までの部分及び手指の触れる場所は 1 日に 1 回以上、施設の天井及び内壁のうち床面から 1 m 以上の部分は 1 月に 1 回以上清掃し、必要に応じて、洗浄・消毒を行うこと。施設の清掃は全ての食品が調理場内から完全に搬出された後に行うこと。

　②　施設におけるねずみ、昆虫等の発生状況を 1 月に 1 回以上巡回点検するとともに、ねずみ、昆虫の駆除を半年に 1 回以上（発生を確認した時にはその都度）実施し、その実施記録を 1 年間保管すること。また、施設及びその周囲は、維持管理を適切に行うことにより、常に良好な状態に保ち、ねずみや昆虫の繁殖場所の排除に努めること。なお、殺そ剤又は殺虫剤を使用する場合には、食品を汚染しないようその取扱いに十分注意すること。

　③　施設は、衛生的な管理に努め、みだりに部外者を立ち入らせたり、調理作業に不必要な物品等を置いたりしないこと。

　④　原材料を配送用包装のまま非汚染作業区域に持ち込まないこと。

　⑤　施設は十分な換気を行い、高温多湿を避けること。調理場は湿度80％以下、温度は25℃以下に保つことが望ましい。

　⑥　手洗い設備には、手洗いに適当な石けん、爪ブラシ、ペーパータオル、殺菌液等を定期的に補充し、常に使用できる状態にしておくこと。

　⑦　水道事業により供給される水以外の井戸水等の水を使用する場合には、公的検査機関、厚生労働大臣の登録検査機関等に依頼して、年 2 回以上水質検査を行うこと。

　　　検査の結果、飲用不適とされた場合は、直ちに保健所長の指示を受け、適切な措置を講じること。なお、検査結果は 1 年間保管すること。

　⑧　貯水槽は清潔を保持するため、専門の業者に委託して、年 1 回以上清掃すること。なお、清掃した証明書は 1 年間保管すること。

　⑨　便所については、業務開始前、業務中及び業務終了後等定期的に清掃及び消毒剤による消毒を行って衛生的に保つこと[注6]。

　⑩　施設（客席等の飲食施設、ロビー等の共用施設を含む。）において利用者等が嘔吐した場合には、消毒剤を用いて迅速かつ適切に嘔吐物の処理を行うこと[注6]により、利用者及び調理従事者等へのノロウイルス感染及び施設の汚染防止に努めること。

[注6]：「ノロウイルスに関する Q & A」（厚生労働省）を参照のこと。

(3)　検食の保存　検食は、原材料及び調理済み食品を食品ごとに50 g 程度ずつ清潔な容器（ビニール袋等）に入れ、密封し、−20℃以下で 2 週間以上保存すること。なお、原材料は、特に、洗浄・殺菌等を行わず、購入した状態で、調理済み食品は配膳後の状態で保存すること。

(4)　調理従事者等の衛生管理

　①　調理従事者等は、便所及び風呂等における衛生的な生活環境を確保すること。また、ノロウイルスの流行期には十分に加熱された食品を摂取する等により感染防止に努め、徹底した手洗いの励行を行うなど自らが施設や食品の汚染の原因とならないように措置するとともに、体調に留意し、健康な状態を保つように努めること。

　②　調理従事者等は、毎日作業開始前に、自らの健康状態を衛生管理者に報告し、衛生管理者はその結果を記録すること。

　③　調理従事者等は臨時職員も含め、定期的な健康診断及び月に 1 回以上の検便を受けること。検便検査[注7]には、腸管出血性大腸菌の検査を含めることとし、10月から 3 月までの間には月に 1 回以上又は必要に応じて[注8]ノロウイルスの検便検査に努めること。

　④　ノロウイルスの無症状病原体保有者であることが判明した調理従事者等は、検便検査においてノ

特定給食施設

ロウイルスを保有していないことが確認されるまでの間、食品に直接触れる調理作業を控えるなど適切な措置をとることが望ましいこと。

⑤ 調理従事者等は下痢、嘔吐、発熱などの症状があった時、手指等に化膿創があった時は調理作業に従事しないこと。

⑥ 下痢又は嘔吐等の症状がある調理従事者等については、直ちに医療機関を受診し、感染性疾患の有無を確認すること。ノロウイルスを原因とする感染性疾患による症状と診断された調理従事者等は、検便検査においてノロウイルスを保有していないことが確認されるまでの間、食品に直接触れる調理作業を控えるなど適切な処置をとることが望ましいこと。

⑦ 調理従事者等が着用する帽子、外衣は毎日専用で清潔なものに交換すること。

⑧ 下処理場から調理場への移動の際には、外衣、履き物の交換等を行うこと。（履き物の交換が困難な場合には履き物の消毒を必ず行うこと。）

⑨ 便所には、調理作業時に着用する外衣、帽子、履き物のまま入らないこと。

⑩ 調理、点検に従事しない者が、やむを得ず、調理施設に立ち入る場合には、専用の清潔な帽子、外衣及び履き物を着用させ、手洗い及び手指の消毒を行わせること。

⑪ 食中毒が発生した時の原因究明を確実に行うため、原則として、調理従事者等は当該施設で調理された食品を喫食しないこと。ただし、原因究明に支障を来さないための措置が講じられている場合はこの限りでない。（試食担当者を限定すること等）

注7：ノロウイルスの検査に当たっては、遺伝子型によらず、概ね便1g当たり105オーダーのノロウイルスを検出できる検査法を用いることが望ましい。ただし、検査結果が陰性であっても検査感度によりノロウイルスを保有している可能性を踏まえた衛生管理が必要である。

注8：ノロウイルスの検便検査の実施に当たっては、調理従事者の健康確認の補完手段とする場合、家族等に感染性胃腸炎が疑われる有症者がいる場合、病原微生物検出情報においてノロウイルスの検出状況が増加している場合などの各食品等事業者の事情に応じ判断すること。

(5) その他

① 加熱調理食品にトッピングする非加熱調理食品は、直接喫食する非加熱調理食品と同様の衛生管理を行い、トッピングする時期は提供までの時間が極力短くなるようにすること。

② 廃棄物（調理施設内で生じた廃棄物及び返却された残渣をいう。）の管理は、次のように行うこと。

ア 廃棄物容器は、汚臭、汚液がもれないように管理するとともに、作業終了後は速やかに清掃し、衛生上支障のないように保持すること。

イ 返却された残渣は非汚染作業区域に持ち込まないこと。

ウ 廃棄物は、適宜集積場に搬出し、作業場に放置しないこと。

エ 廃棄物集積場は、廃棄物の搬出後清掃するなど、周囲の環境に悪影響を及ぼさないよう管理すること。

Ⅲ 衛生管理体制

1．衛生管理体制の確立

(1) 調理施設の経営者又は学校長等施設の運営管理責任者（以下「責任者」という。）は、施設の衛生管理に関する責任者（以下「衛生管理者」という。）を指名すること。

なお、共同調理施設等で調理された食品を受け入れ、提供する施設においても、衛生管理者を指名すること。

(2) 責任者は、日頃から食材の納入業者についての情報の収集に努め、品質管理の確かな業者から食材を購入すること。また、継続的に購入する場合は、配送中の保存温度の徹底を指示するほか、納入業者が定期的に行う原材料の微生物検査等の結果の提出を求めること。

(3) 責任者は、衛生管理者に別紙点検表に基づく点検作業を行わせるとともに、そのつど点検結果を報告させ、適切に点検が行われたことを確認すること。点検結果については、1年間保管すること。

(4) 責任者は、点検の結果、衛生管理者から改善不能な異常の発生の報告を受けた場合、食材の返品、メニューの一部削除、調理済み食品の回収等必要な措置を講ずること。

(5) 責任者は、点検の結果、改善に時間を要する事態が生じた場合、必要な応急措置を講ずるとともに、計画的に改善を行うこと。

参考資料

(6) 責任者は、衛生管理者及び調理従事者等に対して衛生管理及び食中毒防止に関する研修に参加させるなど必要な知識・技術の周知徹底を図ること。

(7) 責任者は、調理従事者等を含め職員の健康管理及び健康状態の確認を組織的・継続的に行い、調理従事者等の感染及び調理従事者等からの施設汚染の防止に努めること。

(8) 責任者は、衛生管理者に毎日作業開始前に、各調理従事者等の健康状態を確認させ、その結果を記録させること。

(9) 責任者は、調理従事者等に定期的な健康診断及び月に1回以上の検便を受けさせること。検便検査には、腸管出血性大腸菌の検査を含めることとし、10月から3月の間には月に1回以上又は必要に応じてノロウイルスの検便検査を受けさせるよう努めること。

(10) 責任者は、ノロウイルスの無症状病原体保有者であることが判明した調理従事者等を、検便検査においてノロウイルスを保有していないことが確認されるまでの間、食品に直接触れる調理作業を控えさせるなど適切な措置をとることが望ましいこと。

(11) 責任者は、調理従事者等が下痢、嘔吐、発熱などの症状があった時、手指等に化膿創があった時は調理作業に従事させないこと。

(12) 責任者は、下痢又は嘔吐等の症状がある調理従事者等について、直ちに医療機関を受診させ、感染性疾患の有無を確認すること。ノロウイルスを原因とする感染性疾患による症状と診断された調理従事者等は、検便検査においてノロウイルスを保有していないことが確認されるまでの間、食品に直接触れる調理作業を控えさせるなど適切な処置をとることが望ましいこと。

(13) 責任者は、調理従事者等について、ノロウイルスにより発症した調理従事者等と一緒に感染の原因と考えられる食事を喫食するなど、同一の感染機会があった可能性がある調理従事者等について速やかにノロウイルスの検便検査を実施し、検査の結果ノロウイルスを保有していないことが確認されるまでの間、調理に直接従事することを控えさせる等の手段を講じることが望ましいこと。

(14) 献立の作成に当たっては、施設の人員等の能力に余裕を持った献立作成を行うこと。

(15) 献立ごとの調理工程表の作成に当たっては、次の事項に留意すること。

ア 調理従事者等の汚染作業区域から非汚染作業区域への移動を極力行わないようにすること。

イ 調理従事者等の一日ごとの作業の分業化を図ることが望ましいこと。

ウ 調理終了後速やかに喫食されるよう工夫すること。また、衛生管理者は調理工程表に基づき、調理従事者等と作業分担等について事前に十分な打合せを行うこと。

(16) 施設の衛生管理全般について、専門的な知識を有する者から定期的な指導、助言を受けることが望ましい。また、従事者の健康管理については、労働安全衛生法等関係法令に基づき産業医等から定期的な指導、助言を受けること。

(17) 高齢者や乳幼児が利用する施設等においては、平常時から施設長を責任者とする危機管理体制を整備し、感染拡大防止のための組織対応を文書化するとともに、具体的な対応訓練を行っておくことが望ましいこと。また、従業員あるいは利用者において下痢・嘔吐等の発生を迅速に把握するために、定常的に有症状者数を調査・監視することが望ましいこと。

（別添１）原材料、製品等の保存温度

食品名	保存温度
穀類加工品（小麦粉、デンプン）	室温
砂糖	室温
食肉・鯨肉	0℃以下
細切した食肉・鯨肉を凍結したものを容器包装に入れたもの	−15℃以下
食肉製品	10℃以下
鯨肉製品	10℃以下
冷凍食肉製品	−15℃以下
冷凍鯨肉製品	−15℃以下
ゆでだこ	10℃以下
冷凍ゆでだこ	−15℃以下
生食用かき	10℃以下
生食用冷凍かき	−15℃以下
冷凍食品	−15℃以下
魚肉ソーセージ、魚肉ハム及び特殊包装かまぼこ	10℃以下
冷凍魚肉ねり製品	−15℃以下
液状油脂	室温
固形油脂（ラード、マーガリン、ショートニング、カカオ脂）	10℃以下
殻付卵	10℃以下
液卵	8℃以下
凍結卵	−18℃以下
乾燥卵	室温
ナッツ類	15℃以下
チョコレート	15℃以下
生鮮果実・野菜	10℃前後
生鮮魚介類（生食用鮮魚介類を含む。）	5℃以下
乳・濃縮乳 脱脂乳 クリーム	10℃以下
バター チーズ 練乳	15℃以下
清涼飲料水 （食品衛生法の食品、添加物等の規格基準に規定のあるものについては、当該保存基準に従うこと。）	室温

（別添２）標準作業書

（手洗いマニュアル）

１．水で手をぬらし石けんをつける。

２．指、腕を洗う。特に、指の間、指先をよく洗う。（30秒程度）

３．石けんをよく洗い流す。（20秒程度）

４．使い捨てペーパータオル等でふく。（タオル等の共用はしないこと。）

５．消毒用のアルコールをかけて手指によくすりこむ。

（本文のⅡ３（１）で定める場合には、１から３までの手順を２回実施する。）

（器具等の洗浄・殺菌マニュアル）

１．調理機械

① 機械本体・部品を分解する。なお、分解した部品は床にじか置きしないようにする。

② 食品製造用水（40℃程度の微温水が望ましい。）で３回水洗いする。

③ スポンジタワシに中性洗剤又は弱アルカリ性洗剤をつけてよく洗浄する。

④ 食品製造用水（40℃程度の微温水が望ましい。）でよく洗剤を洗い流す。

⑤ 部品は80℃で５分間以上の加熱又はこれと同等の効果を有する方法[注1]で殺菌を行う。

⑥ よく乾燥させる。

⑦ 機械本体・部品を組み立てる。

⑧ 作業開始前に70％アルコール噴霧又はこれと同等の効果を有する方法で殺菌を行う。

参考資料

2．調理台

① 調理台周辺の片づけを行う。

② 食品製造用水（40℃程度の微温水が望ましい。）で3回水洗いする。

③ スポンジタワシに中性洗剤又は弱アルカリ性洗剤をつけてよく洗浄する。

④ 食品製造用水（40℃程度の微温水が望ましい。）でよく洗剤を洗い流す。

⑤ よく乾燥させる。

⑥ 70％アルコール噴霧又はこれと同等の効果を有する方法[注1]で殺菌を行う。

⑦ 作業開始前に⑥と同様の方法で殺菌を行う。

3．まな板、包丁、へら等

① 食品製造用水（40℃程度の微温水が望ましい。）で3回水洗いする。

② スポンジタワシに中性洗剤又は弱アルカリ性洗剤をつけてよく洗浄する。

③ 食品製造用水（40℃程度の微温水が望ましい。）でよく洗剤を洗い流す。

④ 80℃で5分間以上の加熱又はこれと同等の効果を有する方法[注2]で殺菌を行う。

⑤ よく乾燥させる。

⑥ 清潔な保管庫にて保管する。

4．ふきん、タオル等

① 食品製造用水（40℃程度の微温水が望ましい。）で3回水洗いする。

② 中性洗剤又は弱アルカリ性洗剤をつけてよく洗浄する。

③ 食品製造用水（40℃程度の微温水が望ましい。）でよく洗剤を洗い流す。

④ 100℃で5分間以上煮沸殺菌を行う。

⑤ 清潔な場所で乾燥、保管する。

注1：塩素系消毒剤（次亜塩素酸ナトリウム、亜塩素酸水、次亜塩素酸水等）やエタノール系消毒剤には、ノロウイルスに対する不活化効果を期待できるものがある。使用する場合、濃度・方法等、製品の指示を守って使用すること。浸漬により使用することが望ましいが、浸漬が困難な場合にあっては、不織布等に十分浸み込ませて清拭すること。

（参考文献）「平成27年度ノロウイルスの不活化条件に関する調査報告書」

(http://www.mhlw.go.jp/file/06-Seisakujouhou-11130500-Shokuhinanzenbu/0000125854.pdf)

注2：大型のまな板やざる等、十分な洗浄が困難な器具については、亜塩素酸水又は次亜塩素酸ナトリウム等の塩素系消毒剤に浸漬するなどして消毒を行うこと。

（原材料等の保管管理マニュアル）

1．野菜・果物[注3]

① 衛生害虫、異物混入、腐敗・異臭等がないか点検する。異常品は返品又は使用禁止とする。

② 各材料ごとに、50g程度ずつ清潔な容器（ビニール袋等）に密封して入れ、−20℃以下で2週間以上保存する。（検食用）

③ 専用の清潔な容器に入れ替えるなどして、10℃前後で保存する。（冷凍野菜は−15℃以下）

④ 流水で3回以上水洗いする。

⑤ 中性洗剤で洗う。

⑥ 流水で十分すすぎ洗いする。

⑦ 必要に応じて、次亜塩素酸ナトリウム等[注4]で殺菌[注5]した後、流水で十分すすぎ洗いする。

⑧ 水切りする。

⑨ 専用のまな板、包丁でカットする。

⑩ 清潔な容器に入れる。

⑪ 清潔なシートで覆い（容器がふた付きの場合を除く）、調理まで30分以上を要する場合には、10℃以下で冷蔵保存する。

注3：表面の汚れが除去され、分割・細切されずに皮付きで提供されるみかん等の果物にあっては、③から⑧までを省略して差し支えない。

注4：次亜塩素酸ナトリウム溶液（200mg/ℓで5分間又は100mg/ℓで10分間）又はこれと同等の効果を有する亜塩素酸水（きのこ類を除く）、亜塩素酸ナトリウム溶液(生食用野菜に限る)、過酢酸

製剤、次亜塩素酸水並びに食品添加物として使用できる有機酸溶液。これらを使用する場合、食品衛生法で規定する「食品、添加物等の規格基準」を遵守すること。

注5：高齢者、若齢者及び抵抗力の弱い者を対象とした食事を提供する施設で、加熱せずに供する場合（表皮を除去する場合を除く。）には、殺菌を行うこと。

2．魚介類、食肉類

① 衛生害虫、異物混入、腐敗・異臭等がないか点検する。異常品は返品又は使用禁止とする。

② 各材料ごとに、50ｇ程度ずつ清潔な容器（ビニール袋等）に密封して入れ、−20℃以下で２週間以上保存する。（検食用）

③ 専用の清潔な容器に入れ替えるなどして、食肉類については10℃以下、魚介類については５℃以下で保存する（冷凍で保存するものは−15℃以下）。

④ 必要に応じて、次亜塩素酸ナトリウム等[注6]で殺菌した後、流水で十分すすぎ洗いする。

⑤ 専用のまな板、包丁でカットする。

⑥ 速やかに調理へ移行させる。

注6：次亜塩素酸ナトリウム溶液（200mg/ℓで５分間又は100mg/ℓで10間）又はこれと同等の効果を有する亜塩素酸水、亜塩素酸ナトリウム溶液（魚介類を除く。）、過酢酸製剤（魚介類を除く。）、次亜塩素酸水、次亜臭素酸水（魚介類を除く。）並びに食品添加物として使用できる有機酸溶液。これらを使用する場合、食品衛生法で規定する「食品、添加物等の規格基準」を遵守すること。

（加熱調理食品の中心温度及び加熱時間の記録マニュアル）

1．揚げ物

① 油温が設定した温度以上になったことを確認する。

② 調理を開始した時間を記録する。

③ 調理の途中で適当な時間を見はからって食品の中心温度を校正された温度計で３点以上測定し、全ての点において75℃以上に達していた場合には、それぞれの中心温度を記録するとともに、その時点からさらに１分以上加熱を続ける（二枚貝等ノロウイルス汚染のおそれのある食品の場合は85〜90℃で90秒間以上）。

④ 最終的な加熱処理時間を記録する。

⑤ なお、複数回同一の作業を繰り返す場合には、油温が設定した温度以上であることを確認・記録し、①〜④で設定した条件に基づき、加熱処理を行う。油温が設定した温度以上に達していない場合には、油温を上昇させるため必要な措置を講ずる。

2．焼き物及び蒸し物

① 調理を開始した時間を記録する。

② 調理の途中で適当な時間を見はからって食品の中心温度を校正された温度計で３点以上測定し、全ての点において75℃以上に達していた場合には、それぞれの中心温度を記録するとともに、その時点からさらに１分以上加熱を続ける（二枚貝等ノロウイルス汚染のおそれのある食品の場合は85〜90℃で90秒間以上）。

③ 最終的な加熱処理時間を記録する。

④ なお、複数回同一の作業を繰り返す場合には、①〜③で設定した条件に基づき、加熱処理を行う。この場合、中心温度の測定は、最も熱が通りにくいと考えられる場所の一点のみでもよい。

3．煮物及び炒め物

調理の順序は食肉類の加熱を優先すること。食肉類、魚介類、野菜類の冷凍品を使用する場合には、十分解凍してから調理を行うこと。

① 調理の途中で適当な時間を見はからって、最も熱が通りにくい具材を選び、食品の中心温度を校正された温度計で３点以上（煮物の場合は１点以上）測定し、全ての点において75℃以上に達していた場合には、それぞれの中心温度を記録するとともに、その時点からさらに１分以上加熱を続ける（二枚貝等ノロウイルス汚染のおそれのある食品の場合は85〜90℃で90秒間以上）。なお、中心温度を測定できるような具材がない場合には、調理釜の中心付近の温度を３点以上（煮物の場合は１点以上）測定する。

② 複数回同一の作業を繰り返す場合にも、同様に点検・記録を行う。

病　院

医療法（抄）

〔病院・診療所の定義〕

(昭和23年7月30日法律第71号)

(最終改正　令和6年6月14日法律第52号)

第1条の5　この法律において、「病院」とは、医師又は歯科医師が、公衆又は特定多数人のため医業または歯科医業を行う場所であって、20人以上の患者を入院させるための施設を有するものをいう。病院は、傷病者が、科学的でかつ適正な診療を受けることができる便宜を与えることを主たる目的として組織され、かつ、運営されるものでなければならない。

2　この法律において、「診療所」とは、医師又は歯科医師が、公衆又は特定多数人のため医業又は歯科医業を行う場所であって、患者を入院させるための施設を有しないもの又は19人以下の患者を入院させるための施設を有するものをいう。

〔病院の法定人員及び施設等、罰則の委任〕

第21条　病院は、厚生労働省令で定めるところにより、次に掲げる人員及び施設を有し、かつ、記録を備えて置かなければならない。

一　当該病院の有する病床の種別に応じ、厚生労働省令で定める員数の医師、歯科医師、看護師その他の従業者

八　給食施設

医療法施行規則（抄）

(昭和23年11月5日厚生省令第50号)

(最終改正　令和6年4月1日厚生労働省令第59号)

第2章　病院、診療所及び助産所の管理

第10条　病院、診療所又は助産所の管理者は、患者、妊婦、産婦又はじょく婦を入院させ、又は入所させるに当たり、次の各号に掲げる事項を遵守しなければならない。（後略）

七　病毒感染の危険のある患者の用に供した被服、寝具、食器等で病毒に汚染し又は汚染の疑あるものは、消毒した後でなければこれを他の患者の用に供しないこと。

第3章　病院、診療所及び助産所の構造設備

〔構造設備の基準〕

第16条　医療法（昭和23年法律第205号。以下「法」という。）第23条第1項の規定による病院又は診療所の構造設備の基準は、次のとおりとする。（後略）

十五　火気を使用する場合には、防火上必要な設備を設けること。

〔病院の人員等の基準〕

第19条2　法第21条第3項の厚生労働省令で定める基準であって都道府県が条例を定めるに当たって従うべきものは、次のとおりとする。

四　栄養士病床数100以上の病院にあっては、1

〔病院の施設等の基準〕

第20条　法第21条第1項第二号から第六号まで、第八号、第九号及び第十一号の規定による施設及び記録は次の各号による。

八　給食施設は入院患者のすべてに給食することのできる施設とし、調理室の床は耐水材料をもって洗浄及び排水又は清掃に便利な構造とし、食器の消毒設備を設けなければならない。

九　前号の規定にかかわらず、給食施設は、法第15条の3第2項の規定により調理業務又は洗浄業務を委託する場合にあっては、当該業務に係る設備を設けないことができる。

第21条　法第21条第3項の厚生労働省令で定める基準（病院の施設及びその構造設備に係るものに限る。）であつて、都道府県が条例を定めるに当たって参酌すべきものは、次の各号に掲げる施設の区分に応じ、当該各号に定める構造設備を有することとする。

二　談話室（療養病床を有する病院に限る。）療養病床の入院患者同士や入院患者とその家族が談話を楽しめる広さを有しなければならないこと。

三　食堂（療養病床を有する病院に限る。）内法による測定で、療養病床の入院患者一人につき一平方メートル以上の広さを有しなければならないこと。

第22条の2　法第22条の2第一号の規定による特定機能病院に置くべき医師、歯科医師、薬剤師、看護師その他の従業員の員数は次に定めるところによる。

五　管理栄養士1以上

入院時食事療養費に係る食事療養及び入院時生活療養費に係る生活療養の実施上の留意事項について（抜粋）

(令和6年3月5日保医発0305第14号)

1　一般的事項

(1) 食事は医療の一環として提供されるべきものであり、それぞれ患者の病状に応じて必要とする栄養量が与えられ、食事の質の向上と

と患者サービスの改善をめざして行われるべきものである。

　また、生活療養の温度、照明及び給水に関する療養環境は医療の一環として形成されるべきものであり、それぞれの患者の病状に応じて適切に行われるべきものである。

(2) 食事の提供に関する業務は保健医療機関自らが行うことが望ましいが、保険医療機関の管理者が業務遂行上必要な注意を果たし得るような体制と契約内容により、食事療養の質が確保される場合には、保険医療機関の最終的責任の下で第三者に委託することができる。なお、業務の委託にあたっては、医療法（昭和23年法律第205号）及び医療法施行細則（昭和23年厚生省令第50号）の規定によること。食事提供業務の第三者への一部委託については「医療法の一部を改正する法律の一部の施行について」（平成5年2月15日健政発第98号厚生省健康政策局長通知）の第三及び「病院診療所等の業務委託について」（平成5年2月15日指第14号厚生省健康政策局指導課長通知）に基づき行うこと。

(3) 患者への食事提供については病棟関連部門と食事療養部門との連絡が十分とられていることが必要である。

(4) 入院患者の栄養補給量は、本来、性、年齢、体位、身体活動レベル、病状等によって個々に適正量が算定されるべき性質のものである。従って、一般食を提供している患の栄養補給量についても、患者個々に算定された医師の食事箋による栄養補給量又は栄養管理計画に基づく栄養補給量を用いることを原則とするが、これらによらない場合には、次により算定するものとする。なお、医師の食事箋とは、医師の記名・押印がされたものを原則とするが、オーダーリングシステム等により、医師本人の指示によるものであることが確認できるものについても認めるものとする。

ア　一般食患者の推定エネルギー必要量及び栄養素（脂質、たんぱく質、ビタミンA、ビタミンB$_1$、ビタミンB$_2$、ビタミンC、カルシウム、鉄、ナトリウム（食塩）及び食物繊維）の食事摂取基準については、健康増進法（平成14年法律第103号）第16条の2に基づき定められた食事摂取基準の数値の数値を適切に用いるものとすること。

　なお、患者の体位、病状、身体活動レベル等を考慮すること。

　また、推定エネルギー必要量は治療方針にそって身体活動レベルや体重の増減等を考慮して適宜増減することが望ましいこと。

イ　アに示した食事摂取基準についてはあくまでも献立作成の目安であるが、食事の提供に際しては、病状、身体活動レベル、アレルギー等個々の患者の特性について十分考慮すること。

(5) 調理方法、味付け、盛り付け、配膳等について患者の嗜好を配慮した食事が提供されており、嗜好品以外の飲食物の摂取（捕食）は原則として認められないこと。

　なお、果物類、菓子類等病状に影響しない程度の嗜好品を適当量摂取することは差し支えないこと。

(6) 当該保健医療機関における療養の実態、当該地域における日常の生活サイクル、患者の希望等を総合的に勘案し、適切な時刻に食事提供が行われていること。

(7) 適切な温度の食事が提供されていること。

(8) 食事療養に伴う衛生は、医療法及び医療法施行規則の基準並びに食品衛生法（昭和22年法律233号）に定める基準以上のものであること。

　なお、食事の提供に使用する食器等の消毒も適正に行われていること。

(9) 食事療養の内容については、当該保健医療機関の医師を含む会議において検討が加えられていること。

(10) 入院時食事療養及び入院時生活療養の食事の提供たる療養は1食単位で評価するものであることから、食事提供数は、入院患者ごとに実際に提供された食数を記録していること。

(11) 患者から食事療養標準負担額又は生活療養標準負担額（入院時生活療養の食事の提供たる療養に係るものに限る。以下同じ。）を超える費用を徴収する場合は、あらかじめ食事の内容及び特別の料金が患者に説明され、患者の同意を得て行っていること。

(12) 実際に患者に食事を提供した場合に1食単位で、1日につき3食を限度として算定するものであること。

(13) 1日の必要量を数回に分けて提供した場合は、提供された回数に相当する食数として算定して差し支えないこと。（ただし、食事

時間外に提供されたおやつを除き、1日に3食
を限度とする。）

2 入院時食事療養又は入院時生活療養

(1) 入院時食事療養（Ⅰ）又は入院時生活療養
（Ⅰ）の届出を行っている保険医療機関におい
ては、下記の点に留意する。

① 医師、管理栄養士又は栄養士による検食が
毎食行われ、その所見が検食簿に記入されて
いる。

② 普通食（常食）患者年齢構成表及び給与栄
養目標量については、必要に応じて見直しを
行っていること。

③ 食事の提供に当たっては、喫食調査等を踏
まえて、また必要に応じて食事箋、献立表、
患者入退院簿及び食料品消費日計表等の食事
療養関係帳簿を使用して食事の質の向上に努
めること。

④ 患者の病状により、特別食を必要とする患
者については、医師の発行する食事箋に基づ
き、適当な特別食が提供されていること。

⑤ 適時の食事の提供に関しては、実際に病棟
で患者に夕食が配膳される時間が、原則とし
て午後6時以降とする。ただし、当該保険医
療機関の施設構造上、厨房から病棟への配膳
に時間を要する場合には、午後6時を中心と
して各病棟で若干のばらつきを生じることは
やむを得ない。この場合においても、最初に
病棟において患者に夕食が配膳される時間は
午後5時30分より後である必要がある。

⑥ 保温食器等を用いた適温の食事の提供につ
いては、中央配膳に限らず、病棟において盛
り付けを行っている場合であっても差しつか
えない。

⑦ 医師の指示の下、医療の一環として、患者
に十分な栄養指導を行うこと。

(2) 「流動食のみを経管栄養法により提供した
とき」とは、当該食事療養又は当該食事の提
供たる療養として食事の大半を経管栄養法に
よる流動食（市販されているものに限る。以
下この項において同じ）により提供した場合
を指すものであり、栄養管理が概ね経管栄養
法による流動食によって行われている患者に
対し、流動食とは別に又は流動食と混合して、
少量の食品又は飲料を提供した場合（経口摂
取か経管栄養の別を問わない）を含むもので
ある。

3 特別食加算

(1) 特別食加算は、入院時食事療養（Ⅰ）又は

入院時生活療養（Ⅰ）の届出を行った保険医
療機関において、患者の病状等に対応して医
師の発行する食事箋に基づき「入院時食事療
養及び入院時生活療養の食事の提供たる療養
の基準等」（平成6年厚生省告示第238号）の
第2号に示された特別食が提供された場合に、
1食単位で1日3食を限度として算定する。
ただし、流動食（市販されているものに限る）
のみを経管栄養法により提供したときは、算
定しない。なお、当該加算を行う場合は、特
別食の献立表が作成されている必要がある。

(2) 加算の対象となる特別食は、疾病治療の直
接手段として、医師の発行する食事箋に基づ
いて提供される患者の年齢、病状等に対応し
た栄養量及び内容を有する治療食、無菌食及
び特別な場合の検査食をいうものであり、治
療乳を除く乳児の人工栄養のための調乳、離
乳食、幼児食等並びに治療食のうちで単なる
流動食及び軟食は除かれる。

(3) 治療食とは、腎臓食、肝臓食、糖尿食、胃
潰瘍食、貧血食、膵臓食、脂肪異常症食、痛
風食、てんかん食、フェニールケトン尿症食、
楓糖尿症食、ホモシスチン尿症食、ガラクト
ース血症食及び治療乳をいうが、胃潰瘍食に
ついては流動食を除くものである。また治療
乳とは、いわゆる乳児栄養障害症（離乳を終
わらない者の栄養障害症）に対する直接調製
する治療乳をいい、治療乳既製品（プレミル
ク等）を用いる場合及び添加含水炭素の選定
使用等は含まない。

　ここでは努めて一般的な名称を用いたが、
各医療機関での呼称が異なっていてもその実
質内容が告示したものと同等である場合は加
算の対象となる。ただし、混乱を避けるため、
できる限り告示の名称を用いることが望まし
い。

(4) 心臓疾患、妊娠高血圧症候群等に対して減
塩食療法を行う場合は、腎臓食に準じて取り
扱うことができるものである。なお、高血圧
症に対して減塩食療法を行う場合は、このよ
うな取り扱いは認められない。

(5) 腎臓食に準じて取り扱うことができる心臓
疾患等の減塩食については、食塩相当量が総
量（1日量）6g未満の減塩食をいう。ただし、
妊娠高血圧症候群の減塩食の場合は、日本高
血圧学会、日本妊娠高血圧学会等の基準に準
じていること。

(6) 肝臓食とは、肝庇護食、肝炎食、肝硬変食、閉鎖性黄疸食。（胆石症及び胆嚢炎による閉鎖性黄疸の場合も含む。）等をいう。

(7) 十二指腸潰瘍の場合も胃潰瘍食として取り扱って差し支えない。手術前後に与える高カロリー食は加算の対象としないが、侵襲の大きな消化管手術の術後において胃潰瘍食に準ずる食事を提供する場合は、特別食の加算が認められる。また、クローン病、潰瘍性大腸炎等により腸管の機能が低下している患者に対する低残渣食については、特別食として取り扱って差し支えない。

(8) 高度肥満症（肥満度が＋70％以上又はBMIが35以上）に対して食事療法を行う場合は、脂質異常症食に準じて取り扱うことができる。

(9) 特別な場合の検査食とは、潜血食をいう。

(10) 大腸X線検査・大腸内視鏡検査のために特に残渣の少ない調理済食品を使用した場合は、「特別な場合の検査食」として取り扱って差し支えない。ただし、外来患者に提供した場合は、保険給付の対象外である。

(11) てんかん食とは、難治性てんかん（外傷性のものを含む。）の患者に対し、グルコースに代わりケトン体を熱量源として提供することを目的に炭水化物量の制限及び脂質量の増加が厳格に行われた治療食をいう。ただし、グルコーストランスポーター1欠損症又はミトコンドリア脳筋症の患者に対し、治療食として当該食事を提供した場合は、「てんかん食」として取り扱って差し支えない。

(12) 特別食として提供される脂質異常症食の対象となる患者は、空腹時定常状態におけるLDL-コレステロール値が140mg/dL以上である者又はHDL-コレステロール値が40mg/dL未満である者若しくは中性脂肪値が150mg/dL以上である者である。

(13) 特別食として提供される貧血食の対象となる患者は、血中ヘモグロビン濃度が10g/dL以下であり、その原因が鉄分の欠乏に由来する患者である。

(14) 特別食として提供される無菌食の対象となる患者は、無菌治療室管理加算を算定している患者である。

(15) 経管栄養であっても、特別食加算の対象となる食事として提供される場合は、当該特別食に準じて算定することができる。

4 食堂加算

(1) 食堂加算は、入院時食事療養（Ⅰ）又は入院時生活療養（Ⅰ）の届出を行っている保険医療機関であって、(2)の要件を満たす食堂を備えている病棟または診療所に入院している患者(療養病棟に入院している患者を除く)について食事の提供が行われた時に1日につき、病棟又は診療所単位で算定する。

(2) 他の病棟に入院する患者との共用、談話室等との兼用は差し支えない。ただし、当該加算の算定に該当する食堂の床面積は、内法で当該食堂を利用する病棟又は診療所に係る病床一床当たり0.5平方メートル以上とする。

(3) 診療所療養病床療養環境加算1、精神療養病棟入院料等の食堂の設置が要件の1つとなっている点数を算定している場合は、食堂加算をあわせて算定することはできない。

(4) 食堂加算を算定する病棟を有する保険医療機関は、当該病棟に入院している患者の中で食堂における食事が可能な患者については、食堂において食事を提供するように努めること。

5 鼻腔栄養との関係

(1) 患者が経口摂取不能のために鼻腔栄養を行った場合は下記のとおり算定する。

ア 薬価基準に収録されている高カロリー薬を経鼻経管的に投与した場合は、診療報酬の算定方法（平成20年厚生労働省告示第59号）医科診療報酬点数表区分番号「JI20」鼻腔栄養の手技料及び薬剤料を算定し、食事療養に係る費用又は生活療養の食事の提供たる療養に係る費用及び投薬料は別に算定しない。

イ 薬価基準に収載されていない流動食を提供した場合は、区分番号「JI20」鼻腔栄養の手技料及び食事療養に係る費用または生活療養の食事の提供たる療養に係る費用を算定する。

イの場合において、流動食（市販されているものを除く。）特別食の算定要件を満たしているときは特別食の加算を算定して差し支えない。薬価基準に収載されている高カロリー薬及び薬価基準に収載されていない流動食を併せて投与及び提供した場合は、ア又はイのいずれかのみにより算定する。

(2) 食道癌を手術した後、胃瘻より流動食を点滴注入した場合は、鼻腔栄養に準じて取り扱う。

6 特別料金の支払を受けることによる食事の提供

入院患者に提供される食事に関して多様なニーズがあることに対応して、患者から特別の料金の支払を受ける特別メニューの食事（以下「特別メニューの食事」という。）を別に用意し、提供した場合は、下記の要件を満たした場合に妥当な範囲内の患者の負担は差し支えない。

(1) 特別メニューの食事の提供に際しては、患者への十分な情報提供を行い、患者の自由な選択と同意に基づいて行われる必要があり、患者の意に反して特別メニューの食事が提供されることのないようにしなければならないものであり、患者の同意がない場合は食事療養標準負担額及び生活療養標準負担額の支払を受けることによる食事（以下「標準食」という。）を提供しなければならない。また、あらかじめ提示した金額以上に患者から徴収してはならない。なお、同意書による同意の確認を行う場合の様式は、各医療機関で定めたもので差しつかえない。

(2) 患者の選択に資するために、各病棟内等の見やすい場所に特別メニューの食事のメニュー及び料金を掲示するとともに、文書を交付し、わかりやすく説明するなど、患者が自己の選択に基づき特定の日にあらかじめ特別のメニューの食事を選択できるようにする。

(3) 特別メニューの食事は、通常の入院食事療養又は入院時生活療養の食事の提供たる療養の費用では提供が困難な高価な材料を使用し特別な調理を行う場合や標準食の材料と同程度の価格であるが、異なる材料を用いるため別途費用が掛かる場合などであって、その内容が入院時食事療養又は入院時生活療養の食事の提供たる療養の費用の額を超える特別の料金の支払を受けるのにふさわしいものでなければならない。また、特別メニューの食事を提供する場合は、当該患者の療養上支障がないことについて、当該患者の診療を担う保険医の確認を得る必要がある。なお、複数メニューの選択については、あらかじめ決められた基本となるメニューと患者の選択により代替可能なメニューのうち、患者が後者を選択した場合に限り、基本メニュー以外のメニューを準備するためにかかる追加的な費用として、一食あたり17円を標準として社会的に妥当な額の支払を受けることができること。この場合においても、入院時食事療養又は入

院時生活療養の食事の提供たる療養に当たる部分については、入院時食事療養費及び入院時生活療養費が支給されること。

(4) 当該保険医療機関は、特別メニューの食事を提供することにより、それ以外の食事の内容及び質を損なうことがないように配慮する。

(5) 栄養補給量については、当該保険医療機関においては、患者ごとに栄養記録を作成し、医師との連携の下に管理栄養士又は栄養士により個別的な医学的・栄養学的管理が行われることが望ましい。また、食堂の設備、食器への配慮等食事の提供を行う環境の整備についてもあわせて配慮がなされていることが望ましい。

(6) 特別メニューの食事の提供を行っている保険医療機関は、毎年8月1日現在で、その内容及び料金などを入院時食事療養及び入院時生活療養に関する報告とあわせて地方社会保険事務局長に報告する。

7 掲示

特別のメニューの食事を提供している保険医療機関は、各々次に掲げる事項を病棟内等の患者に見えやすい場所に掲示するとともに、原則として、ウェブサイトに掲載するものとする。ウェブサイトへの掲載について、保険医療機関が自ら管理するホームページ等を有しない場合はこの限りではない。なお、ウェブサイトへの掲載について、令和7年5月31日までの間、経過措置を設けている。

(1) 当該保険医療機関においては毎日、又は予め定められた日に、予め患者に提示したメニューから、患者の自己負担により特別メニューの食事から患者の希望により選択できること。

(2) 特別メニューの食事の内容及び特別料金
具体的には、例えば1週間分の食事のメニューの一覧表（複数メニューを含む特別のメニューの食事については、基本メニューと区分して、特別料金を示したもの等）。あわせて、文書等を交付しわかりやすく説明すること。

入院時食事療養費に係る食事療養及び入院時生活療養費に係る生活療養の費用の額の算定に関する基準（抄）

（平成18年厚生労働省告示第99号）
（令和6年3月5日厚生労働省告示第64号）

第一 食事療養

1 入院時食事療養 （Ⅰ）（1食につき）

(1) (2)以外の食事療養を行う場合670円

(2) 流動食のみを提供する場合 605円

注1 (1)については、別に厚生労働大臣が定める基準に適合しているものとして地方厚生局長等に届け出て当該基準による食事療養を行う保険医療機関に入院している患者について、当該食事療養を行ったときに、1日につき3食を限度として算定する。

2 (2)については、別に厚生労働大臣が定める基準に適合しているものとして地方厚生局長等に届け出て当該基準による食事療養を行う保険医療機関に入院している患者について、当該食事療養として流動食(市販されているものに限る。以下同じ。)のみを経管栄養法により提供したときに、1日に3食を限度として算定する。

3 別に厚生労働大臣が定める特別食を提供したときは、1食につき76円を、1日につき3食を限度として加算する。ただし、(2)を算定する患者については、算定しない。

4 当該患者(療養病棟に入院する患者を除く。)について、食堂における食事療養を行ったときは、1日につき50円を加算する。

2 入院時食事療養(Ⅱ)(1食につき)

(1) (2)以外の食事療養を行う場合　　536円

(2) 流動食のみを提供する場合　　　　490円

注1 (1)については、入院時食事療養(Ⅰ)を算定する保険医療機関以外の保険医療機関に入院している患者について、食事療養を行ったときに、1日につき3食を限度として算定する。

2 (2)については、入院時食事療養(Ⅰ)を算定する保険医療機関以外の保険医療機関に入院している患者について、食事療養として流動食のみを経管栄養法により提供したときに、1日につき3食を限度として算定する。

第二生活療養

1 入院時生活療養(Ⅰ)

(1) 健康保険法第六十三条第二項第二号イ及び高齢者の医療の確保に関する法律第六十四条第二項第二号イに掲げる療養(以下「食事の提供たる療養」という。)(1食につき)

イ ロ以外の食事の提供たる療養を行う場合
　　　　　　　　　　　　　　　　　584円

ロ 流動食のみを提供する場合　　530円

(2) 健康保険法第六十三条第二項第二号ロ及び高齢者の医療の確保に関する法律第六十四条第二項第二号ロに掲げる療養(以下「温度、照明及び給水に関する適切な療養環境の形成たる療養」という。)(1日につき)　398円

注1 (1)のイについては、別に厚生労働大臣が定める基準に適合しているものとして地方厚生局長等に届け出て当該基準による生活療養行う保険医療機関に入院している患者について、当該生活療養を行ったときに、(1)に掲げる療養として、1日につき3食を限度として算定する。

2 (1)のロについては、別に厚生労働大臣が定める基準に適合しているものとして地方厚生局長等に届け出て当該基準による生活療養を行う保険医療機関に入院している患者について、当該生活療養として流動食のみを経管栄養法により提供したときに、(1)に掲げる療養として、1日につき3食を限度として算定する。

3 別に厚生労働大臣が定める特別食を提供したときは、(1)に掲げる療養について、1食につき76円を、1日につき3食を限度として加算する。ただし、(1)のロを算定する患者については、算定しない。

4 当該患者(療養病棟に入院する患者を除く。)について、食堂における(1)に掲げる療養を行ったときは、1日につき50円を加算する。

2 入院時生活療養(Ⅱ)

(1) 食事の提供たる療養(1食につき)　450円

(2) 温度、照明及び給水に関する適切な療養環境の形成たる療養(1日につき)　　398円

注 入院時生活療養(Ⅰ)を算定する保険医療機関以外の保険医療機関に入院している患者について、生活療養を行ったときに、(1)に掲げる療養については1日につき3食を限度として算定する。

基本診療料の施設基準等及びその届出に関する手続きの取扱いについて(通知)

(令和6年3月5日保医発0305第5号)

別添2 入院基本料等の施設基準等

1 入院診療計画の基準

(1) 当該保険医療機関において、入院診療計画が策定され、説明が行われていること。

(2) 入院の際に、医師、看護師、その他必要に応じ関係職種が共同して総合的な診療計画を策定し、患者に対し、別添6の別紙2を参考として、文書により病名、症状、治療計画、検査内容及び日程、手術内容及び日程、推定

される入院期間等について、入院後7日以内に説明を行うこと。ただし、高齢者医療確保法の規定による療養の給付を提供する場合の療養病棟における入院診療計画については、別添6の別紙2の2を参考にすること。なお、当該様式にかかわらず、入院中から退院後の生活がイメージできるような内容であり、年月日、経過、達成目標、日ごとの治療、処置、検査、活動・安静度、リハビリ、食事、清潔、排泄、特別な栄養管理の必要性の有無、教育・指導（栄養・服薬）・説明、退院後の治療計画、退院後の療養上の留意点が電子カルテなどに組み込まれ、これらを活用し、患者に対し、文書により説明が行われている場合には、各保険医療機関が使用している様式で差し支えない。

(3) 入院時に治療上の必要性から患者に対し、病名について情報提供し難い場合にあっては、可能な範囲において情報提供を行い、その旨を診療録に記載すること。

(4) 医師の病名等の説明に対して理解できないと認められる患者（例えば小児、意識障害患者）については、その家族等に対して行ってもよい。

(5) 説明に用いた文書は、患者（説明に対して理解できないと認められる患者についてはその家族等）に交付するとともに、その写しを診療録に貼付するものとする。

(6) 入院期間が通算される再入院の場合であっても、患者の病態により当初作成した入院診療計画書に変更等が必要な場合には、新たな入院診療計画書を作成し、説明を行う必要がある。

5 栄養管理体制の基準

(1) 当該保険医療機関内に、栄養管理を担当する常勤の管理栄養士が1名以上配置されていること。

(2) 管理栄養士をはじめとして、医師、看護師、その他医療従事者が共同して栄養管理を行う体制を整備し、あらかじめ栄養管理手順（栄養スクリーニングを含む栄養状態の評価、栄養管理計画、定期的な評価等）を作成すること。

(3) 入院時に患者の栄養状態を医師、看護職員、管理栄養士が共同して確認し、特別な栄養管理の必要性の有無について入院診療計画書に記載していること。

(4) (3)において、特別な栄養管理が必要と医

的に判断される患者について、栄養状態の評価を行い、医師、管理栄養士、看護師その他の医療従事者が共同して、当該患者ごとの栄養状態、摂食機能及び食形態を考慮した栄養管理計画（別添6の別紙23又はこれに準じた様式とする。）を作成していること。なお、救急患者や休日に入院した患者など、入院日に策定できない場合の栄養管理計画は、入院後7日以内に策定することとする。

(5) 栄養管理計画には、栄養補給に関する事項（栄養補給量、補給方法、特別食の有無等）、栄養食事相談に関する事項（入院時栄養食事指導、退院時の指導の計画等）、その他栄養管理上の課題に関する事項、栄養状態の評価の間隔等を記載すること。また、当該計画書の写しを診療録に貼付すること。

(6) 当該患者について、栄養管理計画に基づいた栄養管理を行うとともに、当該患者の栄養状態を定期的に評価し、必要に応じて栄養管理計画を見直していること。

(7) 特別入院基本料及び短期滞在手術基本料1を算定する場合は、(1)から(6)までの体制を満たしていることが望ましい。

(8) (1)に規定する管理栄養士は、1か月以内の欠勤については、欠勤期間中も(1)に規定する管理栄養士に算入することができる。なお、管理栄養士が欠勤している間も栄養管理のための適切な体制を確保していること。

(9) 当該保険医療機関において、管理栄養士の離職又は長期欠勤のため、(1)に係る基準が満たせなくなった場合、地方厚生（支）局長に届け出た場合に限り、当該届出を行った日の属する月を含む3か月間に限り、従前の入院基本料等を算定できる。

医療法の一部を改正する法律の一部の施行について（抄）

（平成5年2月15日健政発第98号 厚生省健康政策局長通知）

第三 業務委託に関する事項

4 患者等の食事の提供の義務（新省令9条の10関係）

（最終改正：令和2年8月5日医政発0805第8号）

(1) 患者等の食事の提供の業務の範囲及び委託方法に関する事項

ア 業務の範囲

（ア）患者等給食業務の範囲

医療法等の一部を改正する法律の一部の施行に伴う関係政令の整理に関する（政令平成30年政令第230号。以下「平成30年政令」という。）による改正後の医療法施行令第4条の7第2号に規定する食事の提供（以下「患者等給食」という。）の業務は、食材の調達、調理、盛付け、配膳、下膳及び食器の洗浄並びにこれらの業務を行うために必要な構造設備の管理に加えて、食器の手配、食事の運搬等をいうものであること。

(イ)　病院が自ら実施しなければならない業務の範囲

患者等給食業務のうち、病院が自ら行わなければならない業務は、別表のとおりとすること。なお、献立表の作成については、病院が定めた作成基準に基づき、病院又は患者等給食業者のいずれが作成しても差し支えないが、実際に調理作業に従事する者の意見を十分に聴取し、調理作業に無理や支障を来さないよう配慮する必要があること。

イ　委託の方法等

(ア)　院外調理

これまでは病院内の給食施設を使用して調理を行う、いわゆる代行委託のみが認められていたが、今後は病院外の調理加工施設を使用して調理を行う、いわゆる院外調理も認められるものであること。ただし、喫食直前の再加熱については、病院内の給食施設において行うべきものであること。

(イ)　複数業者への委託

患者等給食業務を病院が直接の業者に委託することも差し支えないものであること。また、業者は受諾した業務のうち、食事の運搬、食器の洗浄等の一部の業務については、新省令第9条の10で定める基準を満たす者に再委託することも差し支えないものであること。

(ウ)　受託業務を行う場所

受託業務を行う場所とは、病院内の給食施設を使用して調理を行う場所にあっては、当該病院の給食施設のことであり、病院外の調理加工施設を使用して調理を行う場合にあっては、当該調理加工施設のことであること。また、受託業務の内容によっては、業務を行う場所が複数箇所の場合もあり得ること。なお業務を行う場所が複数箇所の場合には、主たる業務を行う場所に受託責任者を配置すること。

ウ　食品衛生法との関係

「食品衛生法等の一部を改正する法律（平成30年法律第46号。）の施行により、営業以外の場合で病院において継続的に不特定又は多数の者に食品を提供する集団給食施設の設置者又は管理者は、都道府県知事等に営業届出を行うこととされたこと。ただし、1回の提供食数が20食程度未満の、少数特定の者に食品を供与する営業以外の給食施設については届出を不要とすること。

また、営業届出の対象となる集団給食施設の設置者又は管理者は、食品衛生責任者を設置するとともに、食品衛生施行規則(昭和23年厚生省令第23号)に規定された規準に従い、公衆衛生上必要な措置を定め、これを遵守することとされたこと。公衆衛生上の措置には、HACCPの考え方を取り入れた衛生管理も含まれるが、従来示されている「大量調理施設衛生管理マニュアル」（平成9年3月24日付け衛食第85号生活衛生局長通知）はHACCPの概念に基づき作成されており、引き続き当該マニュアルの活用等により対応が可能であること。

なお、食品衛生法の改正に伴う営業許可制度の見直しにより、病院が外部事業者に調理業務を委託している場合、院内調理であっても、当該受託事業者は通常の営業者と同様飲食店営業の許可を受けなければならないと整理されたこと。

エ　調理方式

病院外の調理加工施設を使用して調理を行う場合には、患者等給食の特殊性に鑑み、その調理加工方式として、クックチル、クックフリーズ、クックサーブ及び真空調理（真空パック）の4方式があるが、これらの調理方法には食味の面からそれぞれに適した食品があり、いずれか一つの調理方法に限定することは好ましいものではないこと。したがって、これらの調理方式を適切に組み合わせて、患者等給食業務を行うことが望ましいこと。

ただし、いずれの調理方式であっても、HACCPの概念に基づく適切な衛生管理が行われている必要があること。

オ　食事の運搬方法

病院外の調理加工施設から病院へ食事を運搬する場合には、患者等給食の特殊性に鑑み、原則として、冷蔵（3℃以下）若しくは冷凍（マイナス18℃以下）状態を保って運搬す

こと。

ただし、調理・加工後の食品を、二時間以内に喫食する場合にあっては、65℃以上を保って運搬しても差し支えないものであること。この場合であっても、食中毒の発生等がないよう、衛生管理に十分配慮を行うこと。

なお、缶詰め等常温での保存が可能な食品については、この限りではないこと。

カ 労働関係法令の遵守

患者等給食業務の委託に関しては、病院、患者等給食業者双方とも、労働者派遣事業の適正な運営の確保及び派遣労働者の保護等に関する法律（昭和60年法律第88号）、職業安定法（昭和22年法律第141号）、労働基準法（昭和22年法律第49号）、労働安全衛生法（昭和47年法律第57号）等労働関係法令を遵守すること。特に、複数業者への委託や受託した業務の一部を再委託する場合には十分留意すること。

キ 食材

患者等給食において使用される食材については、栄養面及び衛生面に留意して選択されたものであることが当然の前提であるが、食味についての配慮もなされたものであること。

病院、診療所等の業務委託について（抜粋）

（平成5年2月15日指第14号）
（最終改正　令和2年8月5日医政地発第0805第1号）

第四　患者等の食事の提供の業務について

（令第4条の7第3号関係）

1 受託者の業務の一般的な実施方法

（1）受託責任者

備えるべき帳票

受託責任者が業務を行う場所に備え、開示できるように整えておくべき帳票は、以下のとおりであること

① 業務の標準作業計画書
② 受託業務従事者名簿及び勤務表
③ 受託業務日誌
④ 受託している業務に関して行政による病院への立入検査の際、病院が提出を求められる帳票
⑤ 調理等の機器の取り扱い要領及び緊急修理案内書
⑥ 病院からの指示と、その指示への対応結果を示す帳票

（2）従事者の研修

従事者の研修として実施すべき事項である「食中毒と感染症の予防に関する基礎知識」の中には、HACCP に関する基礎知識も含まれるものであること。また、「従事者の日常的な健康の自己管理」の中には、A 型肝炎、腸管出血性大腸菌等比較的最近見られるようになった食品に起因する疾病の予防方法に関する知識も含まれるものであること。

2 院外調理における衛生管理

（1）衛生面での安全確保

食事の運搬方式について、原則として、冷蔵（3℃以下）若しくは冷凍（マイナス18℃以下）状態を保つこととされているのは、食中毒等、食品に起因する危害の発生を防止するためであること。したがって、運搬時に限らず、調理時から喫食時まで衛生管理には万全を期すべく努める必要があること。

（2）調理方式

患者等の食事の提供の業務（以下「患者給食業務」という。）を病院外の調理加工施設を使用して行う場合の調理方式としては、クックチル、クックフリーズ、クックサーブ及び真空調理（真空パック）の4方式があること。なお、院外調理による患者給食業務を行う場合にあっては、常温（10℃以上、60℃未満）での運搬は衛生面での不安が払拭できないことから、クックチル、クックフリーズ又は真空調理（真空パック）が原則であり、クックサーブを行う場合には、調理加工施設が病院に近接していることが原則であるが、この場合にあってもHACCP の考えを取り入れた適切な衛生管理が行われている必要があること。

ア クックチル

クックチルとは、食材を加熱調理後、冷水又は冷風により急速冷却（90分以内に中心温度3℃以下まで冷却）を行い、冷蔵（3℃以下）により、運搬、保管し、提供時に再加熱（中心温度75℃以上で1分間以上）して提供することを前提とした調理方法又はこれと同等以上の衛生管理の配慮がされた調理方法であること。

イ クックフリーズ

クックフリーズとは、食材を加熱調理後、急速に冷凍し、冷凍（マイナス18℃以下）により運搬、保管のうえ、提供時に再加熱（中心温度75℃以上で1分間以上）して提供することを前提とした調理方法又はこれと同等以

病　院

上の衛生管理の配慮がなされた調理方法であること。

ウ　クックサーブ

クックサーブとは、食材を加熱調理後、冷凍又は冷蔵せずに運搬し、速やかに提供することを前提とした調理方法であること。

エ　真空調理（真空パック）

真空調理（真空パック）とは、食材を真空包装のうえ低温にて加熱調理後、急速に冷却又は冷凍して、冷蔵又は冷凍により運搬、保管し、提供時に再加熱（中心温度75℃以上で１分間以上）として提供することを前提とした調理方法又はこれと同等以上の衛生管理の配慮がなされた調理方法であること。

(3) HACCP の概念に基づく衛生管理

ア　HACCP

HACCP（危害要因分析重要管理点）とは、衛生管理を行うための手法であり、事業者自らが食品の製造（調理）工程で衛生上の危害の発生するおそれのある全ての工程を特定し、必要な安全対策を重点的に講じることをいうものであること。

イ　HACCP による適切な衛生管理の実施

患者給食業務においては、院外調理に限らず、常に適切な衛生管理が行われている必要があるが、患者給食の特殊性に鑑み、特に大量調理を行う場合については、食中毒の大量発生等も危惧されることから、より厳密な衛生管理が求められるものであること。このため、院外調理においては、HACCP の考え方を取り入れた衛生管理の徹底が重要であること。

HACCP の考え方を取り入れた衛生管理を行うに当たっては、「大規模食中毒対策等について」（平成９年３月24日付け衛食第85号生活衛生局長通知）が従来示されているところであり、これに留意する必要があるが、前記通知に定められた重要管理事項以外に、危害要因分析の結果、重要管理点を必要に応じて定め、必要な衛生管理を行うこと。

なお、院外調理に限らず、病院内の給食施設を用いて調理を行う従前の業務形態においても、HACCP の考え方を取り入れた衛生管理を実施する必要があることに留意されたいこと。

ウ　標準作業書

適切な衛生管理の実施を図るためには、標準作業書は HACCP の考え方を取り入れて作成されたものであること。

(4) 食事の運搬及び保管方法

ア　食品の保存

運搬及び保管中の食品については、次の①から④の基準により保存すること。

① 生鮮品、解凍品及び調理加工後に冷蔵した食品については、中心温度３℃以下で保存すること。

② 冷凍された食品については、中心温度マイナス 18℃ 以下の均一な温度で保存すること。なお。運搬途中における３℃以内の変動は差し支えないものとすること。

③ 調理加工された食品は、冷蔵（３℃以下）又は冷凍（マイナス18℃以下）状態で保存することが原則であるが、中心温度が65℃以上に保たれている場合には、この限りではないこと。ただし、この場合には調理終了後から喫食までの時間が２時間を超えてはならないこと。

④ 常温での保存が可能な食品については、製造者はあらかじめ保存すべき温度を定め、その温度で保存すること。

イ　包装

十分に保護するような包装がなされていない限り、食品を汚染させる可能性があるもの又は衛生上影響を与える可能性があるものと共に食品を保管又は運搬してはならないこと。

ウ　容器及び器具

食品の運搬に用いる容器及び器具は清潔なものを用いること。容器の内面は、食品に悪影響を与えないよう仕上げられており、平滑かつ洗浄消毒が容易な構造であること。

また、食品を損傷又は汚染するおそれのあるものの運搬に使用した容器及び器具は、十分に洗浄消毒しない限り用いてはならないこと。

エ　車両

食品の運搬に用いる車両は、清潔なものであって、運搬中の全期間を通じて各食品毎に規定された温度で維持できる設備が備えられていること。また、冷却に氷を使用している場合にあっては、その氷から解けた水が食品に接触しないよう排水装置が設けられていること。

3　病院の対応

(1) 担当者

病院は、患者等の食事の提供が治療の一環であり、患者の栄養管理が医学的管理の基礎であることを踏まえた上で、当該業務の重要性を認識し、かつ専門技術を備えた者を担当者に選定し、業務の円滑な運営のために受託責任者と随

273

時協議される必要があること。
（2）献立表の確認
献立表の作成を委託する場合にあっては、病院の担当者は、受託責任者に献立表作成基準を明示するとともに、作成された献立表が基準を満たしていることを確認すること。
4　病院との契約
（1）契約書
契約書に記載すべき事項については、各病院における個別の事情に応じて、最も適切な内容とすることとし、全国あるいは各都道府県毎に一律に契約事項を定める必要はないことに留意すること。
（2）業務案内書の提示
患者給食業務を行う者は業務案内書を整備し、患者給食業務に関して、病院に対して、契約を締結する前に提示するものとすること。

高齢者・介護保険施設

介護保険法（抜粋）

（平成 9 年12月17日法律第123号）

（最終改正　令和 5 年法律第31号）

〔目的〕

第 1 条　この法律は、加齢に伴って生ずる心身の変化に起因する疾病等により要介護状態となり、入浴、排せつ、食事等の介護、機能訓練並びに看護及び療養上の管理その他の医療を要する者等について、これらの者が尊厳を保持し、その有する能力に応じ自立した日常生活を営むことができるよう、必要な保健医療サービス及び福祉サービスに係る給付を行うため、国民の共同連帯の理念に基づき介護保険制度を設け、その行う保険給付等に関して必要な事項を定め、もって国民に保険医療の向上及び福祉の増進を図ることを目的とする。

〔介護保険〕

第 2 条　介護保険は、被保険者の要介護状態又は要支援状態（以下「要介護状態等」という。）に関し、必要な保険給付を行うものとする。

2　前項の保険給付は、要介護状態等の軽減又は悪化の防止に資するよう行われるとともに、医療との連携に十分配慮して行わなければならない。

3　第 1 項の保険給付は、被保険者の心身の状況、その置かれている環境等に応じて、被保険者の選択に基づき、適切な保健医療サービ

ス及び福祉サービスが、多様な事業者又は施設から、総合的かつ効率的に提供されるよう配慮して行われなければならない。

4　第 1 項の保険給付の内容及び水準は、被保険者が要介護状態となった場合においても、可能な限り、その居宅において、その有する能力に応じ自立した日常生活を営むことができるように配慮されなければならない。

指定施設サービス等に要する費用の額の算定に関する基準（抄）

（令和 3 年 3 月15日厚生労働省告示第73号）

（最終改正：令和 6 年 4 月 1 日施行）

別表　指定施設サービス等介護給付費単位数表

1　介護福祉施設サービス

2　介護保健施設サービス

（以下、1.2共通　※条文の「**各指定介護老人福祉施設**」には 1 、 2 の各施設が該当します）

退所時栄養情報連携加算 　　　　　　　70単位

注　別に厚生労働大臣が定める特別食を必要とする入所者又は低栄養状態にあると医師が判断した入所者が、指定介護老人福祉施設から退所する際に、その居宅に退所する場合は当該入所者の主治の医師の属する病院又は診療所及び介護支援専門員に対して、病院、診療所又は他の介護保険施設（以下この注において「医療機関等」という。）に入院又は入所する場合は当該医療機関等に対して、当該入所者の同意を得て、管理栄養士が当該入所者の栄養管理に関する情報を提供したときは、1 月につき 1 回を限度として所定単位数を加算する。ただし、イ及びロの注 8 又は栄養マネジメント強化加算を算定している場合は算定しない。

再入所時栄養連携加算 　　　　　　　200単位

注　別に厚生労働大臣が定める基準に適合する指定介護老人福祉施設に入所している者が退所し、当該者が病院又は診療所に入院した場合であって、当該者が退院した後に再度当該指定介護老人福祉施設に入所する際、当該者が別に厚生労働大臣が定める特別食等を必要とする者であり、当該指定介護老人福祉施設の管理栄養士が当該病院又は診療所の管理栄養士と連携し当該者に関する栄養ケア計画を策定したときに、入所者 1 人につき 1 回を限度として所定単位数を加算する。ただし、イ及びロの注 8 を算定している場合は、算定しない。

栄養マネジメント強化加算 　　　　　　11単位

注　別に厚生労働大臣が定める基準に適合する

高齢者・介護保険施設

ものとして都道府県知事に届け出た**指定介護老人福祉施設**において、入所者ごとの継続的な栄養管理を強化して実施した場合、栄養マネジメント強化加算として、1日につき所定単位数を加算する。ただし、イ及びロの注6を算定している場合は、算定しない。

経口移行加算　　　　　　　　　**28単位**

注1　別に厚生労働大臣が定める基準に適合する指定介護老人福祉施設において、医師の指示に基づき、医師、歯科医師、管理栄養士、看護師、介護支援専門員その他の職種の者が共同して、現に経管により食事を摂取している入所者ごとに経口による食事の摂取を進めるための経口移行計画を作成している場合であって、当該計画に従い、医師の指示を受けた管理栄養士又は栄養士による栄養管理及び言語聴覚士又は看護職員による支援が行われた場合は、当該計画が作成された日から起算して180日以内の期間に限り、1日につき所定単位数を加算する。ただし、イ及びロの注6を算定している場合は、算定しない。

2　経口による食事の摂取を進めるための経口移行計画に基づき、管理栄養士又は栄養士が行う栄養管理及び言語聴覚士又は看護職員が行う支援が、当該計画が作成された日から起算して180日を超えた期間に行われた場合であっても、経口による食事の摂取が一部可能な者であって、医師の指示に基づき継続して経口による食事の摂取を進めるための栄養管理及び支援が必要とされるものに対しては、引き続き当該加算を算定できるものとする。

経口維持加算

(1) 経口維持加算（Ⅰ）　　　　　**400単位**
(2) 経口維持加算（Ⅱ）　　　　　**100単位**

注1　(1)については、別に厚生労働大臣が定める基準に適合する指定介護老人福祉施設において、現に経口により食事を摂取する者であって、摂食機能障害を有し、誤嚥が認められる入所者に対して、医師又は歯科医師の指示に基づき、医師、歯科医師、管理栄養士、看護師、介護支援専門員その他の職種の者が共同して、入所者の栄養管理をするための食事の観察及び会議等を行い、入所者ごとに、経口による継続的な食事の摂取を進めるための経口維持計画を作成し

ている場合であって、当該計画に従い、医師又は歯科医師の指示（歯科医師が指示を行う場合にあっては、当該指示を受ける管理栄養士等が医師の指導を受けている場合に限る。）を受けた管理栄養士又は栄養士が、栄養管理を行った場合に、1月につき所定単位数を加算する。ただし、イ及びロの注8又は経口移行加算を算定している場合は算定しない。

2　(2)については、協力歯科医療機関を定めている指定介護老人福祉施設が、経口維持加算（Ⅰ）を算定している場合であって、入所者の経口による継続的な食事の摂取を支援するための食事の観察及び会議等に、医師（指定介護老人福祉施設の人員、設備及び運営に関する基準第2条第1項第1号に規定する医師を除く。）、歯科医師、歯科衛生士又は言語聴覚士が加わった場合は、1月につき所定単位数を加算する。

療養食加算　　　　　　　　　　**6単位**

注次に掲げるいずれの基準にも適合するものとして都道府県知事に届け出た指定介護老人福祉施設が、別に厚生労働大臣が定める療養食を提供したときは、1日につき3回を限度として、所定単位数を加算する。

イ　食事の提供が管理栄養士又は栄養士によって管理されていること。

ロ　入所者の年齢、心身の状況によって適切な栄養量及び内容の食事の提供が行われていること。

ハ　食事の提供が、別に厚生労働大臣が定める基準に適合する指定介護老人福祉施設において行われていること。

特別養護老人ホームの設備及び運営に関する基準（抜粋）

（平成11年3月31日厚生労働省令第46号）
（最終改正平成30年1月18日厚生労働省令第4号）

第2章　基本方針並びに人員、設備及び運営に関する基準

〔食事〕

第17条　特別養護老人ホームは、栄養並びに入所者の心身の状況及び嗜好を考慮した食事を、適切な時間に提供しなければならない。

2　特別養護老人ホームは、入所者が可能な限り離床して、食堂で食事を摂ることを支援しなければならない。

参考資料

第3章　ユニット型特別養護老人ホームの基本方針並びに設備及び運営に関する基準

〔食事〕

第38条　ユニット型特別養護老人ホームは、栄養並びに入居者の心身の状況及び嗜好を考慮した食事を提供しなければならない。

2　ユニット型特別養護老人ホームは、入居者の心身の状況に応じて、適切な方法により、食事の自立について必要な支援を行わなければならない。

3　ユニット型特別養護老人ホームは、入居者の生活慣習を尊重した適切な時間に食事を提供するともに、入居者がその心身の状況に応じてできる限り自立して食事を摂ることができるよう必要な時間を確保しなければならない。

4　ユニット型特別養護老人ホームは、入居者が相互に社会的関係を築くことができるよう、その意思を尊重しつつ、入居者が共同生活室で食事を摂ることを支援しなければならない。

養護老人ホームの設備及び運営に関する基準（抜粋）

（昭和41年7月1日厚生省令第19号）

（最終改正　平成30年9月2日厚生労働省令第102号）

〔食事〕

第17条　養護老人ホームは、栄養並びに入所者の心身の状況及び嗜好の考慮した食事を、適切な時間に提供しなければならない。

養護老人ホームの設備及び運営に関する基準について（抜粋）

（平成12年3月30日老発第307号）

（最終改正令和3年3月19日老発0319第6号）

第五　処遇に関する条項

4　食事（基準第17条）

食事の提供は、次の点に留意して行うものとする。

(1)　食事の提供について

入所者の心身の状況・嗜好に応じて適切な栄養量及び内容とすること。

また、入所者の自立の支援に配慮し、できるだけ離床して食堂で行われるよう努めなければならないこと。

(2)　調理について

調理は、あらかじめ作成された献立に従って行うとともに、その実施状況を明らかにしてお

くこと。

また、病弱者に対する献立については、必要に応じ、医師の指導を受けること。

(3)　適時の食事の提供について

食事時間は適切なものとし、夕食時間は午後6時以降とすることが望ましいが、早くても午後5時以降とすること。

(4)　食事の提供に関する業務の委託について

食事の提供に関する業務は養護老人ホーム自らが行うことが望ましいが、栄養管理、調理管理、材料管理、施設等管理、業務管理、衛生管理、労働衛生管理について施設自らが行う等、当該施設の施設長が業務遂行上必要な注意を果たし得るような体制と契約内容により、食事サービスの質が確保される場合には、当該施設の最終的責任の下で第三者に委託することができること。

(5)　居室関係部門と食事関係部門との連携について

食事提供については、入所者の嚥下や咀嚼の状況、食欲などの心身の状態等を当該入所者の食事に的確に反映させるために、居室関係部門と食事関係部門との連絡が十分とられていることが必要であること。

(6)　栄養食事相談

入所者に対しては適切な栄養食事相談を行う必要があること。

(7)　食事内容の検討について

食事内容については、当該施設の医師又は栄養士（入所定員が50人を超えない養護老人ホームであって、栄養士を配置していない施設においては連携を図っている他の社会福祉施設等の栄養士）を含む会議において検討が加えられなければならないこと。

軽費老人ホームの設備及び運営について（抜粋）

（昭和47年2月26日社老第17号）

（最終改正平成20年4月28日老発第0428001号）

第2　軽費老人ホーム（A型）

6　処遇

(3)　給食

ア　利用者に対して3食を給し、老人に適した食生活を営ませること。

イ　栄養士による献立表及び実施献立表を作成すること。

ウ　食糧を貯蔵する設備を設け、これを清潔かつ、安全に管理すること。

児童福祉施設

児童福祉法（抜粋）

（昭和22年12月12日法律第164号）

（最終改正令和2年6月10日法律第41号）

第1章 総則

第1条 全て児童は、児童の権利に関する条約の精神にのっとり、適切に養育されること、その生活を保障されること、愛され、保護されること、その心身の健やかな成長及び発達並びにその自立が図られることその他の福祉を等しく保障される権利を有する。

第2条 全て国民は、児童が良好な環境において生まれ、かつ、社会のあらゆる分野において、児童の年齢及び発達の程度に応じて、その意見が尊重され、その最善の利益が優先して考慮され、心身ともに健やかに育成されるよう努めなければならない。

② 児童の保護者は、児童を心身ともに健やかに育成することについて第一義的責任を負う。

③ 国及び地方公共団体は、児童の保護者とともに、児童を心身ともに健やかに育成する責任を負う。

第2節 定義

第4条 この法律で、児童とは、満十八歳に満たない者をいい、児童を左のように分ける。

一 乳児満一歳に満たない者

二 幼児満一歳から、小学校就学の始期に達するまでの者

三 少年小学校就学の始期から、満十八歳に達するまでの者

② この法律で、障害児とは、身体に障害のある児童、知的障害のある児童、精神に障害のある児童（発達障害者支援法（平成十六年法律第百六十七号）第二条第二項に規定する発達障害児を含む。）又は治療方法が確立していない疾病その他の特殊の疾病であって障害者の日常生活及び社会生活を総合的に支援するための法律（平成十七年法律第百二十三号）第四条第一項の政令で定めるものによる障害の程度が同項の厚生労働大臣が定める程度である児童をいう。

第7条 この法律で、児童福祉施設とは、助産施設、乳児院、母子生活支援施設、保育所、幼保連携型認定こども園、児童厚生施設、児童養護施設、障害児入所施設、児童発達支援センター、児童心理治療施設、児童自立支援施設及び児童家庭支援センターとする。

児童福祉施設最低基準（抜粋）

（昭和23年12月29日厚生省令第63号）

（最終改正平成23年10月7日厚生労働省令第127号）

第1章 総則

〔この省令の趣旨〕

第1条 児童福祉法（昭和22年法律第164号。以下「法」という。）第45条の規定による児童福祉施設の設備及び運営についての最低基準（以下最低基準という）はこの省令の定めるところによる。

〔最低基準の目的〕

第2条 最低基準は、児童福祉施設に入所している者が、明るくて、衛生的な環境において、素養があり、かつ、適切な訓練を受けた職員（児童福祉施設の長を含む。以下同じ）の指導により、心身ともに健やかにして、社会に適応するように育成されることを保障するものとする。

〔食事〕

第11条 児童福祉施設（助産施設を除く。以下この項において同じ。）において、入所している者に食事を提供するときは、当該児童福祉施設内で調理する方法（第8条の規定により、当該児童福祉施設の調理室を兼ねている他の社会福祉施設の調理室において調理する方法を含む。）により行わなければならない。

2 児童福祉施設において、入所している者に食事を提供するときは、その献立は、できる限り、変化に富み、入所している者の健全な発育に必要な栄養量を含有するものでなければならない。

3 食事は、前項の規定によるほか、食品の種類及び調理方法について栄養並びに入所している者の身体的状況及び嗜好を考慮したものでなければならない、

4 調理は、あらかじめ作成された献立に従って行わなければならない。ただし、少数の児童を対象として家庭的な環境の下で調理するときは、この限りでない。

5 児童福祉施設は、児童の健康な生活の基本としての食を営む力の育成に努めなければならない。

保育所における調理業務の委託について（抜粋）

（平成10年2月18日児発第86号）

1 調理業務の委託についての基本的な考え方

保育所における給食については、児童の発育段階や健康状態に応じた離乳食・幼児食やアレルギー・アトピー等への配慮など、安全・衛生面及び栄養面等での質の確保が図られるべきものであり、調理業務について保育所が責任をもって行えるよう施設の職員により行われることが原則であり、望ましいこと。しかしながら、施設の管理者が業務上必要な注意を果し得るような体制及び契約内容により、施設職員による調理と同様な給食の質が確保される場合には、入所児童の処遇の確保につながるよう十分配慮しつつ、当該業務を第三者に委託することは差し支えないものであること。

2 調理室について

施設内の調理室を使用して調理させること。したがって、施設外で調理し搬入する方法は認められないものであること。

3 栄養面での配慮について

調理業務の委託を行う施設にあっては、保育所や保健所・市町村などの栄養士により献立等について栄養面での指導を受けられるような体制にあるなど、栄養士による必要な配慮がなされていること。したがって、こうした体制がとられていない施設にあっては、調理業務の委託を行うことはできないものであること。

4 施設の行う業務について

施設は次に掲げる業務を自ら実施すること。

ア 受託事業者に対して、1の基本的な考え方の趣旨を踏まえ、保育所における給食の重要性を認識させること。

イ 入所児童の栄養基準及び献立の作成基準を受託業者に明示するとともに、献立表が当該基準どおり作成されているか事前に確認すること。

ウ 献立表に示された食事内容の調理等について、必要な事項を現場作業責任者に指示を与えること。

エ 毎回、検食を行うこと。

オ 受託業者が実施した給食業務従事者の健康診断及び検便の実施状況並びに結果を確認すること。

カ 調理業務の衛生的取扱い、購入材料その他契約の履行状況を確認すること。

キ 随時児童の嗜好調査の実施及び喫食状況の把握を行うとともに、栄養基準を満たしていることを確認すること。

ク 適正な発育や健康の保持増進の観点から、入所児童及び保護者に対する栄養指導を積極的に進めるよう努めること。

5 受託業者について

受託業者は次に掲げる事項のすべてを満たすものであること。

ア 保育所における給食の趣旨を十分認識し、適正な給食材料を使用するとともに所要の栄養量が確保される調理を行うものであること。

イ 調理業務の運営実績や組織形態からみて、当該受託業務を継続的かつ安定的に遂行できる能力を有すると認められるものであること。

ウ 受託業務に関し、専門的な立場から必要な指導を行う栄養士が確保されているものであること。

エ 調理業務に従事する者の大半は、当該業務について相当の経験を有する者であること。

オ 調理業務従事者に対して、定期的に、衛生面及び技術面の教育又は訓練を実施するものであること。

カ 調理業務従事者に対して、定期的に、健康診断及び検便を実施するものであること。

キ 不当廉売行為等健全な商習慣に違反する行為を行わないものであること。

6 業務の委託契約について

施設が管理業務を業者に委託する場合には、その契約内容、施設と受託業者との業務分担及び経費負担を明確にした契約書を取り交わすこと。

なお、その契約書には、前記5のア、エ、オ及びカに係る事項並びに次に掲げる事項を明確にすること。

ア 受託業者に対して、施設側から必要な資料の提出を求めることができること。

イ 受託業者が契約書で定めた事項を誠実に履行しないと保育所が認めたとき、その他受託業者が適正な給食を確保する上で支障となる行為を行ったときは、契約期間中であっても保育所側において契約を解除できること。

ウ 受託業者の労働争議その他の事情により、受託業務の遂行が困難となった場合の業務の代行保証に関すること。

エ 受託業者の責任で法定伝染病または食中毒等の事故が発生した場合及び契約に定める義務を履行しないため保育所に損害を与えた場合は、受託業者は保育所に対し損害

賠償を行うこと。
7 その他
(1) 保育所全体の調理業務に対する保健衛生面・栄養面については、従来より保健所等による助言・指導をお願いしているところであるが、今後とも保健所や市町村の栄養士の活用等による指導が十分に行われるよう配慮すること。
(2) 都道府県知事又は指定都市若しくは中核市市長は、適宜、前記2から6までの条件の遵守等につき必要な指導を行うものとすること。

社会福祉施設

障害者の日常生活及び社会生活を総合的に支援するための法律に基づく障害者支援施設の設備及び運営に関する基準（抜粋）

（平成18年9月29日厚生労働省令第177号）
（最終改正　令和3年3月23日厚生労働省令第55号）

〔食事〕
第29条　障害者支援施設（施設入所支援を提供する場合に限る。）は、正当な理由がなく、食事の提供を拒んではならない。
2　障害者支援施設は、食事の提供を行う場合には、当該食事の提供にあたり、あらかじめ、利用者に対しその内容及び費用に関して説明を行い、その同意を得なければならない。
3　障害者支援施設は、食事の提供に当っては、利用者の心身の状況及び嗜好を考慮し、適切な時間に食事の提供を行うとともに、利用者の年齢及び障害の特性に応じた、適切な栄養量及び内容の食事の提供を行うため、必要な栄養管理を行わなければならない。
4　調理はあらかじめ作成された献立に従って行われなければならない。
5　障害者支援施設は、食事の提供を行う場合であって、障害者支援施設に栄養士を置かないときは、献立の内容、栄養価の算定及び調理の方法について保健所等の指導を受けるよう努めなけれなならない。

救護施設、更正施設、授産施設及び宿所提供施設の設備及び運営に関する最低基準（抜粋）

（昭和41年7月1日厚生労働省令第18号）
（最終改正　平成23年12月21日厚生労働省令第150号）

第2章　救護施設

〔給食〕
第13条　給食は、あらかじめ作成された献立に従って行うこととし、その献立は栄養並びに入所者の身体的状況及び嗜好を考慮したものでなければならない。

学　校

学校給食法（抄）

（昭和29年6月3日法律第160号）
（最終改正平成27年6月24日法律第46号）

第1章　総則

〔この法律の目的〕
第1条　この法律は、学校給食が児童及び生徒の心身の健全な発達に資するものであり、かつ、児童及び生徒の食に関する正しい理解と適切な判断力を養う上で重要な役割を果たすものであることにかんがみ、学校給食及び学校給食を活用した食に関する指導の実施に関し必要な事項を定め、もって学校給食の普及充実及び学校における食育の推進を図ることを目的とする。

〔学校給食の目標〕
第2条　学校給食を実施するに当たっては、義務教育諸学校における教育の目的を実現するために、次に掲げる目標が達成されるよう努めなければならない。
一　適切な栄養の摂取による健康の保持増進を図ること。
二　日常生活における食事について正しい理解を深め、健全な食生活を営むことができる判断力を培い、及び望ましい食習慣を養うこと。
三　学校生活を豊かにし、明るい社交性及び協同の精神を養うこと。
四　食生活が自然の恩恵の上に成り立つものであることについての理解を深め、生命及び自然を尊重する精神並びに環境の保全に寄与する態度を養うこと。
五　食生活が食にかかわる人々の様々な活動に支えられていることについての理解を深め、勤労を重んずる態度を養うこと。
六　我が国や各地域の優れた伝統的な食文化についての理解を深めること。
七　食料の生産、流通及び消費について、正しい理解に導くこと。

〔定義〕
第3条　この法律で「学校給食」とは、前条

参考資料

各号に掲げる目標を達成するために、義務教育諸学校において、その児童又は生徒に対し実施される給食をいう。

2　この法律で「義務教育諸学校」とは、学校教育法（昭和22年法律第26号）に規定する小学校、中学校、中等教育学校の前期課程又は特別支援学校の小学部若しくは中学部をいう。

〔義務教育諸学校の設置者の任務〕

第4条　義務教育諸学校の設置者は、当該義務教育諸学校において学校給食が実施されるように努めなければならない。

〔国及び地方公共団体の任務〕

第5条　国及び地方公共団体は、学校給食の普及と健全な発達を図るように努めなければならない。

第2章　学校給食の実施に関する基本的な事項

〔2以上の義務教育諸学校の学校給食の実施に必要な施設〕

第6条　義務教育諸学校の設置者は、その設置する義務教育諸学校の学校給食を実施するための施設として、2以上の義務教育諸学校の学校給食の実施に必要な施設（以下「共同調理場」という。）を設けることができる。

〔学校給食栄養管理者〕

第7条　義務教育諸学校又は共同調理場において学校給食の栄養に関する専門的事項をつかさどる職員（第10条第3項において「学校給食栄養管理者」という。）は、教育職員免許法（昭和24年法律第147号）第4条第2項に規定する栄養教諭の免許状を有する者又は栄養士法（昭和22年法律第245号）第2条第1項の規定による栄養士の免許を有する者で学校給食の実施に必要な知識若しくは経験を有するものでなければならない。

〔学校給食実施基準〕

第8条　文部科学大臣は、児童又は生徒に必要な栄養量その他の学校給食の内容及び学校給食を適切に実施するために必要な事項（次条第1項に規定する事項を除く。）について維持されることが望ましい基準（次項において「学校給食実施基準」という。）を定めるものとする。

2　学校給食を実施する義務教育諸学校の設置者は、学校給食実施基準に照らして適切な学校給食の実施に努めるものとする。

〔学校給食衛生管理基準〕

第9条　文部科学大臣は、学校給食の実施に必要な施設及び設備の整備及び管理、調理の過程における衛生管理その他の学校給食の適切な衛生管理を図る上で必要な事項について維持されることが望ましい基準（以下この条において「学校給食衛生管理基準」という。）を定めるものとする。

2　学校給食を実施する義務教育諸学校の設置者は、学校給食衛生管理基準に照らして適切な衛生管理に努めるものとする。

3　義務教育諸学校の校長又は共同調理場の長は、学校給食衛生管理基準に照らし、衛生管理上適正を欠く事項があると認めた場合には、遅滞なく、その改善のために必要な措置を講じ、又は当該措置を講ずることができないときは、当該義務教育諸学校若しくは共同調理場の設置者に対し、その旨を申し出るものとする。

第3章　学校給食を活用した食に関する指導

第10条　栄養教諭は、児童又は生徒が健全な食生活を自ら営むことができる知識及び態度を養うため、学校給食において摂取する食品と健康の保持増進との関連性についての指導、食に関して特別の配慮を必要とする児童又は生徒に対する個別的な指導その他の学校給食を活用した食に関する実践的な指導を行うものとする。この場合において、校長は、当該指導が効果的に行われるよう、学校給食と関連付けつつ当該義務教育諸学校における食に関する指導の全体的な計画を作成することその他の必要な措置を講ずるものとする。

2　栄養教諭が前項前段の指導を行うに当たっては、当該義務教育諸学校が所在する地域の産物を学校給食に活用することその他の創意工夫を地域の実情に応じて行い、当該地域の食文化、食に係る産業又は自然環境の恵沢に対する児童又は生徒の理解の増進を図るよう努めるものとする。

3　栄養教諭以外の学校給食栄養管理者は、栄養教諭に準じて、第1項前段の指導を行うよう努めるものとする。この場合においては、同項後段及び前項の規定を準用する。

学校給食実施基準

（平成25年1月30日文部科学省告示10号）

〔学校給食の実施の対象〕

第1条 学校給食（学校給食法第3条第1項に規定する「学校給食」をいう。以下同じ。）は、これを実施する学校においては、当該学校に在学するすべての児童又は生徒に対し実施されるものとする。

〔学校給食の実施回数等〕
第2条 学校給食は、年間を通じ、原則として毎週5回、授業日の昼食時に実施されるものとする。

〔児童生徒の個別の健康状態への配慮〕
第3条 学校給食の実施に当たっては、児童又は生徒の個々の健康及び生活活動等の実態並びに地域の実情に配慮するものとする。

〔学校給食に供する食物の栄養内容〕
第4条 学校給食に供する食物の栄養内容の基準は、別表に掲げる児童又は生徒1人1回当たりの学校給食摂取基準とする。

学校給食衛生管理基準

（文部科学省告示第64号）
（平成二十一年四月一日施行）

第1 総則
1 学校給食を実施する都道府県教育委員会及び市区町村教育委員会（以下「教育委員会」という。）、附属学校を設置する国立大学法人及び私立学校の設置者（以下「教育委員会等」という。）は、自らの責任において、必要に応じて、保健所の協力、助言及び援助（食品衛生法（昭和二十二年法律第二百三十三号）に定める食品衛生監視員による監視指導を含む。）を受けつつ、HACCP（コーデックス委員会（国連食糧農業機関／世界保健機関合同食品規格委員会）総会において採択された「危害分析・重要管理点方式とその適用に関するガイドライン」に規定されたHACCP（Hazard Analysis and CriticalControl Point：危害分析・重要管理点）をいう。）の考え方に基づき単独調理場、共同調理場（調理等の委託を行う場合を含む。以下「学校給食調理場」という。）並びに共同調理場の受配校の施設及び設備、食品の取扱い、調理作業、衛生管理体制等について実態把握に努め、衛生管理上の問題がある場合には、学校医又は学校薬剤師の協力を得て速やかに改善措置を図ること。

第2 学校給食施設及び設備の整備及び管理に係る衛生管理基準
1 学校給食施設及び設備の整備及び管理に係る衛生管理基準は、次の各号に掲げる項目ごとに、次のとおりとする。

（1）学校給食施設
① 共通事項
一 学校給食施設は、衛生的な場所に設置し、食数に適した広さとすること。また、随時施設の点検を行い、その実態の把握に努めるとともに、施設の新増築、改築、修理その他の必要な措置を講じること。

二 学校給食施設は、別添の「学校給食施設の区分」に従い区分することとし、調理場（学校給食調理員が調理又は休憩等を行う場所であって、別添中区分の欄に示す「調理場」をいう。以下同じ。）は、二次汚染防止の観点から、汚染作業区域、非汚染作業区域及びその他の区域（それぞれ別添中区分の欄に示す「汚染作業区域」、「非汚染作業区域」及び「その他の区域（事務室等を除く。）」をいう。以下同じ。）に部屋単位で区分すること。ただし、洗浄室は、使用状況に応じて汚染作業区域又は非汚染作業区域に区分することが適当であることから、別途区分すること。また、検収、保管、下処理、調理及び配膳の各作業区域並びに更衣休憩にあてる区域及び前室に区分するよう努めること。

三 ドライシステムを導入するよう努めること。また、ドライシステムを導入していない調理場においてもドライ運用を図ること。

四 作業区域（別添中区分の欄に示す「作業区域」をいう。以下同じ。）の外部に開放される箇所にはエアカーテンを備えるよう努めること。

五 学校給食施設は、設計段階において保健所及び学校薬剤師等の助言を受けるとともに、栄養教諭又は学校栄養職員（以下「栄養教諭等」という。）その他の関係者の意見を取り入れ整備すること。

② 作業区域内の施設
一 食品を取り扱う場所（作業区域のうち洗浄室を除く部分をいう。以下同じ。）は、内部の温度及び湿度管理が適切に行える空調等を備えた構造とするよう努めること。

二 食品の保管室は、専用であること。また、衛生面に配慮した構造とし、食品の搬入及び搬出に当たって、調理室を経由しない構造及び配置とすること。

三 外部からの汚染を受けないような構造の検収室を設けること。

四　排水溝は、詰まり又は逆流がおきにくく、かつ排水が飛散しない構造及び配置とすること。

五　釜周りの排水が床面に流れない構造とすること。

六　配膳室は、外部からの異物の混入を防ぐため、廊下等と明確に区分すること。また、その出入口には、原則として施錠設備を設けること。

③その他の区域の施設

一　廃棄物（調理場内で生じた廃棄物及び返却された残菜をいう。以下同じ。）の保管場所は、調理場外の適切な場所に設けること。

二　学校給食従事者専用の便所は、食品を取り扱う場所及び洗浄室から直接出入りできない構造とすること。また、食品を取り扱う場所及び洗浄室から3ｍ以上離れた場所に設けるよう努めること。さらに、便所の個室の前に調理衣を着脱できる場所を設けるよう努めること。

(2)　学校給食設備

①共通事項

一　機械及び機器については、可動式にするなど、調理過程に合った作業動線となるよう配慮した配置であること。

二　全ての移動性の器具及び容器は、衛生的に保管するため、外部から汚染されない構造の保管設備を設けること。

三　給水給湯設備は、必要な数を使用に便利な位置に設置し、給水栓は、直接手指を触れることのないよう、肘等で操作できるレバー式等であること。

四　共同調理場においては、調理した食品を調理後2時間以内に給食できるようにするための配送車を必要台数確保すること。

②調理用の機械、機器、器具及び容器

一　食肉類、魚介類、卵、野菜類、果実類等食品の種類ごとに、それぞれ専用に調理用の器具及び容器を備えること。また、それぞれの調理用の器具及び容器は、下処理用、調理用、加熱調理済食品用等調理の過程ごとに区別すること。

二　調理用の機械、機器、器具及び容器は、洗浄及び消毒ができる材質、構造であり、衛生的に保管できるものであること。また、食数に適した大きさと数量を備えること。

三　献立及び調理内容に応じて、調理作業の合理化により衛生管理を充実するため、焼き物機、揚げ物機、真空冷却機、中心温度管理機能付き調理機等の調理用の機械及び機器を備えるよう努めること。

③シンク

一　シンクは、食数に応じてゆとりのある大きさ、深さであること。また、下処理室における加熱調理用食品、非加熱調理用食品及び器具の洗浄に用いるシンクは別々に設置するとともに、三槽式構造とすること。さらに、調理室においては、食品用及び器具等の洗浄用のシンクを共用しないこと。あわせて、その他の用途用のシンクについても相互汚染しないよう努めること。

④冷蔵及び冷凍設備

一　冷蔵及び冷凍設備は、食数に応じた広さがあるものを原材料用及び調理用等に整備し、共用を避けること。

⑤温度計及び湿度計

一　調理場内の適切な温度及び湿度の管理のために、適切な場所に正確な温度計及び湿度計を備えること。また、冷蔵庫・冷凍庫の内部及び食器消毒庫その他のために、適切な場所に正確な温度計を備えること。

⑥廃棄物容器等

一　ふた付きの廃棄物専用の容器を廃棄物の保管場所に備えること。

二　調理場には、ふた付きの残菜入れを備えること。

⑦学校給食従事者専用手洗い設備等

一　学校給食従事者の専用手洗い設備は、前室、便所の個室に設置するとともに、作業区分ごとに使用しやすい位置に設置すること。

二　肘まで洗える大きさの洗面台を設置するとともに、給水栓は、直接手指を触れることのないよう、肘等で操作できるレバー式、足踏み式又は自動式等の温水に対応した方式であること。

三　学校食堂等に、児童生徒等の手洗い設備を設けること。

(3)　学校給食施設及び設備の衛生管理

一　学校給食施設及び設備は、清潔で衛生的であること。

二　冷蔵庫、冷凍庫及び食品の保管室は、整理整頓すること。また、調理室には、調理作業に不必要な物品等を置かないこと。

学　校

三　調理場は、換気を行い、温度は25℃以下、湿度は80％以下に保つよう努めること。また、調理室及び食品の保管室の温度及び湿度並びに冷蔵庫及び冷凍庫内部の温度を適切に保ち、これらの温度及び湿度は毎日記録すること。

四　調理場内の温度計及び湿度計は、定期的に検査を行うこと。

五　調理場の給水、排水、採光、換気等の状態を適正に保つこと。
また、夏期の直射日光を避ける設備を整備すること。

六　学校給食施設及び設備は、ねずみ及びはえ、ごきぶり等衛生害虫の侵入及び発生を防止するため、侵入防止措置を講じること。また、ねずみ及び衛生害虫の発生状況を１ヶ月に１回以上点検し、発生を確認したときには、その都度駆除をすることとし、必要な場合には、補修、整理整頓、清掃、清拭、消毒等を行い、その結果を記録すること。なお、殺そ剤又は殺虫剤を使用する場合は、食品を汚染しないようその取扱いに十分注意すること。さらに、学校給食従事者専用の便所については、特に衛生害虫に注意すること。

七　学校給食従事者専用の便所には、専用の履物を備えること。また、定期的に清掃及び消毒を行うこと。

八　学校給食従事者専用の手洗い設備は、衛生的に管理するとともに、石けん液、消毒用アルコール及びペーパータオル等衛生器具を常備すること。また、布タオルの使用は避けること。さらに、前室の手洗い設備には個人用爪ブラシを常備すること。

九　食器具、容器及び調理用の器具は、使用後、でん粉及び脂肪等が残留しないよう、確実に洗浄するとともに、損傷がないように確認し、熱風保管庫等により適切に保管すること。また、フードカッター、野菜切り機等調理用の機械及び機器は、使用後に分解して洗浄及び消毒した後、乾燥させること。さらに、下処理室及び調理室内における機械、容器等の使用後の洗浄及び消毒は、全ての食品が下処理室及び調理室から搬出された後に行うよう努めること。

十　天井の水滴を防ぐとともに、かびの発生の防止に努めること。

十一　床は破損箇所がないよう管理すること。

十二　清掃用具は、整理整頓し、所定の場所に保管すること。また、汚染作業区域と非汚染作業区域の共用を避けること。

2　学校薬剤師等の協力を得て(1)の各号に掲げる事項について、毎学年１回定期に、(2)及び(3)の各号に掲げる事項については、毎学年３回定期に、検査を行い、その実施記録を保管すること。

第3　調理の過程等における衛生管理に係る衛生管理基準

1　調理の過程等における衛生管理に係る衛生管理基準は、次の各号に掲げる項目ごとに、次のとおりとする。

(1)　献立作成

一　献立作成は、学校給食施設及び設備並びに人員等の能力に応じたものとするとともに、衛生的な作業工程及び作業動線となるよう配慮すること。

二　高温多湿の時期は、なまもの、和えもの等については、細菌の増殖等が起こらないように配慮すること。

三　保健所等から情報を収集し、地域における感染症、食中毒の発生状況に配慮すること。

四　献立作成委員会を設ける等により、栄養教諭等、保護者その他の関係者の意見を尊重すること。

五　統一献立（複数の学校で共通して使用する献立をいう。）を作成するに当たっては、食品の品質管理又は確実な検収を行う上で支障を来すことがないよう、一定の地域別又は学校種別等の単位に分けること等により適正な規模での作成に努めること。

(2)　学校給食用食品の購入

①共通事項

一　学校給食用食品（以下「食品」という。）の購入に当たっては、食品選定のための委員会等を設ける等により、栄養教諭等、保護者その他の関係者の意見を尊重すること。また、必要に応じて衛生管理に関する専門家の助言及び協力を受けられるような仕組みを整えること。

二　食品の製造を委託する場合には、衛生上信用のおける製造業者を選定すること。また、製造業者の有する設備、人員等から見た能力に応じた委託とすることとし、委託者において、随時点検を行い、記録を残し、事故発生の防止に努めること。

283

参考資料

②食品納入業者

一　保健所等の協力を得て、施設の衛生面及び食品の取扱いが良好で衛生上信用のおける食品納入業者を選定すること。

二　食品納入業者又は納入業者の団体等との間に連絡会を設け、学校給食の意義、役割及び衛生管理の在り方について定期的な意見交換を行う等により、食品納入業者の衛生管理の啓発に努めること。

三　売買契約に当たって、衛生管理に関する事項を取り決める等により、業者の検便、衛生環境の整備等について、食品納入業者に自主的な取組を促すこと。

四　必要に応じて、食品納入業者の衛生管理の状況を確認すること五原材料及び加工食品について、製造業者若しくは食品納入業者等が定期的に実施する微生物及び理化学検査の結果、又は生産履歴等を提出させること。また、検査等の結果については、保健所等への相談等により、原材料として不適と判断した場合には、食品納入業者の変更等適切な措置を講じること。さらに、検査結果を保管すること。

③食品の選定

一　食品は、過度に加工したものは避け、鮮度の良い衛生的なものを選定するよう配慮すること。また、有害なもの又はその疑いのあるものは避けること。

二　有害若しくは不必要な着色料、保存料、漂白剤、発色剤その他の食品添加物が添加された食品、又は内容表示、消費期限及び賞味期限並びに製造業者、販売業者等の名称及び所在地、使用原材料及び保存方法が明らかでない食品については使用しないこと。また、可能な限り、使用原材料の原産国についての記述がある食品を選定すること。

三　保健所等から情報提供を受け、地域における感染症、食中毒の発生状況に応じて、食品の購入を考慮すること。

(3)　食品の検収・保管等

一　検収は、あらかじめ定めた検収責任者が、食品の納入に立会し、品名、数量、納品時間、納入業者名、製造業者名及び所在地、生産地、品質、鮮度、箱、袋の汚れ、破れその他の包装容器等の状況、異物混入及び異臭の有無、消費期限又は賞味期限、製造年月日、品温（納入業者が運搬の際、適切

な温度管理を行っていたかどうかを含む。）、年月日表示、ロット（一の製造期間内に一連の製造工程により均質性を有するように製造された製品の一群をいう。以下同じ。）番号その他のロットに関する情報について、毎日、点検を行い、記録すること。また、納入業者から直接納入する食品の検収は、共同調理場及び受配校において適切に分担し実施するとともに、その結果を記録すること。

二　検収のために必要な場合には、検収責任者の勤務時間を納入時間に合わせて割り振ること。

三　食肉類、魚介類等生鮮食品は、原則として、当日搬入するとともに、一回で使い切る量を購入すること。また、当日搬入できない場合には、冷蔵庫等で適切に温度管理するなど衛生管理に留意すること。

四　納入業者から食品を納入させるに当たっては、検収室において食品の受け渡しを行い、下処理室及び調理室に立ち入らせないこと。

五　食品は、検収室において、専用の容器に移し替え、下処理室及び食品の保管室にダンボール等を持ち込まないこと。また、検収室内に食品が直接床面に接触しないよう床面から60cm 以上の高さの置台を設けること。

六　食品を保管する必要がある場合には、食肉類、魚介類、野菜類等食品の分類ごとに区分して専用の容器で保管する等により、原材料の相互汚染を防ぎ、衛生的な管理を行うこと。また、別紙「学校給食用食品の原材料、製品等の保存基準」に従い、棚又は冷蔵冷凍設備に保管すること。

七　牛乳については、専用の保冷庫等により適切な温度管理を行い、新鮮かつ良好なものが飲用に供されるよう品質の保持に努めること。

八　泥つきの根菜類等の処理は、検収室で行い、下処理室を清潔に保つこと。

(4)　調理過程

①共通事項

一　給食の食品は、原則として、前日調理を行わず、全てその日に学校給食調理場で調理し、生で食用する野菜類、果実類等を除き、加熱処理したものを給食すること。また、加熱処理する食品については、中心部

温度計を用いるなどにより、中心部が75℃で1分間以上（二枚貝等ノロウイルス汚染のおそれのある食品の場合は85℃で1分間以上）又はこれと同等以上の温度まで加熱されていることを確認し、その温度と時間を記録すること。さらに、中心温度計については、定期的に検査を行い、正確な機器を使用すること。

二　野菜類の使用については、二次汚染防止の観点から、原則として加熱調理すること。また、教育委員会等において、生野菜の使用に当たっては、食中毒の発生状況、施設及び設備の状況、調理過程における二次汚染防止のための措置、学校給食調理員の研修の実施、管理運営体制の整備等の衛生管理体制の実態、並びに生野菜の食生活に果たす役割等を踏まえ、安全性を確認しつつ、加熱調理の有無を判断すること。さらに、生野菜の使用に当たっては、流水で十分洗浄し、必要に応じて、消毒するとともに、消毒剤が完全に洗い落とされるまで流水で水洗いすること。

三　和えもの、サラダ等の料理の混ぜ合わせ、料理の配食及び盛りつけに際しては、清潔な場所で、清潔な器具を使用し、料理に直接手を触れないよう調理すること。

四　和えもの、サラダ等については、各食品を調理後速やかに冷却機等で冷却を行った上で、冷却後の二次汚染に注意し、冷蔵庫等で保管するなど適切な温度管理を行うこと。また、やむを得ず水で冷却する場合は、直前に使用水の遊離残留塩素が0.1mg／L以上であることを確認し、確認した数値及び時間を記録すること。さらに、和える時間を配食の直前にするなど給食までの時間の短縮を図り、調理終了時に温度及び時間を記録すること。

五　マヨネーズは、つくらないこと。

六　缶詰は、缶の状態、内壁塗装の状態等を注意すること。

②使用水の安全確保

一　使用水は、学校環境衛生基準（平成二十一年文部科学省告示第六十号）に定める基準を満たす飲料水を使用すること。また、毎日、調理開始前に十分流水した後及び調理終了後に遊離残留塩素が 0.1mg／L 以上であること並びに外観、臭気、味等について水質検査を実施し、その結果を記録する

こと。

二　使用水について使用に不適な場合は、給食を中止し速やかに改善措置を講じること。また、再検査の結果使用した場合は、使用した水1Lを保存食用の冷凍庫に－20℃以下で2週間以上保存すること。

三　貯水槽を設けている場合は、専門の業者に委託する等により、年1回以上清掃すること。また、清掃した証明書等の記録は1年間保管すること。

③二次汚染の防止

一　献立ごとに調理作業の手順、時間及び担当者を示した調理作業工程表並びに食品の動線を示した作業動線図を作成すること。また、調理作業工程表及び作業動線図を作業前に確認し、作業に当たること。

二　調理場における食品及び調理用の器具及び容器は、床面から 60cm 以上の高さの置台の上に置くこと。

三　食肉、魚介類及び卵は、専用の容器、調理用の機器及び器具を使用し、他の食品への二次汚染を防止すること。

四　調理作業中の食品並びに調理用の機械、機器、器具及び容器の汚染の防止の徹底を図ること。また、包丁及びまな板類については食品別及び処理別の使い分けの徹底を図ること。

五　下処理後の加熱を行わない食品及び加熱調理後冷却する必要のある食品の保管には、原材料用冷蔵庫は使用しないこと。

六　加熱調理した食品を一時保存する場合又は調理終了後の食品については、衛生的な容器にふたをして保存するなど、衛生的な取扱いを行い、他からの二次汚染を防止すること。

七　調理終了後の食品は、素手でさわらないこと。

八　調理作業時には、ふきんは使用しないこと。

九　エプロン、履物等は、色分けする等により明確に作業区分ごとに使い分けること。また、保管の際は、作業区分ごとに洗浄及び消毒し、翌日までに乾燥させ、区分して保管するなど、衛生管理に配慮すること。

④食品の適切な温度管理等

一　調理作業時においては、調理室内の温度及び湿度を確認し、その記録を行うこと。また、換気を行うこと。

参考資料

二　原材料の適切な温度管理を行い、鮮度を保つこと。また、冷蔵保管及び冷凍保管する必要のある食品は常温放置しないこと。

三　加熱調理後冷却する必要のある食品については、冷却機等を用いて温度を下げ、調理用冷蔵庫で保管し、食中毒菌等の発育至適温度帯の時間を可能な限り短くすること。また、加熱終了時、冷却開始時及び冷却終了時の温度及び時間を記録すること。

四　配送及び配食に当たっては、必要に応じて保温食缶及び保冷食缶若しくは蓄冷材等を使用し、温度管理を行うこと。

五　調理後の食品は、適切な温度管理を行い、調理後２時間以内に給食できるよう努めること。また、配食の時間を毎日記録すること。さらに、共同調理場においては、調理場搬出時及び受配校搬入時の時間を毎日記録するとともに、温度を定期的に記録すること。

六　加熱調理食品にトッピングする非加熱調理食品は、衛生的に保管し、トッピングする時期は給食までの時間が極力短くなるようにすること。

⑤廃棄物処理

一　廃棄物は、分別し、衛生的に処理すること。

二　廃棄物は、汚臭、汚液がもれないように管理すること。また、廃棄物のための容器は、作業終了後速やかに清掃し、衛生上支障がないように保持すること。

三　返却された残菜は、非汚染作業区域に持ち込まないこと。

四　廃棄物は、作業区域内に放置しないこと。

五　廃棄物の保管場所は、廃棄物の搬出後清掃するなど、環境に悪影響を及ぼさないよう管理すること。

(5)　配送及び配食

①配送

一　共同調理場においては、容器、運搬車の設備の整備に努め、運搬途中の塵埃等による調理済食品等の汚染を防止すること。また、調理済食品等が給食されるまでの温度の管理及び時間の短縮に努めること。

②配食等

一　配膳室の衛生管理に努めること。

二　食品を運搬する場合は、容器にふたをすること。

三　パンの容器、牛乳等の瓶その他の容器等

の汚染に注意すること

四　はし等を児童生徒の家庭から持参させる場合は、不衛生にならないよう指導すること。

五　給食当番等配食を行う児童生徒及び教職員については、毎日、下痢、発熱、腹痛等の有無その他の健康状態及び衛生的な服装であることを確認すること。また、配食前、用便後の手洗いを励行させ、清潔な手指で食器及び食品を扱うようにすること。

六　教職員は、児童生徒の嘔吐物のため汚れた食器具の消毒を行うなど衛生的に処理し、調理室に返却するに当たっては、その旨を明示し、その食器具を返却すること。また、嘔吐物は、調理室には返却しないこと。

(6)　検食及び保存食等

①検食

一　検食は、学校給食調理場及び共同調理場の受配校において、あらかじめ責任者を定めて児童生徒の摂食開始時間の30分前までに行うこと。また、異常があった場合には、給食を中止するとともに、共同調理場の受配校においては、速やかに共同調理場に連絡すること。

二　検食に当たっては、食品の中に人体に有害と思われる異物の混入がないか、調理過程において加熱及び冷却処理が適切に行われているか、食品の異味、異臭その他の異常がないか、一食分としてそれぞれの食品の量が適当か、味付け、香り、色彩並びに形態等が適切か、及び、児童生徒の嗜好との関連はどのように配慮されているか確認すること。

三　検食を行った時間、検食者の意見等検食の結果を記録すること。

②保存食

一　保存食は、毎日、原材料、加工食品及び調理済食品を食品ごとに50g程度ずつビニール袋等清潔な容器に密封して入れ、専用冷凍庫に−20℃以下で２週間以上保存すること。また、納入された食品の製造年月日若しくはロットが違う場合又は複数の釜で調理した場合は、それぞれ保存すること。

二　原材料は、洗浄、消毒等を行わず、購入した状態で保存すること。ただし、卵については、全て割卵し、混合したものから50g程度採取し保存すること。

三　保存食については、原材料、加工食品及

学　校

び調理済食品が全て保管されているか並び
に廃棄した日時を記録すること。
四　共同調理場の受配校に直接搬入される食
品についても共同調理場で保存すること。
また、複数の業者から搬入される食品につ
いては、各業者ごとに保存すること。
五　児童生徒の栄養指導及び盛りつけの目安
とする展示食を保存食と兼用しないこと。

③残食及び残品
一　パン等残食の児童生徒の持ち帰りは、衛
生上の見地から、禁止することが望ましい。
二　パン、牛乳、おかず等の残品は、全てそ
の日のうちに処分し、翌日に繰り越して使
用しないこと。
2　学校薬剤師等の協力を得て1の各号に掲げ
る事項について、毎学年1回（(3)、(4)②及
び(6)①、②にあっては毎学年3回）、定期に
検査を行い、その実施記録を保管すること。

第4　衛生管理体制に係る衛生管理基準
1　衛生管理体制に係る衛生管理基準は、次の
各号に掲げる項目ごとに、次のとおりとする。

(1)　衛生管理体制
一　学校給食調理場においては、栄養教諭等
を衛生管理責任者として定めること。ただ
し、栄養教諭等が現にいない場合は、調理
師資格を有する学校給食調理員等を衛生管
理責任者として定めること。
二　衛生管理責任者は、施設及び設備の衛生、
食品の衛生及び学校給食調理員の衛生の日
常管理等に当たること。また、調理過程に
おける下処理、調理、配送等の作業工程を
分析し、各工程において清潔かつ迅速に加
熱及び冷却調理が適切に行われているかを
確認し、その結果を記録すること。
三　校長又は共同調理場の長（以下「校長等」
という。）は、学校給食の衛生管理について
注意を払い、学校給食関係者に対し、衛生
管理の徹底を図るよう注意を促し、学校給
食の安全な実施に配慮すること。
四　校長等は、学校保健委員会等を活用する
などにより、栄養教諭等、保健主事、養護
教諭等の教職員、学校医、学校歯科医、学
校薬剤師、保健所長等の専門家及び保護者
が連携した学校給食の衛生管理を徹底する
ための体制を整備し、その適切な運用を図
ること。
五　校長等は、食品の検収等の日常点検の結
果、異常の発生が認められる場合、食品の

返品、献立の一部又は全部の削除、調理済
食品の回収等必要な措置を講じること。
六　校長等は、施設及び設備等の日常点検の
結果、改善が必要と認められる場合、必要
な応急措置を講じること。また、改善に時
間を要する場合、計画的な改善を行うこと。
七　校長等は、栄養教諭等の指導及び助言が
円滑に実施されるよう、関係職員の意思疎
通等に配慮すること。
八　教育委員会等は、栄養教諭等の衛生管理
に関する専門性の向上を図るため、新規採
用時及び経験年数に応じた研修その他の研
修の機会が確保されるよう努めること。
九　教育委員会等は、学校給食調理員を対象
とした研修の機会が確保されるよう努める
こと。また、非常勤職員等も含め可能な限
り全員が等しく研修を受講できるよう配慮
すること。
十　教育委員会等は、設置する学校について、
計画を立て、登録検査機関（食品衛生法（昭
和二十二年法律第二百三十三号）第四条第
九項に規定する「登録検査機関」をいう。）
等に委託するなどにより、定期的に原材料
及び加工食品について、微生物検査、理化
学検査を行うこと。
十一　調理に直接関係のない者を調理室に入
れないこと。調理及び点検に従事しない者
が、やむを得ず、調理室内に立ち入る場合
には、食品及び器具等には触らせず、(3)
三に規定する学校給食従事者の健康状態等
を点検し、その状態を記録すること。また、
専用の清潔な調理衣、マスク、帽子及び履
物を着用させること。さらに、調理作業後
の調理室等は施錠するなど適切な管理を行
うこと。

(2)　学校給食従事者の衛生管理
一　学校給食従事者は、身体、衣服を清潔に
保つこと。
二　調理及び配食に当たっては、せき、くし
ゃみ、髪の毛等が食器、食品等につかない
よう専用で清潔な調理衣、エプロン、マス
ク、帽子、履物等を着用すること。
三　作業区域用の調理衣等及び履物を着用し
たまま便所に入らないこと。
四　作業開始前、用便後、汚染作業区域から
非汚染作業区域に移動する前、食品に直接
触れる作業の開始直前及び生の食肉類、魚
介類、卵、調理前の野菜類等に触れ、他の

287

食品及び器具等に触れる前に、手指の洗浄及び消毒を行うこと。

(3) 学校給食従事者の健康管理

一　学校給食従事者については、日常的な健康状態の点検を行うとともに、年1回健康診断を行うこと。また、当該健康診断を含め年3回定期に健康状態を把握することが望ましい。

二　検便は、赤痢菌、サルモネラ属菌、腸管出血性大腸菌血清型0157その他必要な細菌等について、毎月2回以上実施すること。

三　学校給食従事者の下痢、発熱、腹痛、嘔吐、化膿性疾患及び手指等の外傷等の有無等健康状態を、毎日、個人ごとに把握するとともに、本人若しくは同居人に、感染症予防及び感染症の患者に対する医療に関する法律（平成十年法律百十四号。以下「感染症予防法」という。）に規定する感染症又はその疑いがあるかどうか毎日点検し、これらを記録すること。また、下痢、発熱、腹痛、嘔吐をしており、感染症予防法に規定する感染症又はその疑いがある場合には、医療機関に受診させ感染性疾患の有無を確認し、その指示を励行させること。さらに、化膿性疾患が手指にある場合には、調理作業への従事を禁止すること。

四　ノロウイルスを原因とする感染性疾患による症状と診断された学校給食従事者は、高感度の検便検査においてノロウイルスを保有していないことが確認されるまでの間、食品に直接触れる調理作業を控えさせるなど適切な処置をとること。また、ノロウイルスにより発症した学校給食従事者と一緒に食事を喫食する、又は、ノロウイルスによる発症者が家族にいるなど、同一の感染機会があった可能性がある調理従事者について速やかに高感度の検便検査を実施し、検査の結果ノロウイルスを保有していないことが確認されるまでの間、調理に直接従事することを控えさせる等の手段を講じるよう努めること。

(4) 食中毒の集団発生の際の措置

一　教育委員会等、学校医、保健所等に連絡するとともに、患者の措置に万全を期すこと。また、二次感染の防止に努めること。

二　学校医及び保健所等と相談の上、医療機関を受診させるとともに、給食の停止、当該児童生徒の出席停止及び必要に応じて臨時休業、消毒その他の事後措置の計画を立て、これに基づいて食中毒の拡大防止の措置を講じること。

三　校長の指導のもと養護教諭等が児童生徒の症状の把握に努める等関係職員の役割を明確にし、校内組織等に基づいて学校内外の取組体制を整備すること。

四　保護者に対しては、できるだけ速やかに患者の集団発生の状況を周知させ、協力を求めること。その際、プライバシー等人権の侵害がないよう配慮すること。

五　食中毒の発生原因については、保健所等に協力し、速やかに明らかとなるように努め、その原因の除去、予防に努めること。

2　1の(1)に掲げる事項については、毎学年1回、(2)及び(3)に掲げる事項については、毎学年3回定期に検査を行い、その実施記録を保管すること。

第5 日常及び臨時の衛生検査

1　学校給食衛生管理の維持改善を図るため、次に掲げる項目について、毎日点検を行うものとする。

(1)　学校給食の施設及び設備は、清潔で衛生的であること。また、調理室及び食品の保管室の温度及び湿度、冷蔵庫及び冷凍庫内部の温度を適切に保ち、これらの温度及び湿度が記録されていること。

(2)　食器具、容器及び調理用具は、使用後、でん粉及び脂肪等が残留しないよう、確実に洗浄するとともに、損傷がないように確認し、熱風保管庫等により適切に保管されていること。また、フードカッター、ミキサー等調理用の機械及び機器は、使用後に分解して洗浄及び消毒した後、乾燥されていること。

(3)　使用水に関しては、調理開始前に十分流水した後及び調理終了後に遊離残留塩素が0.1mg/L以上であること並びに外観、臭気、味等について水質検査が実施され、記録されていること。

(4)　調理室には、調理作業に不必要な物品等を置いていないこと。

(5)　食品については、品質、鮮度、箱、袋の汚れ、破れその他の包装容器等の状況、異物混入及び異臭の有無、消費期限、賞味期限の異常の有無等を点検するための検収が適切に行われていること。また、それらが記録されていること。

(6)　食品等は、清潔な場所に食品の分類ごとに区分され衛生的な状態で保管されていること。

(7)　下処理、調理、配食は、作業区分ごとに衛生的に行われていること。

(8)　生食する野菜類及び果実類等は流水で十分洗浄されていること。また、必要に応じて消毒されていること。

(9)　加熱、冷却が適切に行われていること。また、加熱すべき食品は加熱されていること。さらに、その温度と時間が記録されていること。

(10)　調理に伴う廃棄物は、分別し、衛生的に処理されていること。

(11)　給食当番等配食を行う児童生徒及び教職員の健康状態は良好であり、服装は衛生的であること。

(12)　調理終了後速やかに給食されるよう配送及び配食され、その時刻が記録されていること。さらに、給食前に責任者を定めて検食が行われていること。

(13)　保存食は、適切な方法で、2週間以上保存され、かつ記録されていること。

(14)　学校給食従事者の服装及び身体が清潔であること。また、作業開始前、用便後、汚染作業区域から非汚染作業区域に移動する前、食品に直接触れる作業の開始直前及び生の食肉類、魚介類、卵、調理前の野菜類等に触れ、他の食品及び器具等に触れる前に、手指の洗浄及び消毒が行われていること。

(15)　学校給食従事者の下痢、発熱、腹痛、嘔吐、化膿性疾患及び手指等の外傷等の有無等健康状態を、毎日、個人ごとに把握するとともに、本人若しくは同居人に感染症予防法に規定する感染症又は、その疑いがあるかどうか毎日点検し、これらが記録されていること。また、下痢、発熱、腹痛、嘔吐をしており、感染症予防法に規定する感染症又はその疑いがある場合には、医療機関に受診させ感染性疾患の有無を確認し、その指示が励行されていること。さらに、化膿性疾患が手指にある場合には、調理作業への従事が禁止されていること。

2　学校給食衛生管理の維持改善を図るため、次のような場合、必要があるときは臨時衛生検査を行うものとする。

①感染症・食中毒の発生のおそれがあり、また、発生したとき。

②風水害等により環境が不潔になり、又は汚染され、感染症の発生のおそれがあるとき。

③その他必要なとき。

また、臨時衛生検査は、その目的に即して必要な検査項目を設定し、その検査項目の実施に当たっては、定期的に行う衛生検査に準じて行うこと。

第6　雑則

1　本基準に基づく記録は、1年間保存すること。

2　クックチル方式により学校給食を提供する場合には、教育委員会等の責任において、クックチル専用の施設設備の整備、二次汚染防止のための措置、学校給食従事者の研修の実施、衛生管理体制の整備等衛生管理のための必要な措置を講じたうえで実施すること。

事業所

労働安全衛生法（抄）

（昭和47年6月8日法律第57号）

（最終改正　令和4年法律第68号）

第1章　総則

〔目的〕

第1条　この法律は、労働基準法（昭和22年法律第49号）と相まって、労働災害の防止のための危害防止基準の確立、責任体制の明確化及び自主的活動の促進の措置を講ずる等その防止に関する総合的計画的な対策を推進することにより職場における労働者の安全と健康を確保するとともに、快適な職場環境の形成を促進することを目的とする。

第4章　労働者の危険又は健康障害を防止するための措置

第23条　事業者は、労働者を就業させる建設物その他の作業場について、通路、床面、階段等の保全並びに換気、採光、照明、保温、防湿、休養、避難及び清潔に必要な措置その他労働者の健康、風紀及び生命の保持のため必要な措置を講じなければならない。

第7章　健康の保持増進のための措置

〔健康教育等〕

第69条　事業者は、労働者に対する健康教育及び健康相談その他労働者の健康の保持増進を図るため必要な措置を継続的かつ計画的に講ずるように努めなければならない。

2　労働者は、前項の事業者が講ずる措置を利用して、その健康の保持増進に努めるものとする。

別添

学校給食施設の区分

区　分				内　容
学校給食施設	調理場	作業区域	汚染作業区域	検　収　室―原材料の鮮度等の確認及び根菜類等の処理を行う場所
				食品の保管室―食品の保管場所
				下　処　理　室―食品の選別、剥皮、洗浄等を行う場所
				返却された食器・食缶等の搬入場
				洗浄室（機械、食器具類の洗浄・消毒前）
			非汚染作業区域	調　理　室 　一食品の切裁等を行う場所 　一煮る、揚げる、焼く等の加熱調理を行う場所 　一加熱調理した食品の冷却等を行う場所 　一食品を食缶に配食する場所
				配膳室
				食品・食缶の搬出場
				洗浄室（機械、食器具類の洗浄・消毒後）
		その他		更衣室、休憩室、調理員専用便所、前室等
				事務室等（学校給食調理員が通常、出入りしない区域）

別紙

学校給食用食品の原材料、製品等の保存規準

食　品　名		保存温度
牛乳		10℃以下
固形油脂		10℃以下
種実類		15℃以下
豆腐		冷　蔵
魚介類	鮮魚類	5℃以下
	魚肉ソーセージ、魚肉ハム及び特殊包装かまぼこ	10℃以下
	冷凍魚肉ねり製品	−15℃以下
食肉類	食肉	10℃以下
	冷凍食品（細切した食肉を凍結させたもので容器包装に入れたもの）	−15℃以下
	食肉製品	10℃以下
	冷凍食肉製品	−15℃以下
卵類	殻付卵	10℃以下
	液卵	8℃以下
	凍結卵	−15℃以下
乳製品類	バター	10℃以下
	チーズ	15℃以下
	クリーム	10℃以下
生鮮果実・野菜類		10℃前後
冷凍食品		−15℃以下

第7章の2 快適な職場環境の形成のための措置

〔事業者の講ずる措置〕

第71条の2 事業者は、事業場における安全衛生の水準の向上を図るため、次の措置を継続的かつ計画的に講ずることにより、快適な職場環境を形成するように努めなければならない。

一 作業環境を快適な状態に維持管理するための措置

二 労働者の従事する作業について、その方法を改善するための措置

三 作業に従事することによる労働者の疲労を回復するための施設又は設備の設置又は整備

四 前3号に掲げるもののほか、快適な職場環境を形成するため必要な措置

労働安全衛生規則（抄）

（昭和47年9月30日労働省令第32号）

（最終改正　令和6年厚生労働省令第79号）

第三編　衛生基準

第8章　食堂及び炊事場

〔食堂〕

第629条 事業者は、第614条（略）本文に規定する作業場においては、作業場外に適当な食事の設備を設けなければならない。ただし、労働者が事業場内において食事をしないときは、この限りではない。

〔食堂及び炊事場〕

第630条 事業者は、事業場に附属する食堂又は炊事場については、次に定めるところによらなければならない。

一 食堂と炊事場とは区別して設け、採光及び換気が十分であって、そうじに便利な構造とすること。

二 食堂の床面積は、食事の際の1人について、1平方メートル以上とすること。

三 食堂には、食卓及び労働者が食事をするためのいすを設けること（いすについては、座食の場合を除く。）。

四 便所及び廃物だめから適当な距離のある場所に設けること。

五 食器、食品材料の消毒の設備を設けること。

六 食器、食品材料及び調味料の保存のために適切な設備を設けること。

七 はえその他のこん虫、ねずみ、犬、猫等の害を防ぐための設備を設けること。

八 飲用及び洗浄のために、清浄な水を十分に備えること。

九 炊事場の床は、不浸透性の材料で造り、かつ、洗浄及び排水に便利な構造とすること。

十 汚水及び廃物は、炊事場外において露出しないように処理し、沈でん槽を設けて排出する等有害とならないようにすること。

十一 炊事従業員専用の休憩室及び便所を設けること。

十二 炊事従業員には、炊事に不適当な伝染性の疾病にかかっている者を従事させないこと。

十三 炊事従業員には、炊事専用の清潔な作業衣を使用させること。

十四 炊事場には、炊事従業員以外の者をみだりに出入りさせないこと。

十五 炊事場には、炊事場専用の履物を備え、土足のまま立ち入らせないこと。

〔栄養の確保及び向上〕

第631条 事業者は、事業場において労働者に対し給食を行うときは、当該給食に関し、栄養の確保及び向上に必要な措置を講ずるように努めなければならない。

〔栄養士〕

第362条 事業者は事業場において、労働者に対し、1回100食以上又は1日250食以上の給食を行うときは、栄養士を置くように努めなければならない。

2 事業者は、栄養士が、食品材料の調査又は選択、献立の作成、栄養価の算定、廃棄量の調査、労働者のし好調査、栄養指導等を衛生管理者及び給食関係者と協力して行うようにさせなければならない。

事業附属寄宿舎規程（抄）

（昭和22年10月31日労働省令第7号）

（最終改正　令和6年厚生労働省令第59号）

第2章　第一種寄宿舎安全衛生基準

第24条 常時30人以上の労働者を寄宿させる寄宿舎には、食堂を設けなければならない。但し、寄宿舎に近接した位置に労働安全衛生規則（昭和47年労働省令第32号）第629条の規定による事業場の食堂がある場合においては、この限りではない。

第25条 食堂又は炊事場を設ける場合においては、次の各号による外、常に清潔を保持するため、必要な措置を講じなければならない。

一 照明及び換気が十分であること。

二 食器及び炊事用器具をしばしば消毒するとともに、これらを清潔に保管する設備を設けること。

三 はえその他のこん虫、ねずみ等の害を防ぐための措置を講ずること。

四 食堂には、食卓を設け、且つ、ざ食をする場合以外の場合においては、いすを設けること。

五 食堂には、寒冷時に、適当な採暖の設備設けること。

六 炊事場の床は、洗浄及び排水に便利な構造とすること。

七 炊事従業員には、炊事専用の清潔な作業衣を着用させること。

八 炊事従業員の専用の便所を設けること。

第25条の2 飲用水及び炊事用水は、地方公共団体の水道から供給されるものでなければならない。但し、地方公共団体等の行う水質検査を受け、これに合格した水と同質の水を用いる場合においては、この限りでない。

2 汚水及び汚物は、寝室、食堂及び炊事場から隔離された一定の場所において露出しないようにしなければならない。

第26条 1回300食以上の給食を行う場合には、栄養士をおかなければならない。

第31条 寄宿舎に寄宿する労働者については、毎年2回以上次の各号の検査を行わなければならない。

一 体重測定による発育及び栄養状態の検査

【問題解答】

第1章

① 特定多数　② 継続的　③ 満足度　④ QOL　⑤ トータル　⑥ サブ　⑦ サブ　⑧ 実働作業　⑨ 支援　⑩ 1ヶ月　⑪ 都道府県知事　⑫ 100　⑬ 250　⑭ 300　⑮ 750　⑯ 管理栄養士　⑰ 身体　⑱ 品質管理　⑲ 評価　⑳ 献立表　㉑ 栄養成分　㉒ 治療　㉓ OL　㉔ 食習慣

第2章

①〜⑤ 計画　組織　指揮　調整　統制　⑥〜⑩ 人的資源　物的資源　資金的資源　設備的資源　技術的資源　⑪⑫ 直営方式　委託方式　⑬ 管理費契約　⑭ 食単価契約　⑮ ニーズ　⑯ ウオンツ　⑰〜⑳ price　place　product　promotion

第3章

① 健康　② 心身　③ PDCA　④ 品質　⑤ 定期　⑥ 健康増進法　⑦ 評価（アセスメント）　⑧ 過剰　⑨ 品質　⑩ 健康増進　⑪ 水溶性ビタミン　⑫⑬⑭⑮ 推定平均必要量　目安量　耐容上限量　目標量　⑯ PDCA　⑰ 品質　⑱ 調理方法　⑲ 調味パーセント　⑳㉑ 経腸　経静脈　㉒ 経腸　㉓ カフェテリア

第4章

① 総合品質　②③ 設計　品質適合(製造)品質　④⑤ ISO9000シリーズ　製造物責任法：PL法　⑥ 国際標準化機構　⑦ 品質　⑧ 環境　⑨ P：計画　⑩ D：実行　⑪ C：評価、監査　⑫ A：改善、処置　⑬ マニュアル　⑭ 標準化　⑮ 作業指示書

第5章

① トレサビリティー　② T－T・T　③ カミサリー　④ 随意契約方式　⑤ 指名競争入札方式　⑥ 先入れ先出し　⑦ ABC　⑧ 1.43　⑨ 期首　⑩ 期末　⑪⑫⑬ 材料費　労務費　経費　⑭ 損益分岐点　⑮ 固定費　⑯ 変動費　⑰ 流水　⑱ 次亜塩素酸ナトリウム　⑲ 200mg/L溶液　⑳ 5　㉑ 100mg/L溶液　㉒ 10　㉓ 流水　㉔ 中心温度　㉕ 75　㉖ 85〜90　㉗ 1分以上　㉘ 配食　㉙ 配膳　㉚ 2次汚染　㉛ 廃棄率　㉜ 付着水　㉝ 蒸発率　㉞ 余熱　㉟ 緩慢　㊱ 長い　㊲ 放水　㊳ 品質

第6章

① 備蓄食品　② ネットワーク　③ インシデント　④ 未然　⑤ マニュアル作成　⑥ 危機管理対策　⑦ 災害時　⑧⑨ 食中毒　異物混入　⑩ 口頭　⑪ 24　⑫ 義務

第7章

① 厨芥　② 盛り付け　③ 別の　④ 作業動線　⑤ 短く　⑥ グリスフィルター　⑦ グリストラップ　⑧ 手洗い　⑨ 正常稼働　⑩ 稼働記録　⑪ 毎日　⑫ 年1回　⑬ 年2回　⑭⑮ ドライシステム　ウェットシステム　⑯ ドライシステム　⑰ グリストラップ　⑱ 500　⑲ ブラストチラー

第8章

① 雇用契約　② 8　③ 40　④ OJT　⑤ OFF-JT　⑥ 人事考課　⑦ 加点主義　⑧ 委託契約書　⑨⑩ オーダリングシステム　電子カルテ

第9章

①② 特別食　食堂　③ 特別食　④ 小児食物アレルギー　⑤ 集団栄養食事指導　⑥ 180　⑦ 28単位　⑧ 管理栄養士　⑨ 栄養ケア・マネジメント　⑩ 11　⑪ 経口維持加算　⑫ 児童福祉　⑬⑭ 入所　通所　⑮ 1〜2歳　⑯ 3〜5歳　⑰⑱⑲⑳ 栄養マネジメント加算　経口移行加算　経口維持加算　療養食加算　㉑ 文部科学　㉒ 学校給食実施基準　㉓ 学校給食摂取基準　㉔㉕ 栄養教諭　学校栄養職員　㉖ 単独調理場方式　㉗ 共同調理場方式　㉘ 日本人の食事摂取基準　㉙ アウトソーシング　㉚ 食単価契約　㉛ 管理費契約　㉜ 食品群別許可

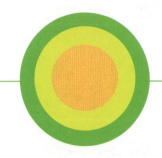

記入式ノート

監修　茨城キリスト教大学　名誉教授　井川聡子
　　　日本女子大学　教授　松月弘恵

記入式ノートの利用法

　記入式ノートは実力を試す問題集ではなく、教科書の内容を効果的に理解する目的で作られている。問題文は教科書の文章と同じであり、国家試験の頻出内容や重要事項を空欄にしてあるので、有効に利用して欲しい。
Step 1．まず第1に教科書を精読する。
Step 2．内容が理解できたら、次に記入式ノートの空欄にいれるべき適切な語句を考え記入する。
Step 3．再度、教科書を読み返して確実に空欄を埋める。
Step 4．さらに記入式ノートの有効な利用法として、ファイル帳に綴じて4年間にわたる国家試験対策ノートとして活用する。

記入式ノート

第1章　給食の概念

1　給食の概要

1.1　給食の定義（栄養・食事管理と経営管理）

(1)　給食の定義

(1)　給食とは「（①　　　　）の人々に（②　　　　）に食事を提供する」ことである。不特定多数人を対象とした一般（③　　　　）や宿泊施設等で提供される食事は給食とはいわない。

(2)　給食を提供する施設の中で、（④　　　　）法および（⑤　　　　）規則で定める定義に当てはまるものを（⑥　　　　）という。

1.4　給食における管理栄養士の役割り

(3)　（①　　　　）法（昭和22年制定）第1条において、管理栄養士は（②　　　　）大臣の免許を受けて、管理栄養士の名称を用いて以下のことを行うことを業とする者と定義されている。

（ⅰ）（③　　　　）に対する療養のために必要な栄養の指導

（ⅱ）個人の身体状況、栄養状態等に応じた高度の専門的知識および技術を要する健康の（④　　　　）のための栄養の指導

（ⅲ）（⑤　　　　）に対して継続的に食事を供給する施設における利用者の身体の状況、栄養状態、利用の状況等に応じた特別の配慮を必要とする（⑥　　　　）およびこれらの施設に対する栄養改善上必要な（⑦　　　　）

(4)　管理栄養士が給食に関与する職域として、都道府県の（⑧　　　　）（給食施設の監督・指導）がある。

(5)　（⑨　　　　）法では、特定給食施設の設置者に対する栄養管理の（⑩　　　　）、管理栄養士の（⑪　　　　）などに関する規定が示されている。

(6)　管理栄養士が給食において果たす主な役割を3つ記せ。

　（⑫　　　　）（⑬　　　　）（⑭　　　　）

2 給食システム

2.2 トータルシステムとサブシステム

(7) 給食システムにおいては、喫食者に最適な食事を提供することが（①　　　）であり、給食の生産に関わるいくつかの（②　　　）より構成される。

(8) サブシステムは、給食の生産に関与する（③　　　）とそれを円滑に機能させるための（④　　　）に分けられる。

3 給食を提供する施設と関連法規

3.1 健康増進法における特定給食施設の位置づけ

(9) 国民の健康増進の総合的な推進に関する基本的な事項を定める法律として平成14年に（①　　　）法が制定された。以前は栄養改善法（昭和27年制定）で規定されていたが、法律の改正（廃止）に伴い「集団給食施設」から「（②　　　）」への名称変更、（③　　　）規定の導入、（④　　　）施設の拡大、罰則規定の導入などがあり、「（⑤　　　）」としての給食の重要性が明確化された。

(10) 第7条（特別の栄養管理が必要な給食施設の指定）

　法第21条第1項の規定により都道府県知事が指定する施設は次のとおりとする。

　（⑥　　　）管理を必要とする者に食事を供給する特定給食施設であって、継続的に1回（⑦　　　）食以上または1日（⑧　　　）食以上の食事を提供するもの。前号に掲げる特定給食施設以外の（⑨　　　）による特別な栄養管理を必要とする特定給食施設であって、継続的に1回（⑩　　　）食以上または1日（⑪　　　）食以上の食事を供給するもの。

(11) 第8条（特定給食施設における栄養士等）

　法第21条第2項の規定により栄養士又は管理栄養士を置くように努めなければならない特定給食施設のうち、1回（⑫　　　）食以上又は1日（⑬　　　）食以上の食事を供給するものの設置者は、当該施設に置かれる（⑭　　　）のうち少なくとも1人は（⑮　　　）であるよう努めなければならない。

記入式ノート

第2章　給食経営管理の概念

1　経営管理の概要

1.2 経営管理の機能と展開

(1) 経営管理の機能

(1) 経営管理の原則として、フランスの企業経営者アンリ・ファヨールが1916（大正5）年に提示した管理活動の5つの要素、（①　　　）、（②　　　）、（③　　　）、（④　　　）、（⑤　　　）がある。これは、（⑥　　　）原則ともいわれ、組織を合理的に編成して効率的に管理体制を構築するにあたり適用され、また遵守されるべき指針となる。

(2) 経営管理の展開

1) 経営理念と経営戦略

(2) 経営理念とは会社や組織体の経営者が経営活動計画の展開や事業活動をするときの信念、信条や理想をいい、（⑦　　　）、（⑧　　　）、（⑨　　　）の3つがある。

2) マネジメントサイクル　〔　〕には英語を記入せよ。

(3) ファヨールの管理原則をさらに進化させた経営管理の手法として、（⑩　　　）サイクルがアメリカで展開された。これは、まず、目的を達成するための（⑪　　　）〔⑫　　　〕を立て、計画に従って（⑬　　　）〔⑭　　　〕し、計画通りに実行されたか（⑮　　　）〔⑯　　　〕する、検討結果を修正するための（⑰　　　）〔⑱　　　〕を起こすというサイクルで、経営管理のマネジメントシステムまたは（⑲　　　）とよんでいる。

1.3 給食の資源

(4) 会社や組織体の経営においては、経営理念に基づく目標や目的達成のための会社運営の経営資源が必要である。経営資源には、（①　　　）〔man〕、（②　　　）〔material〕、（③　　　）〔money〕、（④　　　）〔machine〕、（⑤　　　）〔method〕の（⑥　　　）〔5M〕がある。

1.4 給食運営業務の外部委託

(1) 給食の運営形態

2) 委託方式

(5) 委託には、給食部門全般を委託する（①　　　）と、給食運営の一部を委託する（②　　　）がある。さらに部分委託には、労働業務（調理作業、洗浄業務などのみを委託する（③　　　）と管理部分のみを委託する（④　　　）がある。

(3) 外部委託の契約方式

(6) 給食の外部委託の契約方式には、（⑤　　　）契約と（⑥　　　）契約がある。

(4) 外部委託の契約内容と業務区分

(7) 給食業務を委託する場合でも、業務の最終責任は（⑦　　　）側にある。

2 給食とマーケティング

2.2 給食におけるマーケティングの活用

(8) マーケティング活動の戦略として4つの要素がある。（①　　　）〔product〕、（②　　　）〔price〕、（③　　　）〔promotion〕、（④　　　）〔place〕で、頭文字をとって（⑤　　　）とよんでいる。

3 給食経営と組織

3.1 組織の構築

(1) 組織の形態

(9) 次の設問に当てはまる組織名を記せ。

（ⅰ）命令系統が直線的な単純な組織　　　　　　　　　　　　　（①　　　）

（ⅱ）ライン部門の業務を効率的に行うために助言や支援を行うスタッフ部門を有する組織　　　　　　　　　　　　　　　　　　　　　　（②　　　）

（ⅲ）活動領域別の職能に区分した組織　　　　　　　　　　　（③　　　）

（ⅳ）会社、組織体を複数の独立した事業部に分割した組織　　（④　　　）

（ⅴ）行と列を組み合わせた井桁状の権限の組織　　　　　　　（⑤　　　）

（ⅵ）日常業務を行う組織とは別に、新規の研究・開発のために一時的に組織された専門家によるチーム　　　　　　　　　　　　　　　　　　（⑥　　　）

(2) 組織の階層

(10) 組織の階層化を基本分類すると（⑦　　　）、（⑧　　　）、（⑨　　　）の3階

層になる。

(4) 組織の原則

（11）経営活動の効率化を図り組織全体の成果を効果的に得るために組織の原則があるが、それぞれ原則名を記せ。

（ⅰ）専門的知識・技術を生かした仕事を担当する原則　　　　　　　　（⑩　　　　）

（ⅱ）１人の管理者が直接監督できる部下の適正人数の原則　　　　　　（⑪　　　　）

（ⅲ）管理責任者には業務を果たす責任とそれに応じた権限が与えられなければならないとする原則　　　　　　　　　　　　　　　　　　　　　　　　　（⑫　　　　）

（ⅳ）責任・権限・義務の３つは等価関係にあるとする原則　　　　　　（⑬　　　　）

（ⅴ）組織の構成員は、常に特定の１人の上司から命令を受けるように統一することが必要であるとする原則　　　　　　　　　　　　　　　　　　　　　（⑭　　　　）

（ⅵ）日常反復的な問題や仕事は担当者に委任し、例外事項には管理者が当たるとする原則　　　　　　　　　　　　　　　　　　　　　　　　　　　　（⑮　　　　）

第3章　栄養・食事管理

第3章　栄養・食事管理

1　栄養・食事管理の概要

1.1　栄養・食事管理の意義と目的

(1)　健康増進法施行規則9条「栄養管理の基準」では、、特定給食施設における食事の献立は（①　　　）状況・（②　　　）状態・（③　　　）習慣のほか、利用者の日常の食事の（④　　　）量、（⑤　　　）などに配慮して作成するよう努めることとされている。

1.2　栄養・食事管理システムの構築

(2)　給食の目標を達成するためには、利用者の栄養状態や嗜好などから総合的な（①　　　）を行い、それらに基づく（②　　　）を立案の上、栄養計画を基本とした（③　　　）を立てることがシステム構築の基本となる。

(3)　栄養・食事管理システムの構築には、「（④　　　）－（⑤　　　）－（⑥　　　）－（⑦　　　）の（⑧　　　）サイクルを適用することで効果的・効率的な栄養・食事管理が可能となる。

(4)　栄養・食事管理システムの実施にあたっては、定期的に（⑨　　　）を行い、問題点を明らかにする。栄養・食事管理の実施後は、（⑩　　　）を行い、問題点については（⑪　　　）し、次の計画に（⑫　　　）させる。

2　栄養・食事アセスメント

2.1　利用者の身体状況、生活習慣、食事摂取状況

(1)　身体状況

(5)　施設によっては詳細な情報が把握しにくく、栄養状態のアセスメントの指標も十分に確立されていない場合もある。このような場合、（①　　　）は非侵襲的で簡便かつ安価な方法として集団の（②　　　）に用いやすい。

(3)　食事摂取状況

(6)　食事摂取状況の把握は、主に（①　　　）の調査と（②　　　）調査によって行う。残菜量の把握はできる限り（③　　　）を対象として行うことが望ましい。

(7)　残菜量の測定は、予め、（④　　　）量を正確に把握しておくことが前提となる。

記入式ノート

2.2 利用者の病状、摂食機能

(2) 摂食機能

(8) 高齢者、幼児、傷病者などでは摂食機能のアセスメントは特に重要である。摂食機能には主に、（①　　　）機能、（②　　　）機能、（③　　　）機能、（④　　　）機能、（⑤　　　）機能などがある。

3 栄養・食事計画

3.1 給与栄養目標量の計画

(1) 各施設における給与栄養目標量の設定

(9) アセスメントの結果に基づき、施設の特性に適した（①　　　）目標量を設定する。

(10) （②　　　）目標量の算定にあたっては、施設ごとに適切な方法を用いる。（③　　　）は健康な個人ならびに集団を対象として用いる。

(11) 病院では、患者個々に算定された医師の（④　　　）による栄養補給量を用いるが、一般治療食の場合には（⑤　　　）も適用できるとされている。

(12) 学校においては文部科学省の（⑥　　　）が活用されている。

(3) 栄養素

(13) エネルギー以外で主に検討すべき栄養素は、（⑦　　　）、（⑧　　　）、（⑨　　　）、（⑩　　　）、（⑪　　　）、（⑫　　　）、（⑬　　　）、（⑭　　　）、（⑮　　　）、（⑯　　　）、（⑰　　　）であるが、その他の栄養素についても必要に応じて検討すべきである。

(14) 利用者集団のエネルギーを除く栄養素摂取量の評価として「日本人の食事摂取基準」を用いる場合には、推奨量以外の指標〔（⑱　　　）、（⑲　　　）、（⑳　　　）、（㉑　　　）〕を用いる。

(15) 「日本人の食事摂取基準」によると、水溶性ビタミンや一部のミネラルについては、その推奨量または目安量に（㉒　　　）分を加味する必要がある。

3.2 栄養補給法および食事形態の計画

(1) 栄養補給法

(16) 栄養補給法は（①　　　）法と（②　　　）法の２つに大別される。

第3章　栄養・食事管理

(2) 食事形態

(17) 病院や高齢者福祉施設では、（③　　　　）機能や（④　　　　）機能などのアセスメントを行い、利用者に適した食事形態にする。

3.3 献立作成基準

(18) 特定給食施設における給食は、施設ごとに献立の基本となる（①　　　　）基準を設け、それらに基づいて魅力ある献立へと展開する必要がある。

(19) 病院や保育所では献立作成基準は（②　　　　）側で作成することが必須となっており、献立作成を業者に委託する場合には施設ごとの（③　　　　）基準を受託業者に（④　　　　）する必要がある。

(20) レシピは調理作業の（⑤　　　　）書となる。記載内容は品質管理（QC：quality control）においては（⑥　　　　）品質とされる。

(2) 食品構成

(21) 食品構成の利点としては、（⑦　　　　）計算をしなくても簡易的にバランスのよい献立を作成することができ、エネルギーやたんぱく質、脂質などの主要な栄養以外の（⑧　　　　）栄養元素を摂取しやすいことである。

(22) 食品構成表の作成の際は、（⑨　　　　）表を活用する。これは、各食品群ごとに100gあたりの（⑩　　　　）及び（⑪　　　　）を示したものである。

(3) 食事提供方式

(23) 提供者が利用者の嗜好や栄養面を考慮して料理を組み合わせた１種類の献立を提供する方式を何とよぶか。　　　　　　　　　　　　　　　　　（⑫　　　　）

(24) 次の選択食方式のそれぞれを何とよぶか。

（ⅰ）提供者が利用者の嗜好や栄養面を考慮して料理を組み合わせた複数の献立を提供する方法。　　　　　　　　　　　　　　　　　　　　　　　（⑬　　　　）

（ⅱ）一定量に盛り付けた複数の料理を提供する方法。　　　　　　　　（⑭　　　　）

（ⅲ）大皿に盛り付けた複数の料理を提供する方法。利用者が嗜好や栄養面を考えながら料理を自由に選択できる。　　　　　　　　　　　　　　　　　（⑮　　　　）

4　栄養・食事計画の実施

4.3 適切な食品・料理選択のための情報提供

(25) 利用者への情報提供については、健康増進法に基づく（①　　　　）の中で示されている。利用者にとって適切な食品や料理を自らが（②　　　　）できるように

（③　　　）表を掲示したり、エネルギーやたんぱく質などの主な（④　　　）を表示したりして栄養に関する情報の提供を行う。

4.4 評価と改善

(1) 評価

1) 利用者による評価

(26) 提供した食事に対する利用者の評価は（①　　　）調査、（②　　　）調査、（③　　　）調査によって行い、食事内容の充実に努める。

3) 行政による評価

(27) 特定給食施設は、（④　　　）などによって都道府県等へ栄養管理の状況を報告することが（⑤　　　）づけられている。一方、都道府県等は評価結果に基づき、特定給食施設に対し（⑥　　　）や（⑦　　　）を行っている。

第4章　給食の品質

第4章　給食の品質

1　給食の品質の標準化

1.1　栄養・食事管理と総合品質

(1)　品質管理の概念・目的

(1)　給食における品質とは、料理が適正に（①　　　）管理され、（②　　　）的かつ、おいしく（③　　　）であることを指す。

(2)　食事提供の立場からとらえた品質管理に含まれる次の品質を何とよぶか。

・計画段階での品質で、献立に反映される品質　　　　　　　　　　（④　　　　）

・設計品質を目指して製造した実際の品質　　　　　　　　　　　　（⑤　　　　）

・計画と製造を通じて完成した最終的な品質で、設計品質と適合品質によって構成
　される品質　　　　　　　　　　　　　　　　　　　　　　　　　（⑥　　　　）

(3)　給食施設で調理された食事は製造物にあたるため、製造した品物に対する製造者の責任を定めた（⑦　　　）の適用対象となる。そのため、喫食者が食中毒などの損害を受けた場合には製造者側に（⑧　　　）の責任が生じる。

(3)　品質保証システム

(4)　ISO9000規格：（⑨　　　）システム。製品や（⑩　　　）を保証するための標準で、顧客の立場から供給者に対して、備える必要のある要求項目をまとめた審査登録制度の一つである。

(5)　ISO22000：（⑪　　　）システム。消費者に（⑫　　　）な製品を供給することを目的として、フードチェーンに関わる組織に対する要求事項を規定しているものである。従来の（⑬　　　）のもつ食品安全確保の技術的技法を（⑭　　　）〔品質マネジメントシステム〕がもつ仕組みでより確実な安全確保を図るシステムである。

(6)　ISO14000：（⑮　　　）システム。地球温暖化、産業廃棄物、ダイオキシンなどから地球の環境破壊を防ぐ目的として制定された。

1.2　標準化（マニュアル化）

(1)　献立の標準化

(7)　給食の献立は、計画された（①　　　）量にあわせて料理を組み合わせて作成するものである。

(8)　質の高い食事を（②　　　）的に提供するためには、いつ、誰が作っても

（③　　　）の調理作業ができ、（④　　　）以上の給食が提供できるように、献立やレシピの（⑤　　　）化を行う。

1.3 品質評価の指標と方法

(1) 品質評価の指標

(9) 給食施設においては、提供される食事の質や安全性、サービスの質などを一定の基準以上に整えるため、（①　　　）および（②　　　）値を設定して作業を行うことが重要である。

(2) 評価の方法

1) 給食提供者側からの評価

(10) 給食を提供する側の代表的な評価は、（③　　　）である。（④　　　）、（⑤　　　）、（⑥　　　）、（⑦　　　）などが評価指標となるが、これらは給食従事者の五感で確認・評価するものである。

2) 喫食者側からの評価

(11) 喫食者側からの代表的な評価は、（⑧　　　）調査である。調査の種類には、インタビュー、（⑨　　　）調査、（⑩　　　）調査、モニター調査、（⑪　　　）率や（⑫　　　）率などの実態調査などがある。

3) 官能検査による評価

(12) 味や外観、美味しさなど総合的に評価するためには、人の（⑬　　　）を測定器として用いる（⑭　　　）検査の手法を取り入れる。

1.4 品質改善とPDCA サイクル

(13) 品質改善活動では、まず（①　　　）を設定し、到達するための改善案を検討し、改善活動を（②　　　）〔plan〕、（③　　　）〔do〕、計画通りに目標へ到達できたかを（④　　　）〔check〕、目標到達へ不十分な点への（⑤　　　）〔action〕を行うという（⑥　　　）サイクルを回す。

(14) 具体的には、（⑦　　　）品質として得られた結果について、（⑧　　　）品質、（⑨　　　）品質のそれぞれに照らし合わせながら検討し、改善を図っていく。見出された問題点については、原因究明を徹底し、適切な（⑩　　　）策を講じることが重要である。

第5章　給食の生産（調理）

第5章　給食の生産（調理）

1　原価

1.1 給食の原価

（1）特定給食施設では、予算管理、食事の価格決定、財務状況の把握などの目的で、給食の製造に要した（①　　　）を把握することが必要である。

（2）給食の原価は（②　　　）費、（③　　　）費、（④　　　）費で、それぞれ（⑤　　　）費と（⑥　　　）費がある。

（3）特定給食施設の原価では、3大原価である（⑦　　　）費、（⑧　　　）費、（⑨　　　）費をあわせたものを（⑩　　　）といい、製造原価に（⑪　　　）費や（⑫　　　）費を加えたものが（⑬　　　）である。

1.2 給食における収入と原価・売上

（1）収入

（4）主な収入源としては、各種制度の適用による（①　　　）収入、国または市町村からの（②　　　）金、利用者の（③　　　）負担がある。各種制度を利用するには、適用条件が設定されており、（④　　　）の配置が規定条件になっているものも多い。

（5）患者給食関連からより多くの収入を得るためには、入院患者の数を一定以上に確保する必要がある。そのためには医療や各種サービスの（⑤　　　）を上げることはもちろんであるが、給食においても患者の（⑥　　　）度を高められるような魅力ある（⑦　　　）提供が求められる。また、（⑧　　　）からの収入を確保するために、他職種・他部門との連携を密にして、入院患者や外来患者の（⑨　　　）を行うことも重要である。

（2）支出

（6）飲食店や飲食業などの一般的な食材料費率は30％といわれているが、それに比較すると給食施設の食材料費率は（⑩　　　）％程度高い比率である。

1.3 原価の評価

（1）損益分岐点分析

（7）一般的な経営管理において最も重要な点は如何にして利益を生み出すかという

307

ことである。すなわち（①　　　）に占める（②　　　　）がどれぐらいであったか
を把握することが必要となる。

(8) 損益分岐点とは（③　　　　）と（④　　　　）が等しい状態であることを示すも
ので、（⑤　　　）も（⑥　　　）もない額を意味する。

(9) 損益分岐点分析は、総原価を構成する項目において（⑦　　　）費と（⑧　　　）
費に相当する金額を求め、分析を行う。

(10) 損益分岐点は次の計算式によって求める。

　　　　変動費率＝（⑨　　　　）÷売上高

　　　　損益分岐点＝（⑩　　　　）÷（１－変動費率）

(11)（例題）　特定給食施設A社の損益分岐点を求めてみよう。

　A社の一ヶ月の売上高は1,000万円で、そのうち固定費が200万円、変動費が500
万円だとする。300万円の利益を得ている。

A社の損益分岐点を求めてみよう。

A社の変動費率は（⑪　　　　）万円÷（⑫　　　　）万円＝（⑬　　　　）

したがって、損益分岐点は（⑭　　　　）万円÷（１－（⑮　　　　））≒（⑯　　　　）万円

(12) 給食経営管理では利益を目的とするのではなく、損失を出さないということの
方が重要である。したがって、（⑰　　　）により経営状態を判断し必要に応じて対
処する必要がある。

(13) 売上高が損益分岐点を下回る場合、利益を上げるには、（⑱　　　）高の増加
が必要であるが、病院など収容人員に制限がある場合には無理な場合がある。その
場合には、損益分岐点を（⑲　　　）くして利益を増やす方法を検討する。具体的
には（⑳　　　）率を抑える方法と（㉑　　　）費を抑える方法がある。

(2) 財務諸表

(14) 財務諸表とは企業が株主などの利害関係者に対して一定期間における経営や
財務の状態を明らかにするために、簿記の方法を用いて作成される書類をいい、
（①　　　）、（②　　　）、（③　　　）を（④　　　）という。上場企業の場合は、
法律によって開示が義務付けられている。

1) 貸借対照表

(15) 企業の一定時点の財政状況を表す。表の左側に（⑤　　　）、右側に（⑥　　　）
と（⑦　　　）を示している。

(16) 資産とは、将来企業に何らかの（⑧　　　）をもたらす可能性のあるものをい
い、１年以内に現金化される（⑨　　　）と長期にわたって保有する（⑩　　　）、
その効果が将来的に期待できる支出済みの（⑪　　　）がある。

第5章　給食の生産（調理）

(17) 負債とは、既に発生している（⑫　　　）の義務と将来の資産減少が予想されるものをいい、1年以内に返済する（⑬　　　）、長期にわたって返済する（⑭　　　）がある。

(18) 純資産とは返済義務がない（⑮　　　）のことである。

2) 損益計算書

(19) 損益計算書とは企業において、1営業期間の総（⑯　　　）と総（⑰　　　）を比べて（⑱　　　）を確定するとともにその（⑲　　　）を出すに至った経路を示す書類である。（⑳　　　）〔毎期必ず発生する損益〕と（㉑　　　）〔臨時に発生する損益〕に分けて示す。また、（㉒　　　）については、（㉓　　　）〔本業により発生する損益〕と（㉔　　　）〔本業以外で発生する損益〕に分けて示す。

(20) 利益については、次の5つの段階で表される。

　[1]（㉕　　　）利益：売上高から売上原価を引いたもの。（㉖　　　）ともいう。

　[2]（㉗　　　）利益：（㉕　　　）利益から販売費・一般管理費を引いたもの。その
　　　業の（㉘　　　）能力を表す。

　[3]（㉙　　　）利益：（㉗　　　）利益に本業以外からの利益を加え、さらに本
　　　以外からの損失を差し引いたもの。企業の日常的な（㉚　　　）を表す。

　[4]（㉛　　　）利益：（㉙　　　））利益に、臨時に発生した利益を加え、さらに
　　　臨時に発生した損失を差し引いたもの。

　[5]（㉜　　　）利益：（㉛　　　）利益から税金を支払った後の純利益。

3) キャッシュフロー計算書

(21) 一定期間におけるキャッシュの収支を示す書類で、（㉝　　　）で計算される。（㉞　　　）活動、（㉟　　　）活動、（㊱　　　）活動の3区分におけるキャッシュの流れを示すことにより、企業の（㊲　　　）能力と（㊳　　　）能力が示され、（㊴　　　）とは違った角度から企業の経営状態を見ることができる。

2　食材

2.1 給食と食材

(22) 食材料管理とは、献立計画に基づき食材料の購入計画を立て、（①　　　）・（②　　　）・（③　　　）・（④　　　）・（⑤　　　）および食材料に関するすべての内容を統制し管理していくことである。

記入式ノート

2.3 食材の開発・流通

(2) 食材の流通

1) 産地直結体制

(23) 単なる卸売市場の介在のない産地直送ではなく、農協、生協などの生産者と
（①　　　）が直結するシステムである。流通の合理化による（②　　　）削減だ
けではなく（③　　　）が明らかであるため、消費者に安心・安全で新鮮・高品質
なものを提供できる。

2) 地産地消（地域生産地域消費）

(24)（④　　　）で収穫された農水産物を（⑤　　　）で消費すること。生産者と
消費者の距離が短いので（⑥　　　）が高く輸送にかかるエネルギーの削減により
環境面でも注目されている。しかし地産地消は必ずしも（⑦　　　）システムにな
っていないためコストアップになることが多い。

3) トレサビリティー

(25) 生産・加工及び流通の特定の1つまたは複数の段階を通じて食品の（⑧　　　）
を把握できること（コーデックス委員会2004）。安全性の問題が生じた場合、原因
究明や被害拡大防止に役立つ。生産情報公表 JAS 規格は、（⑨　　　）、（⑩　　　）、
（⑪　　　）、（⑫　　　）〔豆腐、こんにゃく〕および（⑬　　　）について制定さ
れている。

4) コールドチェーン（低温流通システム）

(26) 生鮮食品などを産地から消費者の手に渡るまで（⑭　　　）下で流通させるシ
ステム。温度帯を冷凍〔（⑮　　　）℃以下〕、氷温冷蔵〔（⑯　　　）℃〕、冷蔵
（⑰　　　）℃〕のように区別して、各々の食品に適正な温度帯を適用し、合理的
な食品の流通を図る栄養・衛生面で優れたシステムである。

(3) 安全保障のしくみ

(27) 2000（平成12）年には低脂肪乳による大型食中毒事件、2001（平成13）年には
BSE（牛海綿状脳症）の発生、食品偽装表示問題などが相次ぎ、食品の安全性に対す
る消費者の不安が高まるなか、2003（平成15）年に「（⑱　　　）法」が制定され
た。

1) サプライフードチェーン

(28) 食品は誕生から生育、食品工場での加工、輸送および食品売り場を経て一般の
家庭に持ち込まれるが、これら一連の食品に関する連鎖を（⑲　　　）という。

第5章　給食の生産（調理）

2.4 購買計画

(1) 購買方針と検収手法

(29) 購入計画は予定献立に基づいて適切な材料を（①　　　）、（②　　　）、（③　　　）価格で購入できるようにする。

(2) 購入先の選定と契約方法

3) 契約方法

(30) 随意契約方式とは、購入先を（④　　　）せずに必要に応じて随意に契約する方法である。（⑤　　　）の大きい食品、（⑥　　　）の少ない食品、（⑦　　　）食品の購入に向いている。

(31) 指名競争入札方式とは、あらかじめ指名した（⑧　　　）の業者に（⑨　　　）に入札させ決定する方法である。（⑩　　　）時、（⑪　　　）の小さい貯蔵食品、（⑫　　　）食品などの購入に向く。

(32) 一般競争入札方式とは、当該食品の納入に関し、実績のある（⑬　　　）の業者に入札させて決定する方法である。

(33) 相見積もり方式とは、（⑭　　　）の業者に（⑮　　　）を出してもらい比較検討して決定する方法である。

(34) 単価契約方式とは、（⑯　　　）ごとに単価で契約する方法で、（⑰　　　）の安定した食材の購入に用いられる。（⑱　　　）方式や（⑲　　　）方式などと組み合わせて行う。

(3) 発注

(35) 廃棄部分のない食品の発注量は次の計算式により算出する。

　　　　発注量＝（⑳　　　）量＝（㉑　　　）×給食数

(36) 廃棄部分のある食品の発注量は次の計算式により算出する。

　　　　発注量＝（㉒　　　）量（kg）＝（㉓　　　）g÷（㉔　　　）率×100×給食数

　　　　　　　＝（㉓　　　）g÷（100−（㉕　　　）率）×100×給食数

　　　　または、（㉖　　　）係数を用いる場合は、

　　　　発注量＝（㉗　　　）×給食数×（㉖　　　）係数

2.5 検収・保管

(1) 検収

3) 検収時の留意事項

(37) 検収担当者は、（①　　　）、（②　　　）、（③　　　）などの食品鑑別できる者が（④　　　）で行い、（⑤　　　）に記録をする。

311

(38) 業者の立ち入りは（⑥　　　）までとし調理室への立ち入りを禁止する。

(2) 保管

1) 保管温度条件区分

(39) 次の各温度を記せ。

・室温：（⑦　　　）℃前後・保冷：（⑧　　　）℃　・冷蔵：（⑨　　　）℃　・氷温：（⑩　　　）℃前後

・冷凍：（⑪　　　）℃以下（冷凍食品協会自主取り扱い基準）、（⑫　　　）℃以下（食品衛生法）

2) 低温管理の温度帯

(40) 次の各温度を記せ。

・クーリング〔（⑬　　　）℃前後〕：野菜、果実など

・チルド〔±（⑭　　　）℃〕：魚介類、肉類など

・フローズン〔－（⑮　　　）℃以下〕：冷凍食品

(41) 先に購入したものから使用していく原則を（⑯　　　）という。

2.6 在庫管理

(1) 在庫管理

1) 食品受け払い

(42) 品目別の入・出庫に伴う帳票を作成する。この帳票のことを（①　　　）〔食品台帳〕という。

2) 原材料の仕入れにおける記録内容と記録の保管期間

(43) 品名、仕入れ元、（②　　　）の名称と所在地、ロットが確認可能な情報（③　　　）の記録を（④　　　）間保管する。

3) 納入業者からの書類提出とその保管期間

(44) 定期的に提出させる原材料の（⑤　　　）検査結果を（⑥　　　）間保存する。

4) 在庫量調査

(45)（⑦　　　）と（⑧　　　）を照合し、残量、品質、記入ミスを調査する

2.7 食材管理の評価

(1) 食材料費の算出

(46) 純食材料費＝（⑨　　　）金額＋（⑩　　　）金額－（⑪　　　）金額

(3) 食材料費のコストダウン

(47) 給食原価に占める食材費の割合は最も大きくこの引き下げが原価低下の手段

として効率的である。（⑫　　　）は一定期間内の（⑬　　　）の使用金額（単価使用量）の高い順に並べ、A〔上位から（⑭　　　）％〕B〔（⑮　　　）％〕C〔（⑯　　　）％〕として分析する。使用金額の多い（⑰　　　）グループを重点的に管理し、安く仕入れてコストダウンにつなげる方法。

3　生産（調理と提供）

3.1　給食のオペレーション（生産とサービス）

(1)　給食生産の意義と目的

(48)　特定給食施設には（①　　　）が求められることから、提供した食事の（②　　　）率や（③　　　）率の目標値を定めて評価を行いながら統制することが必要である。

(2)　給食の生産とサービスのシステム

(49)　次のシステム名を記せ。

（ⅰ）生産と喫食が同一の施設で行われるシステム　　　　　　　　　（④　　　）

（ⅱ）クックチル、クックフリーズ、真空調理を用いて生産・冷却後、規定の温度帯で保管し、提供時に再加熱して提供するシステム　　　　　　　（⑤　　　）

（ⅲ）食材の購入と生産を一箇所で行い、複数の施設で提供するシステム

（⑥　　　）

（ⅳ）出来上がった料理をチルドまたは冷凍状態で購入して、調理室で再加熱後にトレイセットして提供するシステム　　　　　　　　　　　　　（⑦　　　）

3.2　生産計画（調理工程、作業工程）

(1)　生産計画

(50)　生産管理は一定の品質と数量の製品を、経済的に効率よく生産することを目的として（①　　　）と（②　　　）に区分できる。生産計画とは給食施設では「A.（③　　　）」である施設、予算、人員計画と、「B.（④　　　）」である栄養・食事計画、品質計画に分けられる。

(51)　生産統制とは、生産計画に基づいて作業命令を行い、計画どおりに完成させるための機能であり、給食生産の資源である（5M）であるMaterial（⑤　　　）、Man（⑥　　　）、Machine（⑦　　　）、Method（⑧　　　）、Money（⑨　　　）と情報、時間を資源として有効に活用して、計画した一定品質の製品を作り出すことである。

(3) 新調理システムの作業工程

(52) 新調理システムは、当日調理・当日喫食である（⑩　　　）である（⑪　　　）に加え、レディフードシステムである（⑫　　　）、（⑬　　　）、（⑭　　　）、外部加工品の活用といった異なる調理や保存方法を組み合わせる（⑮　　　）方式のシステムである。

(53) 温度管理を行うためには、急速冷却機〔（⑯　　　）、（⑰　　　）〕、保存用のチルド保管庫、冷凍庫、保冷庫や、配送用の保冷車、再加熱用機器や温蔵庫、保温配膳車の設置が必要となる。

(54) 新調理システムにおける温度や時間の管理基準を記せ。

・冷却開始：調理終了（⑱　　　）分以内

・冷却温度：冷却後（⑲　　　）分以内に中心温度（⑳　　　）℃以下

・保存・配送温度：（㉑　　　）℃

＊料理の温度が（㉒　　　）℃以上になった場合

→（㉓　　　）時間以内に再加熱して提供

＊料理の温度が（㉔　　　）℃以上になった場合

→（㉕　　　）

・再加熱温度：中心温度（㉖　　　）℃で1分以上、二枚貝などノロウイルス汚染のおそれのある食品の場合は（㉗　　　）℃で（㉘　　　）秒間以上

・保温：（㉙　　　）℃以上

・喫食時限：再加熱後（㉚　　　）

(4) HACCP に基づく調理・作業

1) HA の設定

(55) 大量調理施設衛生管理マニュアルの給食生産時の重要管理点は、a）原材料（①　　　）および（②　　　）段階における管理　b）食材中心部までの十分な（③　　　）

c）調理後の食品および消毒後の食品の（④　　　）の防止　d）菌が付着した場合に菌の

（⑤　　　）を防ぐため、原材料および調理後の食品の（⑥　　　）である。

2) CCP の設定と管理

(56) HA の設定後に（⑦　　　）を設定して作業をする。給食生産に他の製造業のような科学的管理法を導入するためには、作業工程ごとに（⑧　　　）を用いて管理して、基準を逸脱した場合の（⑨　　　）措置を定めて、（⑩　　　）基準に到達するように徹底する。

第5章　給食の生産（調理）

(5) 作業工程表の作成

(57) 複数の料理を組み合わせて1回の食事を供食するまでの作業工程表を作成する場合の手順

（ⅰ）成形など工程数の多い料理の（⑪　　　　）は避け、作業負荷量が極端に（⑫　　　　）ように配慮する。

（ⅱ）料理の（⑬　　　　）と（⑭　　　　）のタイミングから料理を分類し、供食時間から逆算して料理の（⑮　　　　）を定める。

（ⅲ）（⑯　　　　）機器の重複を避ける。

（ⅳ）（⑰　　　　）の確認と、（⑱　　　　）の指定

3.3 大量調理の方法・技法

(1) 下処理

1) 皮むき

(58) 一般に作業員がピーラーで野菜の皮を剥くが、玉葱、じゃがいも、里芋などは（①　　　　）を用いる。

2) 洗浄、消毒

（ⅱ）生食用の野菜・果物

(59) 流水で3回以上水洗いをし、中性洗剤で洗った後、流水ですすぎ洗いをする。洗浄には除菌効果はあるが、消毒効果はない。一般的に消毒は（②　　　　）か（③　　　　）のどちらかを用いて行う。次亜塩素酸ナトリウム（④　　　　）溶液に（⑤　　　　）分間浸漬後〔100 mg/L 溶液の場合は10分間〕、ため水と流水で十分にすすぐ。

（ⅲ）加熱調理用の野菜

3) 水切り

(60) 大量調理において洗浄による食材への（⑥　　　　）は、料理の品質に影響するため、できるだけ（⑥　　　　）を少なくする方法と時間を検討しなければならない。

4) 浸漬

（ⅰ）じゃがいも、さつまいも、ごぼう

(61) いずれも水につけて（⑦　　　　）を防ぐ。

（ⅱ）なす、れんこん

(62) れんこんは3％程度の（⑧　　　　）に漬けると白く仕上がる。なすは1％（⑨　　　　）に漬ける。

315

（ⅲ）りんご、なし

(63) 切さい後に（⑩　　　）または0.5％の（⑪　　　）に漬けると切り口からの酵素が除去され、空気に触れさせないことにより（⑫　　　）を防ぐことができる。

5）切さい

(64) 大量調理は少量調理に比べて（⑬　　　）率が大きい。

7）下味つけ

(65) 下味には（⑭　　　）もしくは（⑭　　　）を含む調味料用いる。

（ⅲ）肉・魚介類

(66) 大量の魚に振り塩をした場合、味が不均一になりやすいため、濃度の高い塩水に浸漬する。これを（⑮　　　）という。

（2）加熱調理

(67) 加熱は以下のいずれの方法を用いても、食材の中心温度が（①　　　）℃（二枚貝などノロウイルス汚染のある食品の場合は（②　　　）℃）に達してさらに（③　　　）分以上行う。

1）ゆでる

(68) ゆでるという調理操作は基本的調理方法であり、（④　　　）、（⑤　　　）、（⑥　　　）、大鍋などを使用する。食材投入後再沸騰までの時間が（⑦　　　）と緩慢な加熱が続くため、食材の（⑧　　　）が悪くなる。

2）冷却

(69) 冷却には2次汚染を防止するためにも（⑨　　　）、（⑩　　　）、（⑪　　　）を用いる。冷却操作を標準化するためには（⑫　　　）やパック1個当たりの投入量を一定にする。1（⑬　　　）の冷却単位は高さ（⑭　　　）cm 以下にする。

3）煮る

(70) 煮るという調理操作は各食材を別々に煮て盛りつける（⑮　　　）と、全ての材料を最終的に1つの鍋に煮あげる（⑯　　　）に大別でき、大量料理では盛りつけの作業量を軽減するために後者を用いることが多い。

（ⅰ）鍋、回転釜、ブレージングパンやケトルなど用いる煮物

(71) 火力は沸騰までは（⑰　　　）で行うが、沸騰後は（⑱　　　）より弱い火力で十分である。出力は沸騰時の（⑲　　　）％程度で良い。煮汁の量は料理の種類により異なる。調味を均一に行うためには食材の（⑳　　　）％重量の煮汁が必要である。大量調理では余熱が大きいため火を止めた後の（㉑　　　）に注意する。

（ⅱ）スチームコンベクションオーブンを用いる煮物

(72) 煮物に（㉒　　　）を用いると、調理と加熱時間を設定できるため調理を均一

化しやすい。スチームでは100℃、オーブンとスチームを併用したコンビモードでは
（㉓　　　　）℃の加熱ができる。

4) 蒸す

(73) 蒸すという調理操作は（㉔　　　　）の（㉕　　　　）熱によって食材を加熱する
ことであり、常圧で加熱する場合には蒸気温度が（㉖　　　　）℃以上になることは
ない。

5) 炒める

(74) 炒めるという調理操作は熱容量の大きい厚手の鍋に、（㉗　　　　）の油を
（㉘　　　　）で熱し、高温で（㉙　　　　）に仕上げる。

(75) 大量の食材を均一に味付けするためには（㉚　　　　）操作が多くなる。そのた
め、炒め時間が（㉛　　　　）くなることや、炒めあがった後に余熱のために食材か
らの（㉜　　　　）があるなど難しさがあり、炒め煮になりやすい。

(76) 大量の食材の炒め物は相対的に（㉝　　　　）伝導が低下し、強火で（㉞　　　　）
時間で仕上げる料理の特性には適さない。

6) 焼く

(77) 焼くという調理操作は食品に対する熱伝導の違いにより、（①　　　　）、鉄板な
どを加熱して食材を接触させて焼く（②　　　　）と食品を加熱空気に包んで焼く
（③　　　　）に大別されるが、大量調理ではオーブンを用いた（④　　　　）が多い。

(78) 一般的には設定温度が高いと調理時間が（⑤　　　　）なるが、水分の蒸発量が
大きくなるため、食材の（⑥　　　　）が大きく、（⑦　　　　）が悪くなる。

7) 揚げる

(79) 揚げ物調理の均一化には素揚げやフライといった揚げ物の種類別に、食材の特
性に配慮して揚げ油の（⑧　　　　）と（⑨　　　　）、（⑩　　　　）を一定にする。揚
げ油はさし油をしながら使用することができるが、揚げ油の使用限界は酸価
（⑪　　　　）である。

8) 炊飯

(80) 炊飯という調理操作は水分（⑫　　　　）％の米に水を加えて約（⑬　　　　）％
の水分を含む飯にすることである。計量は1釜の炊飯量（4〜7kg）単位で行う。
洗米時間は3〜4kgの米を手でとぐ場合には（⑭　　　　）分、水圧式洗米機で機械
洗いする場合は（⑮　　　　）分程度が目安である。

(81) 新米では古米に比べて米の水分量が多いため、加水量は（⑯　　　　）なる。浸
漬時間は30〜120分、玄米では（⑰　　　　）晩浸漬する。沸騰後は沸騰継続（⑱　　　　）
分、弱火（⑲　　　　）分で消火し、（⑳　　　　）分間蒸らす。

9）汁物

(82) 塩味は0.6〜0.8％食塩濃度が一般的である。適温と感じる提供温度は個人差があるが、一般的に（㉑　　　　）℃である。喫食時にこの温度で提供するためには、保温温度は（㉒　　　　）℃、それを維持するためのウォーマーテーブルの水温は（㉓　　　　）℃とする。

(4) 配食・配膳

(83)（①　　　　）とは出来上がった料理を食器に盛り付ける前までの作業で、出来上がり料理をホテルパンや食缶に移して、保温・保冷する工程をいう。

(84)（②　　　　）とは料理を器に盛り付け、トレイに複数料理をセットして、喫食者に渡す作業をいう。

(85) 料理の盛り付けは厨房内の（③　　　　）で行うが、学校給食では盛り付けは教室で行うため、児童に対する配膳の（④　　　　）が必要になる。

(86) 病院や介護保険施設での給食では、盛り付けた料理を運搬して供食する。いずれも衛生的にかつ安全に運搬するシステムを構築して、適温で提供するために（⑤　　　　）（⑥　　　　）、（⑦　　　　）などを使用する。

(5) 洗浄

3）消毒

（ⅱ）煮沸消毒

(87) 食器洗浄において上すすぎの温度が（⑧　　　　）℃以上である場合、煮沸消毒に代わるものとして認められる場合がある。

（ⅲ）薬品による消毒

(88) 次亜塩素酸ナトリウム（⑨　　　　）ppm の溶液につけ、すすぎ洗いをする。

3.6 廃棄物処理

(89) 2001（平成13）年度から（⑩　　　　）の施行に伴い、食品廃棄物を年間（⑪　　　　）t 以上排出する事業者では（⑫　　　　）することが求められ、取り組みが不十分な場合には罰則が課せられるようになった。

(90) 給食では生ゴミの排出量が多いため、施設内で減量またはリサイクルを行い、回収業者に引き渡すことが環境問題対策からも求められている。生ゴミを粉砕し脱水して減量する（⑬　　　　）と、生ゴミの最終処理物を（⑭　　　　）、（⑮　　　　）とする生ゴミ処理の2つに大別できる。厨芥処理は環境対策だけではなく、保育園や学校での（⑯　　　　）や環境教育での効果も認められている。

第6章　給食の安全・衛生

1　安全・衛生管理の概要

1.1　安全・衛生管理の目標・目的

(1)　衛生管理の目的は、食品衛生上の（①　　　　）などを防止し、（②　　　　）で（③　　　　）な給食を供することである。

(1)　給食に関わる安全・衛生管理の法律

(2)　厚生労働省では、「（④　　　　）」を策定し、食の安全対策の推進の方向をまとめ、食品衛生対策の一層の推進と、消費者へのわかりやすい情報の提供に努めることとした。

(3)　農林水産省では2003（平成15）年に（⑤　　　　）法を策定し、（⑥　　　　）を設立した。それに続いて（⑦　　　　）法（食品衛生法の一部を改定する法律、平成15年法律第55号）、（⑧　　　　）法などが改正され、（⑨　　　　）システム、（⑩　　　　）認証制度、食品の品質表示、（⑪　　　　）法などが設定されることとなった。

1.2　給食と食中毒・感染症

(2)　食中毒の現況

(4)　食中毒の現況は、近年では、（①　　　　）と（②　　　　）とノロウイルスによる食中毒が増加傾向にある。

(5)　月別の発生状況に関しては、かつては7月8月を中心として夏季に多発する傾向にあったが、最近は（③　　　　）季に食中毒が多発する傾向がある。この季節に発生するものは、（④　　　　）によるものが大多数を占めている。

(3)　ノロウイルス

(6)　ノロウイルス食中毒を防ぐためには、加熱が必要な食品は中心温度（⑤　　　　）℃で（⑥　　　　）秒間以上を確認することや、食品取扱者や調理器具などからの（⑦　　　　）汚染を防止することが重要である。

(4)　食中毒防止の3原則

(7)　食中毒を防止するためには、「（⑧　　　　）」、「（⑨　　　　）」、「（⑩　　　　）」の3原則に基づき、安全・衛生を徹底することが重要である。

記入式ノート

2 給食の安全・衛生の実際

2.1 給食におけるHACCP システムの運用

(8) HACCP 方式は、安全・良好な品質を確保することができるシステムである。その手順は、まず、原料の入荷から製造・出荷までのすべての工程において、あらかじめ（①　　　）〔HA〕を行い、危害を防止（予防、消滅、許容レベルまでの減少）するための（②　　　）〔CCP〕、（③　　　）〔CL〕を設定する。そのポイントを継続的に（④　　　）・（⑤　　　）〔モニタリング〕し、異常が認められたらすぐに対策を取り解決するという流れで行う。

2.2 大量調理施設衛生管理マニュアル

(9) 食中毒発生時の際の処理の一層の迅速化、効率化を図るために（①　　　）の概念に基づいて1997（平成9）年に「（②　　　）」が作成された。このマニュアルは、1996（平成8）年の（③　　　）による集団食中毒の発生により、給食施設などにおける（④　　　）を防止する目的で策定されたもので、さらに発生が増加している（⑤　　　）に対応する目的で2008（平成20）年に改正された。

(10) 食中毒予防のための HACCP の概念に基づく調理過程における重要管理事項として次の４項目が示されている。

> ① 原材料受入れおよび（⑥　　　）段階における管理を徹底すること。
> ② 加熱調理食品については、（⑦　　　）まで十分加熱し、食中毒菌を死滅させること。
> ③ 加熱調理後の食品および非加熱調理食品の（⑧　　　）防止を徹底すること。
> ④ 食中毒菌が付着した場合に菌の増殖を防ぐため、原材料および調理後の食品の（⑨　　　）を徹底すること。

(11) このマニュアルは、一回（⑩　　　）食以上または一日（⑪　　　）食以上を提供する給食施設への適用が求められているが、安全・衛生の確保を図る上で全ての特定給食施設で活用することが望ましい。

2.4 給食運営における安全・衛生の対応

(1) 献立立案時における留意点

(12) 献立立案時は、（①　　　）の原則に基づき作業を行えるよう献立を配慮する。

320

（13） （②　　　　）食品に（③　　　　　）食品を混合・添加する料理には注意する。

(2) 食材の留意点

（14） 食材の受け入れ時には（④　　　　　）、仕入元の名称、生産（製造・加工）者・所在地、ロットが確認可能な情報、（⑤　　　　）年月日を記録し、（⑥　　　　）年間保管する。

（15） 原材料について納入業者が定期的に実施する（⑦　　　　）および（⑧　　　　）検査の結果を提出させる。検査結果は（⑨　　　　）年保管する。

(3) 調理従事者の留意点

（16） 採用時に医師による（⑩　　　　）を行う。（⑪　　　　）による診断も同時に行うことが定められている。

（17） 採用後も1年に（⑫　　　　）回以上、定期的に健康診断をおこない、健康状態の把握をする。月に1回以上の（⑬　　　　）を受け、検査項目は（⑭　　　　）・（⑮　　　　）・（⑯　　　　）に加え、（⑰　　　　）の検査も含める。（必要に応じて（⑱　　　　）月はノロウイルスも含める）

（18） 調理従事者は、（⑲　　　　）・（⑳　　　　）などの症状があったとき、手指などに（㉑　　　　）があったときは調理作業に従事しないこと。

（19） 食中毒が発生したとき、原因究明を確実に行うため、原則として、調理従事者は当該施設で調理された食品を（㉒　　　　）しないこと。

(4) 生産における留意点

（20） 2次汚染を防止するため、（①　　　　）類、（②　　　　）類、（③　　　　）類の（④　　　　）は作業区域を分ける。（⑤　　　　）食材、（⑥　　　　）食材、（⑦　　　　）などに用いるシンクを必ず別に設置する。

（21） 給食の使用水は、（⑧　　　　）の水を用いる。色、にごり、におい、異物のほか、貯水槽を設置している場合、井戸水を殺菌・濾過して使用している場合は（⑨　　　　）が（⑩　　　　）mg/L 以上であることを（⑪　　　　）前および（⑫　　　　）後に（⑬　　　　）検査する。

（22） 野菜および果物を加熱せずに供する場合には、流水（飲用適のもの。以下同じ）で充分洗浄し、必要に応じて（⑭　　　　）〔生野菜にあっては、（⑮　　　　）も使用可〕の（⑯　　　　）mg/L の溶液に（⑰　　　　）分間〔（⑱　　　　）mg/L の溶液の場合は（⑲　　　　）分間〕またはこれと同等の効果を有するもの（食品添加物として使用できる有機酸など）で殺菌を行った後、充分な流水ですすぎ洗いを行うこと。

（23） 食品の取扱いは、床面から（⑳　　　　）cm以上の場所で行う。

（24） 加熱調理では、中心部温度計を用いるなどにより、中心部が（㉑　　　　）℃で

（㉒　　　　）分間以上（二枚貝などノロウイルス汚染のおそれがある食品の場合
（㉓　　　　）℃で（㉔　　　　）秒間以上）またはこれと同等以上まで加熱されている
ことを確認するとともに、温度と時間の記録を行う。

(25) 調理後直ちに提供される食品以外の食品は病原菌の増殖を抑制するために、
（㉕　　　　）℃以下または（㉖　　　　）℃以上で管理することが必要である。

(26) 加熱調理後、食品を冷却する場合には、病原菌の発育至適温度帯（20〜50℃）
の時間を可能な限り短くするため、冷却機を用いたり、清潔な場所で衛生的な容器
に小分けしたりして（㉗　　　　）分以内に中心温度（㉘　　　　）℃付近（または
（㉙　　　　）分以内に中心温度（㉚　　　　）℃付近）まで下げるように工夫する。冷
却（㉛　　　　））時刻、冷却（㉜　　　　）時刻を記録する。

(27) 調理が終了した食品は速やかに提供できるよう工夫し、調理終了後（㉝　　　　）
分以内に提供できるものについては、調理（㉞　　　　）時刻を記録する。

(28) 調理終了後提供まで30分以上を要する場合、
（ⅰ）暖かい状態で提供される食品は、調理終了後速やかに（㉟　　　　）食缶などに
移し保存し、食缶などに移し替えた（㊱　　　　）を記録する。
（ⅱ）それ以外は、調理終了後提供まで（㊲　　　　）℃以下で保存し、保冷設備への
（㊳　　　　）時刻、保冷設備内（㊴　　　　）および保冷設備からの（㊵　　　　）時
刻を記録する。
（ⅲ）配送過程においては保冷または保温設備のある運搬車を用いるなど（㊶　　　　）
℃以下または（㊷　　　　）℃以上で提供される食品以外の食品については、保冷設
備への（㊸　　　　）時刻および保冷設備内（㊹　　　　）の記録を行うこと。

(29) 調理後の食品は、調理終了後から（㊺　　　　）時間以内に喫食することが望ま
しい。

(5) 保存食と検食

1) 保存食とは

(30) 食中毒などが発生したときに、原因究明のための試料として（①　　　　）に提
出するものである。原材料および調理済み食品を（②　　　　）gずつ清潔な容器に
密閉して入れ、（③　　　　）℃以下で（④　　　　）週間以上保存する。なお、原材料
は、洗浄や殺菌を行わない（⑤　　　　）状態で保存する。

2) 検食とは

(31) 喫食者に食事を提供する（⑥　　　　）に、施設長あるいは給食責任者が食事の
品質を評価するための検査用の食事である。評価内容は（⑦　　　　）に記入し、保
管する。（⑧　　　　）の届け出を行っている保険医療機関では（⑨　　　　）、または

（⑩　　　）が毎食行う。

2.5　施設・設備の保守

（32）施設・設備の構造は、能率的で安全な（①　　　）を基本とした（②　　　）の考慮が必要となる。

(1)　施設・設備の構造

（33）便所、休憩室および更衣室は、隔壁により食品を取扱う場所とは必ず区分する。なお、調理場から（③　　　）m 以上離れていることが望ましい。

(2)　施設・設備の管理

（34）施設におけるネズミや昆虫などの発生状況は（④　　　）以上巡回点検するとともに、駆除を（⑤　　　）以上実施する。

（35）施設・設備は必要に応じて補修を行い、施設床面から（⑥　　　）m までの部分および手指の触れる場所は（⑦　　　）以上、1 m 以上の部分は（⑧　　　）以上清掃し、必要に応じて洗浄・消毒を行う。

（36）施設は高温多湿を避け、充分な換気を行って室温（⑨　　　）℃以下、湿度（⑩　　　）%以下に保つ。

（37）井戸水などを使用する場合には、公的検査機関、厚生労働大臣の登録検査機関などに依頼して、年（⑪　　　）回以上水質検査を行う。飲用不適とされた場合は、ただちに保健所長の指示を受けて適切な処置を講じる。また、検査結果は（⑫　　　）間保管する。

（38）貯水層は専門業者に委託して、（⑬　　　）以上清掃し、その証明書を（⑭　　　）保管する。天災などの発生時には、必ず貯水槽の外観を点検する。

2.6　インシデント・アクシデント管理

(1)　インシデント管理

（39）インシデントとは（①　　　）の中でありがちな事故、出来事のことで、いわゆる「ヒヤリ」としたり「ハット」とした事例である。（②　　　）に至る危険性がある事態が起こり、実際には事故に至らなかった潜在的な事例のこと。

(2)　アクシデント管理

（40）アクシデントとは予定外のことが行われた事例や事故のこと。例えば、異物が混入した食事が誤って提供されてしまい、患者が食べてしまった場合などは、事故が起きてしまったので（③　　　）として報告する。いずれも、事例を分析して（④　　　）の対策に役立てる。

第7章施設・設備管理

1 生産（調理）施設・設備設計

1.2 施設・設備の基準と関連法規

(2) 給食施設の区分

(1) 大量調理施設衛生管理マニュアルによれば、作業区分は、1回の調理食数の多少にかかわらず、（①　　　）と（②　　　）とに明確に分けることとして、食材の（③　　　）を防止する。汚染作業区域には、（④　　　）、（⑤　　　）、（⑥　　　）がある。また、非汚染作業区域には、さらに（⑦　　　）（調理場）と（⑧　　　）（放冷・調理場、製品の保管場所）に区分される。

(3) 給食施設の内装

1) 床面

(2) 床面には、（⑨　　　）と（⑩　　　）がある。特に（⑪　　　）は、大量調理施設衛生管理マニュアルにおいて推奨されているシステムである。

2) 壁・天井

(3) 天井は、パイプ、ダクト、梁を露出させないように平滑で清掃しやすい（⑫　　　）などにすることが望ましい。床面から（⑬　　　）までの高さは（⑭　　　）m以上とする。また汚れの付着が直ちにわかるような（⑮　　　）色彩がよい。

(4) 給排水設備

2) 排水設備

(4) 排水設備には、（①　　　）や（②　　　）からの排水の（③　　　）し、（④　　　）を防ぐために（⑤　　　）を設置する。

(5) 調理室内の排水は、一旦排水溝に流されるが溝の清掃を容易にするために（⑥　　　）が設けられている。(⑦　　　)の面からもグレーチングには（⑧　　　）が必要である。また排水は大量で、洗剤、油脂、残菜などがあるため、（⑨　　　）や（⑩　　　）の発生源となりやすい。そうしたことから、床面の排水溝には（⑪　　　）以上の勾配（100分の2〜4が望ましい）をつけて排水詰まりや逆流を防ぎ、末端まで円滑に水が流れるようにする。また、側面と床面の境目に（⑫　　　）cm以上のアールをつけるなど清掃しやすい構造とする。

(6) 調理室外への排水は、（⑬　　　）や（⑭　　　）の流出を防ぐために、設備には食器洗浄室や調理室に（⑮　　　）に「（⑯　　　）」の設置が必要になる。

第7章　施設・設備管理

(7)　グリストラップは、調理室からの排水に含まれている油や残飯を（⑰　　　）に溜めておく装置で、食事を提供する（⑱　　　）、（⑲　　　）、（⑳　　　）、（㉑　　　）などへは「（㉒　　　）法」（昭和25年法律第201号）で設置が義務づけられている。グリストラップ槽に溜まった油や残飯は、（㉓　　　）として扱われ、（㉔　　　））の責任において適切な処理をすることも義務づけられている。

3）手洗い設備

(8)　手洗い設備は、（㉕　　　）で、手洗いに十分な大きさを有する構造が求められる。設置場所は、各作業区域の（㉖　　　））に設置し、手洗いに適する洗浄液、手洗い用消毒（アルコール）液、（㉗　　　）、ペーパータオル（またはエアータオル）などを定期的に補充し、常に使用できる状態にしておく必要がある。

(5)　熱源、電気設備、照明

1）ガス設備

(9)　ガスの種類は、大きく分けると（㉘　　　）と（㉙　　　）がある。都市ガスは、天然ガスを原料とし、燃焼する際に発生する（㉚　　　）の排出量が少なく、また空気よりも比重が（㉛　　　）という特性がある。

3）照明設備

(10)　日本工業規格（JIS）では厨房用の照度は（㉜　　　）ルクス、食堂給食室は（㉝　　　）ルクスとされている。

(6)　換気設備

(11)　大量調理施設衛生管理マニュアルによれば、室温（㉞　　　）℃以下、湿度（㉟　　　）％以下に保つことが望ましいとされている。

1.3 作業区域と作業動線

(2)　作業動線計画

(12)　作業動線計画とは、食材の搬入から厨芥処理までの流れを考慮して機器を配置し、人、食材、食器、食器および小型調理用具の動線について計画することである。いずれも、（①　　　）を基本とすることで、（②　　　）を防ぐことができる。

1）人の動線

(13)　給食従事者の作業動線は、一方向で（③　　　）の移動を考慮し、人員の（④　　　）や（⑤　　　）がないように工夫する。

2）食材の動線

(14)　食材の動線は食品衛生上重要であり、2次汚染を防止するために（⑥　　　）や（⑦　　　）をしない。特に、（⑧　　　）区域と（⑨　　　）区域での移動には

325

注意が必要である。

1.4 施設・設備のレイアウト

(1) 給食施設の形と面積

(15) 調理室の形は他の条件と相まって決められるが、一般的には（①　　　　）よりも（②　　　　）のほうが使いやすい。一辺1に対してもう一辺を（③　　　　）程度とする。

(16) 厨房面積は、機器の占有面積＋作業スペースとなる。施設は機器占有面積 ×（④　　　　）倍、小施設は機器占有面積 ×（⑤　　　　）倍が目安である。

(3) 厨房設備の基本と主な機器の特徴

1) 機器の種類と選定の基本

(17) 機器を購入する際には、機器占有率と作業スペース、手入れの方法、また、（⑥　　　　）（導入時費用）と（⑦　　　　）（運用費用）を試算するなど、機能性、作業効率性、経済性、衛生・安全性、耐久性、保守性（メンテナンス性）などから検討する。

3) 主な調理機器

（ⅱ）スチームコンベクションオーブン（コンビオーブン）（電気式、ガス式）

(18) 熱風と蒸気を併用して加熱温度や湿度の調整などにより、（⑧　　　　）、（⑨　　　　）、（⑩　　　　）、（⑪　　　　）といった多種類の調理が可能である。中心温度の測定が可能で（⑫　　　　）が可能な機種が多い。

6) その他の機器

（ⅰ）ブラストチラー・タンブルチラー

(19) 加熱調理した料理を冷気の強制対流により短時間で冷却できる（⑬　　　　）である。

（⑭　　　　）によるものをブラストチラー、（⑮　　　　）によるものをタンブルチラーという。（⑯　　　　）によって雑菌が増殖する温度帯を一気に通過させ、衛生上の問題を解決することができる。なお、シチュー類のような粘性の高い料理の冷却には（⑰　　　　）を用いる。

8) 各種機器の保守・管理

(20) 保全活動には、大きく（⑱　　　　）、（⑲　　　　）があり、さらに維持保全には、（⑳　　　　）と（㉑　　　　）がある。

1.5 食具

(3) 食事用の自助具

(21) 高齢者施設などでは、身体の不自由な方や認知症の方などのADL に配慮した食事用の（①　　　）を検討することが大切である。

1.6 施設・設備管理の評価

(2) 施設・設備の稼動分析・評価

(22) 稼動率とは、ある時点または一定期間の全調理作業時間（勤務時間）のうち、給食従事者や機器などが、どの程度の（②　　　）で正常運転の状態で稼動しているかを示す数値で（③　　　）を計る指標である。

2　食事環境の設計と設備

2.2 食事環境の設計

(1) 食堂のロケーション

(23) 食堂入口は（①　　　）に近いところに設け、利用者の便宜を図る。

(2) 食堂ホール

2) スペースの確保

(24) 喫食者 1 人当たりの食事スペースは、労働安全衛生規則により（②　　　）㎡以上とされる。

4) 採光・照明・換気・室温

（ⅰ）窓

(25) 南北 2 面窓が理想的である。空調・（③　　　）をよくし、原則として食堂内は（④　　　）とする。

5) その他

（ⅱ）観葉植物

(26)（⑤　　　）の食堂では、（⑥　　　）、（⑦　　　）などの理由から、植物の設置は禁止されている。

第8章　給食の人事・事務

1　人事・労務管理

1.2 給食業務従事者の教育・訓練
(1) モラル・モラール・モチベーションの管理
(1) 組織においては、職場内の人間関係や職場環境を良好に保つことが重要である。したがって、従業員一人ひとりが適正な（①　　　）を持ち、職場の規律を守って公序良俗に反しない行動をとることが重要である。また、自分の業務に対する（②　　　）を高め、積極的かつ的確な業務の遂行に向けての（③　　　）を高めていくことが大切である。

(2) 教育・訓練の方法と内容
(2) 職場の上司、先輩が実際の作業や職務知識、手順、技能などを指導する日常的な教育・訓練の方法を（④　　　）という。
(3) 職場外で行われる企業の教育・研修訓練や外部の職業訓練会社がプログラムした研修会に参加して行う教育・訓練を（⑤　　　）という。

1.3 給食業務従事者の業績と評価
(1) 人事考課
(4) 人事考課とは、仕事に対する能力および仕事の業績、結果など通して、社員や職員の会社、組織体への（①　　　）を評価するものである。
(5) 評価方法は、公平性・透明性・客観性・納得性の観点から実施し、（②　　　）の理念も取り入れることが大切である。
(6) 人事考課の評価領域は、（③　　　）、（④　　　）、（⑤　　　）であり、複数の評価項目で構成され、評価基準が体系化されている。

2　事務管理

2.2 情報の概要と目的
(2) 事務管理における各種帳票の種類
1) 事務帳票の性質と機能
(7) 事務管理では、通常各種帳票などを使用して、業務の統制、記録、評価を行う。

（① 　　）とは（② 　　）と（③ 　　）を合わせた用語でまたその機能を持つ。

(8)（④ 　　）とは、金銭の収支や物品の出納その他必要な事柄を書きつける帳面であり、（⑤ 　　）とは、会社・商品で納品・支払いなどの伝達に使う小紙片という意味である。

2) 各種帳票の種類

(9) 特定給食施設においては、（⑥ 　　）、衛生管理（大量調理施設衛生管理マニュアル）の必要書類については必ず記載、保存しなければならない。また、（⑦ 　　）の義務、（⑧ 　　）の義務がある。

(3) その他

2) 各種管理・監査書類の整備・保管

(10) 特定給食施設の管理者は、（⑨ 　　）に対して必要書類を提出、病院では（⑩ 　　）に対応することが求められ、実施した給食について報告する必要がある。

記入式ノート

第9章　施設別給食経営管理

1　病院

1.2　経営管理

(1)　病院給食の経営は（①　　　　）法と（②　　　　）法に基づき行われる。

(2)　多職種からなるチームによる取り組みを評価する「（③　　　　）加算」、緩和ケア診療加算（平成22年）における「個別栄養食事管理加算（平成30年）」がある。いずれも（④　　　　）の配置が必須となっている。

(1)　栄養管理部門の収入

(4)　栄養管理部門の収入は以下の3つに大別できる。

・食事提供によるもの：（⑤　　　　）、（⑥　　　　）

・栄養管理によるもの：（⑦　　　　）

・栄養指導によるもの：（⑧　　　　）

(2)　入院時食事療養

(5)　入院時食事療養費とは、入院患者の食事にかかる費用のうち（⑨　　　　）額を（⑩　　　　）した額のことである。1食単位で（⑪　　　　）食を限度として算定する。

(6)　基本の食事療養の他に、治療目的として特別な配慮を行う食事に対しては（⑫　　　　）、入院患者の食事環境に配慮して患者食を利用した場合の（⑬　　　　）がある。

(3)　特別食加算

(7)　特別食加算は、1食単位で1日（⑭　　　　）食を限度として算定する。なお、当該加算を行う場合は、特別食の（⑮　　　　）が作成されている必要がある。

(4)　食堂加算

(8)　食堂を備えている病棟または診療所が算定できる。食堂の床面積は当該食堂を利用する病床1床当たり（⑯　　　　）㎡以上必要である。

1.3　栄養・食事管理

(1)　病院給食の種類と栄養基準

1)　一般治療食

(9)　一般治療食は各栄養素など特別な制限や強化の必要がなく、（①　　　　）を参考に（②　　　　）に基づく食事である。

330

2) 特別治療食

(10) 特別治療食は、（③　　　）が患者の病状や栄養状態、治療方針に沿って処方された（④　　　）に基づき、（⑤　　　）・（⑥　　　）が立案した献立によって提供される食事である。栄養目標量は、各疾患のガイドラインや指針が示されているものはそれに従う。

1.4 生産管理、品質管理

(1) 生産管理

1) 病院給食における給食生産の特徴

(11) 特別食の基準に従い食種が多い他に、個人対応が求められるために（①　　　）生産となる。

(12) 入院時食事療養（Ⅰ）は（②　　　）で食事を提供することが前提とされている。

2) 配食・配膳方式

(13) 病院給食の配食・配膳方法は、中央配膳室で盛りつけながらトレイセットを行う（③　　　）と、各階の配膳室で盛り付ける（④　　　）に大別できる。

3) 給食業務の委託

(14) 病院給食では、給食業務の委託および（⑤　　　）調理が認められている。その際に規定されている調理方式は（⑥　　　）、（⑦　　　）、クックサーブ、（⑧　　　）である。ただし、クックサーブは（⑨　　　）の施設へ配送する場合のみ認められる。

2 高齢者・介護保険施設

2.1 概念

(15) 高齢者・介護保険施設は（①　　　）法、（②　　　）法に基づいて運営され、いずれも施設サービス、短期入所サービス、通所サービスがある。

(16) 2009（平成21）年の介護保険法の一部改正に伴い、（③　　　）、（④　　　）、（⑤　　　）、（⑥　　　）がそれぞれ評価設定された。

2.2 経営管理

(1) 介護保険施設における運営経費

1) 施設系サービス

(ⅰ) 栄養ケア・マネジメントの強化に対する評価

(17) 基本サービスとして入所者の状態に応じた（①　　　）を計画的に実施し、さらに入所者ごとの継続的な栄養管理を強化して実施した場合、（②　　　）加算として、1日につき（③　　　）単位が算定できる。

(18) 算定要件として、（④　　　）の人員配置、（⑤　　　）のリスクのある中・高年の利用者に対する週（⑥　　　）日のミールラウンド、（⑦　　　）の活用がある。

(ⅱ) 経口摂取への移行に対する評価

(19) 経管により摂取している入所者ごとに経口移行計画を作成する。医師の指示を受けた管理栄養士又は栄養士が、経口による食事の摂取を進めるための栄養管理を行う。その場合に、（⑧　　　）として、1日につき（⑨　　　）単位（（⑩　　　）日を限度）を評価する。

(ⅲ) 経口摂取維持に対する評価

(20) 経口により食事を摂取する者であって、摂食機能障害を有し、（⑪　　　）が認められる入所者ごとに利用者の摂食・嚥下機能に配慮した（⑫　　　）計画を作成する。医師の指示に基づき管理栄養士又は栄養士が、継続して経口による食事の摂取を進めるための特別な管理を行う。その場合に（⑬　　　）として月に（⑭　　　）単位/月、または（⑮　　　）として月に（⑯　　　）単位/月が算定できる。

(ⅳ) 療養食に対する評価

(21) 医師の発行する食事箋に基づき治療食を提供した場合に（⑰　　　）として、1回（⑱　　　）単位（1日3回まで）を算定できる。算定要件は、

① 食事の提供を（⑲　　　）または（⑳　　　）が行う。

② 入所者の年齢、心身の状況によって適切な栄養量と内容の食事を提供。

③ （㉑　　　）加算、又は経口維持と併加算が可能である。

④食事の提供が（㉒　　　）大臣が定める基準に適合している。

2) 通所系サービス

(ⅰ) 口腔の健康・栄養状態の確認に対する評価

(22) サービスの利用開始時または利用中6カ月ごとに利用者の口腔の健康状態及び栄養状態について確認を行い、その情報を担当の介護支援専門員に提供した場合、

半年に１回を限度として（㉓　　　）加算が算定できる。算定単位数は、（Ⅰ）が１回に（㉔　　　）単位、（Ⅱ）が１回に（㉕　　　）単位である。

（ⅱ）栄養アセスメントの実施に対する評価

(23) 利用者ごとに、管理栄養士と他職種が共同して栄養アセスメントを実施し、当該利用者又は家族に対して結果説明や相談等を行った場合に（㉖　　　）として月に１回（㉗　　　）単位が算定できる。

（ⅲ）低栄養状態の改善に対する評価

(24) 低栄養状態にある利用者またはそのおそれのある利用者に対し、心身の状態の維持・向上に資する個別の栄養改善サービスが実施された場合、（㉘　　　）(200単位/回)として、３月以内の期間に限り１月に（㉙　　　）回を限度として算定できる。

2.3 栄養・食事管理

(1) 給与栄養目標量の設定

1) 給与エネルギー目標量

(25) 利用者の性、年齢、体重、身体活動レベルを把握した後、個人の推定エネルギー必要量は以下の式で算出する。

推定エネルギー必要量
＝標準体重（BMI＝（①　　　））×（②　　　）値×身体活動レベル

身体活動レベルは、ベット上安静＝（③　　　）、ベット外活動＝（④　　　）、リハビリ中＝（⑤　　　）を活用し体重変動考慮して設定する。１日当り（⑥　　　）kcalの幅を許容範囲として給与エネルギー目標量を集約する。

3　児童福祉施設

3.1 概念

(23) （①　　　）施設は０〜18歳未満の児童・生徒を対象とし、18歳以上の成人を対象とした（②　　　）施設とともに福祉施設と称される。

(24) 児童福祉施設は（③　　　）法に基づき設置されており、（④　　　）施設と（⑤　　　）施設に分類される。

3.2 経営管理

(25) 障がい児施設では、2009（平成21）年から（①　　　）加算、（②　　　）加算、（③　　　）加算、（④　　　）加算が適用されるようになっている。加算のためには（⑤　　　）の配置が必須である。

3.7 人事・事務管理

(26) 保育所給食で調理業務を委託する場合でも、（①　　　）基準、（②　　　）基準は施設自らが作成し、受託業者に明示する。また、毎回の（③　　　）も施設自らが行う。

4 障がい者福祉施設

4.2 経営管理

(27) 2009（平成21）年から（①　　　）加算、（②　　　）加算、（③　　　）加算、（④　　　）加算が適用されており、対象者のQOL の向上、施設の運営面の充実を図る上で、加算の算定条件となっている（⑤　　　）の配置を整えることが必須である。

5 学校給食

5.1 概念

(1) 学校教育における学校給食の位置づけ

(28) 今日では、学校給食は（①　　　）の一環として（②　　　）法（昭和29年制定、平成20年6月18日改正）に基づいて実施されている。

(2) 学校給食の意義と役割

(29) 学校給食法第1条において、学校給食の意義を「児童及び生徒の心身の（③　　　）に資するものであり、かつ、児童及び生徒の食に関する（④　　　）と（⑤　　　）を養う上で重要な役割を果たす」としている。

(3) 学校給食の目標

(30) 学校給食の目標は、（⑥　　　）の推進を重視したものとなっている。

(5) 学校給食実施基準

(31) 学校給食法第8条では、児童または生徒に必要な栄養量その他の学校給食の内容および学校給食を適切に実施するために必要な事項について維持されることが望

ましい基準（⑦　　）を定めている。

(32) 基準では、学校給食は、在学するすべての児童生徒に対して、年間を通じ、原則として毎週（⑧　　）回、授業日の（⑨　　）時に実施されるものであり、実施に当たっては、児童生徒の個々の健康及び生活活動等並びに地域の実情等に配慮することしている。また、学校給食に供する食物の栄養内容の基準「（⑩　　）」を定めている。

(6) 学校給食栄養管理者

(33) 学校給食法第7条では、「学校給食の栄養に関する専門的事項をつかさどる職員（⑪　　）は、（⑫　　）の免許状を有する者または栄養士法栄養士の免許を有する者（⑬　　）で学校給食の実施に必要な知識若しくは経験を有するものでなければならない。」としている。

5.2 経営管理

(2) 運営の方法

(34) 学校給食の運営方式には（①　　）方式、（②　　）方式、（③　　）方式がある。

5.3 栄養・食事管理

(35) 学校給食の種類には、（①　　）給食、（②　　）給食、（③　　）給食がある。

5.4 生産・品質管理

(1) 生産管理

1) 学校給食用物資の購入

(36) 学校給食の食材料は、学校の設置者の判断で購入している。単独調理場、共同調理場ごとに購入する（①　　）と、複数の単独調理場、共同調理場が共同で購入する（②　　）がある。

(2) 品質管理

(37) 提供者側の品質評価として、（③　　）基準では、（④　　）、共同調理場長等検食責任者が児童生徒の摂食開始時間の（⑤　　）分前までに（⑥　　）し、摂食に適するか否か評価項目等について判断し、その（⑦　　）及び（⑧　　）を記録し保存することが規定されている。

記入式ノート

5.5 安全・衛生管理

(1) 学校給食衛生管理基準

(38)（①　　　　）第9条では、学校給食の実施に必要な施設及び設備の整備及び管理、調理の過程における衛生管理その他の学校給食の適切な衛生管理を図る上で必要な事項について維持されることが望ましい基準（②　　　　）を定めている。学校給食独自の留意点は次のとおりである。

2) 調理過程

（ⅰ）原則として（③　　　　）は行わないこと。

（ⅱ）生で食する野菜類、果実類等を除き、（④　　　　）したものを給食すること。

（ⅲ）野菜類は原則として（⑤　　　　）することとするが、（⑥　　　　）等において安全性を確認しつつ、加熱調理の有無を判断すること。

（ⅳ）和えもの、サラダ等は、各食品を調理後速やかに（⑦　　　　）等で冷却すること。やむを得ず水で冷却する場合は、直前に使用水の（⑧　　　　）が（⑨　　　　）mg/L以上であることを確認し、確認した（⑩　　　　）及び（⑪　　　　）を記録すること。

（ⅴ）（⑫　　　　　　）は、つくらないこと。

5) 給食従事者の健康管理

① 月2回以上の（⑬　　　　　　）検査を実施すること。

② 本人の健康状態および同居人も含め感染症予防法に規定する感染症またはその疑いがあるかどうか（⑭　　　　）点検し、記録する。

6　事業所給食

6.1 概念

(39) 企業は（①　　　　）法、（②　　　　）規定、（③　　　　）法に基づき従業員に対する（④　　　　）管理が義務付けられており、従業員に健康障害をもたらすことがないよう快適な職場環境を整備する必要がある。

6.2 経営管理

(40) 現在、殆どの事業所給食は（⑤　　　　）されており、その契約方法（食単価制・管理費制）により食事負担額が異なる。

6.3 栄養・食事管理

(41) 事業所給食の食事計画は、（⑥　　　　）を用いて対象者の（性・年齢）、（⑦　　　　）を考慮して、事業所施設ごとに給食の給与栄養目標量を設定する。

第9章　施設別給食経営管理

6.5 安全・衛生管理
(42)　事業所給食は1回の食事生産量が比較的多いので、（⑧　　　）に基づく安全・衛生管理を徹底し、食中毒防止に努めることが重要である。また、近年（⑨　　　）で一括生産し、（⑩　　　）に配送する方式が見られる。

7　外食・中食・配食

7.1 外食・中食・配食と給食の概念
(43)　特定給食施設は特定の多数人の喫食者に対して継続的に食事を提供するために、（①　　　）・（②　　　）の配置と栄養管理基準が定められている。しかし、特定の喫食者に対して継続的ではあるが、多数人を対象としていない施設では、特定給食施設のような基準は定められていない。

7.2 外食と給食
(44)　近年、社員食堂としての福利厚生とは別に、（③　　　）産業を活用した（④　　　）が普及している。これは社員食堂をもたない企業や、工場と異なり本社や営業所の職員が食事代金の一部を企業から補助を受けるもので、近隣の外食店やコンビニエンスストアでも利用できる（⑤　　　）として受け取るものである。
(45)　外食店の一部では（⑥　　　）や（⑦　　　）への取り組みが進んでいるものの、外食やコンビニエンスストアで食事を購入する場合には、給食のような（⑧　　　）管理は難しい。

7.3 中食と給食
(46)　中食とは（⑨　　　）食品をテイクアウトして喫食することであり、必ずしも特定の喫食者を対象としたものではない。しかし、食堂をもたない企業であっても、弁当会社との提携により（⑩　　　）や（⑪　　　）を行うことも可能である。

7.4 配食
(1) 配食の概念
(47)　配食による食事提供は（①　　　）や（②　　　）を対象に展開されている。運営母体は（③　　　）によるものと（④　　　）、ボランティアや民間企業によるものに大別できる。

記入式ノート解答

第1章　給食の概念

1　給食の概要

1.1　給食の定義（栄養・食事管理と経営管理）　①特定多数　②継続的　③飲食店　④健康増進　⑤健康増進法施行　⑥特定給食施設

1.4　給食における管理栄養士の役割り　①栄養士　②厚生労働　③傷病者　④保持増進　⑤特定多数人　⑥給食管理　⑦指導　⑧栄養指導員　⑨健康増進　⑩義務　⑪必置　⑫⑬⑭［給食の運営管理］　［喫食者の栄養・食事管理・教育］　［他職種・他部門との連携］

2　給食システム

2.2　トータルシステムとサブシステム　①トータルシステム　②サブシステム　③実働作業システム　④支援システム

3　給食を提供する施設と関連法規

3.1　健康増進法における特定給食施設の位置づけ　①健康増進　②特定給食施設　③栄養管理義務　④管理栄養士配置　⑤健康づくりの一環　⑥医学的　⑦300　⑧750　⑨管理栄養士　⑩500　⑪1500　⑫300　⑬750　⑭栄養士　⑮管理栄養士

第2章　給食経営管理の概念

1　経営管理の概要

1.2　経営管理の機能と展開

(1)　**経営管理の機能**　①計画　②組織　③指揮　④調整　⑤統制　⑥組織

(2)　**経営管理の展開**

1)　**経営理念と経営戦略**　⑦⑧⑨基本理念　行動理念　企業理念

2)　**マネジメントサイクル**　⑩PDCA　⑪計画　⑫ Plan　⑬実施　⑭Do　⑮評価・検討　⑯ Check　⑰行動　⑱ Action　⑲マネジメントサイクル

1.3　給食の資源　①人的資源　②物的資源　③資金的資源　④設備資源　⑤技術資源　⑥5大資源

1.4　給食運営業務の外部委託

(1)　**給食の運営形態**

2)　**委託方式**　①全面委託　②部分委託　③労務委託　④管理委託

(3)　**外部委託の契約方式**　⑤⑥管理費　食単価

(4) 外部委託の契約内容と業務区分　⑦直営

2　給食とマーケティング

2.2　給食におけるマーケティングの活用　①製品　②価格　③販売促進の宣伝
④販売流通の経路　⑤マーケティングの4P

3　給食経営と組織

3.1　組織の構築

(1) **組織の形態**　①ライン組織　②ラインアンドスタッフ組織　③ファンクショナ
ル組織　④事業部組織　⑤マトリックス組織　⑥プロジェクトチーム

(2) **組織の階層**　⑦⑧⑨経営者層（トップマネジメント）　管理・監督者層（ミドル
マネジメント）　一般作業者層（ロワーワーカー）

(4) **組織の原則**　⑩専門化の原則　⑪管理範囲の原則　⑫責任と権限の原則　⑬三
面等価の原則　⑭命令一元化の原則　⑮例外の原則（権限委譲の原則）

第3章　栄養・食事管理

1　栄養・食事管理の概要

1.1　栄養・食事管理の意義と目的　①身体　②栄養　③生活　④摂取　⑤嗜好

1.2　栄養・食事管理システムの構築　①栄養アセスメント　②栄養計画　③食事計
画　④ Plan：計画　⑤ Do：実施　⑥ Check：評価　⑦ Action：改善　⑧マネジメ
ント（PDCA）　⑨モニタリング　⑩評価　⑪改善　⑫フィードバック

2　栄養・食事アセスメント

2.1　利用者の身体状況、生活習慣、食事摂取状況

(1) **身体状況**　①体重　②アセスメント

(3) **食事摂取状況**　①残菜量　②食事　③個人　④盛り付け

2.2　利用者の病状、摂食機能

(2) **摂食機能**　①〜⑤咀嚼　嚥下　味覚　消化・吸収　腸の運動

3　栄養・食事計画

3.1　給与栄養目標量の計画

(1) **各施設における給与栄養目標量の設定**　①給与栄養　②給与栄養　③日本人の
食事摂取基準　④食事箋　⑤日本人の食事摂取基準　⑥学校給食摂取基準

(3) **栄養素**　⑦〜⑰たんぱく質　脂質　炭水化物　ビタミンA　ビタミンB$_1$　ビタミ
ンB$_2$　ビタミンC　カルシウム　鉄　食塩相当量　食物繊維　⑱〜㉑推定平均必要量
目安量　目標量　耐容上限量　㉒調理損失

3.2 栄養補給法および食事形態の計画

(1) **栄養補給法**　①②経腸栄　養経静脈栄養

(2) **食事形態**③④消化　咀嚼・嚥下

3.3 献立作成基準　①献立作成　②施設　③献立作成　④提示　⑤指示　⑥設計

(2) **食品構成**　⑦栄養価　⑧微量　⑨食品群別荷重平均成分　⑩⑪エネルギー　栄養素量

(3) **食事提供方式**　⑫単一定食方式　⑬複数定食方式　⑭カフェテリア方式　⑮バイキング方式

4 栄養・食事計画の実施

4.3 適切な食品・料理選択のための情報提供　①栄養管理の基準　②選択　③献立　④栄養成分

4.4 評価と改善

(1) **評価**

1) **利用者による評価**　①②③喫食量　満足度　嗜好

3) **行政による評価**　④栄養管理報告書　⑤義務　⑥指導　⑦助言

第4章　給食の品質

1 給食の品質の標準化

1.1 栄養・食事管理と総合品質

(1) **品質管理の概念・目的**　①栄養　②衛生　③安全　④設計品質　⑤適合（製造）品質　⑥総合品質　⑦製造物責任法（PL 法）　⑧賠償

(3) **品質保証システム**

⑨品質管理　⑩品質　⑪食品安全マネジメント　⑫安全　⑬ HACCP　⑭ ISO9001　⑮環境マネジメント

1.2 標準化（マニュアル化）

(1) **献立の標準化**　①給与栄養目標　②継続　③同様　④一定水準　⑤標準

1.3 品質評価の指標と方法

(1) **品質評価の指標**　①品質指標　②目標

(2) **評価の方法**

1) **給食提供者側からの評価**　③検食　④〜⑦食事内容　食事量　味　温度

2) **喫食者側からの評価**　⑧顧客満足度　⑨⑩アンケート　嗜好調査　⑪⑫喫食　残食

3) **官能検査による評価**　⑬感覚機能　⑭官能

1.4 品質改善とPDCA サイクル ①到達目標 ②計画 ③実行 ④評価 ⑤改善 ⑥PDCA ⑦総合 ⑧設計 ⑨適合 ⑩改善

第5章　給食の生産（調理）

1　原価

1.1 給食の原価 ①原価 ②③④材料　労務　経 ⑤⑥直接　間接 ⑦⑧⑨材料　労務　経 ⑩製造原価 ⑪⑫一般管理　販売 ⑬総原価

1.2 給食における収入と原価・売上

(1) 収入 ①保険 ②補助 ③自己 ④管理栄養士 ⑤質 ⑥満足 ⑦食事 ⑧栄養管理 ⑨栄養食事指導

(2) 支出 ⑩10

1.3 原価の評価

(1) 損益分岐点分析 ①売上高 ②総原価（総費用） ③④売上高　総原価 ⑤⑥利益（黒字）　損失（赤字） ⑦⑧固定　変動 ⑨変動費 ⑩固定費 ⑪500 ⑫1,000 ⑬0.5 ⑭200 ⑮0.5 ⑯400 ⑰損益分岐図 ⑱売上 ⑲低 ⑳変動費 ㉑固定

(2) 財務諸表 ①②③貸借対照表（バランスシート：:B/S）　損益計算書（P/L）　キャッシュフロー計算書（C/F） ④財務三表

1) 貸借対照表 ⑤資産（運用金） ⑥⑦負債（調達金）　純資産（総資本） ⑧収益 ⑨流動資産 ⑩固定資産 ⑪繰り延べ資産 ⑫支払い ⑬流動負債 ⑭固定負債 ⑮自己資産

2) 損益計算書 ⑯⑰支出　収入 ⑱純損益 ⑲純損益 ⑳経常損益 ㉑特別損益 ㉒経常損益 ㉓営業損益 ㉔営業外損益 ㉕売上総 ㉖粗利 ㉗営業 ㉘事業 ㉙経常 ㉚収益力 ㉛税引き前 ㉜当期

3) キャッシュフロー計算書 ㉝収入－支出 ㉞㉟㊱営業　投資　財務 ㊲㊳現金創出　支払い ㊴損益計算書

2　食材

2.1 給食と食材 ①発注 ②納品 ③検収 ④保管 ⑤出納

2.3 食材の開発・流通

(2) 食材の流通

1) 産地直結体制 ①消費者 ②コスト ③生産者・産地

2) 地産地消（地域生産地域消費） ④地域 ⑤地域 ⑥鮮度 ⑦大量流通

3) トレサビリティー ⑧移動 ⑨⑩⑪⑬牛肉　豚肉　農産物　養殖魚 ⑫加工食品

4) コールドチェーン（低温流通システム） ⑭低温管理 ⑮－18 ⑯－2〜2

⑰＋2〜10

(3) 安全保障のしくみ　⑱食品安全基本

1) **サプライフードチェーン**　⑲サプライフードチェーン

2.4 購買計画

(1) 購買方針と検収手法　①②適量　適時　③適正

(2) 購買先の選定と契約方法

3) **契約方法**　④限定　⑤価格変動　⑥購入量　⑦生鮮　⑧複数　⑨同時
⑩大量購入　⑪価格変動　⑫冷凍　⑬複数　⑭複数　⑮見積もり　⑯品目　⑰価格
⑱競争契約　⑲相見積もり

(3) 発注　⑳総使用　㉑1人分の純使用量　㉒総使用　㉓1人分の純使用量
㉔可食部　㉕廃棄　㉖発注　㉗1人分の純使用量

2.5 検収・保管

(1) 検収

3) **検収時の留意事項**　①②③管理栄養士　栄養士　調理主任　④複数　⑤検収簿
⑥検収室

(2) 保管

1) **保管温度条件区分**　⑦20　⑧10±5　⑨0〜5　⑩0　⑪−18　⑫−15

2) **低温管理の温度帯**　⑬10　⑭5　⑮15　⑯先入れ先出しの原則

2.6 在庫管理

(1) 在庫管理

1) **食品受け払い**　①食品受け払い簿

2) **原材料の仕入れにおける記録内容と記録の保管期間**　②生産者　③仕入れ年月日
④1年

3) **納入業者からの書類提出とその保管期間**　⑤微生物および理化学　⑥1年

4) **在庫量調査**　⑦食品受け払い簿　⑧在庫量

2.7 食材管理の評価

(1) 食材料費の算出　⑨期首在庫　⑩期間支払い　⑪期末在庫

(3) 食材料費のコストダウン　⑫ ABC 分析　⑬食材料　⑭80　⑮15　⑯5　⑰ A

3 生産（調理と提供）

3.1 給食のオペレーション（生産とサービス）

(1) 給食生産の意義と目的　①栄養管理　②③喫食　摂取

(2) 給食の生産とサービスのシステム　④コンベンショナルシステム　⑤レディフードシステム　⑥セントラルキッチンシステム（カミサリーシステム）　⑦アッセン

記入式ノート解答

ブリーシステム（コンビニエンスシステム）

3.2 生産計画（調理工程、作業工程）

（2）**生産計画** ①生産計画 ②生産統制 ③生産条件 ④設定事項 ⑤食材料 ⑥作業員 ⑦機器 ⑧調理方法 ⑨お金

（3）**新調理システムの作業工程** ⑩コンベンショナルシステム ⑪クックサーブ ⑫⑬⑭クックチル クックフリーズ 真空調理（真空パック） ⑮集中生産 ⑯⑰ブラストチラー タンブルチラー ⑱30 ⑲90 ⑳3 ㉑0～3 ㉒5 ㉓12 ㉔10 ㉕廃棄 ㉖75 ㉗85～90 ㉘0 ㉙5 ㉚2

（4）**HACCP に基づく調理・作業**

1）**HA の設定** ①受け入れ ②下処理 ③加熱 ④2次汚染 ⑤増殖 ⑥温度管理

2）**CCP の設定と管理** ⑦CCP ⑧数値 ⑨改善 ⑩管理

（5）**作業工程表の作成** ⑪重複 ⑫偏らない ⑬仕上がり ⑭供食 ⑮仕上げの順序 ⑯同一調理 ⑰HA ⑱CCP

3.3 大量調理の方法・技法

（2）**下処理**

1）**皮むき** ①根球皮むき機（ポテトピーラー）

2）**洗浄、消毒**

（ⅱ）**生食用の野菜・果物** ②③次亜塩素酸ナトリウム 電解水（PH 2.7以下の強酸性水） ④200 mg/L ⑤5

（ⅲ）**加熱調理用の野菜**

3）**水切り** ⑥付着水

4）**浸漬**

（ⅰ）**じゃがいも、さつまいも、ごぼう** ⑦褐変

（ⅱ）**なす、れんこん** ⑧酢水 ⑨食塩水

（ⅲ）**りんご、なし** ⑩水 ⑪食塩水 ⑫褐変

5）**切さい** ⑬廃棄

7）**下味つけ** ⑭食塩

（ⅲ）**肉・魚介類** ⑮立て塩

（2）**加熱調理** ①75 ②85 ③1

1）**ゆでる** ④⑤⑥回転釜 スープケトル ブレージングパン ⑦長い ⑧食感

2）**冷却** ⑨⑩⑪ブラストチラー タンブルチラー 真空冷却機 ⑫天板 ⑬天板 ⑭5

3）**煮る** ⑮炊き合わせ ⑯煮物

343

（ⅰ）鍋、回転釜、ブレージングパンやケトルなど用いる煮物　⑰強火　⑱中火　⑲30　⑳20〜30　㉑煮崩れ

（ⅱ）スチームコンベクションオーブンを用いる煮物　㉒スチームコンベクションオーブン　㉓00〜270

4）蒸す　㉔水蒸気　㉕潜　㉖100

5）炒める　㉗少量　㉘高温　㉙短時間　㉚攪拌　㉛長　㉜放水　㉝熱　㉞短

6）焼く　①直火焼き　②間接加熱　③対流加熱　④対流加熱　⑤短く　⑥身縮み　⑦歩留まり

7）揚げる　⑧温度　⑨食材投入量　⑩揚げ時間　⑪0.4〜0.5

8）炊飯　⑫15　⑬65　⑭4〜5　⑮1　⑯少なく　⑰1　⑱1〜2　⑲10〜15　⑳10〜15

9）汁物　㉑60〜65　㉒80　㉓90

（4）配食・配膳　①配食　②配膳　③清潔エリア　④衛生指導　⑤⑥⑦保温食缶　保温食器　保温・保冷配膳車

（5）洗浄

3）消毒

（ⅱ）煮沸消毒　⑧80

（ⅲ）薬品による消毒　⑨50〜100

3.6 廃棄物処理　⑩食品リサイクル法（食品循環資源再生利用法促進に関する法律）⑪100　⑫再生利用　⑬厨芥処理　⑭⑮飼料　肥料　⑯食育

第6章 給食の安全・衛生

1 安全・衛生管理の概要

1.1 安全・衛生管理の目標・目的　①危害（食中毒）　②③衛生的　安全

（1）給食に関わる安全・衛生管理の法律　④食の安全推進アクションプラン　⑤食品安全基本　⑥食品安全委員会　⑦食品衛生　⑧JAS　⑨HACCP　⑩ISO　⑪ PL

1.2 給食と食中毒・感染症

（2）食中毒の現況　①②アニサキス　カンピロバクター　③冬　④ノロウイルス

（3）ノロウイルス　⑤85〜90　⑥90　⑦2次

（4）食中毒防止の3原則　⑧⑨⑩付けない　増やさない　殺す

2 給食の安全・衛生の実際

2.1 給食における HACCP システムの運用　①危害要因分析　②重要管理点　③管理基準　④監視　⑤記録

2.2 大量調理施設衛生管理マニュアル ①HACCP ②大量調理施設衛生管理マニュアル ③O-157 ④食中毒 ⑤ノロウイルス ⑥下処理 ⑦中心部 ⑧２次汚染 ⑨温度管理 ⑩300 ⑪750

2.4 給食運営における安全・衛生の対応

(1) **献立立案時における留意点** ①HACCP ②加熱 ③非加熱

(2) **食材の留意点** ④品名 ⑤仕入れ ⑥1 ⑦⑧微生物 理化学 ⑨1

(3) **調理従事者の留意点** ⑩健康診断 ⑪検便 ⑫1 ⑬検便 ⑭⑮⑯赤痢菌 腸チフス パラチフスA菌 ⑰腸管出血性大腸菌O-157 ⑱10～3 ⑲⑳下痢 発熱 ㉑化膿創 ㉒喫食

(4) **生産における留意点** ①②③魚 肉 野菜 ④下処理 ⑤⑥加熱調理用 非加熱調理用 ⑦器具の洗浄 ⑧飲用適 ⑨遊離残留塩素 ⑩0.1 ⑪始業 ⑫調理作業終了 ⑬毎日 ⑭次亜塩素酸ナトリウム ⑮亜塩素酸ナトリウム ⑯200 ⑰5 ⑱100 ⑲10 ⑳60 ㉑75 ㉒1 ㉓85～90 ㉔90 ㉕10 ㉖65 ㉗30 ㉘20 ㉙60 ㉚10 ㉛開始 ㉜終了 ㉝30 ㉞終了 ㉟保温 ㊱時刻 ㊲10 ㊳搬入 ㊴温度 ㊵搬出 ㊶10 ㊷65 ㊸搬入 ㊹温度 ㊺2

(5) **保存食と検食**

1) **保存食とは** ①保健所 ②50 ③−20 ④2 ⑤購入した

2) **検食とは** ⑥前 ⑦検食簿 ⑧入院時食事療養（Ⅰ） ⑨医師 ⑩管理栄養士・栄養士

2.5 施設・設備の保守 ①ワンウェイ ②作業動線

(1) **施設・設備の構造** ③3

(2) **施設・設備の管理** ④1月に1回 ⑤半年に1回 ⑥1 ⑦1日に1回 ⑧1カ月に1回 ⑨25 ⑩80 ⑪2 ⑫1年 ⑬年1回 ⑭1年間

2.6 インシデント・アクシデント管理

(1) **インシデント管理**①日常業務 ②アクシデント：事故

(2) **アクシデント管理**③アクシデント・レポート

第7章施設・設備管理

1 生産（調理）施設・設備設計

1.2 施設・設備の基準と関連法規

(2) **給食施設の区分** ①②汚染作業区域 非汚染作業区域 ③2次汚染 ④⑤⑥検収場 原材料の保管場所 下処理場 ⑦準清潔作業区域 ⑧清潔作業区域

(3) 給食施設の内装

1) 床面　⑨⑩ドライシステム　ウェットシステム　⑪ドライシステム

2) 壁・天井　⑫２重の天井　⑬２重の天井　⑭2.4　⑮明るい

(4) 給排水設備

2) 排水設備　①②シンク　厨房機器　③臭いを遮断　④害虫の侵入　⑤トラップ　⑥蓋（グレーチング）　⑦労働安全　⑧滑り止めの加工　⑨⑩悪臭　害虫　⑪100分の1　⑫半径５　⑬⑭生ゴミ　油脂　⑮隣接した場所　⑯グリストラップ（阻集器）　⑰一時的　⑱⑲⑳㉑飲食店　学校　病院　社員食堂　㉒建基準　㉓産業廃棄物　㉔事事業主

3) 手洗い設備　㉕流水受槽式　㉖入口付近　㉗爪ブラシ

(5) 熱源、電気設備、照明

1) ガス設備　㉘㉙都市ガス　液化石油ガス（LPG）　㉚二酸化炭素　㉛軽い

3) 照明設備　㉜500　㉝300

(6) 換気設備　㉞25　㉟80

1.3 作業区域と作業動線

(2) 作業動線計画　①ワンウェイ（一方向の動線）　②２次汚染

1) 人の動線　③最短　④⑤交差　逆移動

2) 食材の動線　⑥⑦交差　逆戻り　⑧⑨汚染作業　非汚染作業

1.4 施設・設備のレイアウト

(1) 給食施設の形と面積　①正方形　②長方形　③２〜2.5　④３〜４　⑤２〜2.5

(3) 厨房設備の基本と主な機器の特徴

1) 機器の種類と選定の基本　⑥イニシャルコスト　⑦ランニングコスト

3) 主な調理機器

（ⅱ）スチームコンベクションオーブン（コンビオーブン）（電気式、ガス式）
⑧〜⑪焼く　蒸す　煮る　炒める　⑫芯温設定

6) その他の機器

（ⅰ）ブラストチラー・タンブルチラー　⑬急速冷却機　⑭空冷　⑮水冷　⑯急速冷却　⑰タンブルチラー

8) 各種機器の保守・管理　⑱⑲維持保全　改良保全　⑳㉑予防保全　事後保全

1.5 食具

(3) 食事用の自助具　①自助具

1.6 施設・設備管理の評価

(2) 施設・設備の稼動分析・評価　②割合　③生産性

2 食事環境の設計と設備

2.2 食事環境の設計

(1) 食堂のロケーション　①階段・エレベーター

(2) 食堂ホール

2) スペースの確保　②1

4) 採光・照明・換気・室温

（ⅰ）窓　③換気　④禁煙

5) その他

（ⅱ）観葉植物　⑤病院　⑥⑦感染　異物混入

第8章給食の人事・事務

1 人事・労務管理

1.2 給食業務従事者の教育・訓練

(1) **モラル・モラール・モチベーションの管理**　①モラル（倫理観や道徳意識）②モラール（やる気・士気）　③モチベーション（動機づけ）

(2) **教育・訓練の方法と内容**　④ OJT：on the job training　⑤ OFF-JT：off the job training

1.3 給食業務従事者の業績と評価

(1) **人事考課**　①貢献度　②加点主義　③④⑤能力評価　態度評価　業績評価

2 事務管理

2.2 情報の概要と目的

(2) 事務管理における各種帳票の種類

1) **事務帳票の性質と機能**　①帳票　②③帳簿　伝票　④帳簿　⑤伝票

2) **各種帳票の種類**　⑥栄養管理報告書　⑦⑧書類提示　報告書提出

(3) その他

2) **各種管理・監査書類の整備・保管**　⑨指導監督官庁（保健所等）　⑩医療監査

第9章　施設別給食経営管理

1 病院

1.2 経営管理　①②医療保険　健康保険　③栄養サポートチーム　④管理栄養士

(1) **栄養管理部門の収入**　⑤⑥入院時食事療養費　入院時生活療養費　⑦栄養サポートチーム加算　⑧各種栄養食事指導料

(2) **入院時食事療養**　⑨患者自己負担　⑩控除　⑪3　⑫特別食加算　⑬食堂加算

(3) 特別食加算　⑭3　⑮献立表

(4) 食堂加算　⑯0.5

1.3 栄養・食事管理

(1) 病院給食の種類と栄養基準

1) 一般治療食　①日本人の食事摂取基準　②年齢区分別荷重平均栄養目標量

2) 特別治療食　③医師　④食事箋（食事指示書）　⑤⑥管理栄養士　栄養士

1.4 生産管理、品質管理

(1) 生産管理

1) 病院給食における給食生産の特徴　①多品種少量　②適時・適温

2) 配食・配膳方式　③中央配膳　④病棟配膳

3) 給食業務の委託　⑤院外　⑥⑦⑧クックチル　クックフリーズ　真空調理（真空パック）　⑨同一敷地内

2　高齢者・介護保険施設

2.1 概念　①②介護保険　老人福祉　③④⑤⑥栄養ケア・マネジメント　経口移行加算　経口維持加算　療養食加算

2.2 経営管理

(1) 介護保険施設における運営経費

ⅰ) 栄養ケア・マネジメントに対する評価　①栄養ケア・マネジメント　②栄養マネジメント強化　③11　④管理栄養士　⑤低栄養　⑥3　⑦ LIFE

ⅱ) 経口摂取への移行に対する評価　⑧経口移行加算　⑨28　⑩180

ⅲ) 経口摂取維持に対する評価　⑪誤嚥　⑫経口維持　⑬経口維持加算（Ⅰ）　⑭400　⑮経口維持加算（Ⅱ）　⑯100

ⅳ) 療養食に対する評価　⑰療養食加算　⑱6　⑲⑳管理栄養士　栄養士　㉑経口移行経口維持　㉓～㉚糖尿病　腎臓病　肝臓病　胃潰瘍　貧血　膵臓病　脂質異常症　痛風　㉛厚生労働

5) 栄養改善加算　㉜200　㉝3　㉞2

2.3 栄養・食事管理

(1) 給与栄養目標量の設定

1) 給与エネルギー目標量　①22　②基礎代謝基準　③1.2　④1.3　⑤1.4　⑥200～300

3　児童福祉施設

3.1 概念　①児童福祉　②社会福祉　③児童福祉　④⑤収容　通園

3.2 経営管理　①～④栄養マネジメント　経口移行　経口維持　療養食　⑤管理栄養士

記入式ノート解答

3.7 人事・事務管理　①②栄養　献立作成　③検食

4　障がい者福祉施設

4.2 経営管理　①〜④栄養マネジメント　経口移行　経口維持　療養食　⑤管理栄養士

5　学校給食

5.1 概念

(1) 学校教育における学校給食の位置づけ　①教育　②学校給食

(2) 学校給食の意義と役割　③健全な発達　④正しい理解　⑤適切な判断力

(3) 学校給食の目標　⑥食育

(5) 学校給食実施基準　⑦学校給食実施基準　⑧5　⑨昼食　⑩学校給食摂取基準

(6) 学校給食栄養管理者　⑪学校給食栄養管理者　⑫栄養教諭　⑬学校栄養職員

5.2 経営管理

(2) 運営の方法　①②③単独調理場　共同調理場　親子

5.3 栄養・食事管理　①②③完全　捕食　ミルク

5.4 生産・品質管理

(1) 生産管理

1) 学校給食用物資の購入　①単独購入方式　②共同購入方式

(2) 品質管理　③学校給食衛生管理　④校長　⑤30　⑥検食　⑦時間　⑧結果

5.5 安全・衛生管理

(1) 学校給食衛生管理基準　①学校給食法　②学校給食衛生管理基準

2) 調理過程　③前日調理　④加熱処理　⑤加熱調理　⑥教育委員会　⑦冷却機　⑧遊離残留塩素　⑨0.1　⑩数値　⑪時間　⑫マヨネーズ

4) 給食従事者の健康管理　⑬検便　⑭毎日

6　事業所給食

6.1 概念　①労働安全衛生　②事業附属寄宿舎　③健康増進　④労働安全衛生

6.2 経営管理　⑤アウトソーシング

6.3 栄養・食事管理　⑥日本人の食事摂取基準　⑦身体活動レベル

6.5 安全・衛生管理　⑧大量調理施設衛生管理マニュアル　⑨セントラルキッチン　⑩サテライトキッチン

7　外食・中食・配食

7.1 外食・中食・配食と給食の概念　①②栄養士　管理栄養士

7.2 外食と給食　③外食　④食券発行方式（バウチャー食事券）　⑤食券　⑥⑦栄養成分表示　ヘルシーランチ　⑧栄養・食事

349

記入式ノート

7.3 中食と給食 ⑨調理済み ⑩⑪福利厚生 栄養管理

7.4 配食

（1）**配食の概念** ①②要介護者 高齢者 ③市町村等自治体 ④ NPO 法人

索　引

数字

1
1類感症……………………… 138
1次査定者………………… 195

2
2類感染症………… 134, 138, 139
2次汚染……108, 109, 118, 119,
145, 165, 170, 214
2次汚染防止………………… 111
2次査定者………………… 195

3
3類感染症………………… 138
3槽シンク………………… 108
3大原価……………………72

4
4類感染症………………… 138

5
5類感染症………………… 138
5大資源……………………20
5W1H1B……………………95

和文

あ
相見積もり方式………………87
アウトソーシング……………20
亜塩素酸ナトリウム……… 145
アクシデント……………… 149
アクシデント・レポート… 149
アセスメント………………33
アッセンブリーシステム… 94, 95
アニサキス………………… 135
粗利………………………79
アルバイト………………… 192
アンケート調査………………23
安静時エネルギー消費量………37

い
維持保全………………… 180
委託契約書………………… 198
委託方式……………………20
一般衛生管理プログラム
………………… 141, 142
一般管理費……………………72

一般競争入札方式………………87
一般治療食…………… 210, 212
遺伝子組み換え食品……………85
イニシャルコスト………… 174
医療安全マニュアル………… 152
医療監査………………… 198
院外調理………………… 214
インシデント……………… 147
インシデント・レポート…… 147

う
ウイルス性食中毒………… 134
ウェットシステム……… 165, 169
ウォーマーテーブル……… 175
ウォンツ………………… 23, 24
請負………………………… 193
売上総利益……………………79
運用費用………………… 174

え
エアーカーテン…………… 165
エアシャワー……………… 165
営業外損益……………………79
営業損益……………………79
営業利益……………………79
衛生管理表………………… 143
栄養・食事管理………………59
栄養・食事計画………………35
栄養アセスメント……… 32, 59
栄養アセスメント加算……… 221
栄養改善加算……………… 221
栄養管理の基準……… 32, 50
栄養管理報告書………51, 198
栄養教諭……… 231, 238, 242
栄養ケア・マネジメント… 6, 218
栄養サポートチーム……… 206
栄養指導員………………… 5
栄養士法………………… 5
栄養食事指導……………… 212
栄養食事指導料…………… 212
栄養補給法……………………40
栄養マネジメント加算
………………… 218, 224, 228
栄養マネジメント強化加算… 218
液化石油ガス……………… 168
嚥下機能………………34, 222

お
オーガニック食品………………85

オーダリングシステム… 202, 215
オープン式………………… 185
汚染作業区域… 146, 164, 169, 170
親子方式………………… 232

か
介護報酬……………………15
介護保険法………………… 215
外食………………………… 246
改善………………………32
回転釜………………… 175
改良保全…………… 180, 181
価格………………………24
化学性食中毒……………… 134
加工作業管理……………… 196
学校栄養職員… 231, 233, 238, 242
学校給食………………… 230
学校給食衛生管理基準… 240, 242
学校給食栄養管理者……… 231
学校給食実施基準………… 231
学校給食実施基準の施行について
………………… 242
学校給食摂取基準…35, 231, 237
学校給食センター方式……… 232
学校給食における食物アレルギー
対応指針………………… 238
褐変………………… 109
加点主義………………… 195
稼働率………………… 126, 184
カフェテリア給食………… 124
カフェテリア方式…………49, 244
カミサリーシステム…………95, 232
環境マネジメントシステム……61
監視・記録………………… 139
間接費………………………72
完全給食………………… 235
感染症予防法……………… 241
官能検査……………… 68, 89
カンピロバクター・ジェジュニ／
コリ………………… 135
緩慢加熱………………… 122
管理委託……………………20
管理基準………………… 139
管理範囲の原則………………28
管理費契約……………………22

き
危害要因分析…………… 104, 139
危害要因分析重要管理点…… 139

索　引

期間支払い金額‥‥‥‥‥‥‥‥92
企業理念‥‥‥‥‥‥‥‥‥‥‥19
危険管理‥‥‥‥‥‥‥‥‥‥150
期首在庫金額‥‥‥‥‥‥‥‥92
技術資源‥‥‥‥‥‥‥‥‥‥20
基礎代謝量‥‥‥‥‥‥‥‥‥37
喫食調査表‥‥‥‥‥‥‥‥196
喫食量調査‥‥‥‥‥‥‥‥‥51
基本理念‥‥‥‥‥‥‥‥‥‥19
期末在庫金額‥‥‥‥‥‥‥‥92
義務教育諸学校‥‥‥‥‥‥231
キャッシュフロー計算書‥‥77, 80
牛海綿状脳症‥‥‥‥‥‥‥‥83
球根皮むき機‥‥‥‥‥108, 174
給食業務委託契約書‥‥‥‥‥22
給食施設休止届‥‥‥‥‥‥197
給食施設給食開始届‥‥‥‥197
給食施設廃止届‥‥‥‥‥‥197
給食の資源‥‥‥‥‥‥‥‥‥4
給与栄養目標量‥‥‥‥‥50, 51
給与エネルギー目標量‥‥‥222
給与エネルギー量‥‥‥‥38, 39
教育の一環‥‥‥‥‥‥‥‥230
教育媒体‥‥‥‥‥‥‥‥‥‥32
行事食‥‥‥‥‥‥‥‥‥54, 229
業績評価‥‥‥‥‥‥‥‥‥195
競争契約方式‥‥‥‥‥‥‥‥86
共同購入方式‥‥‥‥‥‥‥239
共同調理場方式‥‥‥‥‥‥232
禁煙コーナー‥‥‥‥‥‥‥186

く

クーリング‥‥‥‥‥‥‥‥‥90
クッキング保育‥‥‥‥‥‥226
クックサーブ‥‥‥‥‥103, 104, 214
クックチル‥‥‥‥103, 104, 214, 245
クックフリーズ
‥‥‥‥‥‥‥103, 104, 214, 245
グリストラップ‥‥‥‥‥‥167
繰延資産‥‥‥‥‥‥‥‥‥‥78
グレーチング‥‥‥‥‥‥‥166
クローズ式‥‥‥‥‥‥‥‥185

け

経営計画‥‥‥‥‥‥‥‥‥‥18
経営資源‥‥‥‥‥‥‥‥‥‥20
経営戦略‥‥‥‥‥‥‥‥‥‥19
経営方針‥‥‥‥‥‥‥‥‥‥19
計画‥‥‥‥‥‥‥‥‥18, 19, 32
経口移行加算‥‥218, 220, 224, 228
経口維持加算‥‥218, 220, 224, 228
経口維持加算（Ⅰ）‥‥‥‥220
経口維持加算（Ⅱ）‥‥‥‥220
経常損益‥‥‥‥‥‥‥‥‥‥79

経静脈栄養法‥‥‥‥‥‥‥‥40
経常利益‥‥‥‥‥‥‥‥‥‥79
形態調整加工食品‥‥‥‥‥222
経腸栄養法‥‥‥‥‥‥‥‥‥40
契約社員‥‥‥‥‥‥‥‥‥192
月齢階級別推定エネルギー必要量
‥‥‥‥‥‥‥‥‥‥‥‥‥225
権限委譲の原則‥‥‥‥‥‥‥28
健康増進法‥‥‥‥‥3, 5, 32, 39
健康増進法施行規則‥‥‥‥‥3
健康づくりの一環‥‥‥‥‥4, 8
検収‥‥‥‥‥‥‥‥‥‥‥‥89
検収簿‥‥‥‥‥‥‥‥‥‥‥89
検食‥‥‥‥‥‥‥‥66, 146, 240
検食簿‥‥‥‥‥‥‥‥‥‥146
建築基準法‥‥‥‥‥‥‥‥167
検討‥‥‥‥‥‥‥‥‥‥‥‥19
検便‥‥‥‥‥‥‥‥‥‥‥241

こ

口腔・栄養スクリーニング加算
‥‥‥‥‥‥‥‥‥‥‥‥‥221
口腔・栄養スクリーニング加算
（Ⅰ）‥‥‥‥‥‥‥‥‥‥221
口腔機能‥‥‥‥‥‥‥‥‥222
合成調理機‥‥‥‥‥‥‥‥174
行動‥‥‥‥‥‥‥‥‥‥‥‥19
行動理念‥‥‥‥‥‥‥‥‥‥19
誤嚥‥‥‥‥‥‥‥‥‥‥‥220
誤嚥リスク‥‥‥‥‥‥‥‥‥40
コーデックス委員会‥‥‥‥139
コールドチェーン‥‥‥‥‥‥83
コールドテーブル‥‥‥‥‥175
小型球形ウイルス‥‥‥‥‥138
顧客満足度‥‥‥‥‥‥‥29, 58
顧客満足度調査‥‥‥‥‥‥‥67
国際標準化機構‥‥‥‥‥‥‥60
国連食糧農業機関‥‥‥‥‥139
固定資産‥‥‥‥‥‥‥‥‥‥78
固定費‥‥‥‥‥‥‥‥‥‥‥76
固定負債‥‥‥‥‥‥‥‥‥‥78
コピー食品‥‥‥‥‥‥‥‥‥85
個別栄養食事管理加算‥‥‥206
個別式給湯法‥‥‥‥‥‥‥166
雇用形態‥‥‥‥‥‥‥‥‥192
献立‥‥‥‥‥‥‥‥‥‥‥‥44
献立作成基準‥‥‥‥‥‥‥‥44
献立表‥‥‥‥‥‥‥‥‥‥‥44
コンビオーブン‥‥‥‥‥‥175
コンビニエンスシステム‥‥‥95
コンビニエンスストア‥‥‥246
コンベンショナルシステム
‥‥‥‥‥‥‥‥‥94, 95, 232

さ

細菌性食中毒‥‥‥‥‥‥‥134
サイクルメニュー‥‥‥‥48, 64
在宅患者訪問栄養食事指導料
‥‥‥‥‥‥‥‥‥‥‥‥‥212
再入所時栄養連携加算‥‥‥221
財務三表‥‥‥‥‥‥‥‥‥‥77
財務諸表‥‥‥‥‥‥‥‥‥‥77
作業動線‥‥‥‥‥‥‥‥‥170
作業動線計画‥‥‥‥‥‥‥169
作業動線図‥‥‥‥‥‥‥‥240
作業能率‥‥‥‥‥‥‥‥‥126
サテライトキッチン‥‥‥172, 245
サバイバルフーズ‥‥‥‥‥159
サブシステム‥‥‥‥‥‥‥‥6
サプライフードチェーン‥‥‥84
残菜量‥‥‥‥‥‥‥‥‥‥‥34
三面等価の原則‥‥‥‥‥‥‥28

し

次亜塩素酸ナトリウム
‥‥‥‥‥‥‥121, 108, 145
支援システム‥‥‥‥‥‥‥‥6
時間‥‥‥‥‥‥‥‥‥‥‥‥20
時間－温度・許容限度‥‥‥‥83
指揮‥‥‥‥‥‥‥‥‥‥‥‥18
事業部制組織‥‥‥‥‥‥‥‥25
資金的資源‥‥‥‥‥‥‥‥‥20
嗜好・満足度調査‥‥‥‥‥‥35
自校給食方式‥‥‥‥‥‥‥232
嗜好調査‥‥‥‥‥‥‥‥23, 51
自己啓発‥‥‥‥‥‥‥‥‥194
事後保全‥‥‥‥‥‥‥‥‥180
脂質異常症‥‥‥‥‥‥‥‥‥34
自助具‥‥‥‥‥‥‥‥‥183, 229
自然毒食中毒‥‥‥‥‥‥‥134
実施‥‥‥‥‥‥‥‥‥‥19, 32
実施献立表‥‥‥‥‥‥‥‥‥49
実働作業システム‥‥‥‥‥‥6
指定感染症‥‥‥‥‥‥‥‥139
指導監督官庁‥‥‥‥‥‥‥198
児童福祉施設
‥‥‥‥‥223, 224, 227, 228, 229
児童福祉施設における食事の提供
ガイド‥‥‥‥‥‥‥‥‥‥224
児童福祉法‥‥‥‥‥‥‥‥223
事務管理‥‥‥‥‥‥‥‥‥195
指名競争入札方式‥‥‥‥‥‥86
社会福祉施設‥‥‥‥‥‥‥223
什器‥‥‥‥‥‥‥‥‥‥‥177
従業員満足度‥‥‥‥‥‥‥‥29
集団給食施設‥‥‥‥‥‥‥‥8
重要管理点‥‥‥‥‥‥‥105, 139

352

索 引

主体作業……………………98	………………113, 118, 175	大量調理施設衛生管理マニュアル
準清潔区域………………146	ストレス係数………………37	……64, 140, 152, 162, 198, 222, 245
準清潔作業区域……………164	スマートミール…………244	棚卸し………………………91
純利益………………………79		棚卸資産……………………78
情意評価……………………195	**せ**	単一献立方式………………244
消化・吸収機能……………34	生活習慣病……………………4	単一定食方式………………49
障がい児施設………………224	生活の質……………3, 184, 185	単価契約方式………………87
障がい者福祉施設…………228	正規職員……………………192	単独購入方式………………239
蒸発率………………………122	清潔区域……………………146	単独調理場方式……………232
情報…………………………20	清潔作業区域………………164	タンブルチラー…… 104, 112, 177
食育の推進…………………231	製造原価……………………72	
食材管理……………………196	製造品質……………………58	**ち**
食事計画……………………32	製造物責任法……………58, 61	地域生産地域消費…………82
食事提供管理………………196	税引き前利益………………79	地球温暖化…………………61
食事評価……………………196	製品…………………………24	地産地消……………………82
食事療法用宅配食品等栄養指針	世界保健機構………………139	中央式給湯法………………166
……………………………249	責任と権限の原則…………28	中央配膳……………………213
食単価契約…………………22	赤痢菌………………………143	厨芥処理……………………126
食中毒防止の3原則………138	セクター規格………………84	中食……………………246, 247
食堂加算………………209, 210	設計品質……………………58	腸管出血性大腸菌 O-157 …… 143
食品安全委員会……………133	切さい………………………109	調整…………………………18
食品安全基本法……83, 132, 133	摂食機能……………………34	腸チフス……………………143
食品安全マネジメントシステム	設備資源……………………20	腸の運動機能………………34
………………………… 60, 84	洗浄ラック…………………176	帳簿…………………………198
食品衛生法…………………133	選択食方式…………………49	調理管理……………………196
食品規格委員会……………139	セントラルキッチン…… 172, 245	調理作業工程表……………240
食品群別荷重平均成分表……45	セントラルキッチンシステム	直営方式……………………20
食品構成……………………45	…………………………94, 95	直系参謀組織………………25
食品循環資源再生利用法促進に関	洗米機………………………174	直系組織……………………25
する法律…………………126	全面委託……………………20	直接・間接カロリーメーター…37
食品リサイクル法…………126	専門化の原則………………28	直接費………………………72
食器洗浄機…………………176		チルド………………………90
食券発行方式………………246	**そ**	
食物アレルギー……………50	総原価………………………72	**て**
新型インフルエンザ等感染症	総合衛生管理製造過程……139	手洗いマニュアル……… 143, 143
……………………………138	総合品質……………………58	低温管理……………………90
新感染症……………………139	総合品質管理の評価………67	低温流通システム…………83
真空調理………… 103, 214, 245	ゾーニング計画……………169	ディスペンサー……………176
真空包装機…………………177	組織…………………………18	ティルティングパン………175
真空冷却機…………………112	咀嚼機能……………………34	適合品質……………………58
人事…………………………192	阻集器………………………167	適合品質管理の評価………66
人事考課……………………195	損益計算書………………77, 79	鉄欠乏性貧血………………34
浸漬…………………………109	損益分岐図…………………77	電解水………………………108
腎臓病用組み合わせ食品…… 249	損益分岐点…………………76	電子カルテ…………………202
身体活動レベル……………37		伝票…………………………198
人的資源……………………20	**た**	
診療報酬……………………15	第1種換気…………………169	**と**
	ダイオキシン………………61	動機づけ……………………193
す	第3種換気…………………169	当期利益……………………79
随意契約方式………………86	貸借対照表………………77, 78	凍結乾燥食品………………85
水質汚濁防止法……………167	退所時栄養情報連携加算……221	当座資産……………………78
推定エネルギー必要量…36, 222	態度評価……………………195	統制…………………………18
推定平均必要量……………40	第2種換気…………………169	導入時費用…………………174
スチームコンベクションオーブン	耐容上限量…………………40	糖尿病用組み合わせ食品…… 249

353

索 引

トータルシステム…………… 6
特定給食施設
………… 3, 8, 14, 32, 151, 246
特定給食施設栄養管理報告書
……………………… 197
特定給食施設報告書………… 197
特別食加算………………… 209
特別損益…………………… 79
特別治療食…………… 210, 212
都市ガス…………………… 168
トップマネジメント………… 27
ドライ運用………………… 242
ドライシステム……… 165, 169
トラップ…………………… 166
トレサビリティー…………… 82

な
生ゴミ処理………………… 126
生ゴミ処理機……………… 177

に
ニーズ………………… 23, 24
日本工業規格…………… 60, 168
日本食品標準成分表……… 84, 88
日本人の食事摂取基準
………35, 36, 40, 212, 228, 243
入院時食事療養…………… 209
入院時食事療養費………… 209

の
能力評価…………………… 195
ノロウイルス… 135, 137, 138, 140
ノロウイルス汚染……… 116, 118

は
パート……………………… 192
ハーバード・ウィリアム・ハイン
リッヒ…………………… 150
バイオ食品………………… 85
廃棄率………………… 87, 122
バイキング方式…………… 49
配食………… 118, 119, 246, 248
配食管理…………………… 196
配膳………………… 118, 119
ハインリッヒの法則…… 150, 155
バウチャー食事券………… 246
派遣社員…………………… 192
発育至適温度帯…………… 145
発注係数…………………… 87
パラチフスA菌…………… 143
バランスシート…………… 77
ハリス・ベネディクトの式……37
販売促進の宣伝…………… 24
販売費……………………… 72

販売流通の経路……………… 24

ひ
ピーラー………… 105, 108, 174
非汚染作業区域
………… 146, 164, 169, 170
鼻腔栄養…………………… 210
非常食……………………… 158
微生物性食中毒…………… 134
備蓄食品…………………… 158
ヒヤリハット……………… 150
ヒューマンエラー………… 152
評価…………………… 19, 32
標準化……………………… 64
病棟配膳…………………… 213
平底回転釜………………… 175
品質管理…………… 45, 50, 58
品質管理システム………… 60

ふ
ファンクショナル組織………25
フードカッター…………… 174
フードスライサー………… 174
フードマイレージ…………… 82
複数献立方式……………… 244
複数定食方式……………… 49
付帯作業…………………… 98
付着水…………… 108, 122
物的資源…………………… 20
部分委託…………………… 20
フライヤー………………… 175
ブラストチラー
………… 104, 112, 118, 177
フリーズドライ食品………… 85
ブレージングパン………… 175
フローズン………………… 90
プロジェクトチーム…………25

へ
変動費……………………… 76
弁当方式…………………… 245

ほ
保育所給食………………… 225
放水量……………………… 122
包丁・まな板消毒保管庫…… 177
保温・保冷配膳車………… 176
保温食器…………………… 183
保温トレイ………………… 183
補食給食…………………… 235
保存食……………………… 146
ポテトピーラー……… 108, 109

ま
マーケティング……………… 23
マーケティングの4P………24
マーケティングリサーチ……23
マトリックス組織……………25
マニュアル化…………………64
マネジメントサイクル………19
マネジメントシステム………19
満足度調査………………… 51

み
ミールラウンド…………… 218
味覚機能……………………34
水切り…………………… 108
水切り率………………… 108
ミドルマネジメント……… 27, 29
ミルク給食………………… 235

む
無形固定資産…………………78

め
命令一元化の原則……………28
目安量………………………40

も
目標量………………………40
モチベーション…………… 193
モニタリング……………… 139
モラル……………………… 193

ゆ
有機食品………………………85
有形固定資産…………………78
遊離残留塩素……………… 143

よ
予定献立表……………………49
予防保全…………………… 180

ら
ラインアンドスタッフ組織……25
ライン組織……………………25
ランニングコスト………… 174

り
リーダーシップ………………29
リスクマネージャー… 150, 156
リスクマネジメント……… 150
立体炊飯器………………… 175
流動資産………………………78
流動負債………………………78
療養食加算………… 220, 224, 228

索　引

れ

例外の原則	28
冷凍食品	85
レシピ	44
レディフードシステム	94, 95
レトルト食品	85
レトルトパウチ食品	85

ろ

老人福祉法	215
労働生産性	124
労務	192
労務委託	20
ローレンジ	175
ロワーワーカー	27

わ

ワンウェイ	169

英文

A

ABC 分析	93
Action	19, 32, 68

B

basal energy expenditure	36
BEE	36
BMI	33, 222
break-even point	76
BSE	83

C

CAC	139
CCP	105, 107, 139
Check	19, 32, 68
CL	139
Critical Control Point	105
CS	29

D

Do	19, 32, 68

E

EER	36
EMS	61
Environmental Management System	61
ES	29
estimated energy requirement	36

F

FAO	139

FMS ……… 60, 84
Food safety management Systems : ……… 60

H

HA	104, 105, 107, 139
HACCP	61, 95, 104, 139, 140, 194, 214
HACCP システム	60, 133, 139
HACCP 方式	139
Harris-Benedict の式	36
Hazard Analysis	104
Hazard Analysis and Critical Control Point	139
human error	152

I

IH	175
Induction Heating	175, 176
Information Technology	202
International Organization for Standardization	60
ISO	60, 61
ISO14000 規格	61
ISO22000	60, 61, 84
ISO9000 規格	60
ISO 認証制度	133
IT	202, 215

J

JAS 法	133
JIS	60, 168
JISZ9900 シリーズ	60

L

LIFE	218
life style related diseases	4
LPG	168

M

machine	20
man	20
material	20
money	20

N

NST	6, 206
Nutrition Support Team	6, 206

O

off the job training	193
OFF-JT	193, 194
OJT	193, 194
on the job training	193

ordering system ……… 202

P

PDCA サイクル	8, 19, 32, 35, 50, 68, 155
place	24
Plan	19, 32, 68
PL 法	58, 61, 133
PP	142
Prerequisite Programs	141, 142
price	24
product	24
promotion	24

Q

QC	45, 58
QMS	60
QOL	3, 32, 34, 184, 215, 224, 228
quality control	45, 58
Quality Management System	60
quality of life	3

R

REE	37
resting energy expenditure	37

S

self development	194
Small Round Structured Virus	138
Smart Meal	244
SRSV	138

T

THP	244
time-temperature tolerance	83, 102, 175
T-T・T	83, 102, 175
T-T・T 管理	90

W

WHO	139

栄養管理と生命科学シリーズ
給食経営管理論

2025年1月23日　初版第1刷発行

編著者　井　川　聡　子
　　　　松　月　弘　恵

発行者　柴　山　斐呂子

発行所　理工図書株式会社

〒102-0082　東京都千代田区一番町27-2
電話03（3230）0221（代表）
FAX03（3262）8247
振替口座　00180-3-36087番
http://www.rikohtosho.co.jp

Ⓒ井川聡子　2025　Printed in Japan　ISBN978-4-8446-0970-4
　松月弘恵

印刷・製本　丸井工文社

〈日本複製権センター委託出版物〉
＊本書を無断で複写複製（コピー）することは、著作権法上の例外を除き、禁じられています。本書をコピーされる場合は、事前に日本複製権センター（電話：03-3401-2382）の許諾を受けてください。
＊本書のコピー、スキャン、デジタル化等の無断複製は著作権法上の例外を除き禁じられています。本書を代行業者等の第三者に依頼してスキャンやデジタル化することは、たとえ個人や家庭内の利用でも著作権法違反です。

★自然科学書協会会員★工学書協会会員★土木・建築書協会会員